상대론적 양자역학

—입자물리학과 편극—

송 희 성

서울대학교출판문화원

머리말

오늘날 상대론적 양자역학은 입자물리나 핵물리에서는 기본적인 이론적 기술 방법이 되고 있으며, 응집물리에서도 분야에 따라서는 많이 사용되고 있다. 특히 여기에서 다루어지고 있는 파인만 도형이나, 반입자의 개념 등은 물리학 전반에 이용되고 있다. 그래서 저자의 취향에 따라 강조되는 부분이 다를 수 있고 책의 내용도 달라질 수 있다.

본인이 이 책을 쓰게 된 데에는 두 가지 이유가 있다. 그 첫째는 본인이 1984년에 쓴 양자역학 책이 비상대론적인 양자역학이었으므로, 그 후속으로 상대론적 양자역학의 입문서를 저술하는데 한 가지 이유가 있었다. 또 본인이 1960년대부터 주로 관심을 가지고 연구하여 온 입자의 편극을 다루는 한 가지 방법을 후학들에게 남겨 두고 싶은데 다른 한 이유가 있다.

양자론이 발전하면서 스핀의 개념은 도입되었고 이것이 물질에서 각 운동량과 관련한 에너지 준위의 갈라짐이나, 입자의 성질 중에서 띄엄띄엄 떨어진 여러 가지 양자수 개념의 도입 등에도 많은 영향을 주었다. 또 비상대론적 양자역학에서의 Schrödinger 방정식과는 달리 상대론적 양자역학의 파동방정식은 입자의 스핀에 따라 방정식의 모양이 다르다. 따라서 상대론적 양자역학을 공부하는 데에 스핀이나 편극을 같이 고려함으로써 보다 더 넓게, 더 실용적으로 공부할 수 있고 또 이것을 쉽게 연구에 응용할 수 있다고 생각하기 때문에 입자의 편극을 다루는 방법을 비교적 상세히(self-contained) 기술하고자 한다. 그러나 되도록 쉽고 자세하게 기술하려는 것이 본인의 의도이지만, 경우에 따라서는 많은 지면을 요하는 증명들이나, 내용의 이해를 위하여 필요하다고 생각되는 것들은 문제로 남겨 놓았다.

많은 입자들의 평균 스핀인 입자의 편극과 관련된 문제는 오늘날 입자나 핵물리학, 원자물리에서 입자들의 반응을 자세히 측정(precision measurement)하고 조사하는 데에 항상 대두되고 있는 문제이며, 앞으로도 유용한 연구과제일 뿐 아니라 다른 물리학 분야에도 많이 응용되는 문제이다. 입자물리학에서 어떤 모형을 연구할 때에 입자들의 반응 등에서 처음에는 편극을 고려하지 않은 미분단면적 등이 연구되다가 그 이론의 진위를 더 자세히 실험적으로 검증하는 데에는 미분단면적 외에 편극의 영향을 조사하게 되는데, 이것은 보다 많은 정보를 가지고 한 이론을 폭넓게 검토할 수 있기 때문이다. 따라서 이 책은 상대론적 양자역학의 입문서이면서, 편극 문제를 취급하는 데에는 상당히 최근 연구분야에까지 접근할 수 있도록 배려하였다는 점에서 다른 책들과 다른 특색을 가지고 있다고 할 수 있다. 특히 양자전기역학(QED, quantum elecrodynamics)과, 전기적 상호작용과 약한 상호작용을 통일한 Weinberg-Salam 이론으로 잘 알려진 전기약작용 이론(electroweak theory)에서 간단한 반응의 경우를 생각하여, 되도록 자세히 입자의 편극을 취급하는 방법을 기술함으로써 이것을 다른 여러 입자반응이나 상호작용에서도 쉽게 확대할 수 있도록 하고자 하였다.

입자의 표준모형으로 알려진, 전기약작용과 강한 상호작용까지를 포함하는 양자색소역학(QCD, quantum chromodynamics)에서도 특히 패리티(P) 반전성뿐만 아니라 입자-반입자의 대칭성인 CP 비보존이나 시간(T) 반전성의 보존 여부를 다루는 문제에서도 편극은 유용하게 사용되고 있다. 강입자들이 어떻게 쿼크들로 이루어져 있는가를 연구하는 데에도 스핀 문제는 매우 중요하다. 최근에는 표준모형에서 벗어난 여러 가지 확장된 이론에 대한 검증을 하는 데에도 역시 편극 문제는 중요한 역할을 하고 있다.

이 책은 본인이 몇 년 동안 강의하면서 내용을 조금씩 보충하였으며, 이 과정과 출판과정에서 내용을 읽어 보고 또 여러 그림을 작성하는 데에 많은 도움을 준 이태연 박사, 이정일 박사, 유채현 군 등의 도움을 고맙게 생각하며, 끝으로 이 책의 저술을 지원해 주고 또 이 책을 출판할 때까지 무한한 인내심으로 기다려 준 대우재단에 심심한 사의를 표하는 바이다.

2002년 2월
관악 캠퍼스에서
저자 씀

차 례

제 1 장
서 론

입자들이 스핀(spin)을 가진 것을 알게 된 것은 양자론이 만들어질 무렵에 발견되었던 여러 가지 물리적 현상 때문이었다. 역사적으로 볼 때 스핀 개념은 1925년경 당시 대학원 학생이었던 Goudsmit와 Uhlenbeck에 의하여 제안되었다. 그 당시에 스핀의 개념을 도입하도록 영향을 준 물리적 현상은, 먼저 수소원자의 Balmer계열 스펙트럼의 가장 낮은 선을 자세히 보면(6562.8Å 부근에 어렴풋이나마 0.3Å의 간격으로) 두 선으로 되어 있는 것이었고, 다른 하나는 원자에 외부에서 자기장을 걸면 제만 효과(Zeeman effect)로 알려진 스펙트럼의 갈라짐이 나타나는데 Alkali 원자 등에서는 그림 1.1에서와 같이 갈라짐이 균등하지 않은, 소위 이상 제만(異常, anomalous Zeeman)효과였다. 또 다른 실험은 Stern과 Gerlach에 의하여 1921-1924년에 행하여진 실험으로, 이들은 그림 1.2에서와 같이 은(Ag) 원자들의 선속(beam)을 균일하지 않은 자기장을 통과시켰을 때 입자들이 두 방향으로 갈라지는 현상을 관찰한 것 등이 있었다.

스핀의 개념은 양자역학적인 각운동량 개념으로 설명이 되지만, 특히 스핀-½인 양자수 개념은 고전적 방법으로는 생각하기 어려운 개념이다. 그 후에 전자와 같은 입자가 스핀-½을 가질 수 있는 것은 여러 가지 실험에 의하여 더욱 확고해졌고, 오늘날에는 아무도 의심하지 않을 뿐 아니라 여러 현대과학 분야에 응용되고 있다. 스핀-½의 이론이 나온 후 이 사실을 가장 먼저 직접 증명한 실험은 1927년 Phipps와 Taylor에 의하여 수소 원자 선속으로 실험하여, 은 원자에서와 같은, 갈라짐을 보인 것이다.

입자가 스핀을 가졌다는 사실이 물리학에 미친 영향은 여기에서 모두 다 열거할 수 없을 만큼 많다. 그러나 몇 가지 우리가 알고 있는 것의 예를 들어 보자.

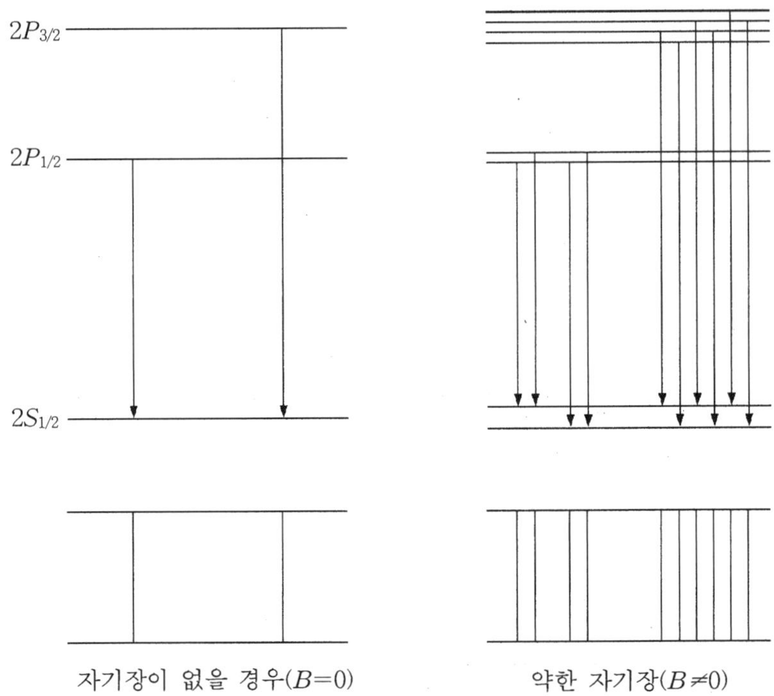

그림 1.1 이상 Zeeman 효과: 나트륨 원자의 첫 들뜬 상태에서 바닥 상태로 전이가 일어나는 경우, 자기장이 걸리면, 복잡한 스팩트럼이 나타난다.

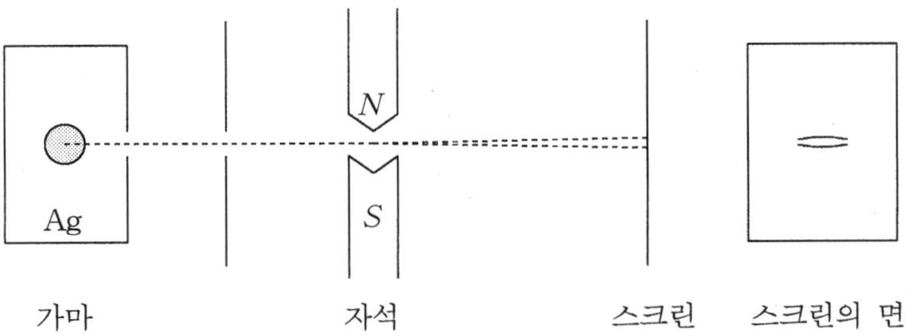

그림 1.2 Stern-Gerlach 실험: 뜨거운 가마(oven) 안에 있던 은 원자가 구멍을 통하여 나와 자기장을 통과하여 검출기에 검출되는 장치. 이 때 자기장은 그림 장치 왼쪽에서 보인 바와 같이 일정하지 않으며, 검판에 나타난 은 자국은 두 갈래로 갈라져 있다.

먼저, 앞에서 언급된 수소 원자 에너지 준위의 갈라짐, 이상제만효과, Stern-Gerlach 실험 사실 등은 전자 또는 원자(S-G실험에서)가 스핀-½을 가졌다는 사실로부터 모두 설명될 수 있다. 입자는 스핀을 0, 1, 2 …와 같은 0을 포함한 정수(整數, integer)를 가진 것과 ½, $^3\!/_2$, …와 같은 반정수(半整數, half-integer)를 가진 것으로 나누어지는데, 이러한 입자들이 많이 모인 계를 취급할 때 각각 Bose-Einstein 통계와 Fermi-Dirac 통계의, 두 다른 통계역학을 통하여 취급하게 되고, 이것은 물리, 화학 등의 발전에 많은 영향을 주었다. 특히 전자나 양성자 같은 반정수 스핀을 가진 입자는 fermion이라 부르며 이들은 어느 두 입자가 같은 상태에 있을 수 없는 소위 Pauli의 배타원리를 만족하는데, 많은 fermion으로 이루어진 원자 및 분자를 양자역학적으로 기술할 때 이 성질이 적용된다. 또 광자, 중간자 같은 정수 스핀을 가진 입자는 boson이라 부르며 이들을 취급하는 Bose-Einstein 통계의 예로는 Planck의 복사이론, 초전도를 이루는 전자쌍들을 취급하는 과정에서 찾아볼 수 있다.

외부 자기장에 의한 전자 및 원자핵의 스핀과 자기장 사이의 결합(coupling)은 한 물질 안에 있는 전자 및 원자핵의 상태를 연구하는 데 기여하였으며 핵자기공명(NMR, nuclear magnetic resonance), 전자스핀공명(ESR, electron spin resonance), MRI(magnetic resonance image) 등은 물질의 자성과 관련하여 고체물리학, 화학 및 최근에는 의학에까지 이용되고 있다.

원자에서 핵과 전자가 스핀을 가지고 서로 돌고 있을 때에는 이들 사이의 상호작용이 있으며 그것은 원자의 에너지 갈라짐에 영향을 준다. 초미세(超微細, hyperfine) 구조로 알려진 이 에너지의 갈라짐은 물질의 자세한 구조를 연구하는 데 이용되고 있고, 수소의 바닥상태의 갈라짐도 이 영향이라 할 수 있다.

다른 예로 성간(星間, interstellar) 물질을 이루고 있는 수소들은 낮은 온도의 영향으로 모두 수소 에너지의 바닥 상태에 있다고 할 수 있다. 이들이 충돌이 있을 때는 아주 미세한 에너지를 얻어 전자가 바닥 상태의 스핀에 의한 두 갈라짐 중에서 들뜬 상태에 있는 전자가 있게 된다. 이들이 다시 낮은 상태로 내려오면서 방출되는 21cm의 전자파는 1945년에 그 존재가 예언되고 1950년대에 실제로 관측되어, 성간물질을 조사하는 전파천문학(radio astronomy)의 새로운 장을 열게 되었다.

1926년 Schrödinger에 의한 비상대론적인 파동방정식이 만들어진 직후에 특수상대성 이론과 양자역학을 합한 이론을 만들려는 노력이 시도되었다. 그 다음 해에 Klein과 Gordon은 고전 역학적 에너지 관계식 대신에 특수상대성 원리에서의 에너지 관계식을 양자화한 방정식을 얻었고, 1928년에는 Dirac이 전자와 같은 스핀-½인 입자의 운동을 기술하는 방정식을 얻었다. 즉 Klein-Gordon 방정식은 Einstein의 에너지와 질량의 관계식 $E^2=(c\,p)^2+(mc^2)^2$을 양자화한 식으로 질량을 가진 모든 입자를 기술하는 방정식인데 비하여, Dirac 방정식은 $E,\ c\,p,\ mc^2$ 사이의 1차 관계식을 이용한 식으로 스핀-½을 가진 입자를 기술하는 최초의 공변적인 파동방정식이다.

스핀 ½인 자유입자를 기술하는 Dirac 방정식은 자연스럽게 그 입자가 스핀-½임이 포함되어 있다. 또 광자를 나타내는 전자파는 Maxwell 방정식을 만족함은 이미 1864년에 알려졌다. 이 식 역시 광자가 스핀 1이고 정지질량이 영(零, 0)이라는 사실을 자연스럽게 설명해주고 있다. 스핀이 ½ 또는 1인 파동함수를 알면 그 이상의 크기를 갖는 입자상태를 기술하는 방법도 쉽게 알 수 있다.

그 후에 ½과 다른 임의의(arbitrary) 스핀을 가진 입자를 기술하는 파동방정식들이 Pauli와 Fierz, 1940년대에는 Rarita와 Schwinger, Bargman과 Wigner, 그리고 1960년대에는 Weinberg, Good 등 여러 사람들에 의하여 시도되었다. 특히 비상대론적인 Schrödinger 방정식과는 달리 상대론적인 파동방정식은 입자의 스핀에 따라 다른 모양을 가진 것이 특징이며, 또 한 가지 스핀을 생각할 때에도 공변적인 이들 방정식이 여러 가지로 기술될 수 있으며, 자유입자인 경우 이들은 서로 연관되어 있다. 그러나 외부의 전기자기장의 영향을 받을 때 파동방정식이 어떻게 되는지는 고스핀 입자에 대하여는 아직도 명확하게 알려지지 않았다. 그러나 지금까지는 스핀이 큰 입자는 복합상태로 취급이 되고 속박상태에 대한 명확한 해답이 알려지지 않은 상태이며, 쿼크로 이루어진 강입자의 경우도 스핀 문제가 아직 풀리지 않았다. 입자물리학에서는 한 입자의 성질을 연구하고 입자들 사이의 상호작용을 연구하기 때문에 입자의 스핀이 중요한 역할을 하는 것은 당연하다. 일반적으로 입자들의 스핀 또는 스핀의 영향을 이론적으로 취급했을 때 얻은 결과를 실험적 결과와 비교하여야 하며, 이 때 꼭 한 입자의 스핀 상태를 실험적으로 측정하기는 매우 어렵다. 따라서 일반적으로 여러 입자를 함께 취급하여야 하며 스핀 상태의 실험적 값과 비교하기 위하여서는 여러 입자들의 평균을 택하는 경우가 많은데, 이와 같은 입자들의 스핀의 앙상불(ensemble) 평균을 그 입자의 편극(偏極, polarization)이라 부른다. 이 책에서는 입자의 편극을 다루는 방법을 보이고 주로 전기약작용의 여러 반응에 이것을 응용하는 것을 다루려 한다.

입자들 중에는 광자, 중성미자 등과 같이 정지질량이 0이거나 거의 0인 입자들이 있으며 이들은 질량이 0이 아닌 입자들과는 약간 다른 성질을 가지고 있다. 특히 중성미자의 경우 현재까지의 실험결과를 살펴보면 이들이 어느 특정한 방향의 스핀 상태를 가지고 있음을 알게 되었다. 이러한 특별한 성질을 가진 입자가 작용하는 약한 상호작용(weak interaction)에서는 반전성(parity)이 보존되지 않는 것이 T.D. Lee와 C.N. Yang에 의하여 처음 제안되었다. 후에 C.S. Wu 등에 의하여 실험적으로 조사한 약한 상호작용에서의 반전성 비보존의 증명은 다음과 같은 Cobalt 원자의 붕괴과정에서 얻었다.

$$\begin{aligned} &\mathrm{Co} \rightarrow \mathrm{Ni} + e^- + \nu \\ &(n) \rightarrow (p) + e^- + \nu \end{aligned} \tag{1.1}$$

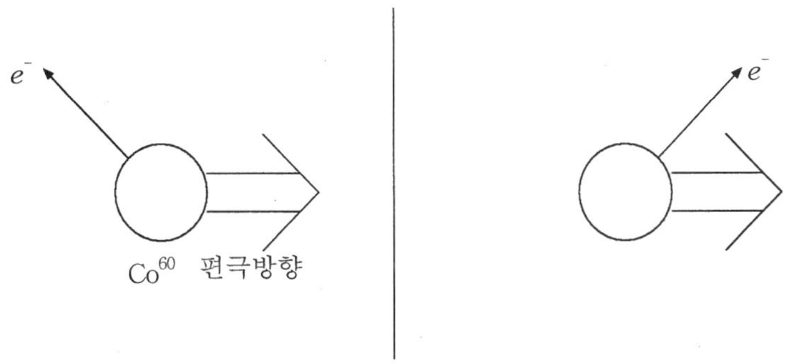

그림 1.3 편극된 Co 원자핵의 붕괴에서 나오는 전자의 방향과 이 과정의 거울을 통한 고찰

즉, 이 과정에서 Co 원자핵 안에 있는 중성자가 β붕괴를 하는 과정에서 parity가 보존되지 않는다는 것이었다.

반전성(parity)에 대한 수식적(양자론적) 정의는 뒤에 자세히 설명하겠지만, 여기서 간단히 그 의미를 생각해 보자. 거울(mirror)에 비친 상의 좌표계는 원래의 좌표계와 다른 반전된(反轉, inverted) 좌표계이다. 즉 거울에 비춰진 오른쪽 좌표계는 왼쪽 좌표계가 된다. parity 보존은 오른쪽 좌표계에서 성립되는 물리적 현상이 왼쪽 좌표계에서도 그대로 성립됨을 의미한다. 이것이 경우에 따라서는 보존되지 않음이 편극된 Co 핵의 붕괴를 관찰함으로서 Wu 등에 의하여 실험적으로 증명되었다. 즉, 그림 1.3에서 보는 바와 같이, 거울에 비추었을 때 궤도 각운동량 ($\mathbf{x} \times \mathbf{p}$)를 살펴보면 $\mathbf{x}$와 $\mathbf{p}$가 각각 $-\mathbf{x}$와 $-\mathbf{p}$로 될 때 ($\mathbf{x} \times \mathbf{p}$)가 바꾸어지지 않는다. 마찬가지로 Co 핵의 편극은 일종의 각운동량이므로 위 그림과 같이 거울에 비추었을 때 그 방향이 바꾸어지지 않는다. 한편 전자가 움직이는 궤도는 거울에 비쳤을 때 그 방향이 바꾸어짐이 우리가 경험하는 바와 같다. 따라서 그림 1.3에서 "거울의 왼쪽 사항이 일어나면 오른쪽 사항이 자연현상에서 일어나는가?" 하는 문제는 이 물리현상이 parity가 보존되는가와 같은 질문이 된다. Wu 여사 등의 실험에 의하면 편극된 Co 핵에서 붕괴되어 나오는 전자는 거의 모두가 Co 핵의 편극에 반대방향으로만 나오는 것을 알게 되었다. 이것은 Co 핵의 붕괴와 같은 β붕괴 즉, 약한 상호작용(weak interaction)에서는 parity가 보존되지 않음을 의미한다. 그 후에 Lederman은 $\pi \rightarrow \mu\,\nu$ 과정에서도 parity 비보존(violation)을 실험적으로 설명하였다. 이와 같이 약한 상호작용에서는 입자의 스핀 또는 편극은 중요한 역할을 하였다.

보다 최근의 이론인 전기약작용(電氣弱作用, electroweak theory)에서의 실험에서도 스핀의 중요성이 알려졌다. 즉 1967년부터 Glashow-Weinberg-Salam(GWS)의 이론으로 알려

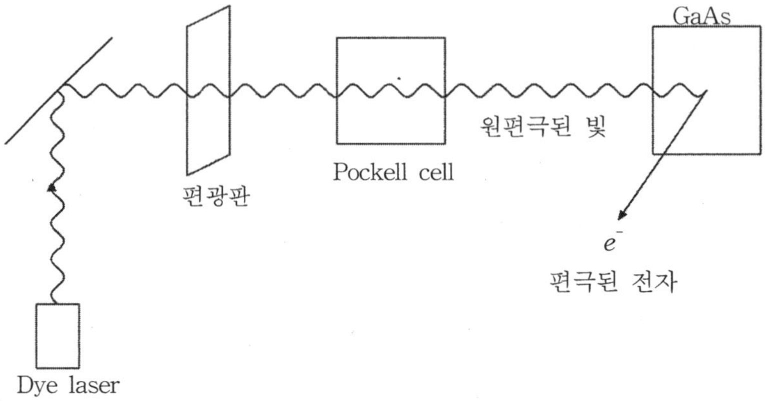

그림 1.4 편광된 Laser로부터 편극된 전자를 얻는 실험

진 전기약작용은 양자전기역학(QED)과 약한 상호작용(weak interaction)을 통일(統一)시킨 이론으로, 1864년 전기장과 자기장을 통일시켜 만든 Maxwell의 이론 이래 최초의 통일이론으로 알려졌다. 앞으로 다른 더 확장된 통일이론이 나올 때까지는, 현재 실험 사실을 가장 잘 설명할 수 있는 이론으로 알려졌다. 표준모형(standard model)으로 알려진 이 모델이 처음 발표되었을 때 이 이론은 실험적 검증을 통과해야 했었다.

1970년대 원자물리학에서 parity 비보존에 대한 실험이 있었으나, 이 효과가 작아서 실험적 확증이 어렵고, 여러 group들의 결과가 달랐었다(어떤 group은 GWS 모형의 예견과 다른 결과를, 또 다른 group에서는 같은 결과를 주장하기도 하였다.). 그러나 1976년 Pierce와 Meier는 dye laser의 빛을 원편광되게 만들어 GaAs에 쪼였을 때 광전효과에 의하여 튀어나오는 전자는 전자가 움직이는 방향 쪽으로 약 50%쯤 편극되었음을 알아 내었다(그림 1.4 참조). 이렇게 하여 얻어진 전자들은 parity 비보존의 연구에 유용하게 사용되었다. 즉, SLAC 연구소에서 Prescott 등은 이와 같이 종편극(longitudinally polarized)된 전자들을 가속시켜 중양성자(deuteron)에 산란시켰을 때 미분단면적을 조사하였다. *ed* 산란과정은 과거에는 그림 1.5(a)에서와 같이 전자기적 상호작용만으로 기술되었으나 GWS 모형은 여기에도 그림 1.5(b)에서와 같은 약한 상호작용의 영향이 있음을 예언하였다. 그러나 약한 상호작용(약작용이라고도 함)의 효과는 작지만 존재한다는 것이 이론적 결론이므로 실험적 검증을 하기 위하여 그림 1.6과 같이 편극된 전자(e)를 이용한 전자-중양성자 산란을 고찰하였다.

그림 1.6의 왼쪽은 종편극된(longitudinally polarized) 전자가 정지해 있는 중양성자와 충돌하는 과정인데 이 과정을 거울에 비추면 오른쪽 그림과 같이 된다. 즉 거울에 비춰진 과정

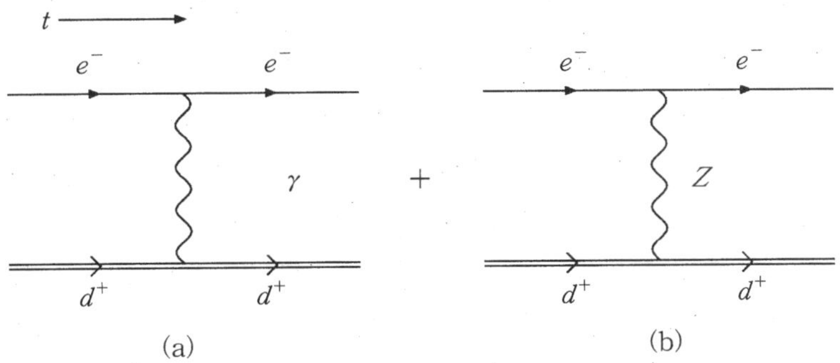

그림 1.5 전자-중양성자 산란 과정의 Feynman 도형

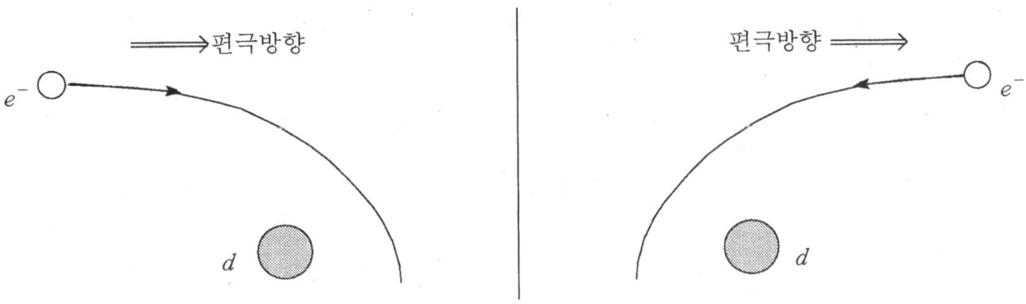

그림 1.6 종편극된 전자와 중양성자의 산란과, 이 과정의 거울에 비친 과정

이란 전자의 편극을 바꾸어 충돌 실험을 한 것과 같다. 편극이 바꾸어진 전자는 그림 1.4의 광전효과 실험에서 Pockell cell의 전압을 바꿔 주어 광자의 원편극(circular polarization)방향을 바꾸어 줌으로서 얻어진다. 이와 같이 하여 다른 방향으로 편극된 전자와 중양성자의 충돌 실험에서는 약간 다른 단면적을 갖음을 밝혀 내었다. 즉 실험의 결과는 GWS에서 예측한 바와 같이 전자-중양성자 산란이 그림 1.5(a)의 그림인 순수한 전자기적 상호작용과는 다르다는 것을 확인해 주고 그림 1.5의 (b)인 약작용 효과가 포함됨을, 즉 반전성의 비보존이 존재함을 알려 주었다. 이것은 최초로 직접적인 GWS 모형의 증명이라고 할 수 있다. 물론 GWS 모형은, 그림 1.5(b)와 다른 형태의 반응에서도 중성류(neutral current)의 존재도 말해 주고 있기 때문에 다른 실험으로 중성류의 존재를 확인함으로써도 알 수 있게 되었다.

현재 입자물리학의 많은 실험 결과가 표준모형에서 예측하는 것과 거의 같은 결과를 얻기 때문에 현재 실험할 수 있는 에너지 영역에서는 표준모형이 맞는 것으로 알려졌으나, 대부분의 물리학자들은 이것이 궁극적인 이론으로는 생각하지는 않고 있다. 이 이론은 너무 많은 매개상수를 포함하고 있으며 또 중력을 포함하고 있지 않기 때문이다.

따라서 보다 좋은 통일(統一)이론은 이론적으로 만들어 볼 수는 있겠으나, 실험적으로 검증하기는 쉽지 않으며, 새로운 통일이론을 검증하기 위해서는 보다 큰 에너지의 가속기를 만들어야 하거나, 보다 큰 에너지로 가속된 우주에서 나오는 입자 현상에서 볼 수 있을 것으로 기대한다. 유럽의 CERN 연구소에 있는 LEP(large electron-positron collider)나, 2005년에 완성될 LHC(large hadron collider) 등의 가속기는 많은 비용으로 건설되고 많은 시간이 요하는 장치이지만 이들의 실험에서 표준모형이 틀렸다고 말할 수 있는 실험이 나올지는 의문이다. 새로운 이론이라도 비교적 낮은 에너지에서는 표준 모형을 포함하는 이론이어야 한다고 생각하고 있다. 최근에는 초대칭 이론이나 초끈 이론이 이 범주에 속할 것으로 생각하는 사람이 많다.

한편 많은 학자들은 보다 정밀한 실험을 통하여 표준모형의 정당성을 조사하려고도 한다. 이 때 여러 가지 입자의 편극과 관련된 연구에서 parity 비보존 등이 표준 모형이 예상한 대로 나타나는가 하는 것도 연구 대상이 되고 있다.

예를 들면, 수년 전 독일 Mainz의 Ziegler는 제동복사(bremsstrahlung) $eN \to eN\gamma$에서 γ의 편극을 조사한 일이 있다. 뒤에서 보다 자세히 기술하겠지만, QED만을 고려할 때와 전기약작용을 고려할 때 달라지는 것은 그림 1.7에서 Z입자 교환(exchange)항이 들어오는데, 이 parity 비보존 부분은 밖으로 나오는 γ의 편극에 영향을 준다. 즉 QED만 생각할 때

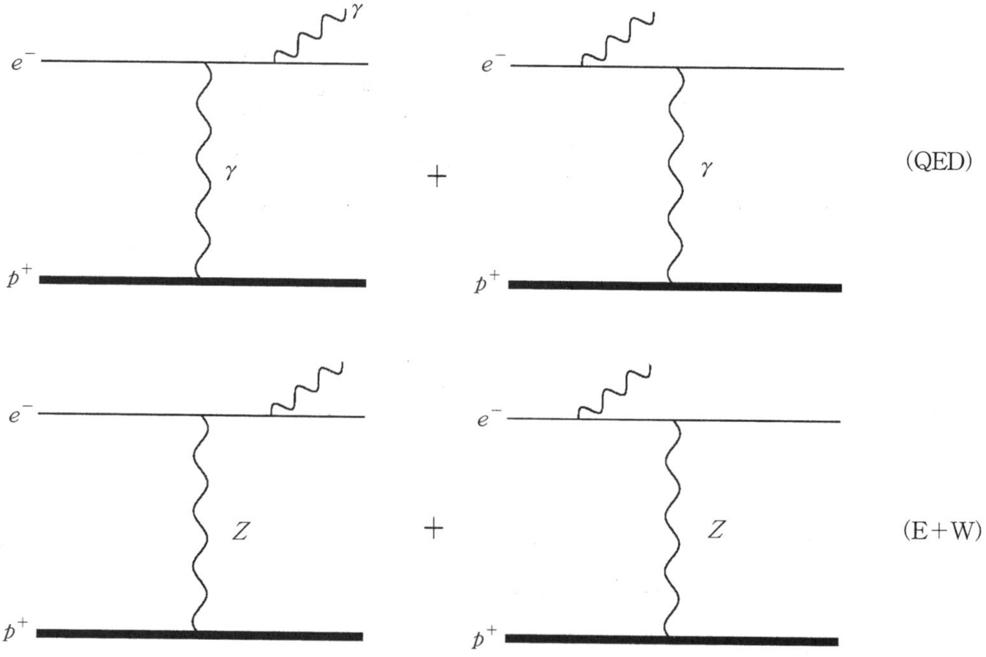

그림 1.7 전자-양성자의 제동복사과정을 나타내는 Feynman 도형

는 γ는 선편극이 되고 Z 입자 교환까지를 고려하면 선편극과 원편극이 섞인 γ가 나온다. 특히 원편극이 된 γ 광선이 나오는 것은 parity 비보존의 특징이라고 할 수 있다.

여기서 원편광이 되었어도 표준모형(GWS)이 예측한 대로 원편광의 크기 정도(degree)가 되는가를 조사할 필요가 있다. 1982년 Ziegler가 이 과정에서 광자의 원편극 정도 측정하여 보았더니, 표준모형이 예측하는 것보다 약 10^2배만큼 더 큰 값을 얻었다. 여기서 나온 결과가 실험의 잘못인지, 이론이 틀림을 의미하는지는 아직 알 수 없다. 그러나 전혀 다른 실험에서는 표준모형의 결과가 나오므로 이 경우도 실험에 오류가 있지 않을까 생각되지만, 그 결과에 대하여 틀렸다고 말하려면 다른 사람이 독립적으로 그 실험을 함으로써만 할 수 있겠다. 또 다른 영향도 있을 수 있는지는 알아보아야 할 일이다. 그러나 이 에너지 영역에서 표준모형으로 벗어난 것을 생각하기는 어렵다.

표준모형에서 확장된 어떤 입자모형에서는 Z 입자 외에도 Z' 입자의 존재를 예언하기도 하고, 모형에 따라서 Z' 입자의 도입 방법이 다르게 될 수 있다. 또 표준모형에서 벗어난 이론 중에 초대칭(supersymmetry) 이론을 도입한 입자모형에서는 다른 여러 가지 입자를 예언하고 표준모형에서와는 다른 반응이 나타난다. 최근에 많이 연구되는 초대칭 이론은 기존 4차원 공간에 스피너 공간을 더하여 확장한 초대칭 공간에서의 양자역학이며 여기서 스핀은 자연히 중요한 문제가 된다. 이러한 것들은 실험적 결과를 통하여 어느 것이 맞는가를 밝힐 수 있는데 물론 초대칭 입자를 발견하는 것이 이 이론이 받아들여지는 중요한 조건이지만, 그 후에 입자의 편극에 대한 조사는 중요한 도구가 된다.

이상 몇 가지 예는 스핀 또는 편극이 물리학의 연구에 상당히 중요한 역할을 함을 보여주고 있다. 최근 많은 사람들은 이론적 연구에서나 실험적 연구에서 보다 자세한 측정(precision measurement)을 통하여 표준모형에서 벗어남을 조사하고 있으며, 여기에서도 입자의 편극은 중요한 역할을 하고 있다.

제 2 장

Dirac 방정식과 스핀-½ 입자의 편극

여기서는 전자와 같은 스핀(spin)-½인 기본입자가 만족하는 Dirac 방정식을 소개를 하고 그 해를 통하여 스핀-½ 입자의 편극을 간편하게 설명한다. 이와 관련한 더 자세한 분석과 고스핀에 대한 연장을 생각하여 스피너 이론을 끝에 부록으로 첨가한다.

2.1 Dirac 방정식의 형성

1926년 Schrödinger 방정식이 만들어진 직후 이 식에 해당하는 입자의 상대론적 방정식이 무엇인가를 생각하게 되었다. 즉 Schrödinger는 고전역학의 Hamiltonian 식인

$$H = \frac{p^2}{2m} + V \tag{2.1}$$

를 양자화(量子化, quantized)하여, 즉 대응원리의 관계식

$$H \to i\hbar \frac{\partial}{\partial t} \tag{2.2a}$$

$$\boldsymbol{p} \rightarrow \frac{\hbar}{i} \nabla \qquad (2.2b)$$

를 이용하여(앞으로 굵은 글씨는 3차원에서의 벡터량을 나타낸다.) 다음과 같은 Schrödinger 방정식

$$i\hbar \frac{\partial \Psi}{\partial t} = -\frac{\hbar^2}{2m} \nabla^2 \Psi + V\Psi \qquad (2.3)$$

를 얻었으나, 이 식은 상대론적으로 공변적(共變的, covariant) 식이 아니다. 이에 착안하여 상대론적으로 공변인 식을 먼저 생각한 사람은 Klein과 Gordon이었다.

이들은 자유입자에 대한 Einstein의 운동량-에너지 관계식

$$H^2 = \boldsymbol{p}^2 c^2 + m^2 c^4 \qquad (2.4)$$

에 양자화 관계식 (2.2a)와 (2.2b)를 이용하면 다음과 같은 식

$$-\hbar^2 \frac{\partial^2}{\partial t^2} \Psi(\boldsymbol{x}, t) = -c^2 \hbar^2 \nabla^2 \Psi(\boldsymbol{x}, t) + m^2 c^4 \Psi(\boldsymbol{x}, t) \qquad (2.5a)$$

또는 이 식을 바꾸어 쓴 Klein-Gordon식

$$\frac{1}{c^2} \frac{\partial^2}{\partial t^2} \Psi(\boldsymbol{x}, t) - \nabla^2 \Psi(\boldsymbol{x}, t) + \frac{m^2 c^2}{\hbar^2} \Psi(\boldsymbol{x}, t) = 0 \qquad (2.5b)$$

$$\Box \Psi(\boldsymbol{x}, t) + \frac{m^2 c^2}{\hbar^2} \Psi(\boldsymbol{x}, t) = 0 \qquad (2.5c)$$

을 얻었다. 여기서 4-차원 미분 □는 다음과 같은 좌표변환에 대하여 불변량이다.

$$\Box = \frac{1}{c^2} \frac{\partial^2}{\partial t^2} - \nabla^2 \qquad (2.5d)$$

그러나 이 식으로부터 확률흐름의 밀도를 만들면 Schrödinger의 경우와는 달리 문제점이

있음이 알려졌었다.

즉 Schrödinger 방정식에서는

$$\left\{i\hbar\frac{\partial\Psi}{\partial t} = -\frac{\hbar^2}{2m}\nabla^2\Psi + V\Psi\right\}\times\frac{1}{i\hbar}\Psi^*$$

$$\left\{-i\hbar\frac{\partial\Psi^*}{\partial t} = -\frac{\hbar^2}{2m}\nabla^2\Psi^* + V\Psi^*\right\}\times\frac{1}{i\hbar}\Psi$$

로부터 위 식에서 아래 식을 빼어서

$$\frac{\partial}{\partial t}\left(\Psi^*\Psi\right) = i\frac{\hbar}{2m}\left(\Psi^*\nabla^2\Psi - \Psi\nabla^2\Psi^*\right)$$

을 얻고 이것을 다시

$$\frac{\partial}{\partial t}\left(\Psi^*\Psi\right) + \frac{\hbar}{2im}\nabla\cdot\left(\Psi^*\nabla\Psi - \Psi\nabla\Psi^*\right) = 0 \tag{2.6a}$$

로 쓸 수 있는데, 이것은 다음과 같은 연속방정식의 형태로 쓸 수 있다.

$$\frac{\partial\rho}{\partial t} + \nabla\cdot\boldsymbol{J} = 0 \tag{2.6b}$$

여기서 확률밀도(probability density) ρ와 확률흐름밀도(probability current density) $\boldsymbol{J}$는

$$\rho = \Psi^*\Psi \tag{2.7a}$$

$$\boldsymbol{J} = \frac{\hbar}{2im}\left(\Psi^*\nabla\Psi - \Psi\nabla\Psi^*\right) \tag{2.7b}$$

로 주어지는데 확률밀도 ρ가 양(陽, >0)의 값을 갖게 됨을 알 수 있다.

한편 Klein-Gordon 방정식에서는 (2.5) 식에서 얻는

$$\Psi^* \times \left(\frac{1}{c^2}\frac{\partial^2}{\partial t^2}\Psi(\boldsymbol{x},t) - \nabla^2\Psi(\boldsymbol{x},t) + \frac{m^2c^2}{\hbar^2}\Psi(\boldsymbol{x},t) = 0 \right)$$

$$\Psi \times \left(\frac{1}{c^2}\frac{\partial^2}{\partial t^2}\Psi(\boldsymbol{x},t)^* - \nabla^2\Psi(\boldsymbol{x},t)^* + \frac{m^2c^2}{\hbar^2}\Psi(\boldsymbol{x},t)^* = 0 \right)$$

로부터 위 식에서 아래 식을 빼어서

$$\frac{1}{c^2}\frac{\partial}{\partial t}\left(\Psi^*\frac{\partial \Psi}{\partial t} - \Psi\frac{\partial \Psi^*}{\partial t}\right) - \nabla\cdot(\Psi^*\nabla\Psi - \Psi\nabla\Psi^*) = 0 \tag{2.8}$$

를 얻는데 확률흐름밀도 $\boldsymbol{J}$의 식 (2.7b)를 생각하여 위의 식을 $\frac{i\hbar}{2m}$로 곱하여 주면 연속방정식 (2.6b)를 얻게 되는데 이 때 확률밀도에 해당되는 값은

$$\rho = \frac{i\hbar}{2mc^2}\left(\Psi^*\frac{\partial \Psi}{\partial t} - \Psi\frac{\partial \Psi^*}{\partial t}\right) \tag{2.9}$$

가 되며, 이것은 항상 0보다 큰 값이라고 할 수 없다. 따라서 확률밀도라고 하는 데에는 문제가 있다. 후에 음과 양의 전하를 띤 입자가 발견된 후에는 이 식에 전하 e를 곱하여 이것이 하전확률밀도를 나타낸다고 생각함으로써 이 값은 0보다 클 수도 있고 작을 수도 있음을 밝혀 내었다. 그러나 1927, 1928년 당시에는 질량은 같으나 전하만 다른 두 가지 입자(즉 입자와 반입자)가 있다는 것을 몰랐으며, 따라서 식 (2.9)로 주어진 ρ가 0보다 작은 값을 가질 수 있다는 것 자체가 문제가 되어 결국 Klein-Gordon 방정식이 갖는 애로점으로 간주되었다.

Dirac은 Klein-Gordon 방정식이 갖는 이러한 문제점은 그 식에 있는 시간에 의한 두 번 미분한 항 때문인 점을 생각하고 1928년에 시간에 의하여 한 번 미분한 상대론적 방정식을 얻으려 했다. 그러나 Einstein의 관계식 (2.4)로부터 얻게 되는

$$H = \pm\sqrt{p^2c^2 + m^2c^4} \tag{2.10}$$

를 양자화하면 비선형 방정식을 얻게 되므로, Dirac은 행렬을 도입하여 선형이고 시간에 대하여 한 번 미분한 방정식을 얻게 되었다.

Dirac이 얻게 된 파동방정식은 다음 성질을 갖는 것이었다.

(i) 상대론적으로 공변적이고,

(ii) $\frac{\partial}{\partial t}$에 대하여 선형(線型, linear 즉, 1차)인 식이고,

(iii) 자유입자에 대하여 정확한 분산관계식을 주는 식 즉, 만일 $\Psi(\boldsymbol{x}, t) \sim \exp\left\{\frac{i}{\hbar}(\boldsymbol{p}\cdot\boldsymbol{x} - Et)\right\}$라면 Klein-Gordon 식과 같이, $E^2 = c^2\boldsymbol{p}^2 + m^2c^4$을 주는 식이다.

그는 파동방정식이 $\frac{\partial}{\partial t}(\sim E)$에 대하여 1차이면 $\frac{\partial}{\partial x}(\sim p)$에 대하여도 1차이어야 한다고 생각하여, 다음과 같은 관계식을 시도했다.

$$i\hbar\frac{\partial}{\partial t}\Psi(\boldsymbol{x}, t) = (c\,\boldsymbol{\alpha}\cdot\boldsymbol{p} + mc^2\beta)\Psi(\boldsymbol{x}, t) \tag{2.11}$$

여기서 $\boldsymbol{p}$는 연산자이고, 상수 c, mc^2는 에너지에 해당되는 차원이 되도록 넣어 주었고, $\boldsymbol{\alpha}$와 β는 앞으로 정해야 할 양이다. 이 방정식을 Dirac 방정식이라 부른다.

만일 평면파 $\Psi(\boldsymbol{x}, t) \sim \exp\left\{\frac{i}{\hbar}(\boldsymbol{p}\cdot\boldsymbol{x} - Et)\right\}$를 식 (2.11)에 대입하면

$$E\Psi = (c\,\boldsymbol{\alpha}\cdot\boldsymbol{p} + mc^2\beta)\Psi \tag{2.12}$$

를 얻는데, 여기서 $\boldsymbol{p}$는 연산자가 아니고 물리적 운동량을 나타낸다. 따라서

$$E^2\Psi = E(c\,\boldsymbol{\alpha}\cdot\boldsymbol{p} + mc^2\beta)\Psi = (c\,\boldsymbol{\alpha}\cdot\boldsymbol{p} + mc^2\beta)(c\,\boldsymbol{\alpha}\cdot\boldsymbol{p} + mc^2\beta)\Psi \tag{2.13a}$$

를 얻는데, $\boldsymbol{\alpha}$와 β가 교환 가능한 양이 아니라고 가정하면 이 식은

$$E^2\Psi = [c^2\alpha_i\alpha_j p_i p_j + mc^3(\beta\alpha_i + \alpha_i\beta)p_i + m^2c^4\beta^2]\Psi \tag{2.13b}$$

가 된다. 이 식이 $E^2\Psi = (c^2\boldsymbol{p}^2 + m^2c^4)\Psi$인 관계식을 갖기 위하여서는 다음 관계식이 요구된다.

(i) $\alpha_i\alpha_j + \alpha_j\alpha_i = 2\delta_{ij}$ (2.14a)

(ii) $\beta\alpha_i + \alpha_i\beta = 0$ (2.14b)

(iii) $\beta^2 = 1$ (2.14c)

그 이유는 식 (2.13b)에서

$$\alpha_i\alpha_j p_i p_j = \frac{1}{2}(\alpha_i\alpha_j + \alpha_j\alpha_i)p_i p_j$$
$$= \frac{1}{2}\times 2\ \delta_{ij}\ p_i p_j = \boldsymbol{p}\cdot\boldsymbol{p}$$
$$(\beta\alpha_i + \alpha_i\beta)p_i = 0$$

이기 때문이다. Dirac은 이 관계식을 만족하는 $\boldsymbol{\alpha}$, β가 최소한 4×4인 행렬(matrix)이어야 함을 알아 내었다. 즉 2×2나 3×3 행렬로는 위 조건을 만족하는 행렬을 찾을 수 없다. 따라서 Ψ도 네 성분을 가진 열행렬(列行列, column matrix)이어야 한다.

Dirac이 얻은 이 행렬들은 다음과 같다.

$$\boldsymbol{\alpha} = \begin{pmatrix} 0 & \boldsymbol{\sigma} \\ \boldsymbol{\sigma} & 0 \end{pmatrix} \tag{2.15}$$

$$\beta = \begin{pmatrix} I & 0 \\ 0 & -I \end{pmatrix} \tag{2.16}$$

여기서 I는 2×2 단위행렬이고, $\boldsymbol{\sigma}$는 Pauli 행렬로 알려진 다음과 같은 2×2 행렬이다.

$$I = \begin{pmatrix} 1 & 0 \\ 0 & 1 \end{pmatrix} \tag{2.17}$$

$$\sigma_1 = \begin{pmatrix} 0 & 1 \\ 1 & 0 \end{pmatrix},\quad \sigma_2 = \begin{pmatrix} 0 & -i \\ i & 0 \end{pmatrix},\quad \sigma_3 = \begin{pmatrix} 1 & 0 \\ 0 & -1 \end{pmatrix} \tag{2.18}$$

식 (2.15)과 (2.16)이 식 (2.14a-c)으로 주어진 관계식을 만족함을 증명해 보자.

(증명) Pauli 행렬이 $\sigma_i\sigma_j = \delta_{ij} + i\varepsilon_{ijk}\,\sigma_k$를 만족함을 생각하면,

$$\alpha_i\alpha_j + \alpha_j\alpha_i = \begin{pmatrix} 0 & \sigma_i \\ \sigma_i & 0 \end{pmatrix}\begin{pmatrix} 0 & \sigma_j \\ \sigma_j & 0 \end{pmatrix} + \begin{pmatrix} 0 & \sigma_j \\ \sigma_j & 0 \end{pmatrix}\begin{pmatrix} 0 & \sigma_i \\ \sigma_i & 0 \end{pmatrix} = \begin{pmatrix} \sigma_i\sigma_j + \sigma_j\sigma_i & 0 \\ 0 & \sigma_i\sigma_j + \sigma_j\sigma_i \end{pmatrix}$$

$$= 2\delta_{ij}\begin{pmatrix} I & 0 \\ 0 & I \end{pmatrix} = 2\delta_{ij} I$$

$$\beta\alpha_i + \alpha_i\beta = \begin{pmatrix} I & 0 \\ 0 & -I \end{pmatrix}\begin{pmatrix} 0 & \sigma_i \\ \sigma_i & 0 \end{pmatrix} + \begin{pmatrix} 0 & \sigma_i \\ \sigma_i & 0 \end{pmatrix}\begin{pmatrix} I & 0 \\ 0 & -I \end{pmatrix} = 0$$

$$\beta^2 = \begin{pmatrix} I & 0 \\ 0 & -I \end{pmatrix}\begin{pmatrix} I & 0 \\ 0 & -I \end{pmatrix} = \begin{pmatrix} I & 0 \\ 0 & I \end{pmatrix}$$ **(증명 끝)**

식 (2.14)로 주어진 관계식을 만족하는 행렬은 (2.15)와 (2.16)으로 정의된 것만 있는 것은 아니다. 예를 들어,

$$\boldsymbol{\alpha} = \begin{pmatrix} \boldsymbol{\sigma} & 0 \\ 0 & -\boldsymbol{\sigma} \end{pmatrix} \tag{2.19}$$

$$\beta = \begin{pmatrix} 0 & I \\ I & 0 \end{pmatrix} \tag{2.20}$$

로 정의할 수도 있다. 앞에서 정의된 것을 Dirac-Pauli 표현이라 하고, 뒤에서 정의된 것을 Weyl 표현(또는 chiral 표현)이라 부른다. 이 두 표현에서 $\boldsymbol{\alpha}$, β는 항상

$$\alpha^\dagger = \alpha, \quad \beta^\dagger = \beta \tag{2.21}$$

즉 Hermitian 행렬이다. 여기서 (†)는 행렬을 복소공액(conjugate)을 취한 후 전치(transpose)를 함을 나타낸다. 이 외에도 다른 표현도 있을 수 있다.

[문제 2.1] $\boldsymbol{\alpha}$, β의 Weyl 표현은 이들의 Dirac-Pauli 표현으로부터 unitary 변환에 의하여 얻을 수 있음을 보여라. 즉 $(\boldsymbol{\alpha}_W, \beta_W) = U(\boldsymbol{\alpha}_{PD}, \beta_{PD})U^{-1}$에서 U를 구하라.

이와 같이 만들어진 Dirac 방정식에서 연속방정식을 얻어, 확률밀도와 확률흐름밀도를 생각해 보자. 식 (2.11)에서 운동량 연산자를 사용하고 $\Psi^\dagger(\boldsymbol{x}, t)$를 이 식의 우측에서 곱하고,

또 이 식의 복소공액(complex conjugate)을 취한 후 $\Psi(\boldsymbol{x}, t)$를 좌측에서 곱하면,

$$\Psi^{\dagger}(\boldsymbol{x}, t) \times [i\hbar \frac{\partial}{\partial t} \Psi(\boldsymbol{x}, t) = \frac{\hbar c}{i} \boldsymbol{\alpha} \cdot \nabla \Psi(\boldsymbol{x}, t) + mc^2 \beta \Psi(\boldsymbol{x}, t)]$$

$$[-i\hbar \frac{\partial}{\partial t} \Psi(\boldsymbol{x}, t)^{\dagger} = -\frac{\hbar c}{i} \nabla \Psi^{\dagger} \cdot \boldsymbol{\alpha} + mc^2 \Psi(\boldsymbol{x}, t)^{\dagger} \beta \times \Psi(x, t)]$$

를 얻는데, 위 식에서 아래 식을 빼면 다음 식을 얻는다.

$$\frac{\partial}{\partial t}(\Psi^{\dagger} \Psi) + c \nabla \cdot (\Psi^{\dagger} \boldsymbol{\alpha} \Psi) = 0 \tag{2.22}$$

따라서 이 식을 연속방정식 (2.6b)와 비교하여 보면 확률밀도와 확률흐름밀도는 각각

$$\rho = \Psi^{\dagger} \Psi = \sum_{i=1}^{4} \Psi_i^{*} \Psi_i > 0 \tag{2.23}$$

$$\boldsymbol{J} = c\Psi^{\dagger} \boldsymbol{\alpha} \Psi \tag{2.24}$$

를 얻는다. 따라서 Dirac은 항상 0보다 큰 확률밀도를 얻을 수 있었다.

2.2 Dirac 방정식의 공변형(共變形, Covariant form)

물리학에서 중요한 원리는 자연현상을 기술하는 방정식이 어느 좌표계에서나 같은 모양을 갖춘다는 것이다. 따라서 물리학적 방정식은 Lorentz 변환과 같은 좌표 변환에서 식이 갖는 모양이 바뀌지 않는 공변적(covariant)이어야 한다. 이것을 분명하게 보이기 위하여 원래의 Dirac 방정식을 변형하여 보자.

2.2.1 Pauli-Dirac 표기에 의한 공변형 Dirac 방정식

4차원 공간에서의 식 (2.11)으로 주어진 Dirac 방정식

$$i\hbar \frac{\partial}{\partial t}\Psi(\boldsymbol{x}, t) = \frac{\hbar c}{i}\boldsymbol{\alpha} \cdot \nabla\Psi(\boldsymbol{x}, t) + mc^2\beta\Psi(\boldsymbol{x}, t) \tag{2.25}$$

의 양변에 $\frac{1}{c\hbar}\beta$를 곱하면, $x_4 = ict$라 할 때

$$-\beta\frac{\partial}{ic\partial t}\Psi = -i\beta\boldsymbol{\alpha} \cdot \nabla\Psi + \frac{mc}{\hbar}\Psi$$

가 되고 이것은 다시 쓰면

$$\beta\frac{\partial}{\partial x_4}\Psi - i\beta\alpha_i\frac{\partial}{\partial x_i}\Psi + \frac{mc}{\hbar}\Psi = 0 \tag{2.26}$$

이 된다. 따라서 다음과 같은 4차원에서의 양을 도입하면,

$$x_\mu = (x_1,\ x_2,\ x_3,\ x_4 = ict) \tag{2.27}$$

$$\gamma_i = -i\beta\alpha_i = -i\begin{pmatrix} I & 0 \\ 0 & -I \end{pmatrix}\begin{pmatrix} 0 & \sigma_i \\ \sigma_i & 0 \end{pmatrix} = \begin{pmatrix} 0 & -i\sigma_i \\ i\sigma_i & 0 \end{pmatrix} \tag{2.28}$$

$$\gamma_4 = \beta = \begin{pmatrix} I & 0 \\ 0 & -I \end{pmatrix} \tag{2.29}$$

식 (2.26)은

$$\sum_{\mu=1}^{4}\gamma_\mu\frac{\partial}{\partial x_\mu}\Psi + \frac{mc}{\hbar}\Psi = 0 \tag{2.30a}$$

또는

$$(i \not{p} + mc)\Psi = 0 \tag{2.30b}$$

가 된다. 식 (2.30)에서는 γ_μ와 γ^μ는 구별할 필요 없다. 또

$$p_\mu = \frac{\hbar}{i} \frac{\partial}{\partial x_\mu} \tag{2.31}$$

이고 $\not{p}$는 $\sum_{\mu=1}^{4} \gamma_\mu p_\mu$를 의미한다. 앞으로는 $\sum_{\mu=0}^{4}$ 기호는 생략하기로 하자. 즉 두 아래첨자가 쓰여 있는 경우는 합의 기호가 없어도 그 첨자에 대한 합을 의미한다는 Einstein의 약속(convention)을 따르기로 한다. 따라서 $\not{p}$는 $\gamma_\mu p_\mu$를 의미하며, p-slash라 부른다.

식 (2.14a-c)을 γ_μ를 이용하여 표현해 보면 $\beta = \gamma_4$, $\alpha_i = i\beta\gamma_i = i\gamma_4\gamma_i$이므로

$$(\beta)^2 = \gamma_4\gamma_4 = 1, \tag{2.32a}$$

$$\beta\gamma_i + \gamma_i\beta = \gamma_4\gamma_i + \gamma_i\gamma_4 = 0$$

$$\therefore \gamma_4\gamma_i = -\gamma_i\gamma_4, \tag{2.32b}$$

$$\alpha_i\alpha_j + \alpha_j\alpha_i = i\gamma_4\gamma_i(i\gamma_4\gamma_j) + i\gamma_4\gamma_j(i\gamma_4\gamma_i) = -\gamma_4\gamma_i\gamma_4\gamma_j - \gamma_4\gamma_j\gamma_4\gamma_i = (\gamma_4)^2\gamma_i\gamma_j + (\gamma_4)^2\gamma_j\gamma_i$$

$$\therefore \gamma_i\gamma_j + \gamma_j\gamma_i = 2\delta_{ij} \tag{2.32c}$$

이고 이것은 μ 또는 ν의 (1에서 4까지) 어느 값에 대하여도 다음 식으로 나타낼 수 있다.

$$\gamma_\mu\gamma_\nu + \gamma_\nu\gamma_\mu = 2\delta_{\mu\nu} \tag{2.33}$$

[문제 2.2] γ_μ는 Hermitian임을 증명하여라.

2.2.2 Bjorken-Drell 표기법

4차원 공간에서 벡터의 표기법은 앞에서 도입된 바와 같이 성분을 (1, 2, 3, 4) 성분으로

하는 것 외에도 여러 가지가 있다. 특히 입자물리학에서 최근에 많이 사용되는 것으로는 각 성분의 값을 실수(real) 값으로 택하는, 소위 Bjorken-Drell 표기(notation) 또는 표준표기(standard notation)로 알려진 것으로서, 좌표계에서 시간 성분을 0 성분으로 하고 $x^0 = ct$로 택하여

$$x^\mu = (x^0, x^1, x^2, x^3) \tag{2.34}$$

로 표시한다. 즉 임의의 벡터 성분을 (0, 1, 2, 3) 성분으로 표시하고 첫번째 성분인 0 성분은 시간축에 해당되는 성분이고, (x^1, x^2, x^3)는 보통 3차원 좌표를 의미한다. 먼저 정의한 (1, 2, 3, 4) 성분의 표기를 Pauli 표기라 부른다. 두 표기를 비교하기 위하여 4-벡터의 내적을 생각해 보자. Pauli 표기를 이용하면

$$(x \cdot x)_P = x_\mu x_\mu = x_1x_1 + x_2x_2 + x_3x_3 + x_4x_4 = \boldsymbol{x} \cdot \boldsymbol{x} - c^2t^2 \tag{2.35}$$

내적은 Lorentz 변환에 대하여 불변이므로 Bjorken-Drell 표기에서도 전체적인 부호에서 차이가 있는 것 이외는 달라질 수 없다. 여기에서는 다른 형태의 성분 표시가 요구된다. 즉,

$$x_\mu = (x_0, x_1, x_2, x_3) \equiv (x^0, -x^1, -x^2, -x^3) \tag{2.36}$$

를 도입하여 다음과 같이 정의한다.

$$(x \cdot x)_{BD} = x_\mu x^\mu = c^2t^2 - \boldsymbol{x} \cdot \boldsymbol{x} \tag{2.37}$$

앞으로는 여기서는 표준표기(standard notation)로 알려진 Bjorken-Drell의 표기를 따르겠으며, 따라서 첨자(BD)는 생략하겠다.

x^μ를 반변(反變, contravariant) 벡터라 부르고 x_μ를 공변(共變, covariant) 벡터라 부른다. 공변과 반변 벡터의 성분 사이를 연결해 주는 계량텐서(metric tensor) $g^{\mu\nu}$ $(= g_{\mu\nu})$를 도입하여 사용하는데, 이것의 성분은 $g^{00} = 1$, $g^{ij} = -\delta_{ij}$ 으로 정의된다. 즉 행렬로 표시하면

$$(g^{\mu\nu}) = \begin{pmatrix} 1 & 0 & 0 & 0 \\ 0 & -1 & 0 & 0 \\ 0 & 0 & -1 & 0 \\ 0 & 0 & 0 & -1 \end{pmatrix} \tag{2.38}$$

(* 식 (2.38)은 편편한 공간(flat space)에서의 성질이고 굽은 공간에서는 달라진다.)

이고 다음과 같이 공변, 반변 벡터량을 연결시켜 준다.

$$x_\mu = g_{\mu\nu} x^\nu \tag{2.39a}$$

$$x^\mu = g^{\mu\nu} x_\nu \tag{2.39b}$$

또 두 벡터량의 내적은 공변 벡터와 반변 벡터의 곱이 되어 식 (2.35)는 다음과 같이 쓸 수 있다.

$$(x \cdot x) = x^\mu x_\mu = g_{\mu\nu} x^\mu x^\nu \tag{2.40}$$

식 (2.25)에 좌로부터 $\frac{1}{c}\beta$를 곱하면,

$$i\hbar\left(\beta\frac{\partial\Psi}{c\partial t} + \beta\boldsymbol{\alpha}\cdot\nabla\Psi\right) - mc\Psi = 0 \tag{2.41}$$

를 얻는다. 이 때 γ^μ를 다음과 같이 정의한다면,

$$\gamma^0 = \beta = \begin{pmatrix} I & 0 \\ 0 & -I \end{pmatrix} \tag{2.42}$$

$$\gamma^i = \beta\alpha^i = \begin{pmatrix} I & 0 \\ 0 & -I \end{pmatrix}\begin{pmatrix} 0 & \sigma^i \\ \sigma^i & 0 \end{pmatrix} = \begin{pmatrix} 0 & \sigma^i \\ -\sigma^i & 0 \end{pmatrix} \tag{2.43}$$

식 (2.41)은

$$i\hbar\left(\gamma^0\frac{\partial}{\partial x^0} + \gamma^i\frac{\partial}{\partial x^i}\right)\Psi - mc\Psi = 0 \tag{2.44}$$

또는

$$(\gamma^\mu p_\mu - mc)\Psi = 0 \tag{2.45}$$

로 되는데, 여기서 p^μ는 다음과 같이 정의된다. 즉 p^i는 (2.2b)와 같은 연산자이고, p^0는 H/c인 연산자를 나타낸다면,

$$\begin{aligned} p^\mu &= (p^0,\ p^i) = \left(i\hbar\frac{\partial}{c\partial t},\ -i\hbar\frac{\partial}{\partial x^i}\right) = \left(i\hbar\frac{\partial}{c\partial t},\ i\hbar\frac{\partial}{\partial x_i}\right) \\ &= \left(i\hbar\frac{\partial}{\partial x_0},\ i\hbar\frac{\partial}{\partial x_i}\right) = (i\hbar\partial^0,\ i\hbar\partial^i) \end{aligned} \tag{2.46}$$

즉

$$p^\mu = i\hbar\partial^\mu = i\hbar\frac{\partial}{\partial x_\mu} \tag{2.47a}$$

$$p_\mu = i\hbar\partial_\mu = i\hbar\frac{\partial}{\partial x^\mu} \tag{2.47b}$$

로 정의되어

$$\gamma^\mu p_\mu = \gamma^0 p_0 + \gamma^i p_i = \gamma^0 p^0 - \gamma^i p^i = i\hbar(\gamma^0\partial_0 + \gamma^i\partial_i) = \gamma^\mu p^\nu g_{\mu\nu} = \not{p} \tag{2.48}$$

이었다.

Bjorken-Drell 표기에서의 γ^μ 값은 Pauli 표기에서의 값과 다르므로 그 성질이 약간 다르다. $\gamma^0(=\gamma_0)$는 Pauli 표현에서 γ_4와 같기 때문에 Hermitian이지만, γ_i는 Hermitian이 아니다.

$$\because\ (\gamma^i)^\dagger = (\beta\alpha^i)^\dagger = (\alpha^i)^\dagger\beta^\dagger = \alpha^i\beta = -\beta\alpha^i = -\gamma^i \tag{2.49}$$

즉 anti-Hermitian이다. 식 (2.33)에 해당되는 γ^μ와 γ^ν의 반교환자(anti-commutator)는

$$\{\gamma^\mu,\ \gamma^\nu\} \equiv \gamma_\mu\gamma_\nu + \gamma_\nu\gamma_\mu = 2g_{\mu\nu} \tag{2.50}$$

를 만족한다.

[문제 2.3] 식 (2.50)을 증명하여라.

참고로 일반상대론이나 천문학에서는 계량텐서 $g_{\mu\nu}$의 정의가 식 (2.38)과 달리 대각성분이 (−1, 1, 1, 1)인 것을 사용하는 경우가 많다.

Dirac 행렬 γ^μ도 식 (2.42)와 (2.43)과 다른 방법으로 정의된 것을 사용하는 경우가 많다. 그러나 어떻게 정의하여도 Bjorken-Drell 기법을 사용하는 경우는 식 (2.50)을 만족하여야 한다. 따라서 새롭게 정의된 γ'^μ는 앞에서 정의된 것의 유사변환(similarity transformation)

$$\gamma'^\mu = U\gamma^\mu U^{-1} \tag{2.51}$$

을 통하여 여러 가지 형태를 택할 수 있다. 이렇게 정의된 γ'^μ

$$\gamma'^\mu\gamma'^\nu + \gamma'^\nu\gamma'^\mu = 2g^{\mu\nu} \tag{2.52}$$

를 만족한다.

앞으로 많이 사용될 소위 Weyl 표현에서는, γ^μ는 대각선 성분이 없도록 다음과 같이 정의되었다.

$$\gamma^\mu = \begin{pmatrix} 0 & \widetilde{\sigma^\mu} \\ \sigma^\mu & 0 \end{pmatrix} \tag{2.53}$$

여기서 σ^μ와 $\widetilde{\sigma^\mu}$는 다음과 같이 정의된 2×2 행렬이다.

$$\sigma^\mu = (\sigma^0,\ \boldsymbol{\sigma}),\quad \widetilde{\sigma^\mu} = (\sigma^0,\ -\boldsymbol{\sigma}) \tag{2.54}$$

$$\sigma^0 = \sigma_0 = I \tag{2.55}$$

[문제 2.4] 식 (2.53)이 식 (2.42), (2.43)으로부터 유사변환 (2.51)을 **통하여** 얻어질 수 있다. 이 때 유니터리 변환행렬 U는 다음과 같음을 보여라.

$$U = \frac{1}{\sqrt{2}}\begin{pmatrix} I & I \\ I & -I \end{pmatrix} \tag{2.56}$$

많은 사람들이 각각 다른 γ^μ 행렬과 다른 metric 텐서 $g^{\mu\nu}$를 사용하기 때문에 논문을 볼 때에는 먼저 이것을 알아보는 것이 필요하다. 식 (2.53)에서 정의된 γ^μ 행렬에서 대각선이 아닌 성분이 바뀐 것을 사용하기도 한다.

2.3 외부 전자기장의 영향과 게이지 이론

입자들이 외부에서 걸어 준 전기장이나 자기장의 영향을 받을 때 그 영향을 어떻게 기술하는가 하는 문제는 비상대론적 양자역학에서도 이미 논의되어 알고 있을 것으로 생각한다. 그러나 게이지 이론(gauge theory)과 관련하여 이 부분은 물리학에서 매우 중요하기 때문에 여기서 다시 복습을 하겠다.

전기장 $\boldsymbol{E}$와 자기장 $\boldsymbol{B}$는 Maxwell 방정식을 만족하고 이들은 그 식을 통하여 연결되어 있다. 우리가 잘 아는 바와 같이 이들은 벡터 포텐셜 $\boldsymbol{A}$와 스칼라 포텐셜 ϕ에 의하여 다음과 같이 기술된다.

$$\boldsymbol{B} = \nabla \times \boldsymbol{A} \tag{2.57a}$$

$$\boldsymbol{E} = -\nabla\phi - \frac{1}{c}\frac{\partial \boldsymbol{A}}{\partial t} \tag{2.57b}$$

그러나 $\boldsymbol{A}$, ϕ는 유일한(unique) 선택은 아니다. 즉 이 식을 만족하는 한 값이($\boldsymbol{A}_1$, ϕ_1)

라면

$$\boldsymbol{B} = \nabla \times \boldsymbol{A}_1 \tag{2.58a}$$

$$\boldsymbol{E} = -\nabla \phi_1 - \frac{1}{c}\frac{\partial \boldsymbol{A}_1}{\partial t} \tag{2.58b}$$

이 된다. 또 다른 ($\boldsymbol{A}_2$, ϕ_2)가 식 (2.57)을 만족한다면

$$\boldsymbol{B} = \nabla \times \boldsymbol{A}_2 \tag{2.59a}$$

$$\boldsymbol{E} = -\nabla \phi_2 - \frac{1}{c}\frac{\partial \boldsymbol{A}_2}{\partial t} \tag{2.59b}$$

가 된다. 이 두 가지 식 (2.58a)와 (2.59a)로부터

$$0 = \nabla \times (\boldsymbol{A}_1 - \boldsymbol{A}_2)$$

되므로, 임의의 스칼라 함수 $\Lambda(x, t)$를 택하여

$$\boldsymbol{A}_1 - \boldsymbol{A}_2 = \nabla \Lambda(x, t)$$

또는

$$\boldsymbol{A}_2 = \boldsymbol{A}_1 - \nabla \Lambda(x, t) \tag{2.60}$$

의 관계를 얻는다. 이 결과를 식 (58b)와 (59b)에서 얻은

$$0 = -\nabla(\phi_1 - \phi_2) - \frac{1}{c}\frac{\partial}{\partial t}(\boldsymbol{A}_1 - \boldsymbol{A}_2)$$

에 대입하면

$$0 = -\ \nabla\left[(\phi_1 - \phi_2) + \frac{1}{c}\ \frac{\partial \Lambda}{\partial t}\right]$$

즉

$$\phi_2 \ = \ \phi_1 \ + \ \frac{1}{c}\frac{\partial \Lambda}{\partial t} \tag{2.61}$$

를 얻는다. 식 (2.60)과 (2.61)은 4차원 공간에서 다음과 같이 한 식으로 쓸 수 있다.

$$\boldsymbol{A}_2^\mu = \boldsymbol{A}_1^\mu + \frac{\partial \Lambda}{\partial x_\mu} \tag{2.62}$$

이것은 전기장과 자기장은 식 (2.62)와 같은 게이지 변환(gauge tranformation)에 대하여 변화가 없음을 의미한다. 더 나아가서는 Maxwell 방정식은 게이지 변환에 대하여 불변인 식임을 말하여 준다.

역학이나 비상대론적 양자역학에서 아는 바와 같이 전자기장의 영향을 받는 입자의 파동 방정식은 자유 입자의 파동방정식에서 운동량 연산자 $\boldsymbol{p}$ 대신 $\boldsymbol{p} - \frac{e}{c}\boldsymbol{A}$를 대입하여 얻을 수 있고 시간에 대한 미분까지를 포함하는 경우에도 4차원 관계식으로

$$p^\mu \to p^\mu - \frac{e}{c} A^\mu \tag{2.63}$$

와 같이 대치하여 얻을 수 있음을 알고 있다. 이것을 최소대입(minimal substitution)이라 부르는데 그 정당성은 게이지 이론에 의하여 얻게 된다.

파동함수 $\Psi(x)$는 위상(phase)항 $e^{-i\alpha}$를 곱할 때 만들어진 새 파동함수

$$\Psi'(x) = e^{-i\alpha}\Psi(x) \tag{2.64}$$

에 대하여 확률밀도 $|\Psi'|^2 = |e^{-i\alpha}\Psi|^2 = |\Psi|^2$는 변하지 않는다. 따라서 한 파동함수에 곱해진 위상 항은 중요하지 않게 생각하고 무시할 수 있다. 그러나 위상 $\alpha(x)$가 좌표의 함수가 되는 경우 운동량 연산자

$$p^{\mu} = i\hbar \frac{\partial}{\partial x_{\mu}} \tag{2.65}$$

가

$$\Psi'(x) = e^{-i\alpha(x)}\Psi(x) \tag{2.66}$$

에 작용하는 경우를 생각해 보자. 이 때

$$\begin{aligned} p^{\mu}\Psi'(x) &= p^{\mu}(e^{-i\alpha(x)}\Psi(x)) \\ &= i\hbar \frac{\partial}{\partial x_{\mu}}(e^{-i\alpha(x)}\Psi(x)) \\ &= e^{-i\alpha}i\hbar \frac{\partial \Psi}{\partial x_{\mu}} + \hbar \frac{\partial \alpha}{\partial x_{\mu}} e^{-i\alpha}\Psi \\ &= e^{-i\alpha}(p^{\mu} + \hbar \frac{\partial \alpha}{\partial x_{\mu}})\Psi \\ &\neq e^{-i\alpha}p^{\mu}\Psi(x) \end{aligned} \tag{2.67}$$

가 된다. 따라서 위 식에서 $p^{\mu}\Psi$에 대한 식이 식 (2.64)와 같이, $e^{-i\alpha}$가 앞에 붙는 인자가 되는 모양으로 갖추는 데는 $\hbar \frac{\partial \alpha}{\partial x_{\mu}}$항이 장애가 되는 것 같이 보인다. 그러나 여기서 식 (2.62)를 고려하여 $\alpha(x)$가

$$\alpha(x) = \frac{e\Lambda(x)}{\hbar c} \tag{2.68}$$

라 하고 식 (2.64)와 동시에 식 (2.62)가 성립한다면,

$$A'^{\mu}(x) = A^{\mu}(x) + \frac{c}{e}\hbar\,\partial_{\mu}\alpha(x) \tag{2.62a}$$

$p^{\mu}\Psi(x)$ 대신 $(p^{\mu} - \frac{e}{c}A^{\mu})\Psi(x)$를 생각했을 때

$$(p^{\mu} - \frac{e}{c}A'^{\mu})\Psi'(x) = e^{-i\frac{e\Lambda}{\hbar c}}(p^{\mu} - \frac{e}{c}A^{\mu})\Psi(x) \tag{2.69a}$$

또는

$$\left(\frac{\partial}{\partial x_\mu} + \frac{ie}{\hbar c}A'^{\mu}\right)\Psi'(x) = e^{-i\frac{e\Lambda}{\hbar c}}\left(\frac{\partial}{\partial x_\mu} + \frac{ie}{\hbar c}A^{\mu}\right)\Psi(x) \tag{2.69b}$$

가 된다. 다시 말해서 식 (2.69)는 변하는 포텐셜 $A^\mu(x)$를 통해서만이 식 (2.66)과 같은 모양(共變形)으로 변하는 형태를 가진다. 전자기장에서 움직이는 입자는 포텐셜 $A^\mu(x)$나 $A'^\mu(x)$, 어느 것을 택하나 똑같은 전자기장의 영향을 받아야 한다. 따라서 이들의 영향은 식 (2.69)와 같이 같은 모양으로 기술되어야지 $A^\mu(x)$를 택할 때와 $A'^\mu(x)$를 택할 때가 다른 모양으로 기술되면 문제가 된다.

이러한 뜻에서 다음과 같은 변환

$$\Psi'(x) = e^{-i\frac{e\Lambda(x)}{\hbar c}}\Psi(x) \tag{2.70}$$

$$\boldsymbol{A}'^{\mu}(x) = \boldsymbol{A}^{\mu}(x) + \frac{1}{c}\frac{\partial\Lambda(x)}{\partial x_\mu} \tag{2.71}$$

을 전자기장에서의 게이지 변환이라 한다. 이 때 전하를 띤 입자를 기술하는 양자역학적 방정식은 같은 모양을 갖게 된다. 만일 $\Lambda(x)$가 좌표 x에 무관한 값, 즉 상수이면, 공변형을 갖기 위하여 $A^\mu(x)$의 도입이 필요 없게 된다. 이 때 식 (2.64)와 같은 변환을 대역적(大域的, global) 게이지 변환이라 부르고, $\Lambda(x)$가 좌표 x의 함수인 경우 이 변환을 국소적(局所的, local) 게이지 변환이라 부른다.

Dirac 방정식은 자유입자의 경우

$$(\gamma^\mu p_\mu - mc)\Psi = 0 \tag{2.45}$$

가 되므로 전자기장의 영향을 받는 경우 p_μ 대신 $(p_\mu - \frac{e}{c}A_\mu)$를 대입하여

$$(\gamma^\mu p_\mu - \frac{e}{c}\gamma^\mu A_\mu - mc)\Psi = 0 \tag{2.72}$$

를 얻는다. 따라서 식 (2.70)과 (2.71)의 게이지 변환을 해 주면 식 (2.69a)를 이용하여

$$(\gamma^\mu p_\mu - \frac{e}{c}\gamma^\mu A'^\mu - mc)\Psi' = e^{-i\frac{e\Lambda}{\hbar c}}(\gamma^\mu p_\mu - \frac{e}{c}\gamma^\mu A_\mu - mc)\Psi = 0 \tag{2.73}$$

이 되어 변환된 형태도 같은 Dirac 방정식을 만족한다. 즉 Dirac 방정식은 게이지 변환에 대하여 공변적이다.

결국 최소대입은 게이지 변환에 대하여 입자를 기술하는 양자역학적 방정식이 같은 모양을 갖추기 위하여 필요한 과정이라 할 수 있다. 이것은 전자기장을 나타내는 $A^\mu(x)$와 입자를 나타내는 $\Psi(x)$ 사이에 작용하는 상호작용(interaction)의 형태를 나타내므로 전기적 상호작용의 모양을 제공한다. 따라서 전자기적 상호작용의 모양은 게이지 이론에 의하여 지배(dictated)된다고 할 수 있다. $A^\mu(x)$를 이 상호작용에서의 게이지 장(場)이라 부른다. 최근 물리학에서 전자기적 상호작용 이외의 다른 상호작용을 생각할 때 그 상호작용에 해당되는 게이지 장을 생각하여 이 문제를 해결하려는 이론을 통틀어 게이지 이론이라 부른다. 따라서 후에 보다 자세히 논의하겠지만 각 상호작용에 해당되는 게이지 장을 생각할 수 있다.

식 (2.69b)에서 보는 바와 같이

$$D^\mu = \frac{\partial}{\partial x_\mu} + \frac{ie}{\hbar c}A^\mu = \frac{1}{i\hbar}(p^\mu - \frac{e}{c}A^\mu) \tag{2.74}$$

를 공변미분(共変微分, covariant derivative)이라 부른다. 따라서 자유입자를 기술하는 방정식에서 ∂^μ 대신 D^μ를 대입하면 최소대입이 되어 전자기장에 있는 입자를 기술하는 방정식을 얻는다. 공변미분을 사용하는 것이 일반적으로 다른 장의 영향을 고려할 때 더 유용하다. 식 (2.69b)는 공변미분으로 다음과 같이 쓴다.

$$D'^\mu \Psi'(x) = e^{-i\frac{e\Lambda}{\hbar c}} D^\mu \Psi(x) \tag{2.75}$$

앞에서 고려했던 자유입자의 Dirac 방정식

$$(i\hbar\gamma^\mu\partial_\mu - mc)\Psi = 0 \tag{2.76}$$

에서 출발하여 전자기장에서 움직이는 입자의 방정식

$$(i\hbar\gamma^{\mu}D_{\mu} - mc)\Psi = 0 \tag{2.77}$$

을 얻는다. 앞에서 증명한 것과 마찬가지로 이 식이 공변임은 식 (2.70)과 (2.75)로부터 바로 알 수 있다.

[문제 2.5] (a) D^{μ}와 D^{ν}의 교환자(交換子, commutator),

$$[D^{\mu}, D^{\nu}] = D^{\mu}D^{\nu} - D^{\nu}D^{\mu} \tag{2.78}$$

는 전자기장의 텐서라 부르는, $F^{\mu\nu} = \partial^{\mu}A^{\nu} - \partial^{\nu}A^{\mu}$를 나타냄을 보여라. 또 이 값의 전기장 E^i와 자기장 B^i와 다음 관계식을 만족함을 보여라.

$$F^{ij} = \varepsilon^{ijk}B^{k} \quad (i,\ j,\ k\text{는 } 1, 2, 3 \text{ 첨자임}) \tag{2.79a}$$

$$F^{0i} = E^{i} \tag{2.79b}$$

반대로 B^i를 F^{ij}로 나타내 보자.

(b) 식 (2.77)에 좌측으로부터 $(i\hbar\gamma^{\nu}D_{\nu} + mc)$를 작용하여 보면 Klein-Gordon 방정식에 최소대입을 하여 얻은 결과와 달라짐을 보이고 달라진 항을 논의하라.

[문제 2.6] 공변미분을 이용하여 얻은 Dirac 방정식의 경우에 연속방정식

$$\frac{\partial\rho}{\partial t} + \nabla\cdot\boldsymbol{J} = 0 \tag{2.7b}$$

를 구하라. 이 때 ρ와 $\boldsymbol{J}$는 어떻게 되는가?

[문제 2.7] 외부 장이 있을 때 식 (2.11)에 해당하는 Dirac 방정식은 다음과 같이 쓸 수 있음을 보여라.

$$i\hbar\frac{\partial}{\partial t}\Psi(\boldsymbol{x}, t) = [c\,\boldsymbol{\alpha}\cdot(\boldsymbol{p} - eA(r)) + mc^{2}\beta + V(r)]\Psi(\boldsymbol{x}, t) \tag{2.11a}$$

여기서 $V(r)$은 전기장 $\boldsymbol{E}$와 포텐셜 $\Phi(r)$와 다음 관계를 통하여 관련되어 있다.

$$\boldsymbol{E} = -\nabla\Phi, \quad V(r) = e\Phi(r) \tag{2.11b}$$

참고로 응집물질물리학이나 핵물리학에서는 식 (2.11a)의 포텐셜 에너지 $V(r)$의 여러 형태를 생각하고 그 결과를 조사함으로써 물질의 성질을 연구하는 경우가 많다.

2.4 Dirac 방정식의 Lorentz 변환에 대한 공변성의 의미

물리학에서 가장 중요한 원리 중의 하나는 물리학의 방정식들이 게이지 변환뿐만 아니라 Lorentz 변환에 대하여도 같은 모양을 갖는다는 것이다. 역사적으로 이러한 원리는 Einstein이 상대성이론을 만들 때 사용한 기본 가정이다.

Dirac 방정식

$$[\gamma^{\mu}(p_{\mu} - \frac{e}{c}A_{\mu}(x)) - mc]\Psi(x) = 0 \tag{2.72}$$

가 일반적인 Lorentz 변환

$$x'^{\mu} = a^{\mu}{}_{\nu}x^{\nu} \tag{2.80a}$$

또는

$$x'_{\mu} = a_{\mu}{}^{\nu}x_{\nu} \tag{2.80b}$$

로 좌표축을 변환시켰을 때, (x') 좌표축에서도 성립하는 것을 이 식이 공변성을 가진다고 말한다. 물리학적 식은 공변성을 요구하므로 식 (2.72)는 변환된 좌표계에서

$$[\gamma^{\mu}(p'_{\mu} - \frac{e}{c}A'_{\mu}(x')) - mc]\Psi'(x') = 0 \tag{2.81}$$

가 되어야 한다. 따라서 식 (2.72)가 Lorentz 변환식 (2.80)을 통하여 식 (2.81)이 될 조건을 알아보자.

2.4.1 공변식이 될 조건

식 (2.81)에서

$$\Psi'(x') = S\Psi(x) \tag{2.82}$$

라 놓고 그 식의 좌변에서 S^{-1}을 작용하면

$$[S^{-1}\gamma^{\mu}S(p'_{\mu} - \frac{e}{c}A'_{\mu}(x')) - mc]\Psi(x) = 0 \tag{2.83}$$

이 된다. 한편 $(p'_{\mu} - \frac{e}{c}A'_{\mu})$는 벡터량이므로

$$(p'_{\mu} - \frac{e}{c}A'_{\mu}) = a_{\mu}^{\nu}(p_{\nu} - \frac{e}{c}A_{\nu}) \tag{2.84}$$

가 되어 식 (2.83)은 다음과 같이 된다.

$$[S^{-1}\gamma^{\mu}Sa_{\mu}^{\ \nu}(p_{\nu} - \frac{e}{c}A_{\nu}) - mc]\Psi(x) = 0 \tag{2.85}$$

따라서 Dirac 방정식이 공변이 되기 위하여서는 다음 조건이 붙는다.

$$S^{-1}\gamma^{\mu}Sa_{\mu}^{\ \nu} = \gamma^{\nu} \tag{2.86a}$$

또는

$$S^{-1}\gamma^{\mu}S \ = a^{\mu}_{\nu}\gamma^{\nu} \tag{2.86b}$$

이 식 (2.86b)를 증명하여 보자.

(증명) 먼저a^{μ}_{ν}의 성질을 살펴보자. Lorentz 변환의 성질로부터

$$g_{\mu\nu}x'^{\mu}x'^{\nu} \ = \ x'^{\mu}x'_{\mu} \ = \ x^{\mu}x_{\mu} \ = \ g_{\mu\nu}x^{\mu}x^{\nu} \tag{2.87}$$

$$g_{\mu\nu}a^{\mu}_{\lambda}a^{\nu}_{\tau}x^{\lambda}x^{\tau} \ = \ g_{\lambda\tau}x^{\lambda}x^{\tau}$$

$$\therefore \quad g_{\mu\nu}a^{\mu}_{\lambda}a^{\nu}_{\tau} = g_{\lambda\tau}$$

를 얻는다. 따라서 식 (2.80a) $x'^{\mu} = a^{\mu}_{\nu}\, x^{\nu}$의 양변에 $g_{\mu\nu}a^{\nu}_{\tau}$를 곱하면,

$$g_{\mu\nu}\, a^{\nu}_{\tau}\, x'^{\mu} \ = \ g_{\mu\nu}\, a^{\nu}_{\tau}\, a^{\mu}_{\nu}\, x^{\nu} \ = \ g_{\tau\nu}\, x^{\nu} \ = \ x_{\tau} \tag{2.88}$$

$$\therefore \quad a^{\nu}_{\tau}\ x'_{\nu} \ = \ x_{\tau}$$

를 얻는다. 식 (2.88)로부터 다시

$$g^{\lambda\tau}\, x_{\lambda}x_{\tau} \ = \ g^{\lambda\tau}a^{\mu}_{\lambda}\ x'_{\mu}a^{\nu}_{\tau}x'_{\nu} \ = \ g^{\mu\nu}\ x'_{\mu}x'_{\nu} \tag{2.89}$$

$$\therefore \quad a^{\mu}_{\lambda}\, a^{\nu}_{\tau}\, g^{\lambda\tau} = g^{\mu\nu}$$

를 얻는다. 이번에는 식 (2.86a)의 양변에$a^{\sigma}_{\rho}\, g_{\nu\sigma}$를 곱해 주면,

$$S^{-1}\gamma^{\mu}S\ a_{\mu}{}^{\nu} = \ \gamma^{\nu}| \times a_{\rho}{}^{\sigma}\, g_{\nu\sigma}$$

$$S^{-1}\gamma^{\mu}S\ g_{\mu\rho} \ = \ \gamma^{\nu}g_{\nu\sigma}a^{\sigma}_{\rho}$$

$$S^{-1}\gamma_{\rho}S \ = \ a_{\rho_{\nu}}\gamma^{\nu}$$

$$\therefore \quad S^{-1}\gamma^{\mu}S \ = \ a^{\mu}_{\nu}\gamma^{\nu}$$

(증명 끝)

2.4.2 변환행렬 S의 값

Lorentz 변환은 일반적으로 회전(rotation)과 좌표축의 등속운동에 의한 변환(boost)으로 이루어졌는데 이러한 변환에 대응하는 식 (2.82)의 S 값은 어떻게 되겠는가 ?

여기서 Weyl 표현을 이용해 보자. 먼저 이 표현에서 행렬 $\boldsymbol{\alpha}$, β는

$$\boldsymbol{\alpha} = \begin{pmatrix} \boldsymbol{\sigma} & 0 \\ 0 & -\boldsymbol{\sigma} \end{pmatrix}, \quad \beta = \begin{pmatrix} 0 & I \\ I & 0 \end{pmatrix} \tag{2.90}$$

가 되므로 Dirac 행렬 γ^{μ}는 식 (2.42)와 (2.43)에서 준 $\boldsymbol{\alpha}$, β와의 관계식으로부터 다음과 같이 된다.

$$\boldsymbol{\gamma} = \beta\boldsymbol{\alpha} = \begin{pmatrix} 0 & I \\ I & 0 \end{pmatrix}\begin{pmatrix} \boldsymbol{\sigma} & 0 \\ 0 & -\boldsymbol{\sigma} \end{pmatrix} = \begin{pmatrix} 0 & -\boldsymbol{\sigma} \\ \boldsymbol{\sigma} & 0 \end{pmatrix} \tag{2.91}$$

$$\gamma^0 = \beta = \begin{pmatrix} 0 & I \\ I & 0 \end{pmatrix} \tag{2.92}$$

여기에서는 γ^{μ} 행렬이 역대각(off-diagonal) 행렬이며 다음과 같이 나타낼 수 있다.

$$\gamma^{\mu} = \begin{pmatrix} 0 & \widetilde{\sigma^{\mu}} \\ \sigma^{\mu} & 0 \end{pmatrix} \tag{2.53}$$

σ^{μ} 와 $\widetilde{\sigma^{\mu}}$는 식 (2.54)에서 정의된 양이다.

[문제 2.8] 먼저 식 (2.53)에서

$$\widetilde{\sigma^{\mu}} = \sigma^2\sigma^{\mu *}\sigma^2 \tag{2.93}$$

임을 μ의 값(0, 1, 2, 3)에 대하여 보여라.

그러면 식 (2.82)로 도입된 S는 식 (2.86b)를 만족하기 위하여 다음과 같이 쓸 수 있음을 보이자.

$$S=\begin{pmatrix} e^{\frac{i}{2}\tau\cdot\sigma} & 0 \\ 0 & e^{\frac{i}{2}\tau^*\cdot\sigma} \end{pmatrix} \tag{2.94}$$

여기서 $\boldsymbol{\tau}$는 복소수이기 때문에 이 식에는 6개의 매개상수(parameter)가 있다.

앞 식 (2.94)로 택한 S가 $S^{-1}\gamma^\mu S= a^\mu{}_\nu\gamma^\nu$를 만족하고 $a^\mu{}_\nu$가 Lorentz 변환행렬로 $x'^\mu= a^\mu{}_\nu x^\nu$를 만족하는 값임을 보이자.

(i) 먼저 S의 역행렬은

$$S^{-1}=\begin{pmatrix} e^{-\frac{i}{2}\tau\cdot\sigma} & 0 \\ 0 & e^{-\frac{i}{2}\tau^*\cdot\sigma} \end{pmatrix} \tag{2.95}$$

이므로

$$\begin{aligned} S^{-1}\gamma^\mu S &= \begin{pmatrix} e^{-\frac{i}{2}\tau\cdot\sigma} & 0 \\ 0 & e^{-\frac{i}{2}\tau^*\cdot\sigma} \end{pmatrix}\begin{pmatrix} 0 & \sigma^2\sigma^{\mu*}\sigma^2 \\ \sigma^\mu & 0 \end{pmatrix}\begin{pmatrix} e^{\frac{i}{2}\tau\cdot\sigma} & 0 \\ 0 & e^{\frac{i}{2}\tau^*\cdot\sigma} \end{pmatrix} \\ &= \begin{pmatrix} 0 & e^{-\frac{i}{2}\tau\cdot\sigma}\sigma^2\sigma^{\mu*}\sigma^2 \\ e^{-\frac{i}{2}\tau^*\cdot\sigma}\sigma^\mu & 0 \end{pmatrix}\begin{pmatrix} e^{\frac{i}{2}\tau\cdot\sigma} & 0 \\ 0 & e^{\frac{i}{2}\tau^*\cdot\sigma} \end{pmatrix} \\ &= \begin{pmatrix} 0 & e^{-\frac{i}{2}\tau\cdot\sigma}\sigma^2\sigma^{\mu*}\sigma^2 e^{\frac{i}{2}\tau^*\cdot\sigma} \\ e^{-\frac{i}{2}\tau^*\cdot\sigma}\sigma^\mu e^{\frac{i}{2}\tau\cdot\sigma} & 0 \end{pmatrix} \end{aligned}$$

따라서 마지막 식에서 우리는

$$e^{-\frac{i}{2}\boldsymbol{\tau}^{*}\cdot\boldsymbol{\sigma}}\sigma^{\mu}e^{\frac{i}{2}\boldsymbol{\tau}\cdot\boldsymbol{\sigma}} = a^{\mu}{}_{\nu}\ \sigma^{\nu} \tag{2.96a}$$

$$e^{-\frac{i}{2}\boldsymbol{\tau}\cdot\boldsymbol{\sigma}}\sigma^{2}\,\sigma^{\mu *}\sigma^{2}e^{\frac{i}{2}\boldsymbol{\tau}^{*}\cdot\boldsymbol{\sigma}} = a^{\mu}{}_{\nu}\,\sigma^{2}\,\sigma^{\nu *}\sigma^{2} \tag{2.96b}$$

를 보여야 하는데, 식 (2.96b)는 식 (2.96a)에서 얻어질 수 있기 때문에 식 (2.96a)만을 증명하면 된다. 왜냐 하면 식 (2.96a)가 성립한다면

$$\sigma^{2}(e^{-\frac{i}{2}\boldsymbol{\tau}^{*}\cdot\boldsymbol{\sigma}}\sigma^{\mu}e^{\frac{i}{2}\boldsymbol{\tau}\cdot\boldsymbol{\sigma}})^{*}\sigma^{2} = \sigma^{2}(\ a^{\mu}{}_{\nu}\ \ \sigma^{\nu})^{*}\sigma^{2}$$

이 되고 이것은 다시

$$\sigma^{2}e^{\frac{i}{2}\boldsymbol{\tau}\cdot\boldsymbol{\sigma}^{*}}\sigma^{2}\sigma^{2}\ \sigma^{\mu *}\sigma^{2}\sigma^{2}e^{-\frac{i}{2}\boldsymbol{\tau}^{*}\cdot\boldsymbol{\sigma}^{*}}\sigma^{2} = a^{\mu}{}_{\nu}\,\sigma^{2}\ \sigma^{\nu *}\sigma^{2}$$

가 되는데, $\sigma^{2}\ \boldsymbol{\sigma}^{*}\ \sigma^{2} = -\ \boldsymbol{\sigma}$를 이용하면 마지막 식은 식 (2.96b)가 되기 때문이다.

식 (2.96a)를 다시 다음과 같이 쓸 수 있다.

$$(e^{\frac{i}{2}\boldsymbol{\tau}\cdot\boldsymbol{\sigma}})^{\dagger}\ \sigma^{\mu}e^{\frac{i}{2}\boldsymbol{\tau}\cdot\boldsymbol{\sigma}} = a^{\mu}{}_{\nu}\ \ \sigma^{\nu} \tag{2.96c}$$

(ii) 이 식을 증명하기 위하여 $\boldsymbol{\tau}$가 실수(real) 벡터인 때와 허수(imaginary) 벡터인 경우를 나누어 생각하자.

(a) $\boldsymbol{\tau}$가 실수이고 방향은 z축 방향이고 크기가 θ 값을 갖는 경우:

$$\boldsymbol{\tau} = (0,\ 0,\ \theta) \tag{2.97}$$

σ^{μ}의 각 성분에 대하여 식 (2.96c)를 계산해 보자. 먼저

$$e^{\pm\frac{i}{2}\tau\cdot\sigma} = e^{\pm\frac{i}{2}\theta\sigma_3} = \cos\frac{\theta}{2} + i\sigma_3\sin\frac{\theta}{2}$$

를 이용하면,

$$\left(e^{\frac{i}{2}\theta\sigma_3}\right)^{\dagger}\sigma^0 e^{\frac{i}{2}\theta\sigma_3} = e^{-\frac{i}{2}\theta\sigma_3} I e^{\frac{i}{2}\theta\sigma_3} = \sigma^0 \tag{2.98a}$$

$$\left(e^{\frac{i}{2}\theta\sigma_3}\right)^{\dagger}\sigma^3 e^{\frac{i}{2}\theta\sigma_3} = \sigma^3 \tag{2.98b}$$

$$\begin{aligned}\left(e^{\frac{i}{2}\theta\sigma_3}\right)^{\dagger}\sigma^1 e^{\frac{i}{2}\theta\sigma_3} &= (\cos\frac{\theta}{2} - i\sigma_3\sin\frac{\theta}{2})\,\sigma^1(\cos\frac{\theta}{2} + i\sigma_3\sin\frac{\theta}{2}) \\ &= \sigma^1\cos^2\frac{\theta}{2} - i[\sigma^3, \sigma^1]\sin\frac{\theta}{2}\cos\frac{\theta}{2} + \sin^2\frac{\theta}{2}\sigma^3\sigma^1\sigma^3 \\ &= \sigma^1\cos\theta + \sigma^2\sin\theta\end{aligned} \tag{2.98c}$$

$$\left(e^{\frac{i}{2}\theta\sigma_3}\right)^{\dagger}\sigma^2 e^{\frac{i}{2}\theta\sigma_3} = -\sigma^1\sin\theta + \sigma^2\cos\theta \tag{2.98d}$$

를 얻는다. 이 결과를 z축 주위로 회전에 의한 좌표변환

$$t' = t, \quad z' = z \tag{2.99a}$$

$$x' = x\cos\theta + y\sin\theta \tag{2.99b}$$

$$y' = -x\sin\theta + y\cos\theta \tag{2.99c}$$

과 비교하면 식 (2.96c)에 있는 일반적 Lorentz 변환에 대한 $a^{\mu}{}_{\nu}$가, z축 주위로 각 θ만큼 회전한, 순수한 회전에 대한 값을 갖는 경우가 된다.

일반적으로 $\boldsymbol{\tau}$가 실수 값이고 $\boldsymbol{\theta}$방향으로 크기 θ를 가지면, 회전에 의한 변환은

$$\Psi'(x') = \begin{pmatrix} e^{\frac{i}{2}\tau\cdot\sigma} & 0 \\ 0 & e^{\frac{i}{2}\tau\cdot\sigma}\end{pmatrix}\Psi(x) = e^{\frac{i}{2}\theta\cdot\Sigma}\Psi(x) \tag{2.100}$$

라 할 수 있다. 여기서 $\boldsymbol{\Sigma}$는 4×4행렬로 다음과 같다.

$$\boldsymbol{\Sigma}=\begin{pmatrix}\boldsymbol{\sigma} & 0\\ 0 & \boldsymbol{\sigma}\end{pmatrix} \tag{2.101}$$

(b) $\boldsymbol{\tau}$가 허수인 경우이고 z축 방향으로 $i\omega$

$$\omega=\text{arc}\tanh\left(\frac{v}{c}\right) \tag{2.102}$$

의 크기를 갖는 경우:

$$\boldsymbol{\tau}=(0,\ 0,\ i\omega) \tag{2.103}$$

이 때 식 (2.96c)를 생각하면

$$e^{\frac{i}{2}\boldsymbol{\tau}\cdot\boldsymbol{\sigma}}=e^{-\frac{\omega}{2}\sigma^3}=\cos i\frac{\omega}{2}+i\sigma^3\sin i\frac{\omega}{2}=\cosh\frac{\omega}{2}-\sigma^3\sinh\frac{\omega}{2} \tag{2.104}$$

가 되는데 ω로 표시되는 좌표변환은 우리에게 더 친근한

$$\beta=\frac{v}{c} \tag{2.105a}$$

$$\gamma=\frac{1}{\sqrt{1-\left(\frac{v}{c}\right)^2}} \tag{2.105b}$$

$$\sqrt{\gamma^2-1}=\beta\,\gamma \tag{2.105c}$$

로 표시할 수 있다.

먼저 식 (2.100)에서 시작하여

$$\tanh\omega=\frac{v}{c}\ \Rightarrow\ 1-\tanh^2\omega=(\cosh\omega)^{-2} \tag{2.106a}$$

$$\therefore\ \cosh\omega=1/\sqrt{1-\left(\frac{v}{c}\right)^2}=\gamma \tag{2.106b}$$

$$\sinh\omega = \sqrt{\cosh^2\omega - 1} = \sqrt{\gamma^2 - 1} = \beta\,\gamma \tag{2.106c}$$

를 얻는다. 식 (2.102)로 정의된 ω를 신속도(rapidity)라 부른다.

[문제 2.9] sinh ω와 cosh ω의 관계식

$$\sinh\omega = 2\sinh\frac{\omega}{2}\cosh\frac{\omega}{2} \tag{2.107a}$$

$$\cosh\omega = \cosh^2\frac{\omega}{2} + \sinh^2\frac{\omega}{2} \tag{2.107b}$$

$$\cosh^2\frac{\omega}{2} - \sinh^2\frac{\omega}{2} = 1 \tag{2.107c}$$

를 이용하면 식 (2.106)과 (2.107)로부터 다음 관계식을 얻음을 보여라.

$$\begin{aligned} \sinh\frac{\omega}{2} &= \sqrt{\frac{\gamma-1}{2}} \\ \cosh\frac{\omega}{2} &= \sqrt{\frac{\gamma+1}{2}} \end{aligned} \tag{2.108}$$

따라서 식 (2.96c)는 각 첨자 μ 값에 대하여

$$\left(e^{-\frac{\omega}{2}\sigma_3}\right)^\dagger \sigma^0 e^{-\frac{\omega}{2}\sigma_3} = e^{-\omega\,\sigma_3} = \sigma^0\cosh\omega - \sigma^3\sinh\omega = \gamma\,(\sigma^0 - \beta\,\sigma^3) \tag{2.109a}$$

$$\left(e^{-\frac{\omega}{2}\sigma_3}\right)^\dagger \sigma^3 e^{-\frac{\omega}{2}\sigma_3} = \sigma^3 e^{-\omega\,\sigma_3} = \sigma^3\cosh\omega - \sigma^0\sinh\omega = \gamma\,(\sigma^3 - \beta\,\sigma^0) \tag{2.109b}$$

$$\begin{aligned} \left(e^{-\frac{\omega}{2}\sigma_3}\right)^\dagger \sigma^1 e^{-\frac{\omega}{2}\sigma_3} &= \left(\cosh\frac{\omega}{2} - \sigma^3\sinh\frac{\omega}{2}\right)\sigma^1\left(\cosh\frac{\omega}{2} - \sigma^3\sinh\frac{\omega}{2}\right) \\ &= \sigma^1\cosh^2\frac{\theta}{2} - (\sigma^3\sigma^1 + \sigma^1\sigma^3)\sinh\frac{\omega}{2}\cosh\frac{\omega}{2} + \sinh^2\frac{\omega}{2}\,\sigma^3\sigma^1\sigma^3 \\ &= \sigma^1 \end{aligned} \tag{2.109c}$$

$$\left(e^{-\frac{\omega}{2}\sigma_3}\right)^\dagger \sigma^2 e^{-\frac{\omega}{2}\sigma_3} = \sigma^2 \tag{2.109d}$$

를 얻는다. 이 결과를 z방향에 대한 Lorentz 변환

$$
\begin{aligned}
x'^0 &= \gamma\,(x^0 - \beta x^3) \Rightarrow t' = \gamma\,(t - \frac{v}{c^2}x^3) \\
x'^1 &= x^1, \quad x'^2 = x^2 \\
x'^3 &= \gamma\,(x^3 - \beta x^0) = \gamma\,(x^3 - v\,t)
\end{aligned}
\tag{2.110}
$$

와 비교하면, 식 (2.96a)의 $a^\mu{}_\nu$가 unprimed계에 대하여 v의 속도로 우측으로 움직이는 prime 계의 Lorentz 변환임을 알 수 있다.

보다 더 일반적으로 생각하여 $\hat{\boldsymbol{v}}$가 $\boldsymbol{v}$의 단위 벡터라면, $\boldsymbol{v}$로 움직이는 계에 대한 Lorentz 변환은 식 (2.102) 대신에

$$
\boldsymbol{\tau} = i\,\omega\,\hat{\boldsymbol{v}}; \quad \omega = \operatorname{arc\,tanh}(\frac{v}{c}) \tag{2.111}
$$

를 사용하면 되고, 순수 Lorentz 변환에 의한 파동함수의 변환은 다음과 같다.

$$
\begin{aligned}
\Psi'(x') &= \begin{pmatrix} e^{\frac{i}{2}\boldsymbol{\tau}\cdot\boldsymbol{\sigma}} & 0 \\ 0 & e^{\frac{i}{2}\boldsymbol{\tau}^*\cdot\boldsymbol{\sigma}} \end{pmatrix} \Psi(x) = \begin{pmatrix} e^{-\frac{\omega}{2}\hat{\boldsymbol{v}}\cdot\boldsymbol{\sigma}} & 0 \\ 0 & e^{\frac{\omega}{2}\hat{\boldsymbol{v}}\cdot\boldsymbol{\sigma}} \end{pmatrix} \Psi(x) \qquad [*(2.90)\text{ 참조}] \\
&= e^{-\frac{\omega}{2}\hat{\boldsymbol{v}}\cdot\boldsymbol{\alpha}}\,\Psi(x)
\end{aligned}
\tag{2.112}
$$

가장 일반적인 Lorentz 변환은 회전과 순수 Lorentz 변환(앞으로 LT라 칭하자)을 복합한 경우가 되며, 이 경우 $a^\mu{}_\nu$는

$$
a^\mu{}_\nu = a^\mu{}_\rho(R)\; a^\rho{}_\nu(LT) \tag{2.113}
$$

가 될 것이며, 이 때 순수한 회전, 순수한 Lorentz 변환에 해당하는 $\boldsymbol{\tau}_R$, $\boldsymbol{\tau}_{LT}$를 찾을 수 있으므로 다음 식을 얻게 된다.

$$
(e^{\frac{i}{2}\boldsymbol{\tau}_R\cdot\boldsymbol{\sigma}})^\dagger\; \sigma^\mu e^{\frac{i}{2}\boldsymbol{\tau}_R\cdot\boldsymbol{\sigma}} = a^\mu{}_\nu(R)\; \sigma^\nu \tag{2.114a}
$$

$$(e^{\frac{i}{2}\tau_{LT}\cdot\sigma})^{\dagger}\,\sigma^{\mu}e^{\frac{i}{2}\tau_{LT}\cdot\sigma} = a^{\mu}{}_{\nu}(LT)\,\sigma^{\nu} \tag{2.114b}$$

따라서 두 변환을 복합한 일반적 Lorentz 변환은

$$\begin{aligned} a^{\mu}{}_{\nu}\,\sigma^{\nu} &= a^{\mu}{}_{\rho}(R)\,a^{\rho}{}_{\nu}(LT)\,\sigma^{\nu} \\ &= a^{\mu}{}_{\nu}(R)(e^{\frac{i}{2}\tau_{LT}\cdot\sigma})^{\dagger}\,\sigma^{\nu}e^{\frac{i}{2}\tau_{LT}\cdot\sigma} \\ &= (e^{\frac{i}{2}\tau_{LT}\cdot\sigma})^{\dagger}(e^{\frac{i}{2}\tau_{R}\cdot\sigma})^{\dagger}\,\sigma^{\mu}e^{\frac{i}{2}\tau_{R}\cdot\sigma}e^{\frac{i}{2}\tau_{LT}\cdot\sigma} \end{aligned} \tag{2.115}$$

한편 Baker-Hausdorff 정리에 의하면 두 행렬 A와 B에 대하여

$$e^{A}e^{B} = e^{A+B+\frac{1}{2}[A,B]+\frac{1}{12}[A,[A,B]]+\frac{1}{12}[[A,B],B]+\cdots} \tag{2.116}$$

이므로

$$\begin{aligned} e^{\frac{i}{2}\tau_{R}\cdot\sigma}e^{\frac{i}{2}\tau_{LT}\cdot\sigma} &= e^{\frac{i}{2}\tau_{R}\cdot\sigma+\frac{i}{2}\tau_{LT}\cdot\sigma++\frac{i^{2}}{8}[\tau_{R}\cdot\sigma,\,\tau_{LT}\cdot\sigma]} \\ &= e^{\frac{i}{2}\tau\cdot\sigma} \qquad (\tau = \tau_{R}+\tau_{LT}-\frac{1}{2}\tau_{R}\times\tau_{LT}) \end{aligned}$$

되는 τ를 구할 수 있다. 즉 일반적인 Lorentz 변환에서도 식 (2.94)와 같은 S의 행렬 형태를 유지한다. 이것에 대한 더 명확한 이유는 제1장 부록의 스피너에 대한 논의를 참조하라.

2.4.3 변환행렬의 성질

(i) 순수한 회전에 대하여는 τ가 실 벡터이므로

$$S_{R} = \begin{pmatrix} e^{\frac{i}{2}\tau\cdot\sigma} & 0 \\ 0 & e^{\frac{i}{2}\tau^{*}\cdot\sigma} \end{pmatrix} = \begin{pmatrix} e^{\frac{i}{2}\tau\cdot\sigma} & 0 \\ 0 & e^{\frac{i}{2}\tau\cdot\sigma} \end{pmatrix} \tag{2.117a}$$

이고 이것의 역행렬은

$$S_R^{-1} = \begin{pmatrix} e^{-\frac{i}{2}\tau\cdot\sigma} & 0 \\ 0 & e^{-\frac{i}{2}\tau\cdot\sigma} \end{pmatrix} = S_R^{\dagger} \tag{2.117b}$$

즉, S는 유니터리(unitary) 행렬이다.

(ii) 순수한 Lorentz 변환에 대하여는 $\boldsymbol{\tau}$가 허수 벡터이므로

$$S_{LT} = \begin{pmatrix} e^{\frac{i}{2}\tau\cdot\sigma} & 0 \\ 0 & e^{\frac{i}{2}\tau^{*}\cdot\sigma} \end{pmatrix} = \begin{pmatrix} e^{-\frac{\omega}{2}\hat{v}\cdot\sigma} & 0 \\ 0 & e^{\frac{\omega}{2}\hat{v}\cdot\sigma} \end{pmatrix} = S_{LT}^{\dagger} \tag{2.118}$$

즉, S는 Hermitian이다.

(iii) 식 (2.82), (2.94)의 Ψ의 변환식과 S행렬의 모양을 보면

$$\Psi(x) = \begin{pmatrix} \xi \\ \eta \end{pmatrix}, \quad \Psi'(x') = \begin{pmatrix} \xi' \\ \eta' \end{pmatrix} \tag{2.119}$$

라 놓을 수 있고, 두 성분을 가진 ξ, η를 스피너(spinor)라 부른다. 이들은 일반적으로는 각각 다음과 같이 약간 다른 방법으로 변한다.

$$\xi' = e^{\frac{i}{2}\tau\cdot\sigma}\xi \tag{2.120a}$$

$$\eta' = e^{\frac{i}{2}\tau^{*}\cdot\sigma}\eta \tag{2.120b}$$

즉, 두 종류의 spinor가 있다. 스피너에 대한 더 자세한 논의는 뒤에 다루기로 한다.

(iv) 식 (2.94)의 S는 다음과 같이 공변적으로 쓸 수 있다.

$$S = e^{-\frac{i}{4}\sigma^{\mu\nu}\omega_{\mu\nu}} = e^{\frac{1}{8}[\gamma^{\mu},\gamma^{\nu}]\omega_{\mu\nu}} \quad \left(=> e^{\frac{1}{4}\omega_{\mu\nu}\gamma^{\mu}\gamma^{\nu}}\right) \tag{2.121}$$

여기서

$$\sigma^{\mu\nu} = \frac{i}{2}(\gamma^{\mu}\gamma^{\nu} - \gamma^{\nu}\gamma^{\mu}) = \frac{i}{2}[\gamma^{\mu},\gamma^{\nu}] \tag{2.122}$$

이고 $\omega_{\mu\nu}$는 Lorentz 변환을

$$x'^{\mu} = x^{\mu} + \omega^{\mu\nu}x_{\nu} \tag{2.123a}$$

로 쓸 때, 특히 미소변환에 대하여는 $\omega^{\mu\nu}$는 작고, $\omega^{\mu\nu} = -\omega^{\nu\mu}$이고

$$\begin{aligned} \omega^{01} &= -\omega^{10} = \beta(x\text{축 방향으로 } v\text{의 속도로 움직이는 경우}) \\ \omega^{12} &= -\omega^{21} = \theta(z\text{축에 대한 회전각}) \end{aligned} \tag{2.123b}$$

으로 놓으면, 앞에서 논의된 결과를 얻을 수 있음을 보일 수 있다.

2.4.4 수반(Adjoint) 파동함수

Dirac 파동함수는 열행렬이므로 여기에 작용하여 스칼라량을 만드는 양을 수반(Adjoint)한 파동함수라 부른다. 이것은 다음과 같음을 곧 알 수 있다.

$$\begin{aligned} \overline{\Psi} = \Psi^{\dagger}\beta &\Rightarrow (\Psi_1^*, \Psi_2^*, \Psi_3^*, \Psi_4^*)\begin{pmatrix} 0 & I \\ I & 0 \end{pmatrix} \\ &\Rightarrow (\Psi_3^*, \Psi_4^*, \Psi_1^*, \Psi_2^*) \ (* \text{ Weyl 표현에서}) \end{aligned} \tag{2.124}$$

따라서 prime계에서는

$$\overline{\Psi'} = \Psi'^{\dagger}\beta = (S\Psi)^{\dagger}\beta = \Psi^{\dagger}S^{\dagger}\beta = \overline{\Psi}\beta S^{\dagger}\beta$$

한편

$$\beta S^{\dagger}\beta = \begin{pmatrix} 0 & I \\ I & 0 \end{pmatrix}\begin{pmatrix} e^{-\frac{i}{2}\tau^{*}\cdot\sigma} & 0 \\ 0 & e^{-\frac{i}{2}\tau\cdot\sigma} \end{pmatrix}\begin{pmatrix} 0 & I \\ I & 0 \end{pmatrix} = \begin{pmatrix} 0 & e^{-\frac{i}{2}\tau\cdot\sigma} \\ e^{-\frac{i}{2}\tau^{*}\cdot\sigma} & 0 \end{pmatrix}\begin{pmatrix} 0 & I \\ I & 0 \end{pmatrix}$$
$$= \begin{pmatrix} e^{-\frac{i}{2}\tau\cdot\sigma} & 0 \\ 0 & e^{-\frac{i}{2}\tau^{*}\cdot\sigma} \end{pmatrix} = S^{-1} \tag{2.125}$$

$$\therefore \quad \overline{\Psi'} = \overline{\Psi}\, S^{-1}$$

이 식을 이용하여 $\overline{\Psi}\Gamma\Psi$ 모양의 양들이 갖는 공변적 텐서의 성질을 알아보자.

$$\overline{\Psi'}\Psi' = \overline{\Psi}S^{-1}S\Psi = \overline{\Psi}\Psi \tag{2.126a}$$

$$\overline{\Psi'}\gamma^{\mu}\Psi' = \overline{\Psi}S^{-1}\gamma^{\mu}S\Psi = a^{\mu}{}_{\nu}\overline{\Psi}\gamma^{\nu}\Psi \tag{2.126b}$$

이므로, $\overline{\Psi}\Psi$는 스칼라량이고 $\overline{\Psi}\gamma^{\mu}\Psi$는 벡터량 또는 벡터 흐름이다. 일반적으로 4×4 행렬인 Γ는 16 성분을 가지므로 16개의 독립행렬을 이룬다. 편의상 이들 16개의 서로 독립인 행렬을 I, γ^{μ} 이외에도 이들로 이루어진 텐서량들을 만들 수 있다.

먼저 이 때 편리한 양은 다음과 같이 정의된 γ_5이다.

$$\gamma_5 = \gamma^5 = i\,\gamma^0\gamma^1\gamma^2\gamma^3 \tag{2.127a}$$

이 행렬의 성질을 보면, Weyl 표현에서

$$\gamma_5 = i\begin{pmatrix} 0 & I \\ I & 0 \end{pmatrix}\begin{pmatrix} 0 & -\sigma^1 \\ \sigma^1 & 0 \end{pmatrix}\begin{pmatrix} 0 & -\sigma^2 \\ \sigma^2 & 0 \end{pmatrix}\begin{pmatrix} 0 & -\sigma^3 \\ \sigma^3 & 0 \end{pmatrix}$$
$$= i\begin{pmatrix} \sigma^1 & 0 \\ 0 & -\sigma^1 \end{pmatrix}\begin{pmatrix} -\sigma^2\sigma^3 & 0 \\ 0 & -\sigma^2\sigma^3 \end{pmatrix} = \begin{pmatrix} I & 0 \\ 0 & -I \end{pmatrix} \tag{2.127b}$$

이다.

[문제 2.10] Bjorken-Drell 표기에서는 γ_5가 다음과 같음을 보여라.

(a) $\gamma_5 = \begin{pmatrix} 0 & I \\ I & 0 \end{pmatrix}$ (2.127c)

(b) 다음 관계식을 보여라.

$$\gamma^\mu \gamma_5 = -\gamma_5 \gamma^\mu \tag{2.128}$$

γ_5는 식 (2.127b)나 (2.127c)로 표기해도 항상 trace가 0이 됨을 알 수 있다. 또 γ^μ들이 만족하는 식 (2.50)의 관계를 이용하면 γ_5는 다음과 같이 쓸 수 있다.

$$\gamma_5 = \frac{i}{4!} \varepsilon_{\mu\nu\lambda\tau} \gamma^\mu \gamma^\nu \gamma^\lambda \gamma^\tau \tag{2.127d}$$

여기서 $\varepsilon_{\mu\nu\lambda\tau}$는 Levi-Civita 기호(symbol) 또는 순열(順列, permutation) 기호라 부르는데, $\varepsilon_{0123} = 1(= -\varepsilon^{0123})$이며 일반적으로 다음과 같이 정의된다.

$$\varepsilon_{\mu\nu\lambda\tau} = \begin{pmatrix} 1 \ (\text{만일 } \mu\nu\lambda\tau \text{ 가 0123 의 우순열인 경우}) \\ -1 \ (\text{만일 } \mu\nu\lambda\tau \text{ 가 0123 의 기순열인 경우}) \\ 0 \ (\text{그 외의 경우}) \end{pmatrix} \tag{2.129}$$

또 여기에 식 (2.122)의 $\sigma^{\mu\nu}$를 도입하면, I, γ_5, γ^μ, $\gamma^\mu\gamma^5$, $\sigma^{\mu\nu}$는 각각 1개, 1개, 4개, 4개, 6개의 행렬을 이루어 모두 16개의 독립 행렬을 이룬다.

[문제 2.11] (a) γ_5, γ^μ, $\gamma^\mu\gamma^5$, $\sigma^{\mu\nu}$는 모두 trace를 취하면 0이 됨을 보여라.

(b) I, γ_5, γ^μ, $\gamma^\mu\gamma^5$, $\sigma^{\mu\nu}$가 서로 독립인 행렬임을 보여라. 즉 이들은 서로 다른 2개를 곱한 후 trace를 취하면 0이 된다. 또 같은 행렬을 제곱한 후 trace를 택하면 모두 4가 된다.

나머지 Γ에 대하여도 $\overline{\Psi}\Gamma\Psi$를 살펴보자.

$$\begin{aligned}\overline{\Psi'}\ \gamma_5\ \Psi' &= \overline{\Psi}\ S^{-1}\gamma_5 S\ \Psi = \frac{i}{4}\varepsilon_{\mu\nu\lambda\tau}\ \overline{\Psi}S^{-1}\gamma^{\mu}SS^{-1}\gamma^{\nu}SS^{-1}\gamma^{\lambda}SS^{-1}\gamma^{\tau}S\Psi \\ &= \frac{i}{4}\varepsilon_{\mu\nu\lambda\tau}\ a^{\mu}{}_{\rho}\ a^{\nu}{}_{\sigma}\ a^{\lambda}{}_{\xi}\ a^{\tau}{}_{\eta}\overline{\Psi}\ \gamma^{\rho}\gamma^{\sigma}\gamma^{\xi}\gamma^{\eta}\ \Psi \\ &= \frac{i}{4}det(a)\ \varepsilon_{\rho\sigma\xi\eta}\overline{\Psi}\ \gamma^{\rho}\gamma^{\sigma}\gamma^{\xi}\gamma^{\eta}\ \Psi \\ &= det(a)\overline{\Psi}\ \gamma_5\ \Psi\end{aligned} \tag{2.130}$$

즉, $S^{-1}\gamma^5 S = det(a)\ \gamma_5$이므로 $\overline{\Psi}\gamma_5\Psi$는 pseudo-scalar 양이다. 같은 방법으로

$$\overline{\Psi'}\ \gamma^{\mu}\gamma_5\ \Psi' = det(a)\ \ a^{\mu}{}_{\nu}\overline{\Psi}\ \gamma^{\nu}\gamma_5\ \Psi \tag{2.131}$$

$$\overline{\Psi'}\ \sigma^{\mu\nu}\ \Psi' = a^{\mu}{}_{\rho}\ a^{\nu}{}_{\sigma}\overline{\Psi}\sigma^{\rho\sigma}\ \Psi \tag{2.132}$$

이므로 $\overline{\Psi}\ \gamma^{\mu}\gamma_5\ \Psi$, $\overline{\Psi}\sigma^{\mu\nu}\ \Psi$는 각각 pseudo-vector 양(흐름), 텐서량(흐름)임을 알 수 있다.

2.4.5 상대론적 반전성

이 결과의 응용으로 상대론적 반전성(relativistic parity)을 생각해 보자.
좌표의 공간반전(space inversion)을 생각하는 경우

$$\boldsymbol{x}' = -\ \boldsymbol{x}, \quad t' = t \tag{2.133}$$

즉, $\Psi'(x') = S\Psi(x)$에서 Lorentz 변환행렬 ($a^{\mu}{}_{\nu}$)는

$$(\ a^{\mu}{}_{\nu}) = \begin{pmatrix} 1 & 0 & 0 & 0 \\ 0 & -1 & 0 & 0 \\ 0 & 0 & -1 & 0 \\ 0 & 0 & 0 & -1 \end{pmatrix} \tag{2.134}$$

이므로 식 (86b)는

$$S^{-1}\gamma^0 S = \gamma^0 \tag{2.135a}$$
$$S^{-1}\gamma^i S = -\gamma^i \tag{2.135b}$$

가 되어 $S=\gamma^0$가 됨을 알 수 있다. 따라서

$$\Psi'(-\boldsymbol{x}, t) = \gamma^0 \Psi(\boldsymbol{x}, t) \tag{2.136a}$$

또는

$$\Psi'(\boldsymbol{x}, t) = \gamma^0 \Psi(-\boldsymbol{x}, t) \tag{2.136b}$$

라 할 수 있다. 다시 말해서 파동함수에 γ^0를 곱하고 좌표를 $\boldsymbol{x}$ 대신에 $-\boldsymbol{x}$로 바꾸는 것이 상대론적 반전성(parity) 연산자이다.

2.5 Dirac 방정식의 해

2.5.1 Dirac 방정식의 평면파 해(Plane wave solution)

Dirac 방정식의 평면파 해는

$$(i\hbar\gamma^\mu\partial_\mu - mc)\Psi = 0 \tag{2.76}$$

에

$$\Psi(x) = u(p)e^{-\frac{i}{\hbar}x^\mu p_\mu} \tag{2.137}$$

로 놓아 얻어진다. 그러면 $u(p)$가 만족하는 방정식은 다음과 같아진다.

$$(\gamma^{\mu} p_{\mu} - mc) u(p) = 0 \tag{2.138}$$

여기서 p^{μ}는 연산자가 아니며, 식 (2.138)은 운동량 표현으로 쓴 Dirac 방정식이다. 이 식에 좌로부터 $(\gamma^{\mu} p_{\mu} + mc)$를 곱해 주면

$$(p^2 - m^2 c^2)\, u \;=\; 0$$

따라서 $u(p)$가 영(0)이 아니므로

$$\left(\frac{E}{c}\right)^2 - \boldsymbol{p}^2 - m^2 c^2 = 0 \quad \rightarrow \; E = \pm\sqrt{\boldsymbol{p}^2 c^2 + m^2 c^4} \tag{2.139}$$

즉 에너지 E에는 두 가지 가능성이 있다. 양(positive)에너지 해와 음(negative)에너지 해가 있을 수 있으며 이것은 비상대론적 양자역학에서는 생각할 수 없는 것이었다. 후에 음에너지 문제는 Dirac의 진공과 구멍(hole)의 개념을 새로 도입하여 설명되었다.

실험계(laboratory frame)에서 Dirac 방정식의 해는 정지계(rest frame)에서의 해를 먼저 구함으로써 얻어진다. 해를 구하기 위하여 우선 양에너지 $E \geq 0$인 입자에 대한 Lorentz boost를 생각하자.

$$u'(p') = S u(p) \tag{2.140}$$

Weyl 표현에서의 식 (2.118)에서 정지계인 prime 계가 z 방향으로 움직인다면

$$S_W = \begin{pmatrix} e^{-\frac{\omega}{2}\sigma_3} & 0 \\ 0 & e^{\frac{\omega}{2}\sigma_3} \end{pmatrix} = e^{-\frac{\omega}{2}\hat{v}\cdot\alpha} \tag{2.141}$$

이고 정지계에서의 u 값을 u_R라면 식 (2.140)으로부터 $u(p)$ 값은 다음으로부터 얻는다.

$$u(p) = S_W^{-1}\, u_R \tag{2.142}$$

따라서 u_R를 구하면 된다.

한편 표준기호를 사용하는 경우 입자는 같은 형태의 Dirac 방정식을 만족하지만 S의 표현이 다르다. 이 때 S를 S_{ST}라 할 때 이 값은 S_W로부터 다음과 같이 unitary 변환에 의하여 얻는다.

$$S_{ST} = US_WU^{-1} = \frac{1}{2}\begin{pmatrix} I & I \\ I & -I \end{pmatrix}\begin{pmatrix} e^{-\frac{\omega}{2}\sigma_3} & 0 \\ 0 & e^{\frac{\omega}{2}\sigma_3} \end{pmatrix}\begin{pmatrix} I & I \\ I & -I \end{pmatrix} = \frac{1}{2}\begin{pmatrix} e^{-\frac{\omega}{2}\sigma_3} & e^{\frac{\omega}{2}\sigma_3} \\ e^{\frac{\omega}{2}\sigma_3} & e^{-\frac{\omega}{2}\sigma_3} \end{pmatrix}\begin{pmatrix} I & I \\ I & -I \end{pmatrix} \tag{2.143a}$$

$$= \frac{1}{2}\begin{pmatrix} (e^{\frac{\omega}{2}\sigma_3} + e^{-\frac{\omega}{2}\sigma_3}) & (-e^{\frac{\omega}{2}\sigma_3} + e^{-\frac{\omega}{2}\sigma_3}) \\ (-e^{\frac{\omega}{2}\sigma_3} + e^{-\frac{\omega}{2}\sigma_3}) & (e^{\frac{\omega}{2}\sigma_3} + e^{-\frac{\omega}{2}\sigma_3}) \end{pmatrix} = \begin{pmatrix} \cosh\frac{\omega}{2} & -\sigma^3\sinh\frac{\omega}{2} \\ -\sigma^3\sinh\frac{\omega}{2} & \cosh\frac{\omega}{2} \end{pmatrix}$$

여기에 식 (2.108)을 이용하면

$$S_{ST} = \begin{pmatrix} \sqrt{\dfrac{E+mc^2}{2mc^2}} & -\sigma^3\sqrt{\dfrac{E-mc^2}{2mc^2}} \\ -\sigma^3\sqrt{\dfrac{E-mc^2}{2mc^2}} & \sqrt{\dfrac{E+mc^2}{2mc^2}} \end{pmatrix} \tag{2.143b}$$

$$S_{ST}{}^{-1} = \begin{pmatrix} \sqrt{\dfrac{E+mc^2}{2mc^2}} & \sigma^3\sqrt{\dfrac{E-mc^2}{2mc^2}} \\ \sigma^3\sqrt{\dfrac{E-mc^2}{2mc^2}} & \sqrt{\dfrac{E+mc^2}{2mc^2}} \end{pmatrix} \tag{2.143c}$$

를 얻는다. 만일 정지계가 원래의 좌표계에 대하여 $\boldsymbol{v}$의 속도로 움직인다면 식 (2.143)에서 σ_3 대신에 $\boldsymbol{\sigma}\cdot\hat{\boldsymbol{v}}$나 $\boldsymbol{\sigma}\cdot\hat{\boldsymbol{p}}$를 사용하면 된다. 또 여기에

$$\sqrt{\frac{E-mc^2}{E+mc^2}} = \frac{c\,|\,\boldsymbol{p}\,|}{E+mc^2} \tag{2.144a}$$

$$\boldsymbol{\sigma}\cdot\hat{\boldsymbol{p}} = \begin{pmatrix} \hat{p}_3 & \hat{p}_1 - i\hat{p}_2 \\ \hat{p}_1 + i\hat{p}_2 & -\hat{p}_3 \end{pmatrix} \tag{2.144b}$$

를 이용하면, 식 (2.143)은 다음과 같이 쓸 수 있다.

$$S_{ST}^{-1}=\sqrt{\frac{E+mc^2}{2mc^2}}\begin{pmatrix} 1 & 0 & \frac{cp^3}{E+mc^2} & \frac{c(p^1-ip^2)}{E+mc^2} \\ 0 & 1 & \frac{c(p^1+ip^2)}{E+mc^2} & \frac{-cp^3}{E+mc^2} \\ \frac{cp^3}{E+mc^2} & \frac{c(p^1-ip^2)}{E+mc^2} & 1 & 0 \\ \frac{c(p^1+ip^2)}{E+mc^2} & \frac{-cp^3}{E+mc^2} & 0 & 1 \end{pmatrix} \tag{2.145}$$

$E\geq 0$인 경우, 정지계에서의 값 u_R을 구하기 위하여 먼저 식 (2.138)을 입자의 정지계에서 살펴보면,

$$(mc\gamma^0-mc)\,u_R=0 \tag{2.146}$$

이므로 표준기호의 γ^0에 대한 식 (2.42)를 사용하면

$$\begin{pmatrix} 0 & 0 \\ 0 & 2I \end{pmatrix} u_R = 0,$$

이 되므로 u_R를 두 성분으로 표현할 때

$$u_R = \begin{pmatrix} u_R{}^{I} \\ u_R{}^{II} \end{pmatrix} = \begin{pmatrix} u_R{}^{I} \\ 0 \end{pmatrix} \tag{2.147}$$

가 된다. 즉 $u_R{}^{II}$는 0인 두 성분을 가진 열행렬이며, $u_R{}^{I}$의 가장 일반적인 서로 독립인 해는

$$u_R{}^{I(1)} = \begin{pmatrix} 1 \\ 0 \end{pmatrix}, \qquad u_R{}^{I(2)} = \begin{pmatrix} 0 \\ 1 \end{pmatrix} \tag{2.148}$$

이거나, 운동량 방향의 단위 벡터를 $\boldsymbol{n}=(\sin\theta\cos\phi, \sin\theta\sin\phi, \cos\theta)$라 할 때 $\boldsymbol{\sigma}\cdot\boldsymbol{n}$의 고유

치 +1이나 -1의 고유 벡터로

$$u_R^{I(1)} = \begin{pmatrix} \cos\frac{\theta}{2} e^{-i\frac{\phi}{2}} \\ \sin\frac{\theta}{2} e^{i\frac{\phi}{2}} \end{pmatrix}, \quad u_R^{I(2)} = \begin{pmatrix} -\sin\frac{\theta}{2} e^{-i\frac{\phi}{2}} \\ \cos\frac{\theta}{2} e^{i\frac{\phi}{2}} \end{pmatrix} \tag{2.149}$$

를 택할 수도 있다. 따라서 식 (2.142)와 (2.143), (2.147), (2.148)로부터 양에너지 해

$$u(p)^{(1)} = N\sqrt{\frac{E+mc^2}{2mc^2}} \begin{pmatrix} 1 \\ 0 \\ \frac{cp^3}{E+mc^2} \\ \frac{c(p^1+ip^2)}{E+mc^2} \end{pmatrix} \tag{2.150}$$

$$u(p)^{(2)} = N\sqrt{\frac{E+mc^2}{2mc^2}} \begin{pmatrix} 0 \\ 1 \\ \frac{c(p^1-ip^2)}{E+mc^2} \\ \frac{-cp^3}{E+mc^2} \end{pmatrix} \tag{2.151}$$

를 얻는다. 여기서 N은 규격화를 위하여 도입된 상수이다. 예를 들면, $N=1$로 택하면

$$\bar{u}^{\alpha} u^{\alpha'} = \delta_{\alpha\alpha'} \tag{2.152}$$

이고, 경우에 따라서는 식 (2.152)의 우변이 $2m\delta_{\alpha\alpha'}$로 만들려면 $N=\sqrt{2m}$인 경우이다.

이 결과는 식 (2.138)을 직접 풀어서도 얻을 수 있다. 즉

$$\left(\gamma^0 \frac{E}{c} - \boldsymbol{\gamma}\cdot \boldsymbol{p} - mc\right)u = 0$$

$$\begin{pmatrix} \frac{E-mc^2}{c} & -\boldsymbol{\sigma}\cdot \boldsymbol{p} \\ \boldsymbol{\sigma}\cdot \boldsymbol{p} & -\frac{E+mc^2}{c} \end{pmatrix} \begin{pmatrix} u_I \\ u_{II} \end{pmatrix} = 0 \tag{2.153a}$$

$$(E-mc^2)u_I = c\,\boldsymbol{\sigma}\cdot \boldsymbol{p} u_{II}$$

$$c\,\boldsymbol{\sigma}\cdot\mathbf{p}\,u_I=(E+mc^2)u_{II} \tag{2.153b}$$

가 되므로 에너지 E는 식 (2.139)에서와 같이 양(陽), 음(陰)의 값을 가질 수 있다.

$E>0$인 경우, $E+mc^2\neq 0$이므로 식 (2.153b)로부터

$$u_{II}=\frac{c\,\boldsymbol{\sigma}\cdot\mathbf{p}}{E+mc^2}u_I\,,$$

$$\therefore\quad u(p)^{(1,2)}=N'\begin{pmatrix} u_I^{(1,2)} \\ \dfrac{c\,\boldsymbol{\sigma}\cdot\mathbf{p}}{E+mc^2}u_I^{(1,2)}\end{pmatrix} \tag{2.154}$$

를 얻는데 이 식은 적당히 규격화를 취함으로써 식 (2.150)과 (2.151)의 $u(p)^{(1)}$와 $u(p)^{(2)}$를 얻는다고 할 수 있다.

$E\leq 0$인 경우에는, $E-mc^2\neq 0$이므로 식 (2.153a)로부터

$$u_I=\frac{c\,\boldsymbol{\sigma}\cdot\mathbf{p}}{E-mc^2}u_{II}$$

$$\therefore\quad u(p)^{(3,4)}=N'\begin{pmatrix} \dfrac{c\,\boldsymbol{\sigma}\cdot\mathbf{p}}{E-mc^2}u_{II}^{(3,4)} \\ u_{II}^{(3,4)}\end{pmatrix} \tag{2.155}$$

를 얻으므로 음에너지 해 $u(p)^{(3)}$와 $u(p)^{(4)}$도 다음과 같이 얻을 수 있다.

$$u(p)^{(3)}=N\sqrt{\frac{|E|+mc^2}{2mc^2}}\begin{pmatrix} -\dfrac{cp^3}{|E|+mc^2} \\ -\dfrac{c(p^1+ip^2)}{|E|+mc^2} \\ 1 \\ 0\end{pmatrix} \tag{2.156}$$

$$u(p)^{(4)}=N\sqrt{\frac{|E|+mc^2}{2mc^2}}\begin{pmatrix} -\dfrac{c(p^1-ip^2)}{|E|+mc^2} \\ \dfrac{cp^3}{|E|+mc^2} \\ 0 \\ 1\end{pmatrix} \tag{2.157}$$

여기서 음에너지에 대한 파동함수

$$\Psi(x)^{(3,4)} = u(p)^{(3,4)} e^{\frac{i}{\hbar}(\mathbf{p}\cdot\mathbf{x} + |E|t)} \tag{2.158}$$

를 생각하여 운동량 $\mathbf{p}$ 대신 $-\mathbf{p}$로 택하면 지수항이 $\frac{i}{\hbar}x_\mu p^\mu$로 쓸 수 있고, 부의 에너지와 앞에서의 $\mathbf{p}$와 반대방향의 운동량을 가진 입자를 나타낸다고 할 수 있다.

물리적으로 생각할 수 있는 입자(또는 반입자)는 음(negative)의 질량을 가질 수 없는 것과 마찬가지로 음의 에너지는 가질 수 없다. 또 만일 음에너지가 있다면 양에너지 상태에 있는 입자는 모두 광자를 내며 에너지가 낮은 음에너지로 붕괴할 것이다. Dirac은 음에너지 문제를 설명하기 위해 진공은 음에너지 상태가 모두 차 있는(filled) 상태를 말한다고 생각했다. 따라서 양에너지 상태에 있는 스핀 ½인 입자는 Pauli의 배타율(exclusion principle) 때문에 붕괴되지 않고 남아 있어 우리가 보는 바와 같다고 하였다. 그리고 음에너지 상태에 있던 입자는 에너지를 얻으면 양에너지가 될 수 있고 이 때 차 있었던 음에너지 상태에 구멍(hole)이 생길 수 있는데 이 구멍이, 즉 에너지 운동량 $(-|E|, -\mathbf{p})$가 없는 상태를 에너지 운동량 $(E=|E|, \mathbf{p})$를 갖는 반입자라 불렀다. 따라서 음에너지 상태에서 스핀이 $+½$인 상태는 반입자의 스핀이 $-½$ 상태로 볼 수 있으며, 고에너지 광자 같은 에너지는 입자와 구멍, 즉 입자와 반입자를 만들 수 있게 된다. 1932년 Anderson은 우주방사선(cosmic ray) 연구를 통해서 전자(e^-)와 질량은 같으나 전하가 다른 양전자(positron, e^+)를 발견하였다. 이 과정은 고에너지 광자의 쌍생성(pair creation)

$$\gamma \rightarrow e^- e^+ \tag{2.159}$$

임이 확인되었고, 그 후에 모든 입자에 대한 반입자가 있음이 알려졌다(입자에 따라서는 자기 자신이 반입자인 경우도 있다). 앞으로 이와 같이 정의된 해를 $u(p)^{(3,4)}$ 대신에 운동량의 방향을 바꾸어 앞으로는 $v(p)^{(1,2)}$라 하자.

다른 방법으로 $v(p)$가 만족하는 식을 얻기 위하여 식 (2.76)에

$$\Psi(x) = v(p) e^{\frac{i}{\hbar}x_\mu p^\mu} \tag{2.160}$$

를 대입하면, 다음 식을 얻는다.

$$(\gamma^\mu p_\mu + mc)v(p) = 0 \tag{2.161}$$

식 (2.161)의 정지계에서의 해를 v_R라 하면

$$(mc\gamma^0 + mc)v_R = 0 \tag{2.162}$$

이 되고, 이것은 식 (2.147)에서 생각했던 바와 같이

$$\begin{pmatrix} 2I & 0 \\ 0 & 0 \end{pmatrix} v_R = 0 \ , \quad \therefore \ v_R = \begin{pmatrix} v_R^I \\ v_R^{II} \end{pmatrix} = \begin{pmatrix} 0 \\ v_R^{II} \end{pmatrix} \tag{2.163}$$

가 된다. 여기서도 v_R^{II}는 식 (2.147) 또는 (2.148)과 같이 택할 수 있다. 따라서

$$v_R{}^{II(2)} = \begin{pmatrix} 1 \\ 0 \end{pmatrix} , \quad v_R{}^{II(1)} = \begin{pmatrix} 0 \\ 1 \end{pmatrix} \tag{2.164}$$

로부터 반입자해 $v(p)^{(2)}$과 $v(p)^{(1)}$는 각각 다음과 같게 된다(참고: $v(p)^{(1)}$과 $v(p)^{(2)}$의 위 첨자는 바꾸어 쓰기도 한다. 이 때 각각은 반입자의 스핀 성분이 $-½$와 ½ 상태를 나타낸다.).

$$v(p)^{(2)} = -N\sqrt{\frac{|E| + mc^2}{2mc^2}} \begin{pmatrix} \dfrac{cp^3}{|E| + mc^2} \\ \dfrac{c(p^1 + ip^2)}{|E| + mc^2} \\ 1 \\ 0 \end{pmatrix} \tag{2.165}$$

$$v(p)^{(1)} = N\sqrt{\frac{|E| + mc^2}{2mc^2}} \begin{pmatrix} \dfrac{c(p^1 - ip^2)}{|E| + mc^2} \\ \dfrac{-cp^3}{|E| + mc^2} \\ 0 \\ 1 \end{pmatrix} \tag{2.166}$$

이 결과는 식 (2.156)과 (2.157)에서 운동량의 부호를 바꾼 것과 같다. 다만 식 (2.165)에서 (−)부호나 $v(p)^{(i)}$에서 첨자에 대한 논의는 뒤에 다시 하겠다.

자유 Dirac 방정식의 운동량 표현에서의 해는 앞으로 입자와 반입자의 해 $u(p)^{(1,2)}$와 $v(p)^{(1,2)}$를 사용한다. 이들을 이용하면 $\Psi(x)$는 $u(p)e^{-\frac{i}{\hbar}p\cdot x}$와 $v(p)e^{\frac{i}{\hbar}p\cdot x}$로 표시되며, 이것은 Fourier 전개와 같다. 또 $\overline{\Psi}\Psi$는 Lorentz 스칼라량이고 따라서 규격화를

$$\int \Psi^{+}\ \Psi\ d^3x\ =\ 1 \tag{2.167}$$

로 택하는 경우를 생각하면 입자에 대하여는

$$\Psi(x)\ =\ \sqrt{\frac{mc^2}{EV}}\,u(p)e^{-\frac{i}{\hbar}x_\mu p^\mu}\ =\ \sqrt{\frac{mc^2}{EV}}\,u(p)e^{\frac{i}{\hbar}(\boldsymbol{p}\cdot\,\boldsymbol{x}-Et)} \tag{2.168}$$

또 반입자에 대하여는

$$\Psi(x)\ =\ \sqrt{\frac{mc^2}{|\,E\,|\,V}}\,v(p)e^{-i(\boldsymbol{p}\cdot\,\boldsymbol{x}-|E|t)}\ =\ \sqrt{\frac{mc^2}{|\,E\,|\,V}}\,v(p)e^{+\frac{i}{\hbar}x_\mu p^\mu} \tag{2,169}$$

로 쓸 수 있음을 알 수 있다.

[문제 2.12] $\overline{u}u = 1$이라면 $u^{+}u = \frac{E}{mc^2}$됨을 보여라.

2.5.2 음에너지(Negative energy) 해와 반입자(Antiparticle)의 관계

한 입자의 반입자는 같은 질량 m을 가지며, 전하는 e 대신 $-e$를 갖는 입자이다. 다른 양자수도 입자의 양자수와 반대 부호를 가진다.

반입자는 외부의 전자기장에 대하여 작용을 받는 힘이 다르다. 즉 입자가 만족하는 식

$$[\gamma^\mu(p_\mu - \frac{e}{c}A_\mu(x)) - mc]\Psi(x)\ =\ 0 \tag{2.72}$$

는 반입자에 대하여는 그의 파동방정식을 $\Psi_c(x)$라 할 때

$$[\gamma^{\mu}(i\hbar\partial_{\mu}+\frac{e}{c}A_{\mu}(x))-mc]\Psi_c(x) = 0 \tag{2.170}$$

를 만족하게 될 것이다.

한편 식 (2.72)로부터 식 (2.165), (2.166)이 얻어질 수 있는지 살펴보자. 앞으로 전하와 질량을 스칼라량으로 택하면, 전하 q를 갖는 입자가 전기장 안에서 받는 힘 $\boldsymbol{F}$는

$$\boldsymbol{F}=q\boldsymbol{E}\ ; \quad \boldsymbol{E}=-\nabla\phi-\frac{\partial}{c\partial t}\boldsymbol{A} \tag{2.171}$$

이므로 $\boldsymbol{E}$도 벡터(proper vector)이고 따라서 $(\phi,\ \boldsymbol{A})$도 실(real) 벡터이다. 따라서 식 (2.72) 전체의 복소공액을 택하면

$$[\gamma^{\mu *}(-i\hbar\partial_{\mu}-\frac{e}{c}A_{\mu}(x))-mc]\Psi(x)^{*} = 0 \tag{2.172}$$

을 얻는다. 이 식을 식 (2.170)과 같이 만들기 위하여 한 연산자 C를 도입하여

$$(C\gamma^{0})\gamma^{\mu *}(C\gamma^{0})^{-1}=-\gamma^{\mu} \tag{2.173}$$

라면, 식 (2.172)의 왼쪽에서 $(C\gamma^{0})$를 곱할 때

$$[\gamma^{\mu}(i\hbar\partial_{\mu}+\frac{e}{c}A_{\mu}(x))-mc](C\gamma^{0})\Psi(x)^{*} = 0 \tag{2.174}$$

가 된다. 이 식이 식 (2.170)이 되려면

$$\Psi_c=C\gamma^{0}\Psi^{*}=C(\overline{\Psi})^{T} \tag{2.175}$$

가 되어야 함을 알 수 있다.

식 (2.173)을 만족하는 하전 켤레(charge conjugation) 연산자 C를 찾아보자.

$$C\gamma^0 \gamma^{\mu *}\gamma^0 C^{-1} = -\gamma^\mu \tag{2.173$'$}$$

에서 $\gamma^0 \gamma^{\mu *}\gamma^0 = (\gamma^0, -\gamma^1, \gamma^2, -\gamma^3)$임을 알기 때문에 C는 γ^1과 γ^3과만 교환이 가능해야 하고 γ^0과 γ^2와는 반교환이 되어야 한다. 따라서 C는 $\gamma^0\gamma^2$에 비례하면 된다. 또 이것이 unitary가 되도록 취하면 다음과 같이 택할 수 있다.

$$C = i\gamma^2\gamma^0 \tag{2.176}$$

따라서 식 (2.175)로부터

$$\Psi_c = i\gamma^2 \Psi^* = i\gamma^2\gamma^0 \overline{\Psi}^T \tag{2.177}$$

를 얻는다. 여기서 C의 성질을 살펴보자. 특히

$$C^2 = i\gamma^2\gamma^0(i\gamma^2\gamma^0) = -1 \tag{2.178a}$$

이므로

$$C^{-1} = -i\gamma^2\gamma^0 = -C \tag{2.178b}$$

$$C^\dagger = (i\gamma^2\gamma^0)^\dagger = -i\gamma^{0\dagger} \gamma^{2\dagger} = -i\gamma^2\gamma^0 = -C = C^{-1} \tag{2.178c}$$

임을 알 수 있다. 여기서 주의할 것은, 다른 표현을 쓰는 경우에는 C도 다른 형태의 γ^μ들로 표시될 수 있다는 것이다.

식 (2.150), (2.151) 및 (2.168)로부터 식 (2.177)의 자세한 모양은

$$\Psi_c(x)^{(1)} = N\sqrt{\frac{E+mc^2}{2mc^2}} \begin{pmatrix} \frac{c(p^1 - ip^2)}{E+mc^2} \\ \frac{-cp^3}{E+mc^2} \\ 0 \\ 1 \end{pmatrix} e^{\frac{i}{\hbar} x_\mu p^\mu} \tag{2.179a}$$

$$\Psi_c(x)^{(2)} = -N\sqrt{\frac{E+mc^2}{2mc^2}}\begin{pmatrix} \dfrac{cp^3}{E+mc^2} \\ \dfrac{c(p^1+ip^2)}{E+mc^2} \\ 1 \\ 0 \end{pmatrix} e^{\frac{i}{\hbar}x_\mu p^\mu} \tag{2.179b}$$

가 된다. 여기서 E는 0보다 큰 값이며, 결국 $u_c(p)^{(1,2)}$는 앞에서 논의한 바와 같이 $v(p)^{(1,2)}$가 됨을 알 수 있다.

[문제 2.13] 식 (2.156), (2.157)과 (2.165), (2.166)에서 $N=1$로 택하면 다음 관계식이 성립함을 보여라.

$$\overline{u}^{(r)}u^{(r')} \equiv \sum_{i=1}^{4}\overline{u_i}^{(r)}u_i^{(r')} = \delta^{rr'} \tag{2.180a}$$

$$\overline{v}^{(r)}v^{(r')} = -\delta^{rr'} \tag{2.180b}$$

$$\overline{u}^{(r)}v^{(r')} = \overline{v}^{(r)}u^{(r')} = 0 \tag{2.180c}$$

여기서 $r\ (=1,2)$는 독립인 해, $i\ (=1\sim4)$는 열행렬의 성분을 나타낸다.

(식 (2.180a)의 증명):

$$\begin{aligned}\overline{u}^{(r)}u^{(r')} &= [e^{\frac{\omega}{2}\boldsymbol{\alpha}\cdot\widehat{\boldsymbol{v}}}u^{(r)}(0)]^{\dagger}\gamma^0 e^{\frac{\omega}{2}\boldsymbol{\alpha}\cdot\widehat{\boldsymbol{v}}}u^{(r')}(0) \\ &= u^{(r)}(0)^{\dagger}e^{\frac{\omega}{2}\boldsymbol{\alpha}\cdot\widehat{\boldsymbol{v}}}\gamma^0 e^{\frac{\omega}{2}\boldsymbol{\alpha}\cdot\widehat{\boldsymbol{v}}}u^{(r)}(0) \\ &= u^{(r)}(0)^{\dagger}\gamma^0 e^{-\frac{\omega}{2}\boldsymbol{\alpha}\cdot\widehat{\boldsymbol{v}}}e^{\frac{\omega}{2}\boldsymbol{\alpha}\cdot\widehat{\boldsymbol{v}}}u^{(r)}(0) \\ &= u^{(r)}(0)^{\dagger}\gamma^0 u^{(r')}(0) = u^{(r)}(0)^{\dagger}u^{(r')}(0) = \delta^{rr'}\end{aligned}$$

(증명 끝)

[문제 2.14] 식 (2.138)과 (2.161)로부터 다음 식을 얻음을 보여라.

$$\overline{u}(\not{p}-mc) = 0 \tag{2.181a}$$

$$\bar{v}(\not{p} + mc) = 0 \tag{2.181b}$$

여기서 $\not{p}$는 $\not{p} = p^{\mu}\gamma_{\mu}(= p_{\mu}\gamma^{\mu})$로 정의된 양인 p-slash이다.

[문제 2.15] 다음 관계식이 성립함을 보여라.

$$\sum_{\alpha=1}^{2}\left(u_m^{(\alpha)}\ \bar{u}_j^{(\alpha)} - v_m^{(\alpha)}\ \bar{v}_j^{(\alpha)}\right) = \delta_{mj} \tag{2.181c}$$

마지막으로 $w(p)^{(r)}$ $(r=1,2,3,4)$로 파동방정식을 나타내는 경우도 종종 있다. 이 때 입자에 대하여 $r=(1,\ 2)$로 $u(p)^{(1,2)}$, 반입자는 $r=(3,\ 4)$로 $v(p)^{(1,2)}$를 나타낸다. 또 기호 ε_r를 도입하여 입자에 대하여 $\varepsilon_{(1,2)} = +1$, 반입자에 대하여는 $\varepsilon_{(3,4)} = -1$을 나타내면 자유입자의 평면파 파동방정식은

$$\Psi(x) = w(p)^{(r)} e^{-\frac{i}{\hbar}\varepsilon_r x_\mu p^\mu} \tag{2.182}$$

로 쓸 수 있다. $w(p)^{(r)}$가 만족하는 방정식과 이들 사이에 관계식은 다음과 같다.

$$(\varepsilon_r \gamma^{\mu} p_{\mu} - mc) w(x)^{(r)} = 0 \tag{2.183a}$$

$$\not{p}\, w(x)^{(r)} = \varepsilon_r mc\ w(x)^{(r)} \tag{2.183b}$$

이 식을 이용하고 정지계의 해에 Lorentz boost를 쓰면 역시 앞에서 논의한 해들을 한꺼번에 얻을 수 있다. 방법은 같기 때문에 여기서는 생략한다.

2.6 스핀-½ 입자의 편극

스핀-½인 입자는 두 성분을 가진 spinor

$$w = \begin{pmatrix} w_1 \\ w_2 \end{pmatrix} \tag{2.184}$$

에 의하여 기술된다. 즉 이것이 임의의 단위 벡터 $\hat{\boldsymbol{s}}$ 방향의 Pauli 스핀 성분 $\hat{\boldsymbol{s}} \cdot \boldsymbol{\sigma}$의 고유 상태라면, 즉

$$\hat{\boldsymbol{s}} \cdot \boldsymbol{\sigma}\, w = \pm w \tag{2.185}$$

라면, 식 (2.184)로 주어진 w는 어느 특정한 스핀 상태에 있다고 한다. 특히 +1인 고유치를 갖는 경우 이 입자는 $\hat{\boldsymbol{s}}$ 방향으로 편극되었다고 말하고, 고유치가 −1인 경우는 $\hat{\boldsymbol{s}}$ 방향에 반대방향으로 편극되었다고 한다. 이것은 물론 스핀-½인 경우에만 말할 수 있다.

우리가 비상대론적 양자역학에서 아는 바와 같이 단위 벡터 $\hat{\boldsymbol{s}}$를

$$\hat{\boldsymbol{s}} = (\sin\theta\cos\phi, \sin\theta\sin\phi, \cos\theta) \tag{2.186}$$

로 택하면

$$\hat{\boldsymbol{s}} \cdot \boldsymbol{\sigma} = \begin{pmatrix} \cos\theta & \sin\theta e^{-i\phi} \\ \sin\theta e^{i\phi} & -\cos\theta \end{pmatrix} \tag{2.187}$$

가 되어, w가 규격화되었을 때(즉 $|w_1|^2 + |w_2|^2 = 1$) 스핀 상태함수는 다음과 같아진다.

$$w(+) = \begin{pmatrix} \cos\frac{\theta}{2} e^{-i\frac{\phi}{2}} \\ \sin\frac{\theta}{2} e^{i\frac{\phi}{2}} \end{pmatrix} \quad \text{또는} \quad w(+) = \begin{pmatrix} \cos\frac{\theta}{2} \\ \sin\frac{\theta}{2} e^{i\phi} \end{pmatrix} \tag{2.188}$$

$$w(-) = \begin{pmatrix} -\sin\frac{\theta}{2} e^{-i\frac{\phi}{2}} \\ \cos\frac{\theta}{2} e^{i\frac{\phi}{2}} \end{pmatrix} \quad \text{또는} \quad w(-) = \begin{pmatrix} -\sin\frac{\theta}{2} \\ \cos\frac{\theta}{2} e^{i\phi} \end{pmatrix} \tag{2.189}$$

특히 $\hat{\boldsymbol{s}}$가 z 방향인 경우는 $(\theta=0,\ \phi=0)$에 해당된다.

4 성분을 가진 Dirac spinor에 대하여는 어떠한가? 특히 입자의 정지상태를 생각하자. 식 (2.101)의 $\boldsymbol{\Sigma}$을 이용하면 표준표현에서

$$\beta\boldsymbol{\Sigma} = \begin{pmatrix} I & 0 \\ 0 & -I \end{pmatrix}\begin{pmatrix} \boldsymbol{\sigma} & 0 \\ 0 & \boldsymbol{\sigma} \end{pmatrix} = \begin{pmatrix} \boldsymbol{\sigma} & 0 \\ 0 & -\boldsymbol{\sigma} \end{pmatrix} \tag{2.190}$$

가 되는데, 정지상태에서 입자함수 $u^{(\alpha)}(\alpha=1,\ 2)$

$$u^{(1)} = \begin{pmatrix} 1 \\ 0 \\ 0 \\ 0 \end{pmatrix},\quad u^{(2)} = \begin{pmatrix} 0 \\ 1 \\ 0 \\ 0 \end{pmatrix} \tag{2.191a}$$

또는 더 일반화된 식 (2.184)를 사용하여

$$u = \begin{pmatrix} w_1 \\ w_2 \\ 0 \\ 0 \end{pmatrix} \tag{2.191b}$$

은 $\beta\Sigma\cdot\hat{\boldsymbol{s}}$ 의 고유상태가 된다. 즉

$$\beta\boldsymbol{\Sigma}\cdot\hat{\boldsymbol{s}}\,u = \begin{pmatrix} \boldsymbol{\sigma}\cdot\hat{\boldsymbol{s}} & 0 \\ 0 & -\boldsymbol{\sigma}\cdot\hat{\boldsymbol{s}} \end{pmatrix}\begin{pmatrix} w_1 \\ w_2 \\ 0 \\ 0 \end{pmatrix} = \begin{pmatrix} \boldsymbol{\sigma}\cdot\hat{\boldsymbol{s}}w \\ 0 \end{pmatrix} = \pm\begin{pmatrix} w \\ 0 \end{pmatrix} = \pm u \tag{2.192}$$

반입자의 경우는

$$v^{(1)} = \begin{pmatrix} 0 \\ 0 \\ 0 \\ 1 \end{pmatrix}, \quad v^{(2)} = \begin{pmatrix} 0 \\ 0 \\ 1 \\ 0 \end{pmatrix} \Rightarrow v = \begin{pmatrix} 0 \\ 0 \\ w_3 \\ w_4 \end{pmatrix} \tag{2.193}$$

이어서 다음과 같아진다.

$$\beta \boldsymbol{\Sigma} \cdot \hat{\mathbf{s}}\, v = \begin{pmatrix} \boldsymbol{\sigma} \cdot \hat{\mathbf{s}} & 0 \\ 0 & -\boldsymbol{\sigma} \cdot \hat{\mathbf{s}} \end{pmatrix} \begin{pmatrix} 0 \\ 0 \\ w_3 \\ w_4 \end{pmatrix} = \begin{pmatrix} 0 \\ -\boldsymbol{\sigma} \cdot \hat{\mathbf{s}} w \end{pmatrix} = \mp \begin{pmatrix} 0 \\ w \end{pmatrix} = \pm v \tag{2.194}$$

한편 Lorentz 변환에 대하여 식 (2.141)과 (2.142)에서와 같이

$$u(p) = e^{\frac{\omega}{2} \boldsymbol{\alpha} \cdot \hat{\mathbf{v}}} u(0) \tag{2.195}$$

이므로 이것을 식 (2.192)

$$\beta \boldsymbol{\Sigma} \cdot \hat{\mathbf{s}}\, u(0) = \pm u(0)$$

와 비교하면, 다음과 같은 관계식을 얻는다.

$$e^{\frac{\omega}{2} \boldsymbol{\alpha} \cdot \hat{\mathbf{v}}} (\beta \boldsymbol{\Sigma} \cdot \hat{\mathbf{s}})\, e^{-\frac{\omega}{2} \boldsymbol{\alpha} \cdot \hat{\mathbf{v}}} u(p) = \pm u(p) \tag{2.196}$$

이 식을 공변형태로 써 보자. 답을 먼저 쓰면 다음과 같다.

$$\gamma_5 \not{s}\, u(p) = \pm u(p) \tag{2.197}$$

여기서 $\not{s} = s_{\mu}\gamma^{\mu}$이고 s^{μ}는 정지계에서는 $(0,\ \hat{\boldsymbol{s}})$인 스핀4-벡터이다.

(증명) 어떠한 텐서든 한 좌표계에서 성분이 주어지면 결정된다. 이들의 변화 규칙은 이 양의 다른 좌표계에서의 값을 준다.

정지 좌표계와 실험실 좌표계에 대하여

$$x^{\mu}{}_{LAB} = a^{\mu}{}_{\nu}\ x^{\nu}{}_{REST} \tag{2.198a}$$

$$\Psi_{LAB} = e^{\frac{\omega}{2}\boldsymbol{\alpha}\cdot\widehat{\boldsymbol{v}}}\ \Psi_{REST} \tag{2.198b}$$

이며 다음 관계식을 이용하자.

$$e^{-\frac{\omega}{2}\boldsymbol{\alpha}\cdot\widehat{\boldsymbol{v}}}\ \gamma^{\mu} e^{\frac{\omega}{2}\boldsymbol{\alpha}\cdot\widehat{\boldsymbol{v}}} = a^{\mu}{}_{\nu}\gamma^{\nu} \tag{2.198c}$$

또 운동량에 대하여는

$$p^{\mu}{}_{LAB} = p^{\mu} = \left(\frac{E}{c},\ \boldsymbol{p}\right)$$

편극에 대하여는

$$s^{\mu}{}_{LAB} = s^{\mu} \tag{2.199a}$$

$$s^{\mu}{}_{REST} = (0,\ \hat{\boldsymbol{s}}) \tag{2.199b}$$

한편 스칼라량은 Lorentz 변환에 대하여 불변하므로

$$p^{\mu}p_{\mu} = p^{\mu}{}_{REST}\ p_{\mu\,REST} = m^2c^2 \tag{2.200a}$$

$$s^{\mu}s_{\mu} = s^{\mu}{}_{REST}\ s_{\mu\,REST} = -\hat{\boldsymbol{s}}\cdot\hat{\boldsymbol{s}} = -1 \tag{2.200b}$$

$$s^{\mu}p_{\mu} \ = \ s^{\mu}{}_{REST}\ p_{\mu REST} \ = \ 0 \tag{2.200c}$$

이 된다. 한편 식 (2.190)과

$$\gamma_5\,\boldsymbol{\gamma} = \begin{pmatrix} 0 & I \\ I & 0 \end{pmatrix}\begin{pmatrix} 0 & \boldsymbol{\sigma} \\ -\boldsymbol{\sigma} & 0 \end{pmatrix} = \begin{pmatrix} -\boldsymbol{\sigma} & 0 \\ 0 & \boldsymbol{\sigma} \end{pmatrix} \tag{2.201}$$

로부터

$$\beta\,\boldsymbol{\Sigma} = \ -\gamma^5\,\boldsymbol{\gamma} \tag{2.202}$$

임을 생각하면,

$$e^{\frac{\omega}{2}\,\boldsymbol{\alpha}\cdot\widehat{\boldsymbol{v}}}(\beta\,\boldsymbol{\Sigma}\cdot\,\hat{\boldsymbol{s}})\ e^{-\frac{\omega}{2}\,\boldsymbol{\alpha}\cdot\widehat{\boldsymbol{v}}} = e^{\frac{\omega}{2}\,\boldsymbol{\alpha}\cdot\widehat{\boldsymbol{v}}}(-\gamma^5\,\boldsymbol{\gamma}\cdot\,\hat{\boldsymbol{s}})\ e^{-\frac{\omega}{2}\,\boldsymbol{\alpha}\cdot\widehat{\boldsymbol{v}}} \tag{2.203}$$

에서

$$-\ \boldsymbol{\gamma}\cdot\,\hat{\boldsymbol{s}} = \gamma^{\mu}\,s_{\mu REST}$$

라 놓을 수 있으므로,

$$\begin{aligned} e^{-\frac{\omega}{2}\,\boldsymbol{\alpha}\cdot\widehat{\boldsymbol{v}}}(\gamma^{\mu}s_{\mu})\ e^{\frac{\omega}{2}\,\boldsymbol{\alpha}\cdot\widehat{\boldsymbol{v}}} &= s_{\mu}\,a^{\mu}{}_{\nu}\gamma^{\nu} \ = \ g_{\mu\rho}\,a^{\mu}{}_{\nu}\ a^{\rho}{}_{\lambda}\ s^{\lambda}{}_{REST}\ \gamma^{\nu} \\ &= g_{\nu\lambda}\,s^{\lambda}{}_{REST}\ \gamma^{\nu} = s_{\nu REST}\ \gamma^{\nu} \ = \ -\ \boldsymbol{\gamma}\cdot\,\hat{\boldsymbol{s}} \end{aligned}$$

이 되고 또

$$\gamma^5\,\boldsymbol{\alpha} \ = \ \begin{pmatrix} 0 & I \\ I & 0 \end{pmatrix}\begin{pmatrix} 0 & \boldsymbol{\sigma} \\ \boldsymbol{\sigma} & 0 \end{pmatrix} \ = \ \boldsymbol{\alpha}\,\gamma^5$$

를 이용하면 식 (2.203)은

$$-e^{\frac{\omega}{2}\boldsymbol{\alpha}\cdot\widehat{\boldsymbol{v}}}\gamma_5 s_{\mu REST}\gamma^{\mu} e^{-\frac{\omega}{2}\boldsymbol{\alpha}\cdot\widehat{\boldsymbol{v}}} = \gamma_5 s_{\mu}\gamma^{\mu} = \gamma_5 \not{s}$$

$$e^{\frac{\omega}{2}\boldsymbol{\alpha}\cdot\widehat{\boldsymbol{v}}}(\beta\boldsymbol{\Sigma}\cdot\hat{\boldsymbol{s}})\, e^{-\frac{\omega}{2}\boldsymbol{\alpha}\cdot\widehat{\boldsymbol{v}}}u(p) = \pm u(p)$$

따라서 식 (2.196)은 식 (2.197)을 의미한다. **(증명 끝)**

Dirac 방정식의 해가 되는 $u^{(\alpha)}$와 $v^{(\alpha)}(\alpha=1,2)$는 에너지-운동량 및 스핀의 고유상태로 나누어 생각할 수 있다. 다시 정리해 보면, $\omega^{(r)}(r=1,2,3,4)$에 대하여

$$\not{p}\, w^{(r)} = \varepsilon_r mcw^{(r)} \quad (\varepsilon_{1,2} = +1, \varepsilon_{3,4} = -1) \tag{2.204a}$$

$$\gamma_5\not{s}\, w^{(r)} = \varepsilon'_r w^{(r)} \quad (\varepsilon'_{1,3} = +1, \varepsilon'_{2,4} = -1) \tag{2.204b}$$

[문제 2.16] 다음 관계식을 증명하여라.

$$[\not{p}, \gamma_5\not{s}] = 0 \tag{2.205}$$

$$(\gamma_5\not{s})^2 = I \tag{2.206}$$

따라서 에너지 상태가 다른 $w_{1.2}$와 $w_{3,4}$를 갈라놓을 수 있는

$$\Lambda^{(\pm)} = \frac{1}{2mc}(mc \pm \not{p}) \tag{2.207}$$

로 정의된 연산자는 다음 관계식을 만족한다.

$$\Lambda^{(+)} + \Lambda^{(-)} = I \tag{2.208a}$$

$$(\Lambda^{(\pm)})^2 = \Lambda^{(\pm)} \quad (idempotent) \tag{2.208b}$$

$$\Lambda^{(+)}\Lambda^{(-)} = 0 \tag{2.208c}$$

이러한 관계식을 만족하는 연산자를 사영(射影, projection)연산자라 부르며, 특히 $\Lambda^{(\pm)}$를 에너지-사영연산자라 부른다. 이것은 다음 식들을 만족한다.

$$\Lambda^{(+)}u^{(1,2)} = u^{(1,2)}, \quad \Lambda^{(+)}v^{(1,2)} = 0 \tag{2.209a}$$

$$\Lambda^{(-)}u^{(1,2)} = 0, \quad \Lambda^{(-)}v^{(1,2)} = v^{(1,2)} \tag{2.209b}$$

또 스핀 상태가 다른 $w_{1,3}$와 $w_{2,4}$를 갈라놓을 수 있는

$$\Sigma^{(\pm)} = \frac{1 \pm \gamma_5 \not{s}}{2} \tag{2.210}$$

로 정의된 연산자는 역시 다음 관계식을 만족한다.

$$\Sigma^{(+)} + \Sigma^{(-)} = I \tag{2.211a}$$

$$(\Sigma^{(\pm)})^2 = \Sigma^{(\pm)} \quad (idempotent) \tag{2.211b}$$

$$\Sigma^{(+)}\Sigma^{(-)} = 0 \tag{2.211c}$$

이러한 $\Sigma^{(\pm)}$를 스핀-사영연산자라 부른다. 특히 이들은 입자에 대하여

$$\Sigma^{(+)}u^{(1)} = u^{(1)}, \quad \Sigma^{(+)}u^{(2)} = 0 \tag{2.212a}$$

$$\Sigma^{(-)}u^{(1)} = 0, \quad \Sigma^{(-)}u^{(2)} = u^{(2)} \tag{2.212b}$$

또 반입자에 대하여는 다음과 같은 관계식을 만족한다.

$$\Sigma^{(+)}v^{(1)} = v^{(1)}, \quad \Sigma^{(+)}v^{(2)} = 0 \tag{2.212c}$$

$$\Sigma^{(-)}v^{(1)} = 0, \quad \Sigma^{(-)}v^{(2)} = v^{(2)} \tag{2.212d}$$

따라서 임의의 입자상태 u에 대하여 식 (2.211a)를 작용하면

$$u = \Sigma^{(+)}u + \Sigma^{(-)}u \tag{2.213}$$

로 되어 u를 $\gamma^5 \not{s}$의 고유치 +1을 갖는 상태 $\Sigma^{(+)}u$와 고유치 -1을 갖는 상태 $\Sigma^{(-)}u$로 나눌 수 있다. 이것을 에너지와 스핀 각 상태에 모두 연장할 수 있다. 예를 들어,

$$
\begin{aligned}
u_i^{(1)}\ \bar{u}_j^{(1)} &= \sum_k \sum_{\alpha=1}^{2} \left(\frac{1+\gamma_5 \not{s}}{2} \right)_{ik} u_k^{(\alpha)}\ \bar{u}_j^{(\alpha)} \\
&= \sum_k \left(\frac{1+\gamma_5 \not{s}}{2} \right)_{ik} \sum_m \left(\frac{\not{p}+mc}{2mc} \right)_{km} \sum_{\alpha=1}^{2} \left(u_m^{(\alpha)}\ \bar{u}_j^{(\alpha)} - v_m^{(\alpha)}\ \bar{v}_j^{(\alpha)} \right) \\
&= \sum_m \left[\left(\frac{1+\gamma_5 \not{s}}{2} \right) \left(\frac{\not{p}+mc}{2mc} \right) \right]_{im} \sum_{\alpha=1}^{2} \left(u_m^{(\alpha)}\ \bar{u}_j^{(\alpha)} - v_m^{(\alpha)}\ \bar{v}_j^{(\alpha)} \right)
\end{aligned}
$$

이 되며, 이 식에서 마지막 ( ) 항은 식(2.181c)에서 δ_{mj}이므로 위 식은

$$
u_i^{(1)}\ \bar{u}_j^{(1)} = \left[\left(\frac{1+\gamma_5 \not{s}}{2} \right) \left(\frac{\not{p}+mc}{2mc} \right) \right]_{ij} \tag{2.214a}
$$

를 얻는다. 위의 식에서 종종 아래첨자(i, j)는 생략하고 쓴다. 같은 방법으로

$$
u^{(2)}\ \bar{u}^{(2)} = \frac{(1-\gamma_5 \not{s})(\not{p}+mc)}{4mc} \tag{2.214b}
$$

$$
v^{(1)}\ \bar{v}^{(1)} = \frac{(1+\gamma_5 \not{s})(\not{p}-mc)}{4mc} \tag{2.214c}
$$

$$
v^{(2)}\ \bar{v}^{(2)} = \frac{(1-\gamma_5 \not{s})(\not{p}-mc)}{4mc} \tag{2.214d}
$$

이 된다. 식 (2.214a)가 $\hat{s}$ 방향으로 편극된 입자를 나타낸다면 식 (2.214b)는 $-\ \hat{s}$ 방향으로 입자가 편극된 것을 나타낸다. 이것은 $\not{s}$가 부호를 바꾸는 것을 의미하므로 이들 두 식을 다음과 같이 하나로 쓸 수 있다고 하겠다.

$$
u(p, s)\ \overline{u(p, s)} = \frac{1}{4mc}(1+\gamma_5 \not{s})(\not{p}+mc) \tag{2.215a}
$$

따라서 $\hat{s}$의 두 방향에 대하여 합하여 주는 경우, 식 (2.207)의 특별한 경우가 된다.

$$
\sum_s u(p, s)\ \overline{u(p, s)} = \frac{1}{2mc}(\not{p}+mc) = \Lambda^{(+)} \tag{2.215b}
$$

[문제 2.17] 식 (2.214)는 다음과 같이 쓸 수도 있음을 보여라.

$$u(p,s)\,\overline{u(p,s)} = \frac{1}{4mc}(\not{p}+mc)(1+\gamma_5\not{s}) \tag{2.215c}$$

$$v(p,s)\,\overline{v(p,s)} = \frac{1}{4mc}(\not{p}-mc)(1+\gamma_5\not{s}) \tag{2.215d}$$

이 식을 Michel-Wightman 공식[*Physical Review* **98**, 1190(1955)]이라 부른다. 앞에서 논의된 사항들에 대하여 몇 가지를 논의해 보자.

(i) 특별한 경우로 $\hat{\boldsymbol{s}} = \hat{\boldsymbol{p}}$라면

$$\beta\hat{\boldsymbol{p}}\cdot\boldsymbol{\Sigma}\,\omega(0) = \pm\omega(0)$$

인데 고유치 ±1을 이 입자의 헬리시티(helicity)라 부른다. 오른쪽-편극(right-handed polarized)된 +1은 양(陽, positive)헬리시티를, 왼쪽-편극(left-handed polarized)된 −1은 음(陰, negative)헬리시티를 갖는다고 한다.

(ii) 입자가 $\boldsymbol{v}=\dfrac{c^2\boldsymbol{p}}{E}$의 속도로 움직이고 있는 계에서 $s^\mu=(s^0,\ \boldsymbol{s})$를 운동량의 함수로 구할 수 있다. 먼저 $\boldsymbol{v}$에 수직인 성분은 Lorentz 변환에 대하여 불변하므로, $\hat{\boldsymbol{s}} = \hat{\boldsymbol{p}}$인 경우 Lorentz 변환에 대하여

$$s^\mu{}_{REST} = (0,\ \hat{\boldsymbol{p}}) \Rightarrow s^\mu = (s^0,\ a\hat{\boldsymbol{p}}) \tag{2.216a}$$

라 놓을 수 있다. 한편

$$s^\mu s_\mu = -1 = s^{02} - a^2\hat{\boldsymbol{p}}\cdot\hat{\boldsymbol{p}} = s^{02} - a^2 \tag{2.217a}$$

$$s^\mu p_\mu = 0 = s^0\frac{E}{c} - a\hat{\boldsymbol{p}}\cdot\boldsymbol{p} = s^0\frac{E}{c} - ap \tag{2.217b}$$

$$\therefore\quad a=\frac{s^0E}{cp}\quad \text{또는}\quad s^0=\frac{cp}{E}a \tag{2.217c}$$

따라서

$$a^2 = \frac{1}{1-\frac{c^2p^2}{E^2}} = \frac{E^2}{m^2c^4}, \quad \therefore \ a = \frac{E}{mc^2} \tag{2.217d}$$

$$\therefore \ s^0 = \frac{cp}{E}a = \frac{cp}{E}\frac{E}{mc^2} = \frac{p}{mc} \tag{2.217e}$$

이 결과를 식 (2.216)에 대입하면,

$$s^\mu = \left(\frac{p}{mc}, \frac{E}{mc^2}\ \hat{\boldsymbol{p}}\right) \tag{2.218}$$

를 얻는다.

보다 일반적인 식으로 정지상태에서 $(0, \hat{\boldsymbol{s}})$인 값이 움직이는 상태에서는

$$s^\mu = \left(\frac{\boldsymbol{p}\cdot\hat{\boldsymbol{s}}}{mc},\ \hat{\boldsymbol{s}} + \frac{\boldsymbol{p}(\boldsymbol{p}\cdot\hat{\boldsymbol{s}})}{m(E+mc^2)}\right) \tag{2.219}$$

임을 보이겠다. 식 (2.218)은 식 (2.219)에서 $\hat{\boldsymbol{s}} = \hat{\boldsymbol{p}}$인 특별한 경우임을 알 수 있다.

일반적인 $\hat{\boldsymbol{s}}$ 값에 대하여는 $s^\mu = (s^0, \boldsymbol{s})$와 $s^\mu{}_{REST} = (0, \hat{\boldsymbol{s}})$ 사이의 Lorentz 변환을 할 때

$$s^\mu{}_{REST} = (0, \hat{\boldsymbol{s}}) = (0, \widehat{\boldsymbol{s}_\perp} + \widehat{\boldsymbol{s}_{||}}) \tag{2.220}$$

를 생각할 수 있다. 여기서 $\hat{\boldsymbol{s}}$ 값의 운동량 $\boldsymbol{p}$에 수평한 성분인 $\widehat{\boldsymbol{s}_{||}}$과 수직한 성분인 $\widehat{\boldsymbol{s}_\perp}$는

$$\widehat{\boldsymbol{s}_{||}} = (\hat{\boldsymbol{s}}\cdot\hat{\boldsymbol{p}})\hat{\boldsymbol{p}} \tag{2.221a}$$

$$\widehat{\boldsymbol{s}_\perp} = \hat{\boldsymbol{s}} - (\hat{\boldsymbol{s}}\cdot\hat{\boldsymbol{p}})\hat{\boldsymbol{p}} = \hat{\boldsymbol{p}}\times(\hat{\boldsymbol{s}}\times\hat{\boldsymbol{p}}) \tag{2.221b}$$

이고 Lorentz 변환할 때 $\boldsymbol{p}$에 수직한 성분은 변하지 않으므로

$$s^\mu = (s^0, \boldsymbol{s}_{||} + \boldsymbol{s}_\perp) \tag{2.222}$$

로 쓸 수 있다. 또

$$\boldsymbol{s}_\perp = \widehat{s_\perp} \tag{2.223a}$$

이고 식 (2.217)에서와 같이 계산하면

$$s^0 = \frac{p}{mc}\widehat{s_{\parallel}}, \quad \boldsymbol{s}_{\parallel} = \frac{E}{mc^2}\ \hat{\boldsymbol{s}}_{\parallel} \tag{2.223b}$$

이 된다. 여기서 $\widehat{s_{\parallel}}$는 $\hat{\boldsymbol{s}}_{\parallel}$의 크기, 즉 $(\hat{\boldsymbol{s}}\cdot\hat{\boldsymbol{p}})$를 나타낸다. 이것의 증명은 문제로 남긴다.

따라서 식 (2.219)에 주어진

$$s^0 = \frac{\boldsymbol{p}\cdot\hat{\boldsymbol{s}}}{mc} \tag{2.219a}$$

$$\boldsymbol{s} = \boldsymbol{s}_{\parallel} + \boldsymbol{s}_\perp = \frac{E}{mc^2}\ \widehat{\boldsymbol{s}_{\parallel}} + \widehat{\boldsymbol{s}_\perp} = \hat{\boldsymbol{s}} + \frac{\boldsymbol{p}(\boldsymbol{p}\cdot\hat{\boldsymbol{s}})}{m(E+mc^2)} \tag{2.219b}$$

를 얻는다.

[문제 2.18] 식 (2.223b)를 증명하여라.

여기서 입자의 정지상태에서 속도 $\boldsymbol{v} = \frac{c^2\boldsymbol{p}}{E}$로 움직이는 계 사이의 Lorentz 변환 행렬성분 ($a^\mu{}_\nu$)를 운동량으로 구해 보자. 이것을 구하기 위하여 $p^\mu = \left(\frac{E}{c},\ \boldsymbol{p}\right)$와 $p^\mu{}_{REST} = (mc,\ 0)$ 사이의 Lorentz 변환을 생각하여

$$p^\mu = a^\mu{}_\nu\ p^\nu{}_{REST}$$

$$p^0 = a^0{}_0\ p^0{}_{REST} \Rightarrow \frac{E}{c} = a^0{}_0 mc \tag{2.224a}$$

$$\therefore\ a^0{}_0 = \frac{E}{mc^2} \equiv \gamma$$

$$p^i = a^i{}_0\ p^0{}_{REST} \Rightarrow a^i{}_0 = \frac{p^i}{mc} = \frac{pc}{mc^2}\ \hat{\boldsymbol{p}}^i = \sqrt{\gamma^2-1}\ \hat{\boldsymbol{p}}^i \tag{2.224b}$$

또

$$s^{\mu} = a^{\mu}{}_{\nu}\, s^{\nu}{}_{REST} \tag{2.216b}$$

에서 식 (2.219)에 의하여 얻을 수 있는 나머지 Lorentz 변환 성분은 다음과 같다.

$$a^{i}{}_{0} = \frac{p^{i}}{mc} = \sqrt{\gamma^{2}-1}\ \hat{\boldsymbol{p}}^{i} \tag{2.224c}$$

$$a^{i}{}_{j} = \delta^{i}{}_{j} + \frac{p^{i}p_{j}}{m(E+mc^{2})} = \delta^{i}{}_{j} + (\gamma-1)\,\hat{\boldsymbol{p}}^{i}\,\hat{\boldsymbol{p}}_{j} \tag{2.224d}$$

이것은 일반적인 좌표축의 Lorentz 변환

$$\begin{aligned} x'^{i} &= x^{i} + (\gamma-1)\frac{v^{i}v^{j}}{v^{2}}x^{j} - \gamma v^{i}t \\ t' &= -\frac{\gamma v^{i}}{c^{2}}x^{i} + \gamma t \end{aligned} \tag{2.224e}$$

로부터 얻을 수도 있다.

특히 고에너지로 움직이는 입자에 대하여는 $E,\ |\boldsymbol{p}| \gg mc^{2}$이어서

$$\begin{aligned} &s^{0} \simeq \frac{|\boldsymbol{p}|}{mc^{2}}(\hat{\boldsymbol{p}}\cdot\hat{s}), \quad \boldsymbol{s} \simeq \frac{E}{mc}(\hat{\boldsymbol{p}}\cdot\hat{s})\,\hat{\boldsymbol{p}} \\ &\therefore\ s^{\mu} \approx \frac{(\hat{\boldsymbol{p}}\cdot\hat{s})}{mc}p^{\mu} \end{aligned} \tag{2.225}$$

를 생각할 수 있다.

따라서 $(\hat{\boldsymbol{p}}\cdot\hat{s}) \neq 0$인 경우에는 운동방향 쪽으로의 편극 즉, 종편극(縱偏極, longitudinal polarization)이 크다. 물론 $(\hat{\boldsymbol{p}}\cdot\hat{s}) = 0$인 경우이거나 p^{μ} 부분이 0인 경우는 $s^{\mu} = (0,\ \widehat{\boldsymbol{s}_{\perp}})$이므로 이것을 횡편극(橫偏極, transverse polarization) $s^{\mu}{}_{T}$라 할 때, 고에너지 입자에 대하여 다음과 같이 쓸 수 있다.

$$s^{\mu} \approx \frac{(\hat{\boldsymbol{p}}\cdot\hat{s})}{mc}p^{\mu} + s^{\mu}{}_{T} \tag{2.226}$$

지금까지 1개의 스핀 ½ 입자인 경우만을 생각하였다. 이 경우에 입자의 어느 방향의 스핀 상태는 ½ 또는 −½을 갖게 된다. 그러나 입자반응을 실험적으로 측정한다고 생각하면 1개의 입자반응은 생각할 수 없으며 여러 개의 입자를 생각하지 않으면 안 된다. 이 때는 개개의 입자반응을 생각한다고 해도 여러 입자에 대한 것의 평균을 입자의 스핀 상태로 생각하지 않으면 안 된다. 예를 들어, N개의 입자 중에서 $N_\uparrow$개는 스핀 ½을 가지고 있고 $N_\downarrow$개는 −½을 갖는다면 이 입자들의 평균 스핀은 $\frac{1}{2}(N_\uparrow - N_\downarrow)/(N_\uparrow + N_\downarrow)$를 가질 것이다. 정지상태에서 $\hat{s}$ 방향으로의 편극을 생각한다면, 그 방향으로 스핀 ½이 될 확률 $W_\uparrow$과 -½이 될 확률 $W_\downarrow$은 각각

$$W_\uparrow = \frac{N_\uparrow}{N_\uparrow + N_\downarrow}, \quad W_\downarrow = \frac{N_\downarrow}{N_\uparrow + N_\downarrow} \tag{2.227}$$

이므로 식 (2.214a)와 (2.214b)로부터 $u(p, s)\,\overline{u(p, s)}$의 평균값은

$$\langle u(p, s)\,\overline{u(p, s)}\rangle = \frac{(1 + \gamma_5(W_\uparrow - W_\downarrow)\not{s})(\not{p} + mc)}{4mc} \tag{2.228}$$

가 된다. 앞으로 평균치를 나타내는 < >를 생략하고 $(W_\uparrow - W_\downarrow)\not{s}$ 대신에 $\not{s}$를 사용하기로 한다. 따라서 식 (2.228)은 식 (2.215)로 쓸 수 있다. 이 때 $\not{s}$는 일반적으로 크기가 1이 아니고, $W_\uparrow$이나 $W_\downarrow$ 중 하나가 0이고 나머지는 1인 경우에만 $\not{s}$의 크기가 1이 된다. 이러한 상태를 순수한 상태(pure state)라 하고 그렇지 않은 상태를 섞여진 상태 또는 혼합상태(mixed state)라 부른다. 이와 같이 고쳐진 식 (2.215)를 그 입자의 밀도행렬(density matrix)이라 부른다. 즉 밀도행렬 ρ의 성분은 다음과 같다.

$$\rho_{\alpha\beta} = u_\alpha(p, s)\,\overline{u_\beta(p, s)} = \left[\left(\frac{\not{p} + mc}{2mc}\right)\left(\frac{1 + \gamma_5\not{s}}{2}\right)\right]_{\alpha\beta} \tag{2.229}$$

[문제 2.19] 밀도행렬의 중요한 성질로는

$$Tr(\rho) = 1, \quad \rho^\dagger = \rho \tag{2.230}$$

이고, 순수한 상태인가 섞여진 상태인가는 ρ^2로부터 알 수 있다.

$$\begin{aligned} &\rho^2 = \rho \quad (\text{순수한 상태}) \\ &\rho^2 \neq \rho \quad (\text{섞여진 상태}) \end{aligned} \tag{2.231}$$

식 (2.229)로 정의된 밀도행렬이 이러한 성질을 만족함을 보여라.

입자의 스핀 상태는 4-스핀벡터 s^μ를 구하여 알아볼 수 있다. 한편 밀도행렬이 식 (2.229)로 주어졌을 때

$$s^\mu = Tr(\gamma^\mu \gamma_5 \rho) \tag{2.232}$$

가 된다. 그 이유는

$$Tr(\gamma^\mu \gamma_5 \rho) = \frac{1}{4}\, Tr\left(\gamma^\mu \gamma_5 \left[1 + \frac{\not{p}}{mc} + \gamma_5 \not{s} + \frac{\not{p}\gamma_5 \not{s}}{mc}\right]\right) = \frac{1}{4}\, Tr(\gamma^\mu \not{s}) = s^\mu$$

이기 때문이다.

식 (2.128)을 이용하여 γ_5와 홀수 개의 다른 γ 행렬들의 곱의 trace는 0이 됨을 알 수 있다. 즉 $\gamma^\mu \gamma^\nu \cdot\cdot\cdot\cdot \gamma^\omega$가 홀수 개의 γ 행렬인 경우, γ_5가 옆에 있는 γ 행렬과 위치를 바꿀 때 마다 (-) 부호가 곱하여지기 때문에

$$Tr(\gamma_5 \gamma^\mu \gamma^\nu \cdot\cdot\cdot \gamma^\omega) = Tr(-\gamma^\mu \gamma^\nu \cdot\cdot\cdot \gamma^\omega \gamma_5) = -Tr(\gamma_5 \gamma^\mu \gamma^\nu \cdot\cdot\cdot \gamma^\omega) = 0 \tag{2.233}$$

임을 알 수 있다.

Dirac 방정식이 발표된 후에 스핀이 ½보다 큰 입자를 공변적으로 기술하는 방법이 연구되었고, 또 밀도행렬도 보다 일반화된 형태로 기술하는 방법들이 연구되었고 응용되고 있다. 이러한 것은 제4장에서 다루기로 하고, 이 장을 마치기 전에 스피너(spinor) 이론을 이용하여 기술하는 방법을 소개하고자 한다.

부록: 스피너(Spinor)의 도입

Dirac 이론에서 보면 4×4 행렬인 γ-행렬은 2×2 행렬인 Pauli의 σ-행렬의 직적(direct product)으로 이루어져 있음을 알 수 있다. 앞에서 논의된 Dirac 이론을 2×2 행렬로 이루어진 공간에서 생각할 수 있고 경우에 따라서는 이것이 더 편리한 경우도 종종 있다. 특히 Dirac 이론을 확장할 때에 그 의미가 수학적으로 명확해질 수 있다. 또 최근에 많이 논의되고 있는 초대칭이론(超對稱理論, supersymmetry theory)에서 두 성분을 가진 파동함수인 스피너(spinor)가 많이 사용되므로 여기서 스피너를 도입해서 Dirac 이론을 논하려 한다. 파동함수를 스피너로 표시함과 관련하여 좌표변환인 회전(rotation)과 Lorentz 변환이 각각 SU(2)군(Special Unitary Group in 2 dimention)과 SL(2,C)군(Special Linear Group in Complex 2 dimention)과 관련이 있음을 밝혀 두는 것이 자연스럽다.

먼저 3차원에서 좌표의 회전을 생각해 보자. 좌표 벡터 $\boldsymbol{x}$는 같은 O점을 가진 회전된 2개의 좌표계 O와 O'에서 각각 (x_1, x_2, x_3)와 (x_1', x_2', x_3')이라 할 때

$$x_i' = a_{ij}\, x_j \tag{2.234a}$$

$$|\,\boldsymbol{x}\,| = x_i'\, x_i' = x_i\, x_i \tag{2.234b}$$

의 관계가 있다. 이것을 Pauli 행렬을 사용하여 2×2 행렬로 이루어진 공간에서 생각하여 보자. 즉, 다음과 같이 정의된 행렬을 생각해 보자.

$$X = \boldsymbol{\sigma}\cdot \boldsymbol{x} = \sigma_i x_i = \begin{pmatrix} x_3 & x_1 - ix_2 \\ x_1 + ix_2 & -x_3 \end{pmatrix} \tag{2.235}$$

이 행렬은 다음과 같은 성질을 가지고 있다.

$$(1)\quad X^{\dagger} = X \quad \text{(Hermitian)} \tag{2.236a}$$

$$(2)\quad Tr(X) = 0 \tag{2.236b}$$

(3) $det(X) = -(x_1^2 + x_2^2 + x_3^2) = -|\boldsymbol{x}|^2$ (2.236c)

마찬가지로 행렬 X'을 다음과 같이 정의하면

$$X' = \boldsymbol{\sigma} \cdot \boldsymbol{x}' = \sigma_i x_i' = \begin{pmatrix} x_3' & x_1' - i x_2' \\ x_1' + i x_2' & -x_3' \end{pmatrix} \tag{2.237}$$

이들 두 행렬 사이에는

$$det(X) = det(X') = -|\boldsymbol{x}|^2 \tag{2.238}$$

이므로 행렬식의 성질을 이용하면 이 두 행렬 사이에는 다음과 같이 됨을 알 수 있다.

$$X' = UXU^{-1} \tag{2.239}$$

$$det(U) = 1 \tag{2.240a}$$

한편 식 (2.235)와 (2.237)에서 σ-행렬의 성질을 이용하여

$$x_i' = \frac{1}{2} Tr(\sigma_i X') = \frac{1}{2} Tr(\sigma_i UXU^{-1}) = \frac{1}{2} Tr(\sigma_i U \sigma_j U^{-1}) x_j \tag{2.241}$$

가 되므로 식 (2.234a)에 주어진 회전 행렬 $R = (a_{ij})$의 성분은

$$a_{ij} = \frac{1}{2} Tr(\sigma_i U \sigma_j U^{-1}) \tag{2.242}$$

가 됨을 알 수 있다. X행렬과 X'행렬이 Hermitian인 것과 식 (2.239)를 이용하면 U 행렬은 2×2 unitary 행렬임을 알 수 있다. 즉,

$$U^{-1} = U^{\dagger} \tag{2.240b}$$

이고 식 (2.239)식은 unitary 변환이다.

[문제 2.20] 식 (2.239)와 같이 X의 unitary 변환으로 정의된 행렬 X'는 식 (2.236a-c)와 같은 성질을 만족함을 증명하여라.

이와 같이 정의된 2×2 unitary 행렬 U는 행렬식 값이 1이 되며, 행렬의 성분은 여러 가지로 변할 수 있다. 이것은 SU(2) 군을 형성하고 U는 그의 한 성분(element)으로 생각할 수 있다. 한편 좌표변환의 행렬 $R=(a_{ij})$은 3×3 직교행렬로서 SO(3)군을 형성하며 (a_{ij})는 그의 한 성분으로 생각할 수 있다. 식 (242)는 SO(3)에 속하는 한 성분 R 값은 SU(2) 군에 속하는 U 값과 σ 행렬로 나타내어진다. 즉 SO(3)군은 SU(2)로 표시할 수 있음을 보여 준다. 이 때 U나 $-U$가 같은 R 값을 주므로 이 점을 제외하고는 R과 U는 같은 수학적 양인 좌표의 회전을 기술한다. R과 U 사이에는 1 대 1 대응 즉, 동형(同型, isomorphic)은 아니다. 즉 대응(對應)관계는 준동형(準同型, homomorphic)이다. 회전을 나타내는 행렬 U의 자세한 값은 뒤에 구하겠다.

이러한 기술 방법은 4차원 공간에도 확장하여 사용할 수 있다. 이 때

$$x^{\mu}x_{\mu}=x'^{\mu}x'_{\mu} \tag{2.243}$$

를 생각하고 $I=\sigma^0$ 라 하면

$$X\equiv x^0I+x^i\sigma^i = x^{\mu}\widetilde{\sigma}_{\mu} = \begin{pmatrix} x^0+x^3 & x^1-ix^2 \\ x^1+ix^2 & x^0-x^3 \end{pmatrix} \tag{2.244}$$

마찬가지로 식 (2.244)에서 x^{μ} 대신 이 값의 Lorentz 변환된 $x'^{\mu}=\Lambda^{\mu}{}_{\nu}x^{\nu}$에 대한 X' 행렬도 같은 방법으로 식 (2.244)에서 x'^{μ}를 사용하여 정의할 수 있다. 이 경우 역시 X, X' 행렬은 Hermitian이고

$$det(X) = (x^0)^2-(x^1)^2-(x^2)^2-(x^3)^2 = x^{\mu}x_{\mu}\ (\equiv x\cdot x) \tag{2.245a}$$

$$det(X') = (x'^0)^2-(x'^1)^2-(x'^2)^2-(x'^3)^2 = x'^{\mu}x'_{\mu} \tag{2.245b}$$

이고

$$det(X) = det(X') = x \cdot x = x' \cdot x' \tag{2.245c}$$

이므로 2×2 행렬 A를 도입하여

$$X' = AXA^{\dagger} \tag{2.246a}$$

$$det(A) = 1 \tag{2.246b}$$

로 쓸 수 있다.

X 행렬에서 좌표 성분은

$$\begin{aligned} x^{\mu} &= \tfrac{1}{2} Tr(\sigma^{\mu} X) \\ \because\ Tr(\sigma^{\mu} X) &= Tr(\sigma^{\mu} \widetilde{\sigma}^{\nu}) x^{\lambda} g_{\nu\lambda} = 2g^{\mu\nu} x^{\lambda} g_{\nu\lambda} = 2x^{\mu} \end{aligned} \tag{2.247}$$

이므로

$$x'^{\mu} = \tfrac{1}{2} Tr(\sigma^{\mu} AXA^{\dagger}) = \tfrac{1}{2} Tr(\sigma^{\mu} A \widetilde{\sigma}_{\nu} A^{\dagger}) x^{\nu} \tag{2.248}$$

$$\therefore\ \Lambda^{\mu}{}_{\nu}(A) = \tfrac{1}{2} Tr(\sigma^{\mu} A \widetilde{\sigma}_{\nu} A^{\dagger}) \tag{2.249}$$

즉 A가 주어지면 Lorentz 변환 성분 $\Lambda^{\mu}{}_{\nu}$가 얻어진다. 또 $\Lambda^{\mu}{}_{\nu}$에 해당하는 A를 구할 수 있다. A와 Lorentz 변환 $L(A)$ 사이의 대응이 준동형 관계임을 증명하려면,

$$\begin{aligned} &A \to L(A) \\ &B \to L(B) \\ &AB \to L(AB) \end{aligned} \tag{2.250}$$

의 대응에서

$$L(AB) = L(A)L(B) \tag{2.251}$$

를 증명하면 된다.

(증명) 식 (2.239)를 이용하면

$$\Lambda^{\mu}{}_{\nu}(A) = \tfrac{1}{2} Tr(A^{\dagger} \sigma^{\mu} A \widetilde{\sigma}_{\nu})$$
$$\Lambda^{\mu}{}_{\nu}(B) = \tfrac{1}{2} Tr(B^{\dagger} \sigma^{\mu} B \widetilde{\sigma}_{\nu})$$
$$\begin{aligned}\Lambda^{\mu}{}_{\nu}(AB) &= \tfrac{1}{2} Tr(\sigma^{\mu} AB \widetilde{\sigma}_{\nu} (AB)^{\dagger}) = \tfrac{1}{2} Tr(\sigma^{\mu} AB \widetilde{\sigma}_{\nu} B^{\dagger} A^{\dagger}) \\ &= \tfrac{1}{2} Tr(A^{\dagger} \sigma^{\mu} AB \widetilde{\sigma}_{\nu} B^{\dagger}) = \sum_{\lambda} \tfrac{1}{2} Tr(A^{\dagger} \sigma^{\mu} A \widetilde{\sigma}_{\lambda}) \tfrac{1}{2} Tr(\sigma^{\lambda} B \widetilde{\sigma}_{\nu} B^{\dagger}) \\ &= \Lambda^{\mu}{}_{\lambda}(A)\, \Lambda^{\lambda}{}_{\nu}(B)\end{aligned}$$

(증명 끝)

여기서 다음 관계식을 사용했다.

$$\because\ G = g^{\mu}\sigma_{\mu},\ H = h^{\mu}\widetilde{\sigma}_{\mu} \text{ 라면} \qquad g_{\mu} = \tfrac{1}{2} Tr(\widetilde{\sigma}_{\mu} G),\ h_{\mu} = \tfrac{1}{2} Tr(\sigma_{\mu} H) \tag{2.252}$$

$$\begin{aligned}\therefore\ \sum_{\lambda} \tfrac{1}{2} Tr(G\widetilde{\sigma}_{\lambda}) \tfrac{1}{2} Tr(\sigma^{\lambda} H) &= \sum_{\lambda} g^{\mu} g_{\mu\lambda} h_{\nu} g^{\nu\lambda} = \sum_{\lambda} g^{\mu} h^{\lambda} g_{\mu\lambda} \\ &= \tfrac{1}{2} Tr(\sigma_{\mu} \widetilde{\sigma}_{\lambda}) g^{\mu} h^{\lambda} = \tfrac{1}{2} Tr(GH)\end{aligned} \tag{2.253}$$

식 (2.249)에서 A와 $-A$가 같이 $L(A)$를 주기 때문에 이 대응은 2 대 1 대응이다. A는 SL(2,C)군(群, special linear group)을 형성한다고 한다. 여기서 S(special)는 $det(A)=1$을 의미한다.

그러면 $L(A)$를 줄 수 있는 A를 구해 보자. A를 얻을 수 있는 가장 일반적인 2×2 행렬

$$A = \begin{pmatrix} a & b \\ c & d \end{pmatrix}, \quad ad - bc = 1 \tag{2.254}$$

로 놓고 A에 대한 조건으로부터 성분 a, b, c, d를 구하자.

식 (2.254)로 주어진 A를

$$A = A_{\mu}\widetilde{\sigma}^{\mu} = A^{\mu}\widetilde{\sigma}_{\mu} \tag{2.255}$$

라 놓을 경우 식 (2.247)을 이용하면 A^μ를 구할 수 있다. 즉 $A^\mu = ½ Tr(\sigma^\mu A)$에서

$$A^0 = ½ Tr\left[\begin{pmatrix} 1 & 0 \\ 0 & 1 \end{pmatrix}\begin{pmatrix} a & b \\ c & d \end{pmatrix}\right] = ½(a+d) \tag{2.256a}$$

$$A^1 = ½ Tr\left[\begin{pmatrix} 0 & 1 \\ 1 & 0 \end{pmatrix}\begin{pmatrix} a & b \\ c & d \end{pmatrix}\right] = ½ Tr\begin{pmatrix} c & d \\ a & b \end{pmatrix} = ½(b+c) \tag{2.256b}$$

$$A^2 = ½ Tr\left[\begin{pmatrix} 0 & -i \\ i & 0 \end{pmatrix}\begin{pmatrix} a & b \\ c & d \end{pmatrix}\right] = ½ Tr\begin{pmatrix} -ic & -id \\ ia & ib \end{pmatrix} = ½ i(b-c) \tag{2.256c}$$

$$A^3 = ½ Tr\left[\begin{pmatrix} 1 & 0 \\ 0 & -1 \end{pmatrix}\begin{pmatrix} a & b \\ c & d \end{pmatrix}\right] = ½(a-d) \tag{2.256d}$$

가 되므로 식 (2.255)는 다음과 같이 쓸 수 있다.

$$A = \frac{(a+d)}{2} I + \frac{(b+c)}{2}\sigma^1 + \frac{i(b-c)}{2}\sigma^2 + \frac{(a-d)}{2}\sigma^3 \tag{2.257}$$

만일

$$\frac{(a+d)}{2} = \cos\frac{\theta}{2} \tag{2.258}$$

라 놓아 보자. 이 식에서 좌변이 1보다 작을 때는 문제가 없지만, 1보다 클 경우도 있을 것이며 이 때는 θ가 허수 값을 가져 $\cos\frac{\theta}{2}$ 대신에 $\cosh\left|\frac{\theta}{2}\right|$를 쓰면 된다. 그러면

$$\sin\frac{\theta}{2} = [1-(\cos\frac{\theta}{2})^2]^{½} = [1-¼(a+b)^2]^{½} = ½[4-(a+b)^2]^{½} \tag{2.259}$$

이고 θ는 일반적으로 복소수로서 $0 \le Re(\frac{\theta}{2}) \le 2\pi$로 택하는 것이 가능하다. 그러면

$$A = \cos\frac{\theta}{2} I - i\sin\frac{\theta}{2}\left[\frac{i(b+c)}{\sqrt{4-(a+d)^2}}\sigma^1 - \frac{(b-c)}{\sqrt{4-(a+d)^2}}\sigma^2 + \frac{i(a-d)}{\sqrt{4-(a+d)^2}}\sigma^3\right] \tag{2.260}$$

가 된다. 이 식은, 괄호 [ ] 안의 σ^i의 계수를 n^i라 하면, 다음과 같이 쓸 수 있다.

$$A = \cos\frac{\theta}{2} - i\sin\frac{\theta}{2}\ \boldsymbol{n}\cdot\boldsymbol{\sigma} = e^{-i\frac{\theta}{2}\boldsymbol{n}\cdot\boldsymbol{\sigma}} \tag{2.261}$$

여기서

$$\boldsymbol{n} = \left(\frac{i(b+c)}{\sqrt{4-(a+d)^2}},\ \frac{(c-b)}{\sqrt{4-(a+d)^2}},\ \frac{i(a-d)}{\sqrt{4-(a+d)^2}}\right) \tag{2.262}$$

이고 $ad - bc = 1$을 이용하면

$$\boldsymbol{n}\cdot\boldsymbol{n} = 1 \tag{2.263}$$

이다.

[문제 2.21] 식 (2.262)로부터 식 (2.263)을 증명하여라.

[문제 2.22] $\frac{(a+d)}{2} \geq 1$인 경우 $\frac{(a+d)}{2} = \cosh\frac{\alpha}{2}$라 놓으면, 식 (2.257)은 식 (2.261) 대신에

$$A = \cosh\frac{\alpha}{2} + \sinh\frac{\alpha}{2}\ \boldsymbol{n}\cdot\boldsymbol{\sigma}$$

가 됨을 보여라. 여기서 $\boldsymbol{n}$은 식 (2.262)와 같으나 분모에서 $\sqrt{4-(a+d)^2}$ 대신에 $i\sqrt{(a+d)^2-4}$로 쓴 것만이 다르다. A^{-1}은 식 (261)에서 $\boldsymbol{n}$ 대신 $-\boldsymbol{n}$로 놓아 얻는다.

지금까지 논의한 것 중 특별한 경우를 생각해 보자.

(1) $A^{\dagger}A = I$, 또는 $A^{\dagger} = A^{-1}$ 즉 A가 unitary 행렬인 경우, 식 (2.261)로부터

$$A^{\dagger} = \cos\frac{\theta^*}{2} + i\sin\frac{\theta^*}{2}\ \boldsymbol{n}^*\cdot\boldsymbol{\sigma} = \cos\frac{\theta}{2} + i\sin\frac{\theta}{2}\ \boldsymbol{n}\cdot\boldsymbol{\sigma} = A^{-1} \tag{2.264}$$

따라서 θ는 실수 값(real)을 갖고, $\boldsymbol{n}$도 실수 값(real)을 가진다. 이것은 앞에서 논의한 바와 같이 순수한 회전에 해당된다.

(2) $A^{\dagger}=A$, 즉 A가 Hermitian인 경우,

$$A^{\dagger}=\cos\frac{\theta^*}{2}+i\sin\frac{\theta^*}{2}\ \boldsymbol{n}^*\cdot\boldsymbol{\sigma}=\cos\frac{\theta}{2}-i\sin\frac{\theta}{2}\ \boldsymbol{n}\cdot\boldsymbol{\sigma}=A \tag{2.265}$$

따라서 θ는 허수 값(pure imaginary)을 갖고, $\boldsymbol{n}$은 실수 값(real)을 가진다고 할 수 있다.

즉, SL(2,C)군은 unitary 부분군(部分群, subgroup)과 Hermitian인 부분군을 가지고 있다. 이들을 더 자세히 살펴보자.

순수한 회전인 (1)의 경우, $X'=AXA^{\dagger}$ 이므로

$$\begin{aligned} x'^0+\boldsymbol{x}'\cdot\boldsymbol{\sigma} &= \left(\cos\frac{\theta}{2}-i\sin\frac{\theta}{2}\ \boldsymbol{n}\cdot\boldsymbol{\sigma}\right)(x^0+\boldsymbol{x}\cdot\boldsymbol{\sigma})\left(\cos\frac{\theta}{2}+i\sin\frac{\theta}{2}\ \boldsymbol{n}\cdot\boldsymbol{\sigma}\right) \\ &= \left(\cos^2\frac{\theta}{2}+\sin^2\frac{\theta}{2}\right)x^0+\cos^2\frac{\theta}{2}\ \boldsymbol{x}\cdot\boldsymbol{\sigma} \\ &\quad +i\sin\frac{\theta}{2}\cos\frac{\theta}{2}[\boldsymbol{n}\cdot\boldsymbol{\sigma},\ \boldsymbol{x}\cdot\boldsymbol{\sigma}]+\sin^2\frac{\theta}{2}\ \boldsymbol{n}\cdot\boldsymbol{\sigma}\boldsymbol{x}\cdot\boldsymbol{\sigma}\boldsymbol{n}\cdot\boldsymbol{\sigma} \end{aligned}$$

인데,

$$[\boldsymbol{n}\cdot\boldsymbol{\sigma},\ \boldsymbol{x}\cdot\boldsymbol{\sigma}]=2i(\boldsymbol{x}\times\boldsymbol{n})\cdot\boldsymbol{\sigma},$$

$$\boldsymbol{n}\cdot\boldsymbol{\sigma}\boldsymbol{x}\cdot\boldsymbol{\sigma}\boldsymbol{n}\cdot\boldsymbol{\sigma}=-\boldsymbol{x}\cdot\boldsymbol{\sigma}+2\,\boldsymbol{n}\cdot\boldsymbol{x}\,\boldsymbol{n}\cdot\boldsymbol{\sigma}$$

를 이용하면 다음과 같은 관계식을 얻는다.

$$x'^0+\boldsymbol{x}'\cdot\boldsymbol{\sigma}=x^0+\cos\theta\,\boldsymbol{x}\cdot\boldsymbol{\sigma}-\sin\theta(\boldsymbol{n}\times\boldsymbol{x})\cdot\boldsymbol{\sigma}+(1-\cos\theta)\,\boldsymbol{n}\cdot\boldsymbol{x}\,\boldsymbol{n}\cdot\boldsymbol{\sigma} \tag{2.266}$$

따라서 좌표성분 사이에 다음 관계가 있음을 알 수 있다.

$$\begin{aligned} x'^0 &= x^0, \\ \boldsymbol{x}' &= (\boldsymbol{n}\cdot\boldsymbol{x})\,\boldsymbol{n}+\cos\theta[\boldsymbol{x}-(\boldsymbol{n}\cdot\boldsymbol{x})\,\boldsymbol{n}]+\sin\theta(\boldsymbol{x}\times\boldsymbol{n}) \end{aligned} \tag{2.267}$$

특히 각 위치좌표 성분은

$$x'^{i} = R^{ij}x^{j} \tag{2.268}$$

라 놓을 때

$$\begin{aligned} R^{ij} &= n^{i}n^{j} + \cos\theta[\delta^{ij} - n^{i}n^{j}] + \sin\theta\varepsilon^{ijk}n^{k}, \\ &= \cos\theta\delta^{ij} + \sin\theta\varepsilon^{ijk}n^{k} + (1-\cos\theta)n^{i}n^{j} \end{aligned} \tag{2.269}$$

가 되어 3차원 공간에서의 수동적 회전임을 알 수 있다. 참고로 능동적 회전에서는 θ 대신에 $-\theta$를 쓰면 된다(참고 송희성 저 『양자역학』).

마찬가지로 순수한 Lorentz 변환인 (2)의 경우는,

$$x'^{0} + \boldsymbol{x}'\cdot\boldsymbol{\sigma} = \left(\cosh\frac{\omega}{2} + \sinh\frac{\omega}{2}\,\boldsymbol{n}\cdot\boldsymbol{\sigma}\right)(x^{0} + \boldsymbol{x}\cdot\boldsymbol{\sigma})\left(\cosh\frac{\omega}{2} + \sinh\frac{\omega}{2}\,\boldsymbol{n}\cdot\boldsymbol{\sigma}\right) \tag{2.270}$$

로부터 다음 관계가 있음을 보일 수 있다.

$$\begin{aligned} x'^{0} &= \cosh\omega\, x^{0} + \sinh\omega\,\boldsymbol{n}\cdot\boldsymbol{x} \\ \boldsymbol{x}' &= \boldsymbol{x} - (\boldsymbol{n}\cdot\boldsymbol{x})\,\boldsymbol{n} + \boldsymbol{n}[\sinh\omega\, x^{0} + \cosh\omega\,\boldsymbol{n}\cdot\boldsymbol{x}] \end{aligned} \tag{2.271}$$

특히 식 (2.271)의 두 번째 식은 $\boldsymbol{x}'$가 $\boldsymbol{n}$에 평행인 성분과 수직인 성분으로 나눌 때

$$\begin{aligned} &\boldsymbol{n}\cdot\boldsymbol{x}' = \sinh\omega\, x^{0} + \cosh\omega\,\boldsymbol{n}\cdot\boldsymbol{x}, \\ &\boldsymbol{x}' - \boldsymbol{n}(\boldsymbol{n}\cdot\boldsymbol{x}') = \boldsymbol{x} - \boldsymbol{n}(\boldsymbol{n}\cdot\boldsymbol{x}) \\ &\text{또는} \\ &\boldsymbol{n}\times(\boldsymbol{x}'\times\boldsymbol{n}) = \boldsymbol{n}\times(\boldsymbol{x}\times\boldsymbol{n}) \end{aligned} \tag{2.272}$$

임을 알 수 있다.

[문제 2.23] 식 (2.271)과 (2.272)를 보여라.

특히 식 (2.103)에서와 같이 (그 곳의 ω 대신 $-\omega$라 놓고 생각하여)

$$\frac{\boldsymbol{v}}{c} = -\,\boldsymbol{n}\tanh\omega \tag{2.273a}$$

라 놓으면,

$$\begin{aligned} \omega &= -\operatorname{arc}\tanh\frac{v}{c} \\ \cosh\omega &= \gamma = \frac{1}{\sqrt{1-\left(\frac{v}{c}\right)^2}} \\ \sinh\omega &= -\gamma\left(\frac{v}{c}\right) = -\gamma\beta \end{aligned} \tag{2.273b}$$

를 이용하면 다음의 Lorentz 변환

$$\begin{aligned} x'^0 &= \gamma(x^0 - \beta\,\boldsymbol{n}\cdot\boldsymbol{x}) \\ \boldsymbol{n}\cdot\boldsymbol{x}' &= \gamma(-\beta x^0 + \boldsymbol{n}\cdot\boldsymbol{x}) \\ \boldsymbol{x}' - (\boldsymbol{x}'\cdot\boldsymbol{n})\,\boldsymbol{n} &= \boldsymbol{x} - (\boldsymbol{x}\cdot\boldsymbol{n})\,\boldsymbol{n} \end{aligned} \tag{2.274}$$

를 얻는다. 능동적 회전과 관련하여

$$A = e^{\frac{i}{2}\boldsymbol{\tau}\cdot\boldsymbol{\sigma}}, \qquad \boldsymbol{\tau} = \boldsymbol{\theta} + i\,\boldsymbol{\omega} \tag{2.275}$$

라 할 때 $\boldsymbol{\theta}$와 $\boldsymbol{\omega}$는 실수 값을 가지며,

$$\boldsymbol{\theta} = \theta\,\boldsymbol{n} = (\theta^1, \theta^2, \theta^3)\,, \qquad \boldsymbol{\omega} = \omega\,\boldsymbol{n} = (\omega^1, \omega^2, \omega^3) \tag{2.276}$$

순수한 회전에 대한 발생자(generator) $\boldsymbol{J}$는

$$J^i = \frac{1}{i}\frac{\partial A}{\partial \theta^i}\Big|_{\theta_i=0} = \frac{1}{2}\sigma^i \tag{2.277a}$$

또 순수한 Lorentz 변환에 대한 발생자를 $\boldsymbol{K}$라 하면

$$K^i = \frac{1}{i}\frac{\partial A}{\partial \omega^i}\Big|_{\omega^i=0} = \frac{1}{2}i\,\sigma^i \tag{2.277b}$$

가 되고, 이들은 6개의 SL(2,C)의 발생자를 형성하고, 또 traceless인 이들은 다음 식을 만족한다.

$$\begin{aligned}[J^i, J^j] &= i\,\varepsilon^{ijk} J^k \\ [J^i, K^j] &= i\,\varepsilon^{ijk} K^k \\ [K^i, K^j] &= -i\,\varepsilon^{ijk} J^k\end{aligned} \tag{2.278}$$

참고로 양자역학을 생각하여 식 (2.277)에서 σ 대신에 $\hbar\sigma$를 사용할 수 있다. 또 식 (2.277b)에서 우변에 $-$를 곱하여 정의하는 경우도 있다. 그러면 식 (2.278)의 마지막 식의 부호가 $+$가 된다.

식 (2.278)에서의 관계식으로부터,

$$\begin{aligned}\boldsymbol{J}_1 &= \frac{1}{2}(\boldsymbol{J} - i\boldsymbol{K}) \\ \boldsymbol{J}_2 &= \frac{1}{2}(\boldsymbol{J} + i\boldsymbol{K})\end{aligned} \tag{2.279}$$

라 놓으면

$$\begin{aligned}[J_1{}^i, J_1{}^j] &= i\varepsilon^{ijk} J_1{}^k \\ [J_2{}^i, J_2{}^j] &= i\varepsilon^{ijk} J_2{}^k \\ [J_1{}^i, J_2{}^j] &= 0\end{aligned} \tag{2.280}$$

을 얻는다.

지금까지 논의한 사항을 식 (2.82)와 (2.94)에서 생각하였던 파동함수의 변환

$$\Psi'(x') = S\Psi(x) \tag{2.82}$$

$$S = \begin{pmatrix} e^{\frac{i}{2}\tau\cdot\sigma} & 0 \\ 0 & e^{\frac{i}{2}\tau^*\cdot\sigma} \end{pmatrix} \tag{2.94}$$

와 비교할 때, Dirac 함수 $\Psi(x)$를 다음과 같이 놓는 것이 편리함을 알 수 있다.

$$\Psi(x) = \begin{pmatrix} \xi \\ \eta \end{pmatrix} \tag{2.281}$$

두 성분을 가진 함수 ξ나 η를 스피너(spinor)라 부른다. 경우에 따라서 네 성분을 가진 $\Psi(x)$는 Dirac spinor라고 부른다. 따라서 식 (2.82)를 스피너를 이용하여 쓰면

$$\xi'(x') = e^{\frac{i}{2}\tau\cdot\sigma}\xi(x) \tag{2.120a}$$

$$\eta'(x') = e^{\frac{i}{2}\tau^*\cdot\sigma}\eta(x) \tag{2.120b}$$

라 쓸 수 있다. 즉 Dirac 함수는 일반적으로 2개의 다른 종류의 스피너로 구성되어 있다. 그러나 이들은 Dirac 방정식에 의하여 연관지어져 있다.

일반적으로 스피너는 다음과 같이 변한다.

$$u_a'(x') = \sum_b D_{ab}^{(j_1,j_2)} u_b(x)\ , \quad (a\text{와 } b) = (1,2) \tag{2.282}$$

여기서 (j_1, j_2)는 식 (2.279)에서 정의된 두 각운동량의 양자수를 나타낸다. 따라서 식 (2.120a)는

$$\xi'^a(x') = \left(e^{\frac{i}{2}\tau\cdot\sigma}\right)^a{}_b\xi^b(x) = (D)^a{}_b\xi^b(x) \tag{2.283}$$

$$D = e^{\frac{i}{2}\theta \boldsymbol{n}\cdot\boldsymbol{\sigma} - \frac{1}{2}\boldsymbol{\alpha}\cdot\boldsymbol{\sigma}} \tag{2.284}$$

이 되며, 여기서 다음을 얻을 수 있다.

$$\begin{aligned} \boldsymbol{J}_1 &= \frac{1}{2}\left(\frac{1}{2}\boldsymbol{\sigma} - i\frac{i}{2}\boldsymbol{\sigma}\right) = \frac{1}{2}\boldsymbol{\sigma} \\ \boldsymbol{J}_2 &= \frac{1}{2}\left(\frac{1}{2}\boldsymbol{\sigma} + i\frac{i}{2}\boldsymbol{\sigma}\right) = 0 \end{aligned} \tag{2.285}$$

즉, $(j_1 = ½, j_2 = 0)$이므로 D는 $D^{(½, 0)}$임을 알 수 있다.

[문제 2.24] 식 (2.120b)에서 $e^{\frac{i}{2}\boldsymbol{\tau}^*\cdot\boldsymbol{\sigma}} = D^{(0, ½)}$ 됨을 보여라.

한편

$$\begin{aligned} e^{\frac{i}{2}\boldsymbol{\tau}^*\cdot\boldsymbol{\sigma}} &= \left(e^{-\frac{i}{2}\boldsymbol{\tau}\cdot\boldsymbol{\sigma}}\right)^{\dagger} = \sigma^2\left(e^{\frac{i}{2}\boldsymbol{\tau}\cdot\boldsymbol{\sigma}}\right)^{*}\sigma^2 \\ &= (D^{-1})^{\dagger} \end{aligned} \tag{2.286}$$

관계식을 이용하면 식 (2.120b)는

$$\begin{aligned} &\eta'(x') = (D^{-1})^{\dagger}\,\eta(x) \\ &\therefore\ \eta'(x')^{\dagger} = \eta(x)^{\dagger}\ D^{-1'} \end{aligned} \tag{2.282c}$$

이므로 따라서

$$\eta'(x')^{\dagger}\ \xi'(x') = \eta(x)^{\dagger}\ \xi(x) \tag{2.287}$$

은 SL(2,C)에 의하여 불변하는 양이다.

또 식 (2.120a)로부터

$$\sigma^2 \xi'(x')^* = \sigma^2[e^{\frac{i}{2}\tau\cdot\sigma}]^*\sigma^2\ \sigma^2\xi(x)^*$$
$$\therefore\ i\sigma^2(\xi'(x'))^* = e^{\frac{i}{2}\tau^*\cdot\sigma} i\sigma^2(\xi(x))^* \tag{2.288}$$

을 얻고 이 결과를 식 (2.120b)와 비교하면 $\eta(x)$는 $i\sigma^2(\xi(x))^*$와 같이 변함을 알 수 있다. 즉 이들은 서로 비례함을 알 수 있다. 그러므로 다음 관계가 성립한다.

$$\eta(x)^\dagger \sim \xi(x)^T(-i\sigma^2) = (i\sigma^2\xi(x))^T \tag{2.289a}$$
$$\xi(x)^T(-i\sigma^2)\ \xi(x) = (i\sigma^2\xi(x))^T\xi(x) = SL(2, C)\ \text{변환에 대하여 불변} \tag{2.289b}$$

이러한 결과들을 종합하여 다음과 같이 스피너들의 성분표시를 할 수 있다(참고로 저자에 따라 그 표시 방법이 다르기 때문에 책이나 논문을 읽을 때는 주의할 필요가 있다.).

먼저 식 (2.283)과 같이

(i) $\xi(x)$의 성분을 $\xi^a(x)$로 나타내고 스피너 지표(指標, index)라 부르는 a를 1과 2로 나타내자.

(ii) $i\sigma^2$는 윗첨자를 아래로 내리는 역할을 하는 metric 텐서 ε_{ab}라 하면

$$i\sigma^2\xi(x) \to \varepsilon_{ab}\ \xi^b(x) = \xi_a(x) \tag{2.290}$$

따라서

$$\xi_a(x)\xi^a(x) = \xi_1(x)\xi^1(x) + \xi_2(x)\xi^2(x) = SL(2, C)\text{에 대하여 불변} \tag{2.291a}$$

또 식 (2.287)도

$$\eta'_a{}^*(x')\xi'^a(x') = \eta_a{}^*(x)\xi^a(x) = SL(2, C)\ \text{불변} \tag{2.291b}$$

이라 할 수 있다.

(iii) 식 (2.291a)와 (2.291b)로부터

$$\eta(x) \sim (\xi_a(x))^*$$

와 같이 변함을 알 수 있으므로, 앞으로 이러한 성분을 지표 $\dot{a} = (\dot{1}, \dot{2})$를 사용하여 $\eta_{\dot{a}}$ 라 쓴다. 따라서 식 (2.282b)는

$$\eta'_{\dot{a}}(x') = \left(e^{\frac{i}{2}\vec{\tau}^{*}\cdot\vec{\sigma}}\right)_{\dot{a}}{}^{\dot{b}}\,\eta_{\dot{b}}(x) \tag{2.282d}$$

(iv) ε_{ab}가 스피너의 윗첨자를 내리는 것과 같이 ε^{ab}는 아래첨자를 올려 주는 역할을 하는 metric 텐서로 생각할 수 있다.

$$\varepsilon_{ab} = (i\sigma^2)_{ab} = \begin{pmatrix} 0 & 1 \\ -1 & 0 \end{pmatrix} = -\varepsilon_{ba} \tag{2.292a}$$

$$\varepsilon^{ab} = (-i\sigma^2)_{ab} = \begin{pmatrix} 0 & -1 \\ 1 & 0 \end{pmatrix} = -\varepsilon^{ba} \tag{2.292b}$$

$$\varepsilon_{ab}\,\varepsilon^{bc} = -\delta_a{}^c, \quad \varepsilon_{ab} \sim \varepsilon \text{ 이면 } \varepsilon^{ab} \sim -\varepsilon = \varepsilon^T \tag{2.292c}$$

$$\therefore\ \varepsilon^{-1} = -\varepsilon \tag{2.292d}$$

이러한 기호를 이용하면 식 (2.291a)는 다음을 의미한다.

$$\varepsilon_{ab}\xi^a\xi^b = SL(2, C)\text{에서 불변} \tag{2.291c}$$

또 식 (2.290)과 (2.292a)를 이용하면

$$\xi_1 = \xi^2,\ \xi_2 = -\xi^1 \tag{2.293}$$

$$\therefore\ \xi_a\xi^a = -\xi^2\xi^1 + \xi^1\xi^2 = \begin{vmatrix} \xi^1 & \xi^2 \\ \xi^1 & \xi^2 \end{vmatrix} \doteq 0 \tag{2.291d}$$

일반적으로 같은 종류의 두 스피너 ξ^a와 ζ^a에 대하여

$$\xi_a\zeta^a = -\xi^2\zeta^1 + \xi^1\zeta^2 = \begin{vmatrix} \xi^1 & \xi^2 \\ \zeta^1 & \zeta^2 \end{vmatrix} \tag{2.291e}$$

를 얻으며, 앞에 나온 지표에 dot가 붙은 $\eta_{\dot{a}}$는 dot가 안 붙은 ξ^{a}와는 다른 종류의 스피너임에 주의하자. 따라서 첨자의 표시를 다르게 하였으며, $\eta_{\dot{a}}$는 복소공액을 취한 후 첨자를 올려 주어야 비로소 ξ^{a}와 같은 종류의 스피너가 된다. 마찬가지로 $\eta_{\dot{a}}$과 같은 종류의 스피너 $\zeta_{\dot{a}}$를 생각하면 다음과 같은 관계가 성립한다.

$$\eta_{\dot{a}}\zeta^{\dot{a}} = SL(2,C)\text{에 대하여 불변} \tag{2.294}$$

즉 같은 종류의 스피너 지표가 축약(contraction)되어야 SL(2,C) 변환에 대하여 불변이다.

(v) Dirac 방정식은 입자의 질량이 0이 아닐 때 ξ^{a}와 η_{a} 사이의 관계지어 준다. Dirac 방정식을 스피너를 이용하여 표시하면, 식 (2.45)는

$$\left[p^{\mu}\begin{pmatrix}0 & \widetilde{\sigma^{\mu}}\\ \sigma^{\mu} & 0\end{pmatrix} - mc\begin{pmatrix}I & 0\\ 0 & I\end{pmatrix}\right]\begin{pmatrix}\xi\\ \eta\end{pmatrix} = 0 \tag{2.295}$$

즉, 다른 스피너 지표를 가진 이들 두 종류의 스피너는

$$\begin{aligned} p_{\mu}\sigma^{\mu}\,\xi &= mc\,\eta \\ p_{\mu}\widetilde{\sigma^{\mu}}\,\eta &= mc\,\xi \end{aligned} \tag{2.296a}$$

가 되고 여기에 성분을 붙이면

$$\begin{aligned} (p_{\mu}\sigma^{\mu})_{\dot{a}b}\,\xi^{b} &= mc\,\eta_{\dot{a}} \\ (p_{\mu}\widetilde{\sigma^{\mu}})^{a\dot{b}}\,\eta_{b} &= mc\,\xi^{a} \end{aligned} \tag{2.296b}$$

가 된다.

$$(p_{\mu}\sigma^{\mu})_{\dot{a}b} \equiv p_{\dot{a}b} = p_{\mu}(\sigma^{\mu})_{\dot{a}b} = (p^{0} - \boldsymbol{p}\cdot\boldsymbol{\sigma})^{ab} \tag{2.297}$$

라 정의하면 첨자 (a, b)는 다른 종류의 첨자를 나타내기 때문에 순서에는 무관하다. 그러나 식 (2.297)의 마지막 식에서와 같이 스피너 지표가 아닌 성분 표시를 할 때는 그렇지 않다.

$$
\begin{aligned}
(p_\mu \widetilde{\sigma^\mu})^{\mathrm{a}\dot{\mathrm{b}}} &\equiv p^{\mathrm{a}\dot{\mathrm{b}}} = p_\mu(\widetilde{\sigma^\mu})^{\mathrm{a}\dot{\mathrm{b}}} \\
&= (p^0 + \boldsymbol{p}\cdot\boldsymbol{\sigma})^{\mathrm{ab}}
\end{aligned}
\tag{2.298}
$$

은 식 (2.297)에서, 복소공액을 취한 후 첨자를 올림으로써 얻을 수 있다. 따라서

$$
\begin{aligned}
&\sigma^\mu{}_{\dot{\mathrm{a}}\mathrm{b}} = (\sigma^\mu)^{\mathrm{ab}}, \\
&(\widetilde{\sigma^\mu})^{\mathrm{a}\dot{\mathrm{b}}} = (\widetilde{\sigma^\mu})^{\mathrm{ab}}
\end{aligned}
\tag{2.299}
$$

식 (2.296)은

$$
\begin{aligned}
&p_{\dot{\mathrm{b}}\mathrm{a}}\,\xi^{\mathrm{a}} = mc\,\eta_{\dot{\mathrm{b}}} \\
&p^{\mathrm{a}\dot{\mathrm{b}}}\,\eta_{\dot{\mathrm{b}}} = mc\,\xi^{\mathrm{a}}
\end{aligned}
\tag{2.296c}
$$

이 된다. 이것은 스피너로 나타낸 Dirac 방정식이다.

식 (2.296c)의 두 식으로부터

$$
\begin{aligned}
&p^{\mathrm{a}\dot{\mathrm{b}}}\,\eta_{\dot{\mathrm{b}}} = p^{\mathrm{a}\dot{\mathrm{b}}}[\frac{1}{mc}p_{\dot{\mathrm{b}}\mathrm{c}}]\,\xi^c = mc\,\xi^{\mathrm{a}} \\
&p^{\mathrm{a}\dot{\mathrm{b}}}p_{\dot{\mathrm{b}}\mathrm{c}}\xi^{\mathrm{c}} = (p^{02} - \boldsymbol{p}^2)\xi^{\mathrm{a}} = (mc)^2\xi^{\mathrm{a}} \\
&\therefore\ (p^2 - m^2c^2)\xi^{\mathrm{a}} = 0
\end{aligned}
\tag{2.300}
$$

를 얻는다. 참고로 ε에 대하여는 첨자 a와 $\dot{\mathrm{a}}$와의 구별이 없다.

[문제 2.25] $A = e^{\frac{i}{2}\boldsymbol{\tau}\cdot\boldsymbol{\sigma}}$에 대하여

$$
(A^T)^{-1} = \varepsilon A \varepsilon^T \tag{2.301a}
$$

$$
A\varepsilon A^T = \varepsilon \text{ 또는 } A^*\varepsilon A^\dagger = \varepsilon \tag{2.301b}
$$

임을 보여라.

(vi) 순수 Lorentz 변환에서 $\boldsymbol{\tau} = (i\omega)$가 허수이므로 $\boldsymbol{\tau}^* = -\boldsymbol{\tau}$가 되어 식 (2.141)은

$$S = \begin{pmatrix} e^{-\frac{\omega}{2}\widehat{v}\cdot\sigma} & 0 \\ 0 & e^{\frac{\omega}{2}\widehat{v}\cdot\sigma} \end{pmatrix} \tag{2.302}$$

가 되는데 이 2개의 성분이

$$\Psi(x) = \begin{pmatrix} \xi \\ \eta \end{pmatrix} \tag{2.281}$$

의 두 성분 각각에 작용하는 것을 생각하면 발생자(generator) ½($\boldsymbol{\sigma}$)와 관련하여 생각할 때 $e^{\pm\frac{\omega}{2}\widehat{v}\cdot\sigma}$는 Lorentz 변환의 방향이 다름을 알 수 있다. 즉

$$\xi \underset{(LT)}{--\rightarrow} e^{-\frac{\omega}{2}\widehat{v}\cdot\sigma}\xi \underset{(refl)}{--\rightarrow} e^{\frac{\omega}{2}\widehat{v}\cdot\sigma}\xi$$

가 되는데 위의 두 번째 과정을 주는 2×2 행렬은 존재하지 않으며 이것은 η에 해당되는 식이므로 parity(reflection)를 포함하는 Lorentz 변환에서는 ξ와 η 두 종류의 스피너가 필요하다. parity reflection에서 $\xi \leftrightarrow \eta$를 바꾸므로 이 때

$$\Psi \rightarrow \gamma^0\Psi, \text{ 여기서 } \gamma^0 = \begin{pmatrix} 0 & 1 \\ 1 & 0 \end{pmatrix}$$

가 된다.

$$A = e^{\frac{i}{2}\tau\cdot\sigma} = e^{i\lambda\cdot\sigma - \mu\cdot\sigma} \tag{2.303a}$$

$$A' = \varepsilon A^{*}\varepsilon^{-1} = \sigma^2 e^{-i\lambda\cdot\sigma^{*} - \mu\cdot\sigma^{*}}\sigma^2 = e^{i\lambda\cdot\sigma + \mu\cdot\sigma} = e^{\frac{i}{2}\tau^{*}\cdot\sigma} \tag{2.303b}$$

로 변환하는 것은 발생자 ($\boldsymbol{J}, \boldsymbol{K}$)를 ($\boldsymbol{J}', \boldsymbol{K}'$)로 바꾸는 역할을 하며 축성(axial) 벡터인 $\boldsymbol{J}$는 변하지 않고 보통(proper) 벡터인 $\boldsymbol{K}$만 바꾸는 것으로 보아 ε이 parity 연산자의 역할을 한다고 할 수 있다. 한편 행렬 A와 A^{*}는 equivalent 하지 않기 때문에 공간반전(space reflection)은 Lorentz의 2차원 표현인 A로서는 표현될 수 없다. 따라서 공간반전을 하려면, 적어도 2개의 2차원 공간이 고려되어야 하고, 이러한 새로운 4차원 공간에서는 앞에서 말한 ξ와 η가 기본 벡터가 된다.

Lorentz 변환은 ξ에는 A를 통하여 작용하고, η에는 $\varepsilon A^* \varepsilon^{-1}$을 통하여 작용한다. 즉

$$\begin{pmatrix} \xi' \\ \eta' \end{pmatrix} = \begin{pmatrix} A & 0 \\ 0 & \varepsilon A^* \varepsilon^{-1} \end{pmatrix} \begin{pmatrix} \xi \\ \eta \end{pmatrix} \tag{2.304}$$

이고, 4차원에서 공간반전(space reflection)은

$$\begin{pmatrix} \xi' \\ \eta' \end{pmatrix} = \begin{pmatrix} 0 & I \\ I & 0 \end{pmatrix} \begin{pmatrix} \xi \\ \eta \end{pmatrix} \Rightarrow \begin{pmatrix} \eta \\ \xi \end{pmatrix} \tag{2.305}$$

가 된다. 또 공간반전을 포함하는 Lorentz 변환에 대하여는 4×4 행렬이 고려되고, A는 $D^{(\frac{1}{2})}(\Lambda)$로 표시하고, $\varepsilon A^* \varepsilon^{-1}$는 $\overline{D^{(\frac{1}{2})}}(\Lambda) = \varepsilon D^{(\frac{1}{2})*} \varepsilon^{-1}$로 표시하여 4차원 공간에서 Lorentz 변환의 표현은 다음 행렬로 주어진다.

$$\begin{pmatrix} D^{\frac{1}{2}}(\Lambda) & 0 \\ 0 & \overline{D^{\frac{1}{2}}}(\Lambda) \end{pmatrix} \tag{2.306}$$

제 3 장

양자전기역학의 여러 과정

입자물리학을 포함하여 물리학은 자연 현상이나 실험에서 나타나는 현상을 바탕으로 하는 학문이므로, 이러한 현상을 이론적으로 기술하기 위해서는 여러 가지 수학적 기술 방법뿐 아니라 이론적 모형이 도입된다. 이러한 이론은 그 양이 방대하기 때문에, 여기서는 입자현상을 기술하는데 있어서 꼭 필요한 최소한의 이론적 방법만을 도입하려고 한다. 이 장에서는 비교적 간단하지만 상대론적 양자역학의 본질을 잘 설명하는 양자전기역학(QED, quantum electrodynamics)에서의 현상에 국한하여 기본 틀과 몇 가지 산란과정을 기술하고, 이 과정에서 편극의 응용은 제5장에서 다루려 한다.

3.1 양자전기역학의 바탕

입자가 아무런 반응이 없이 움직이는 경우는 상호작용에 의하여 변화를 보려는 의도와 달라 물리적인 흥미가 없으며, 앞으로는 입자가 다른 입자 또는 장(場, field)에 의하여 산란하는 등의 입자반응에 관심을 가질 것이며, 가장 간단한 경우로 전하를 가진 입자는 광자를 통한 상호작용을 생각하게 된다. 이것을 양자전기역학 또는 영어로 약해서 QED라 부른다. 여기서는 양자전자기학의 바탕을 이루는 산란행렬(S matrix), 입자상태의 제2양자화, 입자들의 전파인자 등에 대하여 비교적 자세히 설명하려고 한다.

전자나 렙톤(lepton) 같은 입자와 광자 같은 게이지 장 사이의 상호작용을 이해하는 것은 앞장에서 생각하였던 Dirac 방정식에서 게이지 이론이나 최소대입법 등을 생각하여, 입자의 방정식이 자유입자의 경우와 전자기장 안에 있는 입자의 경우를 비교하여 봄으로써 가능해진다. 또 이 때 입자와 장 사이의 상호작용에 의하여 에너지 또는 상호작용의 Hamiltonian이 어떻게 되는가를 조사하기 위하여 운동방정식을 기술하는 Lagrangian을 먼저 생각하여 보자. 또 앞으로는 $\hbar=c=1$로 놓은 단위계를 사용하겠다. 실제로 물리적 양의 값을 나타낼 필요가 있을 때는 $\hbar$나 c를 붙여 해당되는 물리량을 만들어 수치 계산을 한다. 예를 들어, 전자의 에너지를 mc^2은 c를 생략하여 m라 쓰지만, 전자의 실제 질량 값은 mc^2으로부터 얻는다.

3.1.1 Hamilton의 원리와 전이진폭

제2장에서 취급하였던 결과를 다시 생각해 보자. 자유입자의 경우 Dirac 방정식

$$(\not{p}-m)\Psi=0 \quad \text{또는} \quad i\gamma^{\mu}\partial_{\mu}\Psi(x)-m\Psi(x)=0, \tag{3.1a}$$

그리고

$$i\partial_{\mu}\overline{\Psi}(x)\gamma^{\mu}+m\overline{\Psi}(x)=0 \tag{3.1b}$$

을 얻었으며, 전자기장에서는 $i\partial_{\mu}$ 대신 iD_{μ}를 위의 식에 넣어 입자의 Dirac 방정식

$$[(\not{p}-e\not{A})-m]\Psi(x)=0 \quad \text{또는} \quad i\partial_{\mu}\gamma^{\mu}\Psi(x)-e\not{A}\Psi(x)-m\Psi(x)=0 \tag{3.2a}$$

와

$$i\partial_{\mu}\overline{\Psi}(x)\gamma^{\mu}+e\overline{\Psi}(x)\not{A}+m\overline{\Psi}(x)=0 \tag{3.2b}$$

을 얻었다.

이들은 Lagrangian이 함수들 $\phi_r(r=1,2,\cdot\cdot\cdot)$의 함수일 때 Euler-Lagrange 방정식

$$\partial_\mu\left(\frac{\partial\mathcal{L}}{\partial(\partial_\mu\phi_r)}\right)-\frac{\partial\mathcal{L}}{\partial\phi_r}=0 \tag{3.3}$$

으로부터 얻을 수 있다. 즉 식 (3.1)을 주는 Lagrangian은

$$\mathcal{L}=\overline{\Psi}(x)(i\gamma^\mu\partial_\mu-m)\Psi(x) \tag{3.4}$$

가 된다. 이것을 증명해 보자.

(증명) 식 (3.3)에서 $\phi_r=\Psi(x)$라 놓으면

$$\frac{\partial\mathcal{L}}{\partial(\partial_\mu\Psi)}=\overline{\Psi}i\gamma^\mu,\quad \frac{\partial\mathcal{L}}{\partial\Psi}=-m\overline{\Psi} \tag{3.5a}$$

를 얻으므로 식 (3.3)은 식 (3.1b)가 된다. 마찬가지로 식 (3.3)에서 $\phi_r=\overline{\Psi(x)}$라면

$$\frac{\partial\mathcal{L}}{\partial(\partial_\mu\overline{\Psi})}=0,\qquad \frac{\partial\mathcal{L}}{\partial\overline{\Psi}}=i\gamma^\mu\partial_\mu\Psi-m\Psi \tag{3.5b}$$

이므로 식 (3.3)은 식 (3.1a)가 됨을 알 수 있다.**(증명 끝)**

[문제 3.1] 식 (3.2)는 다음 Lagrangian으로부터 얻을 수 있음을 보여라.

$$\mathcal{L}=-\frac{1}{4}F^{\mu\nu}F_{\mu\nu}+\overline{\Psi}(i\gamma^\mu D_\mu-m)\Psi. \tag{3.6}$$

[문제 3.2] 식 (3.2)에서 $\phi_r=A_\nu$라면

$$\partial_\mu F^{\mu\nu}=e\overline{\Psi}\gamma^\nu\Psi \tag{3.7}$$

임을 보여라.

위의 식 (3.7)에서 오른편 식을 전자기적 확률흐름밀도(electromagnetic probability current density)

$$J^{\mu}(x)_{em}=\overline{\Psi}(x)\gamma^{\mu}\Psi(x) \tag{3.8}$$

라 부른다. 전자기장 안에서 운동하는 전자의 경우 Lagrangain 식 (3.6)을 분석해 보면

$$\mathcal{L}_{QED}=-\frac{1}{4}F^{\mu\nu}F_{\mu\nu}+\overline{\Psi}(i\gamma^{\mu}\partial_{\mu}-m)\Psi-e\overline{\Psi}\gamma^{\mu}\Psi A_{\mu} \tag{3.9}$$

와 같다. 이 식에서 오른쪽의 첫째 항은 자유로 움직이는 전자파에 대한 Lagrangian이고, 둘째 항은 자유전자에 대한 Lagrangian이어서 이들은 $\mathcal{L}_{free}$을 나타내고, 세 번째 항은 전자와 전자기파의 상호작용 $\mathcal{L}_{e-\gamma}$을 나타냄을 알 수 있다. 즉

$$\mathcal{L}_{free}=\mathcal{L}_{field}+\mathcal{L}_{e}, \tag{3.10a}$$

$$\mathcal{L}_{e-\gamma}=-e\,J^{\mu}_{em}\,A_{\mu} \tag{3.10b}$$

$$\therefore\ \mathcal{L}_{QED}=\mathcal{L}_{free}+\mathcal{L}_{e-\gamma} \tag{3.10c}$$

를 얻는다.

[문제 3.3] 여기서 이 Lagrangian이 게이지 변환

$$\begin{aligned}\Psi(x)&\rightarrow\Psi'(x')=e^{-ie\Lambda(x)}\Psi(x),\\ A_{\mu}(x)&\rightarrow A'_{\mu}(x')=A^{\mu}(x)+\partial_{\mu}\Lambda(x)\end{aligned} \tag{3.11}$$

에 대하여 불변함을 보여라.

[문제 3.4] 자유전자에 대한 식 (3.4)인 $\mathcal{L}_{e}$을 이용하여 Hamiltonian을 구하면, Dirac이 구했던 Hamiltonian을 얻게 됨을 보여라.

엄밀히 말하면 Lagrangian L은 앞의 Lagrangian 밀도 $\mathcal{L}$과 다음과 같은 관계가 있다.

$$L = \int d^3x\, \mathcal{L}$$

Hamiltonian H도 Hamiltonian 밀도 $\mathcal{H}$와도 같은 관계이다. 따라서 전자기파와 전하를 띤 입자 사이의 상호작용은 $L_{e-\gamma}$에 의하여 결정된다.

한편 이 때 입자와 전자파 사이의 상호작용을 정하는 Hamiltonian $H_{e-\gamma} \equiv H_I$는

$$H_I = -L_{e-\gamma} \equiv -L_I \tag{3.12}$$

이 되고 양자역학에서 배운 바와 같이 상호작용 묘사(interaction picture)에서 시간에 대한 파 벡터 사이의 다음 관계를 이용하자.

$$|\Psi(t)\rangle = U(t, t_0)\,|\Psi(t_0)\rangle \tag{3.13}$$

$$\begin{aligned} U(t, t_0) &= T\left(e^{-i\int_{t_0}^{t} H_I\, dt_1}\right) = T\left(e^{i\int_{t_0}^{t} L_I\, dt_1}\right) = T\left(e^{-ie\int_{t_0}^{t} A^\mu J_\mu\, dt_1}\right) \\ &= I - ie\int_{t_0}^{t} A^\mu J_\mu\, dt_1 + \frac{1}{2!}(-ie)^2 \int_{t_0}^{t} A^\mu J_\mu\, dt_1 \int_{t_0}^{t} A^\nu J_\nu\, dt_2 + \cdots \end{aligned} \tag{3.14}$$

위의 식에서 T는 시간순서곱(time ordered product)을 나타내는 기호로서 다음과 같이 정의된다.

$$T[A(t_1)B(t_2)] = \begin{cases} A(t_1)B(t_2) & (t_1 > t_2 \text{ 이면}) \\ B(t_2)A(t_1) & (t_2 > t_1 \text{ 이면}) \end{cases} \tag{3.15}$$

만일 시간 $t = t_0$에서의 입자들이 $|s\rangle$ 상태에 있다면, 그 계가 다른 시간 t에서 $|n\rangle$인 상태에 있게 될 것을 생각할 때 다음과 같게 된다.

$$\begin{aligned} \langle n|\Psi(t)\rangle &= \langle n|U(t, t_0)|s\rangle \\ &= \langle n|\left\{I - i\int_{t_0}^{t} H_I dt_1 + \frac{1}{2}(-i)^2 \int_{t_0}^{t} H_I dt_1 \int_{t_0}^{t_1} H_I dt_2 + \cdots\right\}|s\rangle \end{aligned} \tag{3.16}$$

특히 $t_0 \to -\infty$, $t \to \infty$인 경우 $U(t, t_0)$를 산란진폭(scattering amplitude) S라 부른다.

$$S = I - i\int_{-\infty}^{\infty} H_I dt - \frac{1}{2}\int_{-\infty}^{\infty} H_I dt \int_{-\infty}^{t} H_I dt' + \cdots \tag{3.17}$$

H_I는 Schrödinger 묘사(picture)에서의 값과는

$$H_I(t) = e^{\frac{i}{\hbar} t H_0} H_I^{(s)} e^{-\frac{i}{\hbar} t H_0} \tag{3.18}$$

의 관계가 있어 일반적으로 처음 상태를 $|i\rangle$, 마지막 상태를 $|f\rangle$라 하면, 이들에 대한 S-행렬(S matrix)은 다음과 같은 관계를 가진다.

$$\begin{aligned} \langle f|S|i\rangle &= \delta^{ij} - i\langle f|H_I^{(s)}|i\rangle \int_{-\infty}^{\infty} e^{\frac{i(E_f - E_i)t}{\hbar}} dt + \cdots \\ &= \delta^{ij} - 2\pi i\hbar\, \delta(E_f - E_i) T_{fi} \end{aligned} \tag{3.19}$$

위의 식에서 T_{fi}를 전이진폭(transition amplitude)이라 부르고, 많은 경우에 $2\pi\delta(E_f - E_i)$를 포함하여 전이진폭이라 부르기도 한다. 이후로는 $H_I^{(s)}$에서 첨자 I를 떼고 생각하기로 하면

$$T_{fi} = H_{fi}^{(s)} + \sum_n \frac{H_{fn}^{(s)} H_{ni}^{(s)}}{E_i - E_n + i\varepsilon} + \cdots \tag{3.20}$$

가 된다. 이 식에서 $H_{fi}^{(s)}$는 L_I에서 얻을 수 있으며, 첫째 항을 제1차(1st order) 근사, 둘째 항을 제2차 근사 등으로 부른다.

3.1.2 파동함수의 양자화

입자물리학에서는 입자들이 서로 반응을 통하여, 새로운 입자가 생기기도 하고 처음 입자가 없어지기도 한다. 이러한 현상을 고전역학에서는 기술하는 방법이 없었고, 고전양자역학에서도 전자기파의 생성과 흡수 등을 취급할 때 전자기장을 양자화하는 소위 제2양자화를

통하여 취급한다. 그리고 고전양자역학에서 어떠한 에너지 상태가 없어지거나 생기는 것은 잘 알려진 조화진동자(harmonic oscillator)문제에서 경험한 바와 같이, 올림연산자(raising operator) 또는 생성연산자(creation operator)를 한 에너지 상태함수에 작용하여 보다 높은 에너지 상태를 얻었고, 만일 한 에너지 상태에 내림연산자(lowering operator) 또는 소멸연산자(annihilation operator)를 적용하면 보다 낮은 에너지 상태를 얻었다. 이러한 것은 결국 처음 에너지 상태를 없애고 새로운 에너지 상태를 만드는 역할을 하는 것이다. 이것을 연장하여 입자의 생성 및 소멸을 생성연산자와 소멸연산자를 이용하여 표시하는 것을 제2양자화(second quantization)라 한다. 그러나 입자에는 페르미온과 보존이 있어 이들을 취급하는 방법이 다르다. 또 모든 입자는 반입자가 있어 전하와 배내(intrinsic)양자수가 다를 뿐 질량과 스핀이 같아 같은 파동함수를 사용할 수 있다.

(a) 먼저 보존입자 중에서 스핀-0인 스칼라 입자를 생각하자. 제2장에서 설명한 바와 같이 자유스칼라 입자 $\phi(x)$는 일반적으로 복소수함수로 Klein-Gordon 방정식

$$(\Box + m^2)\phi(x) = 0 \tag{3.21}$$

를 만족한다. 또 이 방정식을 주는 Lagrangian은

$$\mathcal{L} = \partial_\mu \phi \, \partial^\mu \phi^* - m^2 \phi^* \phi \tag{3.22a}$$

이며, 또는 실함수 ϕ^1, ϕ^2를 생각하여

$$\begin{aligned} \phi &= \frac{1}{\sqrt{2}}(\phi^1 + i\phi^2), \\ \phi^* &= \frac{1}{\sqrt{2}}(\phi^1 - i\phi^2) \end{aligned} \tag{3.23}$$

라 놓으면, 식 (3.22a)에는 다음과 같이 된다.

$$\mathcal{L} = \frac{1}{2}\sum_{i=1}^{2}(\partial_\mu \phi^i \partial^\mu \phi^i - m^2 \phi^i \phi^i) \tag{3.22b}$$

물론 경우에 따라서는 $\phi^* = \phi$인 경우도 있으며, 이 때는 식 (3.22a)에서 ϕ만으로 표시한다.

[문제 3.5] 식 (3.22)로부터 Euler-Lagrange 방정식을 이용하여 Klein-Gordon 방정식을 구하라.

제1양자화가 좌표 q^i를 연산자로 생각하고, 이 좌표에 대응하는 정준공액 운동량 (canonically conjugate momentum)

$$p^i = \frac{\partial \mathcal{L}}{\partial \dot{q}^i} \ : \ (\text{여기서 } \mathcal{L}\text{은 고전역학에서의 양임}) \tag{3.24a}$$

도 연산자가 되고, 이들 사이에 교환자의 관계식

$$\begin{aligned} &[q^i, p^j] = i\delta^{ij}, \quad (\hbar = 1) \\ &[q^i, q^j] = 0, \ [p^i, p^j] = 0 \end{aligned} \tag{3.24b}$$

을 적용함으로써 양자화가 정의되는 바와 같이, 제2양자화는 식 (3.22b)에서 함수 $\phi^i(x)$를 연산자로 생각하고, 이 함수연산자의 공액운동량에 대응하는 함수

$$\pi^i(x) = \frac{\partial \mathcal{L}}{\partial \dot{\phi}_i} \tag{3.25}$$

를 도입하여 같은 시간에 대하여 다음과 같이 정의 할 수 있다.

$$\begin{aligned} &[\phi^i(\boldsymbol{x}, t), \pi^j(\boldsymbol{x}', t)] = i\delta(\boldsymbol{x} - \boldsymbol{x}')\delta^{ij}, \\ &[\phi^i(\boldsymbol{x}, t), \phi^j(\boldsymbol{x}', t)] = 0, \quad [\pi^i(\boldsymbol{x}, t), \pi^j(\boldsymbol{x}', t)] = 0 \end{aligned} \tag{3.26}$$

이렇게 한 양자화를 특히 정준양자화(canonical quantization)라 부른다. 이것은 조화진동자에서 얻은 것과 같은 생성 및 소멸연산자 사이의 교환자 관계식

$$\begin{aligned} &[a(\boldsymbol{p}), a^\dagger(\boldsymbol{p}')] = \delta(\boldsymbol{p} - \boldsymbol{p}'), \\ &[a(\boldsymbol{p}), a(\boldsymbol{p}')] = 0, \ [a^\dagger(\boldsymbol{p}), a^\dagger(\boldsymbol{p}')] = 0 \end{aligned} \tag{3.27}$$

를 이용하고, 파동함수 $\phi(x)$를 이들 연산자로 표시함으로써 실현될 수 있다. 즉 $\phi(x)$의 푸

리에(Fourier) 변환에 생성 및 소멸연산자를 결합시킴으로써 다음과 같이 얻는다.

$$\phi(x)=\int \frac{d^3p}{\sqrt{(2\pi)^3 2E}}\{a(\mathbf{p})e^{-ip\cdot x}+c(\mathbf{p})^{\dagger}e^{ip\cdot x}\} \tag{3.28a}$$

여기 도입된 $c(\mathbf{p})$는 $a(\mathbf{p})$와 같은 교환식 (3.27)을 만족하지만 $a(\mathbf{p})$, $a^{\dagger}(\mathbf{p})$와는 교환되는 반입자의 소멸연산자이다. 따라서 이 식을 입자가 없는 진공상태(vacuum state) $|0\rangle$에 작용하면, 소멸 및 생성연산자의 의미를 따라 운동량 $\mathbf{p}$를 가진 1개의 입자상태를 $|\mathbf{p}\rangle$로 나타낼 때

$$a(\mathbf{p})|0\rangle=0, \quad a^{\dagger}(\mathbf{p})|0\rangle=|\mathbf{p}\rangle_a \text{ 또는 } |1\rangle \tag{3.29}$$

이므로

$$\begin{aligned} \phi(x)|0\rangle &= \int \frac{d^3p}{\sqrt{(2\pi)^3 2E}}e^{ip\cdot x}|\mathbf{p}\rangle_c, \\ \phi^{\dagger}(x)|0\rangle &= \int \frac{d^3p}{\sqrt{(2\pi)^3 2E}}e^{ip\cdot x}|\mathbf{p}\rangle_a \end{aligned} \tag{3.30}$$

이 된다. 여기서 $|\mathbf{p}\rangle_a$, $|\mathbf{p}\rangle_c$는 각각 운동량 $\mathbf{p}$를 가진 입자와 반입자 상태를 나타낸다. 만일 자기 자신을 반입자로 갖는 경우는 식 (3.28)에서 $c^{\dagger}(\mathbf{p})$ 대신 $a^{\dagger}(\mathbf{p})$를 쓰면 된다.

스칼라 함수의 양자화에서 운동량이 연속적인 경우가 아니고, 변의 길이가 L이고 체적 V인 상자에서 띄엄띄엄 떨어진 운동량

$$\mathbf{p}=\frac{2\pi}{L}(n_1, n_2, n_3) \tag{3.31}$$

인 주기적인 경계조건을 가지고, 함수를 규격화하는 경우가 유용할 때도 있다. 띄엄띄엄 떨어진 경우는

$$\begin{aligned} \frac{1}{(2\pi)^{3/2}}\int d^3\mathbf{p} &\rightarrow \frac{1}{V^{1/2}}\sum_{\mathbf{p}}, \\ \delta(\mathbf{p}-\mathbf{p}') &\rightarrow \delta_{\mathbf{p}\mathbf{p}'} \end{aligned} \tag{3.32}$$

을 이용하여 얻어진다. 따라서 이 때 스칼라 함수는

$$\phi(x)=\sum_{p}\frac{1}{\sqrt{2EV}}\{a(\mathbf{p})e^{-ip\cdot x}+c(\mathbf{p})^{\dagger}e^{ip\cdot x}\} \tag{3.28b}$$

로 쓰기도 한다. 이것은 후에 필요할 때 다시 생각하기로 하고 다만 제2장에서 논의되었던 스칼라 장의 흐름밀도를 4차원 공간에서 표시해 보기로 하자.

$$J^{\mu}=\frac{i}{2m}(\phi^{*}\overleftrightarrow{\partial^{\mu}}\phi) \tag{3.33a}$$

여기서 임의의 함수 A, B에 대하여 $A\overleftrightarrow{\partial^{\mu}}B$는 다음과 같이 정의된 양이다.

$$A\overleftrightarrow{\partial^{\mu}}B=A\partial^{\mu}B-(\partial^{\mu}A)B \tag{3.33b}$$

[문제 3.6] 식 (3.22b)로 주어진 Lagrangian에 대하여 식 (3.25)로 주어진 공액변수 π^{i}는

$$\pi^{i}=\dot{\phi}^{i} \tag{3.34a}$$

임을 보여라.

[문제 3.7] 식 (3.28)의 역 Fourier 변환으로부터 다음을 보여라.

$$a(\mathbf{p})=\int\frac{d^{3}x}{\sqrt{(2\pi)^{3}2E}}e^{ip\cdot x}\overleftrightarrow{\partial^{0}}\phi(x) \tag{3.34b}$$

[문제 3.8] 식 (3.27)을 이용하여 식 (3.26)을 증명하여라.

[문제 3.9] 스칼라 입자의 Hamiltonian은 다음과 같음을 보여라.

$$\begin{aligned} H&=\int d^{3}x\Big(\sum_{i}\pi_{i}\dot{\phi}_{i}-\mathcal{L}\Big)=\frac{1}{2}\sum_{i}(\dot{\phi}_{i}\dot{\phi}_{i}+\nabla\phi_{i}\cdot\nabla\phi_{i}+m^{2}\phi_{i}\phi_{i})\\ &=\sum_{p}E_{p}(a(p)^{\dagger}a(p)+c(p)c(p)^{\dagger}) \end{aligned} \tag{3.34c}$$

(b) 같은 방법으로 스핀-½ 페르미 입자의 파동함수를 제2양자화하여 얻을 수 있다. 다만 여기에서 큰 차이점은 연산자 $a(\boldsymbol{p})$, $c(\boldsymbol{p})$가 만족하는 교환자 관계식 (3.27) 대신에 반교환 관계식(anticommutation relation)을 사용하고 스피너 양이 들어오게 된다. 즉

$$\Psi(x) = \int \frac{d^3p}{\sqrt{(2\pi)^3}} \sqrt{\frac{m}{E}} \sum_r \{ b_r(\boldsymbol{p}) u(p, r) e^{-ip\cdot x} + d_r^{\dagger}(\boldsymbol{p}) v(p, r) e^{ip\cdot x} \} \tag{3.35}$$

이며 b_r, d_r는 각각 입자와 반입자의 소멸연산자로서 같은 시간에서 다음 관계식을 만족한다.

$$\begin{aligned} &\{ b_r(\boldsymbol{p}),\ b_{r'}^{\dagger}(\boldsymbol{p}') \} = \delta_{rr'} \delta(\boldsymbol{p} - \boldsymbol{p}'), \\ &\{ b_r(\boldsymbol{p}), b_{r'}(\boldsymbol{p}') \} = \{ b_r^{\dagger}(\boldsymbol{p}),\ b_{r'}^{\dagger}(\boldsymbol{p}') \} = 0, \\ &\{ d_r(\boldsymbol{p}),\ d_{r'}^{\dagger}(\boldsymbol{p}') \} = \delta_{rr'} \delta(\boldsymbol{p} - \boldsymbol{p}'), \\ &\{ d_r(\boldsymbol{p}), d_{r'}(\boldsymbol{p}') \} = \{ d_r^{\dagger}(\boldsymbol{p}),\ d_{r'}^{\dagger}(\boldsymbol{p}') \} = 0 \end{aligned} \tag{3.36}$$

식 (3.29)와 마찬가지로

$$b_r(\boldsymbol{p}) | 0 \rangle = 0, \quad b_r^{\dagger}(\boldsymbol{p}) | 0 \rangle = | p, r \rangle \tag{3.37}$$

가 되고 $| p, r \rangle$는 운동량이 p, 스핀 상태 r인 한 입자상태를 나타낸다.

여기에서도 식 (3.4)로 주어진 Lagrangian으로부터 함수연산자 식 (3.35)의 정준공액 운동량에 해당되는 양 $\pi(x)$는 다음과 같이 된다.

$$\pi(x) = \frac{\partial \mathcal{L}}{\partial \dot{\Psi}} = i\Psi^{\dagger}(x) \tag{3.38}$$

그리고 $\Psi(x)$와 공액함수 $\pi(x)$ 사이에는 같은 시간에서

$$\{ \Psi(x), \pi(x') \} = i\delta(\boldsymbol{x} - \boldsymbol{x}') \tag{3.39a}$$

또는

$$\{\Psi(x), \Psi^{\dagger}(x')\} = \delta(\boldsymbol{x}-\boldsymbol{x}') \ (\text{같은 시간}) \tag{3.39b}$$

이 된다. 그러면 Hamiltonian 연산자는

$$\begin{aligned} H &= \int d^3x \left\{ \pi(x)\, \dot{\Psi}(x) - \mathcal{L} \right\} = \int d^3x \{ \Psi^{\dagger}(x) (\boldsymbol{\alpha} \cdot \boldsymbol{p} + \beta m) \Psi(x) \} \\ &= \int d^3x \left\{ \Psi^{\dagger}(x)\, i \frac{\partial}{\partial t} \Psi(x) \right\} \end{aligned} \tag{3.40}$$

이고, 여기에 식 (3.35)를 이용하면 다음과 같이 된다.

$$\begin{aligned} H &= \int \frac{d^3p}{(2\pi)^3} E(p) \sum_r \{ b_r^{\dagger}(\boldsymbol{p}) b_r(\boldsymbol{p}) - d_r(\boldsymbol{p})\, d_r^{\dagger}(\boldsymbol{p}) \} \\ &= \int \frac{d^3p}{(2\pi)^3} E(p) \sum_r \{ b_r^{\dagger}(\boldsymbol{p}) b_r(\boldsymbol{p}) + d_r^{\dagger}(\boldsymbol{p}) d_r(\boldsymbol{p}) \} \end{aligned} \tag{3.41}$$

위의 식 (3.41)을 얻을 때 스피너 $u(p, r)$, $v(p, r)$의 직교성 등을 이용하였고, 마지막 식에서는 d_r와 $d_r^{\dagger}$의 교환자에서 나오는 상수항은 식 (3.41)에 무한히 큰 상수를 주는데 이것을 생략한 결과이다. 또 식 (3.41)에서

$$N_r(\boldsymbol{p}) = b_r^{\dagger}(\boldsymbol{p}) b_r(\boldsymbol{p}), \quad \overline{N_r}(\boldsymbol{p}) = d_r^{\dagger}(\boldsymbol{p}) d_r(\boldsymbol{p}) \tag{3.42}$$

는 각각 입자와 반입자가 특정한 운동량과 스핀 상태에 있는 수연산자를 나타내므로 식 (3.41)이 에너지 연산자를 나타내는 것이 정당화된다고 할 수 있다.

[문제 3.10] 식 (3.40)에서 식 (3.41)을 얻는 전 과정을 보여라.

[문제 3.11] 페르미온의 운동량 연산자를 다음과 같이 정의한다고 하자.

$$\boldsymbol{P} = \int d^3x \Psi^{\dagger}(x) (-i\, \nabla) \Psi(x) \tag{3.43a}$$

그러면 식 (3.43a)가 다음과 같이 됨을 보여라. 여기서는 무한대의 문제는 없다.

$$P = \int \frac{d^3p}{(2\pi)^3} \sum_r \{ p\, b_r^{\dagger}(p) b_r(p) - p\, d_r(p)\, d_r^{\dagger}(p) \}$$
$$= \int \frac{d^3p}{(2\pi)^3} \sum_r p \{ b_r^{\dagger}(p) b_r(p) + d_r^{\dagger}(p) d_r(p) \} \tag{3.43b}$$

(c) 보존 중에서 스핀-1인 벡터 보존은 정지질량이 0인 광자 또는 글루온(gluon) 등이 있고 다른 대부분의 입자는 유한한 질량을 가지고 있다. 여기서는 우선 광자에 대한 양자화를 기술하고, 다른 벡터 보존은 특별히 취급하지 않아도 어려움이 별로 없을 것으로 생각되어 필요할 때에 생각하기로 하자. 뒷장에서 논의하는 바와 같이 광자 장은 벡터량이지만 운동 방향에 수직인 횡파로서 2개의 스핀 상태만이 가능하다. 상대론적으로 물리적 현상을 취급할 때 4차원 공간으로 다루는 것이 편리하지만 Lorentz 게이지 또는 Coulomb 게이지를 사용하면 4개의 성분이 독립이 아니고 그 중 몇 개만을 택하여야 하는 어려움이 있다.

광자는 보존이고 편극을 나타내는 벡터량 $\varepsilon^{\mu}(p, \lambda)$가 있음을 알기 때문에 식 (3.28)과 비교하여, 자기 자신이 반입자인 광자를 나타내는 $A^{\mu}(x)$ 양은 다음과 같이 놓을 수 있다.

$$A^{\mu}(x) = \int \frac{d^3k}{\sqrt{(2\pi)^3 2E}} \sum_{\lambda} \{ \varepsilon^{\mu}(k, \lambda)\, a_{\lambda}(k) e^{-ik\cdot x} + \varepsilon^{*\mu}(k, \lambda)\, a_{\lambda}^{\dagger}(k) e^{ik\cdot x} \} \tag{3.44}$$

$\hbar = 1$인 우리 단위계에서는 운동량 p^{μ}와 k^{μ}는 구별이 안 되며 광자의 운동량에 대하여는 편의상 k^{μ}를 사용하자. 또 제4장에서 논의하겠지만, 질량이 0이 아닌 벡터 보존에 대하여는 λ가 (1, 0, -1)이 될 수 있지만, 원편광된 광자에 대하여는 $\lambda = (1, -1)$로 택한다. 또 선편광된 광자에서는 ε^{μ}는 실수값을 가진다. 그리고 어느 경우나 항상

$$k_{\mu}\varepsilon^{\mu} = 0, \quad k \cdot k = 0 \tag{3.45}$$

인 관계가 성립함은 게이지 불변과 관계가 있다. 자유광자가 아닌, 입자 사이에만 존재하는 가상광자(virtual photon)에 대하여는 식 (3.45)가 성립할 필요가 없는 경우도 있다. 즉 질량도 0이 아니고 종파도 가질 수 있음에 주의하자.

앞으로는 Lagrangian 밀도를 Lagrangian이라 부르고, $\mathcal{L}$도 L로 쓰기로 하자.

3.1.3 전파인자(Propagator)

입자물리학이나 핵물리학에서 입자들을 충돌 또는 산란시키는 과정을 통하여 입자들의

성질을 알려는 노력이 대부분을 이룬다. 입자가속 장치들이 모두 이러한 목적으로 건설되고 있다. 이러한 산란과정을 이론적으로 기술하는 데 중요한 요소가 입자의 전파인자(傳波因子)와 꼭지점(vertex)들을 취급하는 것이므로 이 부분을 비교적 쉽게 논의하려 한다. 물론 여기에는 여러 가지 방법이 있고 또 많은 양의 논의가 필요하지만, 여기서는 새로운 이론을 도입하거나 사용하지 않고 앞으로 필요한 부분만을 다루려 한다. 그러나 밑바탕에 깔린 중요한 개념을 설명하기 위해서 비교적 자세히 논의하려고 한다.

(a) 비상대론적 양자역학에서, 만일 $\Psi(\boldsymbol{x}, t)$가 알려지면, 파동함수 $\Psi(\boldsymbol{x}, t)$가 만족하는 방정식

$$i\frac{\partial}{\partial t}\Psi(\boldsymbol{x}, t) = H\,\Psi(\boldsymbol{x}, t) \tag{3.46}$$

는 다른 시간에서의 파동함수 $\Psi(\boldsymbol{x}, t')$를 결정해 준다. 또 다른 시간과 공간에서의 값 $\Psi(\boldsymbol{x}', t')$는 뒤에 자세히 보이겠지만 Green 함수를 통하여

$$\Psi(\boldsymbol{x}', t') = i\int d^3x\, G(\boldsymbol{x}', t' : \boldsymbol{x}, t)\Psi(\boldsymbol{x}, t) \tag{3.47}$$

가 됨을 알고 있다. 여기서 $t' > t$인 경우에 위 관계식이 성립할 때 Green 함수를 전파자라고도 한다. 이 때 Green 함수 $G(\boldsymbol{x}', t' : \boldsymbol{x}, t)$를 생각해 보자. H의 고유치문제

$$H\Phi_n(\boldsymbol{x}) = E_n\Phi_n(\boldsymbol{x}) \tag{3.48a}$$

를 생각하면, 식 (3.46)을 만족하는 H의 정상상태의 해

$$\Psi_n(\boldsymbol{x}, t) = e^{-E_n t}\Phi_n(\boldsymbol{x}) \tag{3.48b}$$

는 $\Phi_n(\boldsymbol{x})$와 마찬가지로 완전성(completeness) 조건을 만족한다.

$$\sum_n \Psi_n(\boldsymbol{x}, t)\,\Psi_n^*(\boldsymbol{x}', t') = \sum_n \Phi_n(\boldsymbol{x})\,\Phi_n^*(\boldsymbol{x}') = \delta(\boldsymbol{x} - \boldsymbol{x}') \tag{3.49}$$

그러면 다음과 같이 정의된 $G(\boldsymbol{x}', t': \boldsymbol{x}, t)$는 전파자가 됨을 증명할 수 있다.

$$G(\boldsymbol{x}', t': \boldsymbol{x}, t) = -i\theta(t'-t)\sum_n \Psi_n(\boldsymbol{x}', t')\ \Psi_n^*(\boldsymbol{x}, t) \tag{3.50}$$

여기서 $\theta(t'-t)$는 계단함수(step function)로 다음 성질을 가지고 있다.

$$\theta(t'-t) = \begin{cases} 1 & (t' > t \text{ 인 경우}) \\ 0 & (t' < t \text{ 인 경우}) \end{cases} \tag{3.51a}$$

$$\frac{\partial\theta(\tau)}{\partial\tau} = \delta(\tau) \tag{3.51b}$$

[문제 3.12] 위 식에 의하여 정의된 $\theta(\tau)$ 함수는 다음 적분으로 표시될 수 있음을 보여라.

$$\theta(\tau) = \lim_{\varepsilon\to 0}\frac{-1}{2\pi i}\int_{-\infty}^{\infty}\frac{d\omega e^{-i\omega\tau}}{\omega + i\varepsilon}, \quad (\varepsilon > 0) \tag{3.51c}$$

전파인자 $G(\boldsymbol{x}', t': \boldsymbol{x}, t)$의 성질을 살펴보자.

(i) 이 함수는 식 (3.51)의 성질로부터 $t' < t$면 0이 된다. 즉 $t' > t$에서만 존재한다.

(ii) $[i\frac{\partial}{\partial t'} - H(\boldsymbol{x}')]G(\boldsymbol{x}', t': \boldsymbol{x}, t)$

$$\begin{aligned} &= -i\cdot i\frac{\partial\,\theta(t'-t)}{\partial t'}\sum_n \Psi_n(\boldsymbol{x}', t')\ \Psi_n^*(\boldsymbol{x}, t) \\ &\quad - i\theta(t'-t)\sum_n [i\frac{\partial}{\partial t'} - H(\boldsymbol{x}')]\Psi_n(\boldsymbol{x}', t')\ \Psi_n^*(\boldsymbol{x}, t) \\ &= \delta(t'-t)\sum_n \Psi_n(\boldsymbol{x}', t')\ \Psi_n^*(\boldsymbol{x}, t) = \delta^{(4)}(x'-x) \end{aligned} \tag{3.52}$$

(iii) 임의의 함수 $\Psi(\boldsymbol{x}, t)$에 대하여 이 함수를 정상상태의 함수로 전개하면

$$\begin{aligned} \Psi(\boldsymbol{x}, t) &= \sum_n c_n \Psi_n(\boldsymbol{x}, t) \\ \therefore \int d^3x\ \Psi_m^*(\boldsymbol{x}, t)\Psi(\boldsymbol{x}, t) &= \sum_n c_n \int d^3x\ \Psi_m^*(\boldsymbol{x}, t)\Psi_n(\boldsymbol{x}, t) \\ &= \sum_n c_n e^{iE_m t - iE_n t}\int d^3x\ \Phi_m^*(\boldsymbol{x}, t)\Phi_n(\boldsymbol{x}, t) = c_m \end{aligned} \tag{3.53}$$

이것은 $(\boldsymbol{x}, t)$에 무관하게 성립함을 알 수 있다. 따라서

$$\begin{aligned}
& i\int d^3x\ G(\boldsymbol{x}', t' : \boldsymbol{x}, t)\Psi(\boldsymbol{x}, t) \\
&= -i\cdot i\theta(t'-t)\sum_n \Psi_n(\boldsymbol{x}', t')\int d^3x\ \Psi_n^*(\boldsymbol{x}, t)\Psi(\boldsymbol{x}, t) \\
&= \theta(t'-t)\sum_n \Psi_n(\boldsymbol{x}', t')c_n = \theta(t'-t)\Psi(\boldsymbol{x}', t')
\end{aligned} \tag{3.54}$$

따라서 $t'>t$ 에서만 식 (3.47)이 성립한다.

(iv) Green 함수 $G(\boldsymbol{x}', t' : \boldsymbol{x}, t)$는 시간이 지나기 전의 t로 전파되는 데에도 사용할 수 있다. 특히 $\Psi^*(\boldsymbol{x}', t')$가 이전의 시간 t에 전파되는 것을 보이기 위하여

$$\begin{aligned}
& i\int d^3x'\ \Psi^*(\boldsymbol{x}', t')\ G(\boldsymbol{x}', t' : \boldsymbol{x}, t) \\
&= \theta(t'-t)\sum_n \Psi^*{}_n(\boldsymbol{x}, t)\int d^3x'\ \Psi^*(\boldsymbol{x}', t')\ \Psi_n(\boldsymbol{x}', t') \\
&= \theta(t'-t)\sum_n \Psi^*{}_n(\boldsymbol{x}, t)c_n{}^* \\
&= \theta(t'-t)\Psi^*(\boldsymbol{x}, t)
\end{aligned} \tag{3.55}$$

이므로 이 식은 $t'>t$일 때 $\Psi^*(\boldsymbol{x}', t')$가 이전 시간의 $\Psi^*(\boldsymbol{x}, t)$로 바뀐다.

(v) Hamiltonian을

$$H = -\frac{1}{2m}\nabla^2 + V = H_0 + V \tag{3.56}$$

라 할 때 앞의 (ii)의 결과를 만족하는 $G(\boldsymbol{x}', t' : \boldsymbol{x}, t)$를 구해 보자. 먼저 H_0에 대한 식 (3.52)의 해를 생각해 보자.

㉮ 즉 이 때 다음 식이 된다.

$$\left[i\frac{\partial}{\partial t'} - H_0\right]G_0(\boldsymbol{x}', t' : \boldsymbol{x}, t) = \delta(t'-t)\delta(\boldsymbol{x}'-\boldsymbol{x}). \tag{3.57}$$

여기에서 G_0는 $(\boldsymbol{x}' - \boldsymbol{x})$와 $(t' - t)$의 함수라 할 수 있어

$$G_0 = G_0(\boldsymbol{x}' - \boldsymbol{x}, t' - t) \tag{3.58}$$

라 놓을 수 있고 식 (3.57)의 Fourier 변환을 생각하면 쉽게 풀 수 있다.

$$\delta(t' - t)\,\delta(\boldsymbol{x}' - \boldsymbol{x}) = \frac{1}{(2\pi)^4} \int d\omega d^3p\, e^{i\boldsymbol{p}\cdot(\boldsymbol{x}' - \boldsymbol{x})}\, e^{-i\omega(t' - t)}, \tag{3.59a}$$

$$G_0(\boldsymbol{x}' - \boldsymbol{x}, t' - t) = \frac{1}{(2\pi)^4} \int d\omega d^3p\, e^{i\boldsymbol{p}\cdot(\boldsymbol{x}' - \boldsymbol{x})} e^{-i\omega(t' - t)} G_0(\boldsymbol{p}, \omega) \tag{3.59b}$$

라 놓으면, 식 (3.57)은

$$\left(\omega - \frac{\boldsymbol{p}^2}{(2m)}\right) G_0(\boldsymbol{p}, \omega) = 1 \tag{3.60}$$

이므로 다음 결과를 얻는다.

$$G_0(\boldsymbol{p}, \omega) = \frac{1}{\left(\omega - \frac{\boldsymbol{p}^2}{(2m)}\right)} \quad (*\text{여기서는 } \omega \neq \frac{\boldsymbol{p}^2}{(2m)}). \tag{3.61}$$

따라서 $(\boldsymbol{x}, t)$ 공간에서는 식 (3.59b)로부터

$$G_0(\boldsymbol{x}' - \boldsymbol{x}, t' - t) = \frac{1}{(2\pi)^4} \int d^3p\, e^{i\boldsymbol{p}\cdot(\boldsymbol{x}' - \boldsymbol{x})} \int_{-\infty}^{\infty} d\omega \frac{e^{-i\omega(t' - t)}}{\left(\omega - \frac{\boldsymbol{p}^2}{(2m)}\right)} \tag{3.62}$$

를 얻게 되는데 ω 공간에서의 적분이 무한대가 되어서는 안 된다. 즉 ω에 대한 적분에서 특이점(特異点, singular point)을 피해가야 물리적으로 의미 있는 값을 얻는다. 이것은 그림 3.1에서 보는 바와 같이 극(極, pole)을 피하여

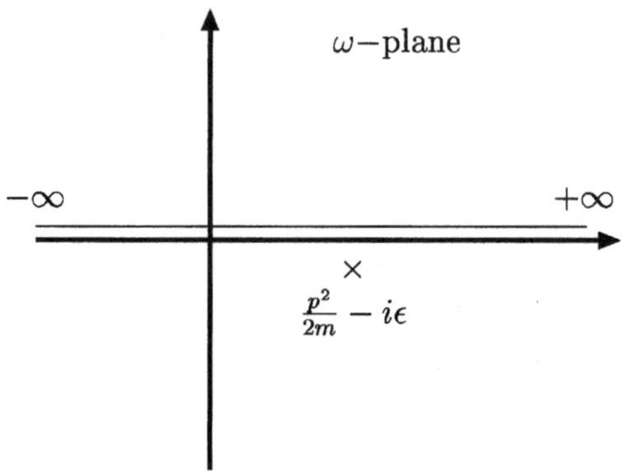

그림 3.1 ω 공간에서의 적분

$$\omega = \frac{p^2}{(2m)} \mp i\varepsilon \quad (\varepsilon > 0) \tag{3.63}$$

로 놓고 적분하는 것과 같다.

㉯ 이 때 그림 3.1의 극에 대하여 적분

$$I = \int_{-\infty}^{\infty} d\omega \frac{e^{-i\omega(t'-t)}}{\left(\omega - \frac{p^2}{(2m)} + i\varepsilon\right)} \tag{3.64}$$

의 의미를 생각해 보자. 이 값은 $(t'-t)$의 부호와 관계가 있다.

$t' > t$인 경우;

$$\omega = \omega_1 + i\omega_2 \text{로 놓으면}, \quad e^{-i\omega(t'-t)} = e^{(\omega_2 - i\omega_1)|t'-t|} \tag{3.65a}$$

이므로 $\omega_2 \to -\infty$인 부분은 적분에 기여하지 않게 된다.

$$\therefore \quad I = \oint d\omega \frac{e^{-i\omega(t'-t)}}{\left(\omega - \frac{p^2}{(2m)} + i\varepsilon\right)} = (-2\pi i) e^{-i(t'-t)\frac{p^2}{2m}} \tag{3.66}$$

$t' < t$ 인 경우; 마찬가지로

$$\omega = \omega_1 + i\omega_2 \text{로 놓으면,} \quad e^{-i\omega(t'-t)} = e^{(-\omega_2 + i\omega_1)|t'-t|} \tag{3.65b}$$

$$\therefore\ I = \oint d\omega \frac{e^{-i\omega(t'-t)}}{\left(\omega - \frac{\boldsymbol{p}^2}{(2m)} + i\varepsilon\right)} = 0 \tag{3.67}$$

따라서 식 (3.62)로부터 다음의 해를 얻는다.

$$G_0(\boldsymbol{x}' - \boldsymbol{x},\ t' - t) = \frac{-i}{(2\pi)^3}\,\theta(t'-t)\int d^3p\, e^{i\boldsymbol{p}\cdot(\boldsymbol{x}'-\boldsymbol{x}) - i\frac{\boldsymbol{p}^2}{2m}(t'-t)} \tag{3.68}$$

만일 식 (3.63)의 극을

$$\omega = \frac{\boldsymbol{p}^2}{(2m)} + i\varepsilon \quad (\varepsilon > 0)$$

로 택하면, G_0는 $\theta(t-t')$에 비례하게 된다. 따라서 Green 함수는 극(pole)을 어떻게 잡는가에 따라서 시간적으로 앞으로 또는 뒤로 가는 전파인자의 역할을 한다.

㈐ Hamiltonian에서 포텐셜 V(단, 이 값이 작을 경우)를 고려할 때를 생각하자.

$$\left[i\frac{\partial}{\partial t'} - H_0(\boldsymbol{x}')\right]\Psi(\boldsymbol{x}', t') = V(\boldsymbol{x}', t')\,\Psi(\boldsymbol{x}', t') \tag{3.69}$$

가 되므로 식 (3.57)을 사용하면, 다음과 같은 해를 얻는다.

$$\Psi(\boldsymbol{x}', t') = \Phi(\boldsymbol{x}', t') + \int d^4x\, G_0(\boldsymbol{x}', t' : \boldsymbol{x}, t)\, V(\boldsymbol{x}, t)\,\Psi(\boldsymbol{x}, t) \tag{3.70}$$

여기서 $(d^4x \equiv dt\,d^3x)$이고 $\Phi(\boldsymbol{x}, t)$는 식 (3.69)에서 $V=0$인 때의 해이다.

식 (3.70)에서 왼쪽 $\Psi(\boldsymbol{x}, t)$를 오른쪽 적분 안에 있는 $\Psi(\boldsymbol{x}, t)$에 대입하는 것을 반복하면,

$$\begin{aligned}\Psi(\boldsymbol{x}', t') &= \Phi(\boldsymbol{x}', t') + \int d^4x\, G_0(\boldsymbol{x}', t' : \boldsymbol{x}, t) V(\boldsymbol{x}, t) \Phi(\boldsymbol{x}, t) \\ &+ \int d^4x_1\, G_0(\boldsymbol{x}', t' : \boldsymbol{x}_1, t_1) V(\boldsymbol{x}_1, t_1) \int d^4x_2\, G_0(\boldsymbol{x}_1, t_1 : \boldsymbol{x}_2, t_2) V(\boldsymbol{x}_2, t_2) \Phi(\boldsymbol{x}_2, t_2) \\ &+ \cdots\end{aligned} \tag{3.71}$$

를 얻는다.

전파인자를 얻기 위하여 식 (3.47)을 참조하면

$$\Phi(\boldsymbol{x}', t') = i \int d^3x\, G_0(\boldsymbol{x}', t' : \boldsymbol{x}, t) \Phi(\boldsymbol{x}, t) \tag{3.72}$$

를 쓰고 물리계가 자유입자로부터 시작하였다고 생각하여 $\Phi(\boldsymbol{x}, t)$ 대신 $\Psi(\boldsymbol{x}, t)$로 놓고 생각하면, $(\boldsymbol{x}, t)$ 대신 간단히 (x)라 놓을 때, 식 (3.71)은

$$\begin{aligned}\Psi(x') &= i \int d^3x\, G_0(x', x) \Psi(x) + i \int d^4x_1\, G_0(x', x_1) V(x_1) \int d^3x\, G_0(x_1, x) \Psi(x) \\ &+ i \int d^4x_1\, G_0(x', x_1) V(x_1) \int d^4x_2\, G_0(x_1, x_2) V(x_2) \int d^3x\, G_0(x_2, x) \Psi(x) \\ &+ \cdots\end{aligned} \tag{3.73}$$

가 되므로 식 (3.46)으로부터 자유입자가 포텐셜을 지나올 때 상호 작용함에 의하여 다음과 같은 Green 함수를 갖는다고 할 수 있다.

$$\begin{aligned}G(x', x) &= G_0(x', x) + \int d^4x\, G_0(x', x_1) V(x_1) G_0(x_1, x) \\ &+ \int d^4x_1 \int d^4x_2\, G_0(x', x_1) V(x_1) G_0(x_1, x_2) V(x_2) G_0(x_2, x) + \cdots\end{aligned} \tag{3.74}$$

물론 이 값은 $t' > t$가 아니면 0이 된다.

비상대론적인 스핀이 없는 입자가 포텐셜 V에 의하여 산란된다고 생각하자. 입사입자는 $t \to -\infty$인 때 포텐셜의 영향을 받지 않는 자유입자로 생각할 수 있으므로, 계는 처음

$$\Phi_i(x) \text{ 또는 } \psi_i(x) = \frac{1}{(2\pi)^{3/2}} e^{i(\boldsymbol{p}_i \cdot \boldsymbol{x} - \omega_i t)} \quad : \hbar\omega_i = \frac{\boldsymbol{p}_i^2}{2m} \tag{3.75}$$

인 상태에서 시간이 지남에 따라

$$\Psi(x') = i\int d^3x G(x', x)\Phi_i(x) \tag{3.76}$$

로 변하기 때문에 이 상태가 후에 $\Phi_f(x')$가 될 확률진폭은

$$\int \Phi_f^*(x')\Psi(x')d^3x' = i\int d^3x' \int d^3x\, \Phi_f^*(x')G(x', x)\Phi_i(x)$$
$$\therefore\ S_{fi} = i\lim_{t'\to\infty}\lim_{t\to-\infty} i\int d^3x' \int d^3x\, \Phi_f^*(x')G(x', x)\Phi_i(x) \tag{3.77}$$

를 얻는다.

(b) Dirac 입자에 대하여 생각해 보자. 먼저 자유입자의 전파인자를 고려하는 데 앞에서 생각했던 $G(x', x)$ 대신에 다음 식을 만족하는 $S_F(x', x)$를 사용하자(첨자 F가 붙는 전파자를 Feynman 전파인자라 부른다.).

$$(i\partial\!\!\!/' - m)S_F(x', x) = \delta^{(4)}(x' - x) \tag{3.78}$$

여기서도 $S_F(x', x)$는 $(x' - x)$의 함수로 $S_F(x' - x)$라 할 수 있다. 따라서 Fourier 변환

$$S_F(x' - x) = \int \frac{d^4p}{(2\pi)^4} e^{-ip\cdot(x'-x)}S_F(p) \tag{3.79}$$

$$\delta^4(x' - x) = \frac{1}{(2\pi)^4}\int d^4p e^{-ip\cdot(x'-x)} \tag{3.59a}$$

를 사용하면 운동량 공간에서

$$(p\!\!\!/ - m)S_F(p) = 1 \tag{3.80}$$

가 된다. 이 식의 양변에 $(p\!\!\!/ + \mathrm{m})$을 곱해 주고

$$\not{p}^2 = p_\mu\gamma^\mu p_\nu\gamma^\nu = \frac{1}{2}p_\mu p_\nu(\gamma^\mu\gamma^\nu + \gamma^\nu\gamma^\mu) = p_\mu p_\nu g^{\mu\nu} = p^2 \tag{3.81}$$

를 이용하면 $S_F(p)$는 다음과 같이 된다.

$$\begin{aligned}&(p^2 - m^2)S_F = (\not{p} + m)\\ &\therefore\ S_F(p) = \frac{\not{p}+m}{p^2-m^2} \quad \left(\text{또는 } S_F = \frac{1}{\not{p}-m}\right)\end{aligned} \tag{3.82}$$

따라서 식 (3.79)는 다음과 같다.

$$\begin{aligned}S_F(x'-x) &= \int \frac{d^4p}{(2\pi)^4} e^{-ip\cdot(x'-x)} \frac{\not{p}+\mathrm{m}}{p^2-m^2}\\ &= \frac{1}{(2\pi)^4}\int d^3p e^{i\mathbf{p}\cdot(\mathbf{x}'-\mathbf{x})}\int dp_0 e^{-ip^0(t'-t)} \frac{\not{p}+\mathrm{m}}{{p_0}^2 - \mathbf{p}^2 - m^2}\end{aligned} \tag{3.83}$$

이 식에서 p_0에 대하여 적분할 때 우리는 p_0의 극

$$p_0 = \pm\sqrt{\mathbf{p}^2 + m^2} = \pm E: \quad (E > 0)$$

을 어떻게 피하여 적분하여야 하는가를 정해야 한다. 적분로를 그림 3.2와 같이 취하는 것

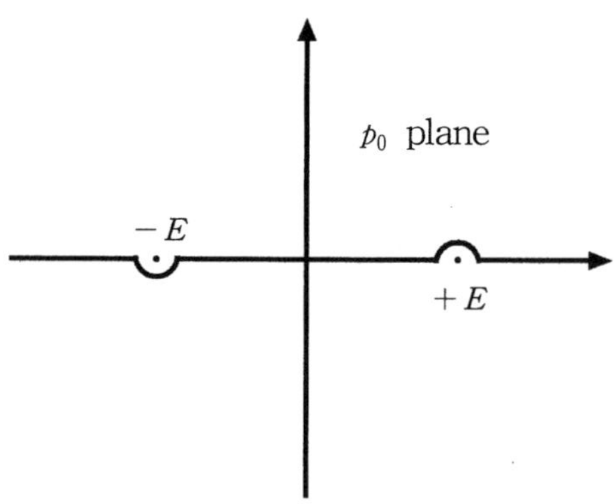

그림 3.2 p_0 공간에서의 적분

은 적분로를 취할 수 있는 네 가지 방법 중의 한 가지이다. 적분로를 택하는 방법에 따라 그 의미가 달라진다.

적분로를 그림 3.2와 같이 택할 때는 양의 진동수를 가진 부분은 시간에 대하여 앞쪽으로, 음의 진동수를 가진 부분은 시간에 대하여 뒤쪽으로 전파하는 전파자를 주게 됨을 보이자.

먼저 $t' > t$인 경우 p_0에 대한 적분은,

$$\begin{aligned}
\int_{\rightsquigarrow} dp_0 \frac{e^{-ip_0(t'-t)}(p_0\gamma^0 - \boldsymbol{p}\cdot\boldsymbol{\gamma} + m)}{(p_0-E)(p_0+E)} &= \int_{\smile} dp_0 \frac{e^{-ip_0(t'-t)}(p_0\gamma^0 - \boldsymbol{p}\cdot\boldsymbol{\gamma} + m)}{(p_0-E)(p_0+E)} \\
&= \frac{e^{-iE(t'-t)}(E\gamma^0 - \boldsymbol{p}\cdot\boldsymbol{\gamma} + m)}{2E} \int_{\smile} \frac{dp_0}{(p_0-E)} \\
&= -2\pi i\, e^{-iE(t'-t)} \frac{(E\gamma^0 - \boldsymbol{p}\cdot\boldsymbol{\gamma} + m)}{2E}
\end{aligned} \tag{3.84}$$

이 되고, $t' < t$ 인 경우,

$$\begin{aligned}
&\int_{\rightsquigarrow} dp_0 \frac{e^{-ip_0(t'-t)}(p_0\gamma^0 - \boldsymbol{p}\cdot\boldsymbol{\gamma} + m)}{(p_0-E)(p_0+E)} \\
&= \frac{e^{iE(t'-t)}(-E\gamma^0 - \boldsymbol{p}\cdot\boldsymbol{\gamma} + m)}{-2E} \int_{\frown} \frac{dp_0}{(p_0+E)} \\
&= -2\pi i\, e^{iE(t'-t)} \frac{(-E\gamma^0 - \boldsymbol{p}\cdot\boldsymbol{\gamma} + m)}{2E}
\end{aligned} \tag{3.85}$$

가 된다. 따라서 식 (3.83)을 θ 함수를 사용하여 표시하면

$$\begin{aligned}
S_F(x'-x) = &-i\theta(t'-t)\frac{1}{(2\pi)^3}\int d^3p\, e^{i[\boldsymbol{p}\cdot(\boldsymbol{x}'-\boldsymbol{x}) - E(t'-t)]} \frac{(E\gamma^0 - \boldsymbol{p}\cdot\boldsymbol{\gamma} + m)}{2E} \\
&-i\theta(t-t')\frac{1}{(2\pi)^3}\int d^3p\, e^{i[\boldsymbol{p}\cdot(\boldsymbol{x}'-\boldsymbol{x}) + E(t'-t)]} \frac{(-E\gamma^0 - \boldsymbol{p}\cdot\boldsymbol{\gamma} + m)}{2E}
\end{aligned} \tag{3.86}$$

이고 이 식의 오른쪽 둘째 항에서 $\boldsymbol{p}$를 $-\boldsymbol{p}$로 바꾸면

$$\begin{aligned}
S_F(x'-x) = &-i\theta(t'-t)\int \frac{d^3p}{(2\pi)^3} e^{-ip\cdot(x'-x)} \frac{(p_\mu \gamma^\mu + m)}{2E} \\
&+ i\theta(t-t')\int \frac{d^3p}{(2\pi)^3} e^{ip\cdot(x'-x)} \frac{(p_\mu \gamma^\mu - m)}{2E}
\end{aligned} \tag{3.87}$$

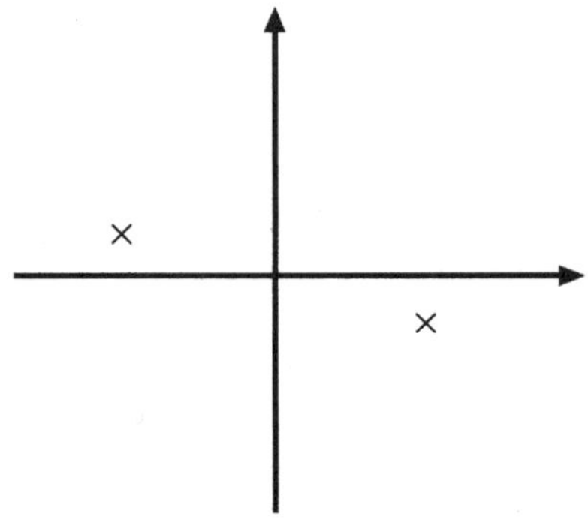

그림 3.3 p_0 공간의 적분

를 얻는다.

식 (3.87)에 나타난 결과에 대하여 몇 가지 점을 살펴보자.

(i) 그림 3.3의 적분로를 생각하면 식 (3.83)은 다음과 같이 쓸 수 있다.

$$S_F(x'-x)=\int \frac{d^4p}{(2\pi)^4}\, e^{-ip\cdot(x'-x)}\frac{\not{p}+\mathrm{m}}{p^2-m^2+i\varepsilon} \tag{3.88}$$

그 이유는 위 식 적분 안의 분모는

$$\begin{aligned} p^2 - m^2 + i\varepsilon &= p_0{}^2 - \boldsymbol{p}\cdot\boldsymbol{p} - m^2 + i\varepsilon \\ &= p_0{}^2 - E^2 + i\varepsilon = p_0{}^2 - (E - i\frac{\varepsilon}{2E})^2 \end{aligned}$$

이므로 p_0극(pole)은 $\pm(E-i\frac{\varepsilon}{2E})$이어서 그림 3.3이 되므로 그림 3.2에서의 결과와 같은 값을 주게 된다.

(ii) 두 극 주위에 다른 방법으로 폐적분을 만들므로 해서 (-)기호와 다른 진동수의 항을 얻었다. t와 t'의 부호 차이가 폐적분을 결정하여 주었고, 여기에서는 양의 진동수 항과 음의 진동수 항이 모두 가능하며 다만 $-i\theta(t'-t)$ 또는 $i\theta(t-t')$가 붙는 것이 다르다.

(iii) 입자와 반입자에 대한 투영연산자(projection operator)는 앞 장에서 정의된 바와 같이

$$\Lambda_{\pm} = \frac{\pm\not{p}+m}{2m} \tag{3.89}$$

를 이용하여 쓰면 식 (3.87)은

$$S_F(x'-x) = -i\theta(t'-t)\int \frac{d^3p}{(2\pi)^3} e^{-ip\cdot(x'-x)} \frac{m}{E} \Lambda_+$$
$$-i\theta(t-t')\int \frac{d^3p}{(2\pi)^3} e^{ip\cdot(x'-x)} \frac{m}{E} \Lambda_- \tag{3.90}$$

(iv) 자유입자에 대하여 앞 장에서 보인 바와 같이 Dirac 해

$$\Psi^r{}_{\boldsymbol{p}}(x) = \sqrt{\frac{m}{E}} \frac{1}{(2\pi)^{3/2}} \omega^r(\boldsymbol{p}) e^{-i\varepsilon_r \boldsymbol{p}\cdot \boldsymbol{x}} \tag{3.91}$$

는, 스피너 ω^r $(r=1,2,3,4)$의 성질은

$$\begin{aligned} &\overline{\omega^r}(\boldsymbol{p})\omega^{r'}(\boldsymbol{p}) = \varepsilon_r\delta_{rr'} : \varepsilon_r=1\ (r=1,2\text{에서}),\quad \varepsilon_r=-1\ (r=3,4\text{에서}) \\ &\omega^{r\dagger}(\varepsilon_r\boldsymbol{p})\omega^{r'}(\varepsilon_{r'}\boldsymbol{p}) = \frac{E}{m}\delta_{rr'} \end{aligned} \tag{3.92}$$

를 쓰면, 다음과 같은 의미로 규격화된다.

$$\begin{aligned} \int \Psi^{r'}{}_{\boldsymbol{p}_1}{}^{\dagger}(x)\, \Psi^{r'}{}_{\boldsymbol{p}_2}(x)\, d^3x &= \int \frac{m}{E}\frac{1}{(2\pi)^3}\ \omega^{r\dagger}\ \omega^{r'} e^{-i\varepsilon(\boldsymbol{p}_1-\boldsymbol{p}_2)\cdot\boldsymbol{x}+i\varepsilon(E_1-E_2)t} d^3x \\ &= \delta(\boldsymbol{p}_1-\boldsymbol{p}_2)\delta_{rr'}\quad (\text{같은 } \varepsilon_r\text{에서}) \\ &= 0\quad (\text{다른 } \varepsilon_r\text{에서}) \end{aligned} \tag{3.93}$$

한편 스피너의 성질에서

$$\begin{aligned} \Lambda_+ &= \sum_{r=1}^{2} \omega^r\overline{\omega^r}, \\ \Lambda_- &= -\sum_{r=3}^{4} \omega^r\overline{\omega^r} \end{aligned} \tag{3.94}$$

이므로 자유입자의 Dirac 해를 이용하여 식 (3.90)은 다음과 같이 쓸 수 있다.

$$S_F(x'-x) = -i\theta(t'-t)\int d^3p \sum_{r=1,2} \Psi^r{}_p(x')\ \overline{\Psi^r}_p(x) + i\theta(t-t')\int d^3p \sum_{r=3,4} \Psi^r{}_p(x')\ \overline{\Psi^r}_p(x) \tag{3.95}$$

(v) 이와 같이 도입된 양이 전파인자의 역할을 하는가를 보이자.

임의의 입자상태를 $\Psi^{(+)}$라 하자. 이것은 항상 자유입자 상태로 다음과 같이 나타낼 수 있다.

$$\Psi^{(+)} = \int d\boldsymbol{p} \sum_{r=1,2} C_{r,\boldsymbol{p}}\, \Psi^r{}_{\boldsymbol{p}} \tag{3.96a}$$

이 때 계수 $C_{r,\,p}$는 자유입자의 직교성으로부터 다음과 같이 된다.

$$C_{r_1,\,p_1} = \int d^3x \ \ \Psi^{r_1}{}_{p_1}{}^{\dagger}\ \Psi^{(+)} \tag{3.96b}$$

따라서

$$\begin{aligned} &i\int d^3x\ S_F(x'-x)\gamma^0\Psi^{(+)}(x) \\ &\quad = \theta(t'-t)\int d^3p \sum_{r=1,2} \Psi^r{}_p(x')\int d^3x\ \ \Psi^r{}_p{}^{\dagger}(x)\,\Psi^{(+)}(x) \\ &\quad = \theta(t'-t)\int d^3p \sum_{r=1,2} \Psi^r{}_p(x')\,C_{r,\,p} \\ &\quad = \theta(t'-t)\,\Psi^{(+)}(x') \end{aligned} \tag{3.97}$$

가 되므로 $S_F(x'-x)$가 전파자임을 알 수 있다.

같은 방법으로 반입자에 대하여는 임의의 반입자 상태함수 $\Psi^{(-)}$는

$$\Psi^{(-)} = \int d\boldsymbol{p} \sum_{r=3,4} C_{r,\boldsymbol{p}}\, \Psi^r{}_{\boldsymbol{p}} \tag{3.98}$$

가 되고

$$-i\int d^3x\ S_F(x'-x)\gamma^0\Psi^{(-)}(x) = \theta(t-t')\,\Psi^{(-)}(x') \tag{3.99}$$

를 얻는다. 이 식으로부터 전파인자는 반입자의 경우 음에너지를 갖는 전자가 시간 방향을 반대쪽으로 전파함을 알 수 있다.

또 Hermitian 공액함수인 $\Psi^{(+)\dagger}$ 에 대하여는 식 (3.97)에서와 같은 방법으로

$$
\begin{aligned}
& i\int d^3x'\ \Psi^{(+)\dagger}(x')\ S_F(x'-x)\gamma^0 \\
&= \theta(t'-t)\int d^3x'\ \Psi^{(+)\dagger}(x')\int d^3p \sum_{r=1,2}\Psi^r{}_p(x')\quad \Psi^r{}_p{}^\dagger(x) \\
&= \theta(t'-t)\int d^3p \sum_{r=1,2} C^*{}_{r,p}\quad \Psi^r{}_p{}^\dagger(x) \\
&= \theta(t'-t)\ \Psi^{(+)\dagger}(x)
\end{aligned}
\tag{3.100a}
$$

마찬가지로

$$
-i\int d^3x'\ \Psi^{(-)\dagger}(x')\ S_F(x'-x)\gamma^0 = \theta(t-t')\quad \Psi^{(-)\dagger}(x) \tag{3.100b}
$$

를 얻는다. 앞 두 식에 γ^0를 왼쪽에서 곱하여 주어 다음과 같이 쓸 수 있다.

$$
\pm i\int d^3x'\ \Psi^{(\pm)\dagger}(x')\ S_F(x'-x) = \begin{cases} \theta(t'-t)\,\overline{\Psi^{(+)}}(x) \\ \theta(t-t')\,\overline{\Psi^{(-)}}(x) \end{cases} \tag{3.100c}
$$

[문제 3.13] 반입자에 대하여 식 (3.99)가 성립함을 자세히 보여라.

(c) 외부장의 영향을 받는 Dirac 입자에 대한 전파인자를 생각하자. 이 경우 외부의 장은 작다고 생각하여 전파인자를 작은 장에 대한 전개로 얻을 수 있다. 전자기장의 영향을 받는 경우는, 식 (3.78)과 비교하여

$$
(i\not\nabla' - e\not A - m)S_F{}'(x',x) = \delta^{(4)}(x'-x) \tag{3.101}
$$

가 되므로 이 식을

$$
(i\not\nabla' - m)S_F{}'(x',x) = \delta^{(4)}(x'-x) + e\not A(x')\,S_F{}'(x',\ x) \tag{3.102a}
$$

로 쓰면 $S_F'(x'-x)$는 다음과 같이 쓸 수 있음을 아래 문제(문 3.14)로부터 알 수 있다.

$$S_F'(x',x) = S_F(x',x) + e\int d^4y S_F(x',y) \not{A}(y) S_F'(y,x) \tag{3.102b}$$

이 식에서 반복방법(iteration method)을 계속 적용하면 $S'_F(x', x)$를 $\not{A}$가 증가하는 급수로 얻을 수 있다.

[문제 3.14] 식 (3.102b)의 양변에 $(i\not{\nabla}'-m)$를 작용하여 식 (3.102a)가 됨을 증명하고 $S'_F(x', x)$를 $\not{A}$가 증가하는 급수로 표시하여라.

Dirac 방정식의 해를 섭동적으로 구하여 보자. 외부 전자기장의 영향을 받는 Dirac 방정식

$$(i\not{\nabla}_x - m)\Psi(x) = e\not{A}(x)\Psi(x) \tag{3.103}$$

에서, Green함수에 해당되는 식 (3.78)의 양변에 $e\not{A}(x)\Psi(x)$를 곱하고 x에 대하여 적분하면 특해를 얻으므로, 따라서 미분방정식 (3.103)의 해를 다음과 같은 적분방정식으로 쓸 수 있다.

$$\Psi(x) = \psi_i(x) + e\int d^4y S_F(x-y) \not{A}(y)\Psi(y) \tag{3.104}$$

여기서 ψ_i는 자유입자의 어느 해도 될 수 있다. 따라서 계 $\Psi(x)$는 ψ_i로부터 입자 또는 반입자로 전개될 수 있다. 즉 식 (3.104)는

$$\begin{aligned}\Psi(x) &= \psi_i(x) + e\int d^4y S_F(x-y) \not{A}(y)\psi_i(y) \\ &\quad + e^2\int d^4y S_F(x-y) \not{A}(y)\int d^4z S_F(y-z) \not{A}(z)\psi_i(z) + \cdots\end{aligned} \tag{3.105}$$

와 같이 전개될 수 있고 포텐셜의 효과는 둘째 항에서부터 생긴다.

식 (3.104)의 둘째 항을 다시 검토해 보자.

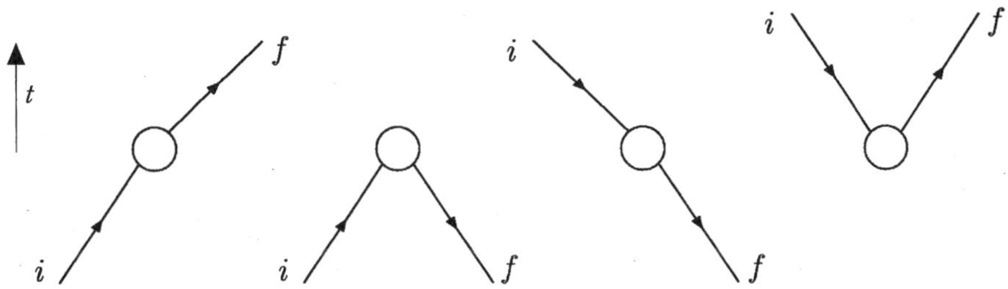

(1) (2) (3) (4)

그림 3.4 (1) 전자 산란, (2) 쌍소멸, (3) 양전자 산란, (4) 쌍생성

$$
\begin{aligned}
& e\int d^4y\ S_F(x-y)\, A\!\!\!/(y)\,\Psi(y) \\
&\quad = -i\int \theta(t-t_y)\,d^4y\int d^3p \sum_{r=1}^{2} \psi^r{}_p(x)\ \overline{\psi^r}_p(y)\, A\!\!\!/(y)\,\Psi(y) \\
&\qquad + i\int \theta(t_y-t)\,d^4y\int d^3p \sum_{r=3}^{4} \psi^r{}_p(x)\ \overline{\psi^r}_p(y)\, A\!\!\!/(y)\,\Psi(y)
\end{aligned}
\tag{3.106}
$$

이 결과는 두 가지 가능성을 나타내고 있다. 즉 이 식에서

$t\to\infty$가 됨에 따라 오른쪽 첫 항인 입자상태,

$t\to-\infty$가 됨에 따라 오른쪽 둘째 항인 반입자상태

만 각각 남게 된다. 한편 $\Psi(y)$ 또는 $\psi_i(y)$는 입자상태 또는 반입자상태 어느 것이나 가능하므로 결국 식 (3.106)은 그림 3.4에서와 같은 네 가지 가능성을 다룰 수 있게 한다. 이 그림에서 ↗는 전자를, ↙는 양전자를 나타낸다. 그림의 표시에 대한 설명은 뒤 보충 논의에서 좀더 자세히 하겠다.

그러면 S-행렬 즉 산란행렬은

$$
S_{fi}=\delta_{fi}+\lim_{t\to\varepsilon_f\infty} e\int \psi_f^{\dagger}(x)\,d^3x\int d^4y\,S_F(x-y)\,A\!\!\!/(y)\,\Psi_i(y)
\tag{3.107}
$$

가 된다. 여기서 $\varepsilon_f=\pm1$은 각각 ψ_f가 전자(+)냐 양전자(−)냐에 따라 취하는 값이고 Ψ_i는 ψ_i로부터 전개된 정확한 해를 의미한다.

이제 위 식 (3.107)에 식 (3.100c)를 적용하면

$$S_{fi} = \delta_{fi} - i\varepsilon_f e \int d^4y\, \overline{\psi_f}(y)\, A\!\!\!/(y)\, \Psi_i(y) \tag{3.108}$$

를 얻는다. Ψ_i에 대하여 식 (3.105)를 원하는 차수(order)까지 반복 적용하면 산란에 필요한 식을 얻을 수 있다.

예를 들어 제2차 섭동까지의 전자산란을 생각해 보자.

$$\begin{aligned}
\Psi_i(x) &= \psi_i(x) + e\int d^4y S_F(x-y)\, A\!\!\!/(y)\psi_i(y) \\
\therefore\ S_{fi} &= \delta_{fi} - ie\int d^4y_1\, \overline{\psi_f}(y_1) A\!\!\!/(y_1)\psi_i(y_1) \\
&\quad - ie^2\int d^4y_1 \int d^4y_2\, \overline{\psi_f}(y_2) A\!\!\!/(y_2) S_F(y_2 - y_1) A\!\!\!/(y_1)\psi_i(y_1) + \cdots
\end{aligned} \tag{3.109}$$

가 되는데, 이 식은 전하량 e의 지수급수(power series)로 전개되어 있어서 e의 차수를 나타내는 첨자를 S_{fi}에 붙여 다음과 같이 쓰기도 한다.

$$S_{fi} = S^{(0)}{}_{fi} + S^{(1)}{}_{fi} + S^{(2)}{}_{fi} + \cdots \tag{3.110}$$

특히 S_{fi}의 둘째 항(1차 항)과 셋째 항(2차 항)을 다음 그림 3.5로 표시할 수 있다. 특히 2차 항의 적분에서는 $t_2 > t_1$과 $t_1 > t_2$ 경우 두 가지 모두 기여하기 때문에 2개 그림(diagram)이 고려되어야 한다.

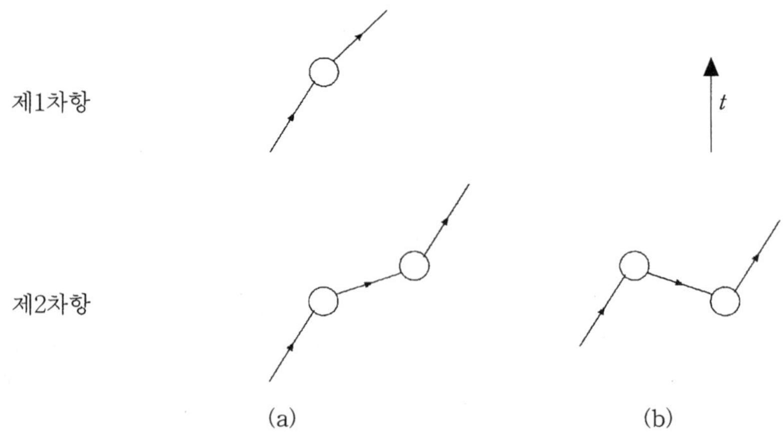

그림 3.5 전자가 외부 전자기장에 의한 산란에서 2차 항까지 나타냄.

(d) 보충 논의

여기에서는 지금까지 수식으로 나타낸 식들의 의미를 보충 설명하고 또 지면 관계상 더 자세히 기술할 수 없는 부분에 대한 결과를 약간 첨가하려 한다.

(i) 음에너지를 가진 전자와 양에너지를 가진 양전자는 가끔 혼동을 주는 경우가 많다. Dirac의 진공에서 음에너지 상태가 전자들로 다 찬 경우를 생각하면, 그 안에 있는 구멍(hole)은 전하와 에너지가 $-|e|$ 와 $-|E|$ 인 전자가 없는 상태로서 $|e|$ 와 $|E|$ 를 갖는 양전자를 나타내는데 그 구멍의 이동이 양전자의 이동이라 할 수 있다.

그림 3.6에서와 같이 구멍이 왼쪽에서 오른쪽으로 움직인다는 것은 오른쪽 지점 2에 있던 전자가 왼쪽 구멍을 채우고 그 전자가 있던 오른쪽에 구멍을 남기는 것과 같다. 따라서 양전자는 1 지점에서 출발하여 시간이 감에 따라 2 지점으로 이동한다. 이것은 전자의 입장에서 보면 음에너지의 전자가 2 지점에서 출발하여 시간이 흐름에 따라 1 지점으로 이동하는 것에 해당된다. Feynman 도형으로 불리는 그림 3.4, 3.5에서 화살표는 항상 전자의 이동을 나타낸다. 따라서 위 방향을 시간의 흐름 방향이라 할 때 화살표가 아래로(음에너지 전자 방향) 향하는 것은 양전자가 위로 움직이는 것을 나타낸다. 따라서 그림 3.4의 (2)는 전자와 양전자가 만난 후에 없어지는 과정인 쌍소멸(pair annihilation)을 나타내고 나머지 그림도 같은 방법으로 설명된다. 또 그림 3.5의 2차 산란을 보면, (a)는 전자가 두 번 산란하는 과정을 나타내지만, (b)는 처음 1개의 전자만 있다가 어느 시간에 쌍생성(pair creation)이 일어나 세 입자(전자 둘, 양전자 하나)가 존재하다가 시간이 더 지나면 1개의 전자와 1개의 양자가 쌍소멸하고 그 후에는 전자 하나만 남는 과정으로 설명할 수 있다.

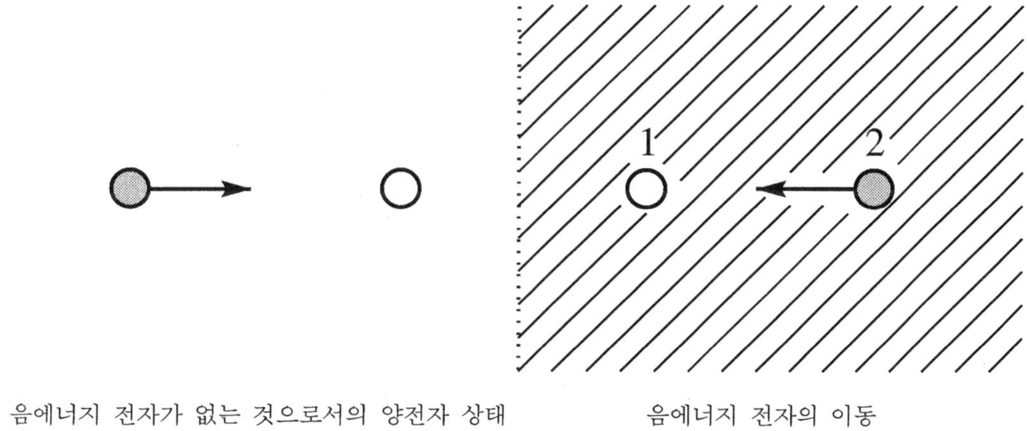

그림 3.6 Dirac 바다에서 전자와 구멍의 움직임

반입자는 전자와 같은 페르미온뿐만 아니라 보존들도 반입자가 있는데 Dirac의 진공 같이 음에너지가 다 차 있다는 소위 Dirac 바다(sea)의 개념은 페르미온만을 설명할 수 있다. 위에서 전개하여 온 수식의 과정은 결국 제2양자화에서 비롯된 Feynman 전파인자의 도입의 결과라고 할 수 있다. 보존에 대하여도 제2양자화를 통한 Feynman 전파인자를 도입하면 반입자와 음에너지 입자와의 관계를 설명할 수 있다.

(ii) 고전적 양자역학과 상대론적 양자역학의 차이점은, 고전역학에서는 양에너지만을 생각하고 전파자도 항상 과거에서 미래로 가는 경우만 나타난다. 상대론에서는 에너지가 음과 양 두 가지가 나타나고 음에너지를 통하여 반입자를 기술할 수 있다. 이 때 제2양자화를 페르미온과 보존에 다르게 도입하지만 이것을 통하여 입자 반입자를 기술할 수 있다.

여기서 간단히 보존들에 대한 전파인자를 생각해 보자. 우선 스칼라 보존과 광자의 경우만 생각하기로 하자.

㉮ 스칼라 입자가 만족하는 Klein-Gordon 방정식을 생각하면, 전파인자는 이 방정식의 Green 함수 $\triangle_F$로 생각할 수 있음은 앞 (c)에서와 마찬가지이다. 즉

$$(\Box_x + m^2) \triangle_F(x' - x) = -\delta^{(4)}(x' - x) \tag{3.111}$$

에서 Fourier 변환을 통하여

$$\triangle_F(x' - x) = \int \frac{d^4p}{(2\pi)^4}\, e^{-ip\cdot(x'-x)} \frac{1}{p^2 - m^2} \tag{3.112}$$

임을 알 수 있다. 이 식을 식 (3.83)과 비교하면서 식 (3.84), (3.85)를 얻는 과정을 따라서 극을 피하여 적분하면 $\triangle_F$는 다음과 같이 된다.

$$\begin{aligned}
\triangle_F(x' - x) = & -i\theta(t' - t)\frac{1}{(2\pi)^3}\int \frac{d^3p}{2E}\, e^{i[\mathbf{p}\cdot(\mathbf{x}'-\mathbf{x}) - E(t'-t)]} \\
& -i\theta(t - t')\frac{1}{(2\pi)^3}\int \frac{d^3p}{2E}\, e^{i[\mathbf{p}\cdot(\mathbf{x}'-\mathbf{x}) + E(t'-t)]} \\
\Rightarrow & -i\theta(t' - t)\frac{1}{(2\pi)^3}\int \frac{d^3p}{2E}\, e^{-ip\cdot(x'-x)} \\
& -i\theta(t - t')\frac{1}{(2\pi)^3}\int \frac{d^3p}{2E}\, e^{ip\cdot(x'-x)}
\end{aligned} \tag{3.113a}$$

또는

$$\triangle_F(x'-x) = \int \frac{d^4p}{(2\pi)^4} e^{-ip\cdot(x'-x)} \frac{1}{p^2-m^2+i\varepsilon}. \tag{3.113b}$$

따라서 이 식을 식 (3.83)과 비교하면

$$\begin{aligned}(i\gamma_\mu\partial^\mu + m)\triangle_F(x'-x) &= S_F(x'-x) \\ &= \int \frac{d^4p}{(2\pi)^4} e^{-ip\cdot(x'-x)} \frac{\not p + \mathrm{m}}{p^2-m^2+i\varepsilon}\end{aligned} \tag{3.114}$$

의 관계가 있음을 알 수 있다.

만일 스칼라 보존의 파동함수 $\phi(x)$를 식 (3.28)과 같이 양자화한 경우

$$\phi(x') = \int \frac{d^3p'}{\sqrt{(2\pi)^3\, 2E'}} \{a(\mathbf{p}')e^{-ip'\cdot x'} + c(\mathbf{p}')^+ e^{ip'\cdot x'}\} \tag{3.115a}$$

$$\phi^\dagger(x) = \int \frac{d^3p}{\sqrt{(2\pi)^3\, 2E}} \{a^\dagger(\mathbf{p})e^{ip\cdot x} + c(\mathbf{p})e^{-ip\cdot x}\} \tag{3.115b}$$

로 쓸 수 있고 연산자 $a(\mathbf{p})$의 성질을 이용하면 다음 관계식을 보일 수 있다.

$$\langle 0|\phi(x')\phi^\dagger(x)|0\rangle = \int \frac{d^3p}{(2\pi)^3 2E} e^{-ip\cdot(x'-x)} \tag{3.116a}$$

$$\langle 0|\phi^\dagger(x)\phi(x')|0\rangle = \int \frac{d^3p}{(2\pi)^3 2E} e^{ip\cdot(x'-x)} \tag{3.116b}$$

식 (3.116a)는 스칼라 입자가 x에서 생긴 후 x'에까지 전파된 후 x'에서 없어지는 것을 나타내고, 식 (3.116b)는 반입자가 x'에서 생긴 후 x에서 없어지는 것을 나타낸다고 할 수 있다. 이 두 식을 이용하면 식 (3.113a)로부터 다음 관계식이 성립함을 알 수 있다.

$$\begin{aligned} i\triangle_F(x'-x) &= \theta(t'-t)\langle 0|\phi(x')\phi^\dagger(x)|0\rangle + \theta(t-t')\langle 0|\phi^\dagger(x)\phi(x')|0\rangle \\ &= \langle 0|T[\phi(x')\phi^\dagger(x)]|0\rangle \end{aligned} \tag{3.117}$$

입자가 한 지점에서 생긴 후 다른 지점에서 없어지는 것은 입자들이 상호작용하는 도중에 생기는 현상으로 우리가 관측하는 것이 아니며, 따라서 식 (3.117)을 입자가 x에서 생긴

후 x'에까지 전파된 후 x'에서 없어지는 것으로 간주한다.

마찬가지로 페르미 입자에 대하여도 전파인자는 이러한 모양으로 쓸 수 있다. 즉

$$\begin{aligned} iS_F(x'-x) &= \theta(t'-t)\langle 0|\Psi(x')\overline{\Psi}(x)|0\rangle - \theta(t-t')\langle 0|\overline{\Psi}(x)\Psi(x')|0\rangle \\ &= \langle 0|T[\Psi(x')\overline{\Psi}(x)]|0\rangle \end{aligned} \tag{3.118}$$

역시 여기에서도 $\Psi(x)$는 식 (3.35)와 같이 양자화된 함수이다. 다만 시간순서곱 T의 정의가 보존과 페르미온에 대하여 다르다. 보존에 대하여는 T는 식 (3.15)와 같이 정의된 기호이지만 페르미온 함수 A와 B에 대하여는

$$T[A(t_1)B(t_2)] = \begin{cases} A(t_1)B(t_2) & (t_1 > t_2 \text{ 이면}) \\ -B(t_2)A(t_1) & (t_2 > t_1 \text{ 이면}) \end{cases} \tag{3.119}$$

식 (3.118)도 스칼라 입자에 대하여 설명한 바와 같이 x에서 생긴 후 x'에까지 전파된 후 x'에서 없어지는 것을 나타낸다.

[문제 3.15] 식 (3.116)을 증명하여라.

[문제 3.16] 식 (3.118)을 증명하여라.

㉯ 광자에 대하여 알아보자. 광자는 질량이 0인 벡터 보존으로 여러 가지 제약조건으로 앞에서 논의한 과정보다 약간 복잡하다. 여기서는 보다 간단한 방법으로 기술하고 보다 엄밀한 논의는 생략하기로 한다. 식 (3.44)로 주어진 $A_\mu(x)$에 대하여 식 (3.7)은

$$\Box A^\mu(x) = eJ^\mu(x), \quad \nabla_\mu A^\mu = 0 \tag{3.120}$$

이 된다고 할 수 있다. 스칼라 보존이 만족하는 식 (3.111)에서 질량 $m=0$인 경우의 Green 함수를 생각하면

$$\Box_x G(x,y) = \delta^{(4)}(x-y) \tag{3.121}$$

이 되고, 여기에서 Fourier 변환을 생각하여, 특히

$$G(x, y) = G(x-y) = \frac{1}{(2\pi)^4} \int d^4q e^{-iq\cdot(x-y)} G(q) \tag{3.122}$$

놓으면, 다음과 같은 관계식을 얻는다.

$$-q^2 G(q) = 1, \quad G(q) = -\frac{1}{q^2}. \tag{3.123}$$

따라서 식 (3.122)에 해당되는 Feynman 전파인자는

$$D_F(x-y) = -\frac{1}{(2\pi)^4} \int d^4q \frac{e^{-iq\cdot(x-y)}}{q^2 + i\varepsilon} \tag{3.124}$$

가 되고 식 (3.120)과 (3.121)로부터 다음 관계를 얻는다.

$$A^\mu(x) = e \int d^4y \, D_F(x-y) \, J^\mu(y). \tag{3.125}$$

이 경우는 y에 있는 전류 $eJ^\mu(y)$는 x에 있는 광자 $A^\mu(x)$를 생성하는 샘(source)의 역할을 한다. 광자의 전파인자를 생각하는 경우 일반적으로 광자는 x에서 다른 전류와 $eJ'_\mu(x)A^\mu(x)$ 모양으로 작용하여 흡수되어 없어진다고 할 수 있다. 따라서 y에서 전류 $eJ^\mu(y)$에 의하여 생겼다가 x지점까지 전파한 후 x에서 다른 전류 $eJ'^\nu(x)$에 의하여 없어지는 광자의 전파인자는

$$i D^{\mu\nu}{}_F(x-y) = -ig^{\mu\nu} D_F(x-y) = \int \frac{d^4q}{(2\pi)^4} e^{-iq\cdot(x-y)} \frac{-ig^{\mu\nu}}{q^2 + i\varepsilon} \tag{3.126a}$$

라 할 수 있다. 이것은 앞에서 스칼라와 페르미 입자에 대하여 얻었던 것과 같이

$$i D^{\mu\nu}{}_F(x-y) = \langle 0 | T[A^\mu(x) A^\nu(y)] | 0 \rangle \tag{3.126b}$$

라 할 수 있으며 이것에 대한 엄밀한 증명은 생략한다.

이 외에도 질량이 0이 아닌 벡터 보존이나 다른 입자들에 대한 전파인자에 대하여는 다음에 필요할 때에 논의하기로 한다.

3.2 간단한 과정에서 입자의 산란: 전자의 쿨롱 산란과 전자-뮤온 산란

보다 복잡한 입자들의 상호작용(相互作用, interaction)을 기술하기 위하여 입자물리학에서는 여러 가지 간편한 방법들이 개발되어 있다. 그러나 이러한 방법들에 익숙해지기 전에 이 방법이 어떻게 해서 나오게되고 이 방법이 왜 필요한가를 처음 배우는 경우에는 알아둘 필요가 있다. 그러기 위해서 우선 간단한 산란과정을 예를 들어 지금까지 배운 것을 응용하여 설명하고 몇 가지 필요한 기술방법을 보충할 필요가 있다.

입자물리학에서 먼저 생각하는 것은 우리가 생각할 상호작용을 어떻게 기술하는가이고, 이 때 취급하려는 문제에 필요한 전이진폭을 구하는 것이 중요하다. 이것은 앞으로 그리고 다음 장까지도 계속해서 고려하게 된다.

지금까지는 입자들이 서로 상호작용하기 전 또는 후에 자유로이 움직이는 경우 파동함수를 생각하였고 입자들이 서로 상호작용을 할 때는 힘을 매개하여 주는 입자가 있어 이들의 전파인자를 알게 되었다. 이들이 입자의 산란이나 붕괴과정과 같은 입자들의 반응과정에서 어떻게 사용되는가 하는 문제는, 상호작용을 기술하는 H_I를 알고 우리가 고려하여야 할 $|i>$와 $|f>$에 참여하는 입자들을 생각하여 보면 정해지는 것이다.

3.2.1 전자의 쿨롱 산란(Coulomb scattering)

이 과정은 양자전자기학에 외부 전자기장의 영향을 생각할 때 얻은 전자의 산란행렬(3.108)의 가장 간단한 응용이라 할 수 있다. 즉 전자가 정지해 있는 원자핵에 의하여 산란되는 경우이다. 이 과정은 그림 3.7과 같은 Feynman 도형으로 표시한다. Feynman 도형은 수식에 나타나는 입자반응을 그림으로 표시하는 것으로 입자반응을 이해하는 데 매우 편리하다. 이 때 정지해 있는 원자핵은 입사전자를 산란시키는 샘(source)이 되며 ×로 표시했다.

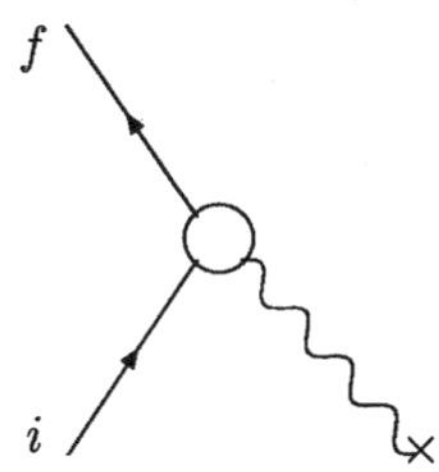

그림 3.7 전자가 외부 전기장에 의하여 산란되는 쿨롱 산란

(a) 이 전자의 산란에서는 산란행렬을 구해 보자. 식 (3.109)에서 $i \neq f$인 경우로 1차 항에서도 이 과정이 기술될 수 있다. 즉

$$S^{(1)}{}_{fi} = -ie \int d^4x\, \overline{\psi_f}(x)\, \not{A}(x)\, \psi_i(x), \quad (i \neq f) \tag{3.127}$$

이 식은 일반적으로 그림 3.4의 네 가지 가능한 과정에서 그림 3.4의 (1)과 같은 전자산란을 나타낸다. $\psi_i(x)$와 $\psi_f(x)$는 각각 운동량 p^μ, 스핀 s^μ에 의하여 기술되는 자유입자로 편의상 체적 V에서 규격화되었다면, 다음과 같이 택할 수 있다.

$$\begin{aligned} \psi_i(x) &= \sqrt{\frac{m}{E_i V}}\, u(p_i, s_i) e^{-ip_i \cdot x}, \\ \psi_f(x) &= \sqrt{\frac{m}{E_f V}}\, u(p_f, s_f) e^{-ip_f \cdot x}, \\ \int \psi^\dagger(x) \psi(x)\, d^3x &= 1 \end{aligned} \tag{3.128}$$

전기장 $A^\mu(x)$는 유리화된(有理化, rationalized) 또는 Lorentz-Heaviside의 단위계를 사용할 때 쿨롱 장,

$$\boldsymbol{A} = 0, \quad A^0(x) = -\frac{Ze}{4\pi|\boldsymbol{x}|} \tag{3.129}$$

에 의하여 기술된다. 전하를 나타내는 e는 전자에 대하여는 $e = -|e|\ (<0)$이다.

먼저 입자물리학에서 주로 사용되고 있는 유리화된 단위계를 CGS 단위계와 비교해 보자. 예를 들어, 전하수 Z를 가진 핵의 전기 포텐셜은

표 3.1 CGS 단위계와 유리화된 단위계(bar를 붙인 값)와의 비교

CGS 단위계	참고할 방정식	유리화된 단위계
$\boldsymbol{E}$	$\nabla\times\boldsymbol{E}+\frac{1}{c}\frac{\partial \boldsymbol{B}}{\partial t}=0$	$\overline{\boldsymbol{E}}=\frac{1}{\sqrt{4\pi}}\boldsymbol{E}$
$\boldsymbol{B}$	$\nabla\times\boldsymbol{B}-\frac{1}{c}\frac{\partial \boldsymbol{E}}{\partial t}=\frac{4\pi}{c}\boldsymbol{J}$	$\overline{\boldsymbol{B}}=\frac{1}{\sqrt{4\pi}}\boldsymbol{B}$
$\boldsymbol{J}$	$\nabla\cdot\boldsymbol{B}=0$	$\overline{\boldsymbol{J}}=\sqrt{4\pi}\,\boldsymbol{J}$
ρ	$\nabla\cdot\boldsymbol{E}=4\pi\rho$	$\overline{\rho}=\sqrt{4\pi}\rho$
e^2	$u=\frac{1}{8\pi}(\boldsymbol{E}^2+\boldsymbol{B}^2)$	$\overline{e^2}=4\pi e^2$
$\alpha=\frac{e^2}{\hbar c}=\frac{1}{137}$		$\alpha=\frac{\overline{e^2}}{4\pi\hbar c}$
$\nabla\cdot\boldsymbol{E}=4\pi\rho$		$\nabla\cdot\overline{\boldsymbol{E}}=\overline{\rho}$
ϕ		$\overline{\phi}=\frac{1}{\sqrt{4\pi}}\phi$

$$\phi(x)=-\frac{Ze}{|\boldsymbol{x}|},\quad (e=-4.8(10)^{-10}\text{ esu}) \tag{3.130}$$

이나 유리화된 단위계에서는 표 3.1을 참고하면 식 (3.129)의 둘째 항인 $A^0(x)$는

$$\overline{\phi}(x)=\frac{1}{\sqrt{4\pi}}\left(-\frac{Ze}{|\boldsymbol{x}|}\right)=\frac{1}{\sqrt{4\pi}}\left(-\frac{Z}{|\boldsymbol{x}|}\right)\frac{\overline{e}}{\sqrt{4\pi}}=-\frac{Z\overline{e}}{4\pi|\boldsymbol{x}|} \tag{3.131}$$

임을 알 수 있다. 앞으로는 유리화된 단위계를 사용하겠으며, 따라서 이 계에서의 물리량에서 위에 붙인 bar를 생략하고 $\hbar=c=1$을 쓰겠다.

식 (3.127)에 식 (3.128)과 (3.129)를 넣어 주면 산란행렬은 다음과 같이 된다.

$$\begin{aligned} S_{fi} &= -ie\int d^4x\sqrt{\frac{m}{E_fV}}\,\overline{u}(p_fs_f)e^{ip_f\cdot x}\gamma^0\left(-\frac{Ze}{4\pi|\boldsymbol{x}|}\right)\sqrt{\frac{m}{E_iV}}\,u(p_is_i)e^{-ip_i\cdot x}\\ &= i\frac{Ze^2}{4\pi}\frac{1}{V}\sqrt{\frac{m^2}{E_iE_f}}\,\overline{u}(p_fs_f)\gamma^0u(p_is_i)\int\frac{d^4x}{|\boldsymbol{x}|}e^{i(p_f-p_i)\cdot x} \end{aligned} \tag{3.132}$$

이 결과에서 생기는 적분과 이 결과를 이용하여 계산할 미분단면적 등을 나누어서 생각

해 보자.

식 (3.132) 안에 있는 적분을 계산해 보자. 먼저 시간에 대한 적분은 다음과 같다.

$$\int_{-\infty}^{\infty} dt\ e^{i(E_f - E_i)t} = 2\pi\delta(E_f - E_i) \tag{3.133}$$

이것은 산란 전과 후에 전자의 에너지가 같음을 의미한다. 따라서 자유전자의 산란의 경우에는 산란 전과 후의 운동량의 크기가 같음을 의미한다.

다음 공간에 대한 적분에서는 운동량 벡터의 차

$$\boldsymbol{q} = \boldsymbol{p}_f - \boldsymbol{p}_i \tag{3.134}$$

는 좌표적분할 때 일정한 값으로 생각할 수 있어 z-축 방향을 $\boldsymbol{q}$ 방향을 따라 택하면

$$\begin{aligned}
\int \frac{d^3x}{r} e^{-i\boldsymbol{q}\cdot\boldsymbol{x}} &= \int_0^{\infty}\int_0^{\pi}\int_0^{2\pi} r\sin\theta\, dr\, d\theta\, d\phi\, e^{-iqr\cos\theta} \\
&= 2\pi\int_0^{\infty} r dr \int_0^{2\pi} e^{-iqr\cos\theta}\sin\theta d\theta = 2\pi\int_0^{\infty}\frac{rdr}{iqr} e^{-iqr\cos\theta}\Big|_0^{\pi} \\
&= \frac{2\pi}{iq}\int_0^{\infty} dr\,(e^{iqr} - e^{-iqr}) \\
\therefore \int \frac{d^3x}{r} e^{-i\boldsymbol{q}\cdot\boldsymbol{x}} &= \frac{4\pi}{q}\int_0^{\infty} dr \sin qr
\end{aligned} \tag{3.135}$$

가 된다. 이 적분을 구하기 위해서 적분 안에 $e^{-\lambda r}$를 먼저 곱하여 적분한 후에 $\lambda \to 0$으로 놓으면, 다음 결과를 얻는다.

$$\begin{aligned}
\int \frac{d^3x}{r} e^{-i\boldsymbol{q}\cdot\boldsymbol{x}} &= \operatorname*{Lim}_{\lambda\to\infty}\frac{2\pi}{iq}\int_0^{\infty} dr e^{-\lambda r}(e^{iqr} - e^{-iqr}) \\
&= \operatorname*{Lim}_{\lambda\to\infty}\frac{4\pi}{q}\ \frac{q}{q^2 + \lambda^2} = \frac{4\pi}{q^2}
\end{aligned} \tag{3.136}$$

따라서 식 (3.132)는 다음과 같이 된다.

$$S_{fi} = 2\pi i\delta(E_f - E_i)\frac{Ze^2}{|\boldsymbol{q}|^2}\ \frac{1}{V}\ \frac{m}{E}\ \bar{u}(p_f s_f)\gamma^0 u(p_i s_i), \ \ (\ E \equiv E_i = E_f) \tag{3.137}$$

(b) 미분단면적(微分斷面積, differential cross section)을 계산해 보자.

(i) 입자의 스핀 상태는 고정되어 있다고 하고, 체적 V를 생각할 때, 밖으로 나가는 운동량의 영역이 d^3p_f에 있는 입자의 상태수는 비상대론적 양자물리에서도 잘 알려진 바와 같이, $\frac{Vd^3p_f}{(2\pi)^3}$이므로 $\boldsymbol{p}_i$의 운동량을 가진 입사입자가 결국 마지막 운동량 $\boldsymbol{p}_f$를 가지고 d^3p_f인 영역에 있게 될 확률은 다음과 같다.

$$\frac{Vd^3p_f}{(2\pi)^3}|S_{fi}|^2. \tag{3.138}$$

이 식 안에 나오는 δ 함수의 곱을 시간 간격 T를 도입하면

$$\begin{aligned}[\delta(E_f-E_i)]^2 &= \delta(E_f-E_i)\frac{1}{2\pi}\int_{-\frac{T}{2}}^{\frac{T}{2}} e^{i(E_f-E_i)t}dt \\ &= \lim_{T\to\infty}\frac{T}{2\pi}\,\delta(E_f-E_i)\end{aligned} \tag{3.139}$$

라 할 수 있으므로 식 (3.138)에서 식 (3.137)을 이용하면, 단위 시간당 계가 d^3p_f로 가게 될 확률은 다음과 같다.

$$\begin{aligned}\left(\frac{prob.}{time}\ of\ syst.\right) &= \frac{Vd^3p_f}{(2\pi)^3}2\pi\delta(E_f-E_i)\frac{Z^2e^4}{V^2}\frac{m^2}{E_iE_f}\frac{|\bar{u}(p_fs_f)\gamma^0u(p_is_i)|^2}{\boldsymbol{q}^4} \\ &= \frac{4Z^2\alpha^2m^2}{E_iV}\frac{|\bar{u}(p_fs_f)\gamma^0u(p_is_i)|^2}{\boldsymbol{q}^4}\frac{d^3p_f}{E_f}\delta(E_f-E_i)\end{aligned} \tag{3.140}$$

(ii) 미분단면적을 구하기 위하여, 식 (3.140)이 입사입자 다발(flux)에 미분단면적 $d\sigma$를 곱한 값임을 알아 둘 필요가 있다.

먼저 위 식을 $\boldsymbol{p}_f$에 대한 적분을 한다고 할 때

$$\begin{aligned}&d^3p_f = p_f^2dp_fd\Omega, \\ &p_fdp_f = E_fdE_f\ \ (\leftarrow\ E_f^2 = p_f^2+m^2) \\ &\therefore\ d^3p_f = p_fE_fdE_fd\Omega\end{aligned} \tag{3.141}$$

를 식 (3.140)에 사용한 후 E_f에 대하여 적분을 하면,

$$\left(\frac{prob.}{time}\ of\ syst.\ into\ d\Omega\right) = \frac{4Z^2\alpha^2m^2}{E_iV}\frac{|\overline{u}(p_fs_f)\gamma^0u(p_is_i)|^2}{\boldsymbol{q}^4}p_f\,d\Omega \tag{3.142}$$

가 되는데 이제 E_i는 E로 바꾸어 놓을 수 있다. 여기서 $\boldsymbol{q}^4 = |\boldsymbol{q}|^4$를 의미한다.

한편 입사파의 경우를 생각하면, 입사입자의 확률흐름밀도 $\boldsymbol{J}_i$를 구해 보자. 식 (3.128)에 주어진 $\psi_i(x)$를 이용하면

$$\begin{aligned}\boldsymbol{J}_i &= \overline{\psi_i}\,\boldsymbol{\gamma}\,\psi_i = \psi_i^{\dagger}\,\boldsymbol{\alpha}\,\psi_i\\ &= \frac{1}{2E}[\ (H\psi_i)^{\dagger}\,\boldsymbol{\alpha}\,\psi_i + \psi_i^{\dagger}\,\boldsymbol{\alpha}\,H\psi_i]\\ &= \frac{1}{2E}\,\psi_i^{\dagger}\,\{\,\boldsymbol{\alpha}\cdot\,\boldsymbol{p}_i + m\beta,\,\boldsymbol{\alpha}\}\psi_i\\ &= \frac{\boldsymbol{p}_i}{E}\,\psi_i^{\dagger}\,\psi_i = \frac{\boldsymbol{p}_i}{E}\,\frac{1}{V}\end{aligned} \tag{3.143}$$

인데 이 식은 입자의 속도와 확률밀도의 곱이다. 식 (3.142)는 $|\,\boldsymbol{J}_i|\,d\sigma$와 같으므로

$$\boldsymbol{J}_i d\sigma = \boldsymbol{J}_i\frac{d\sigma}{d\Omega}d\Omega = \frac{\boldsymbol{p}_i}{E}\,\frac{1}{V}\,\frac{d\sigma}{d\Omega}d\Omega \tag{3.144}$$

를 이용하면 탄성 산란의 경우이므로 미분단면적은 다음과 같다.

$$\frac{d\sigma}{d\Omega} = \frac{4Z^2\alpha^2m^2}{\boldsymbol{q}^4}|\overline{u}(p_fs_f)\gamma^0u(p_is_i)|^2. \tag{3.145}$$

(iii) 미분단면적은 산란되는 입자의 운동량 및 입사방향에 대한 산란각도로서 표시하여야 하므로 식 (3.145)의 오른쪽 항을 계산하여야 한다. 이 때에 입자들이 스핀을 가졌기 때문에 여러 가지 조건에 따른 미분단면적을 생각할 수 있다.

편극의 영향은 다음으로 미루고, 여기서는 편극되지 않은 입사입자가 산란될 경우 산란입자의 스핀을 측정하지 않는다는 조건에서 미분단면적을 계산해 보자. 입사입자의 스핀을 고려하지 않는 경우는 스핀의 평균(averaged)을 생각하게 되며 스핀 상태에는 두 가지가 있

으므로 평균 스핀은 입사입자의 스핀 상태에 대하여 합을 한 후에 2로 나누어 주면 된다. 한편 산란되어 나오는 입자의 스핀을 조사하지 않음은 마지막 입자의 스핀 상태를 합하여 줌으로써 얻어진다. 따라서 이러한 경우 미분단면적은 식 (3.145)에서

$$\frac{d\sigma}{d\Omega}=\frac{4Z^2\alpha^2m^2}{\boldsymbol{q}^4}\cdot\frac{1}{2}\sum_{\pm s_i}\sum_{\pm s_f}|\bar{u}(p_fs_f)\gamma^0u(p_is_i)|^2 \tag{3.146}$$

가 되며, 이 식에서 스핀 상태의 합을 표시한 양을 먼저 계산해 보자. 즉

$$\begin{aligned}\sum|\bar{u}(p_fs_f)\gamma^0u(p_is_i)|^2 &= \sum\bar{u}(p_fs_f)\gamma^0u(p_is_i)\,[\bar{u}(p_fs_f)\gamma^0u(p_is_i)]^\dagger\\ &= \sum u^\dagger(p_fs_f)u(p_is_i)\,u^\dagger(p_is_i)u(p_fs_f)\\ &= \sum\bar{u}(p_fs_f)_\alpha(\gamma^0)_{\alpha\beta}u(p_is_i)_\beta\,\bar{u}(p_is_i)_\rho(\gamma^0)_{\rho\sigma}\,u(p_fs_f)_\sigma\\ &= \sum(\gamma^0)_{\alpha\beta}u(p_is_i)_\beta\,\bar{u}(p_is_i)_\rho(\gamma^0)_{\rho\sigma}u(p_fs_f)_\sigma\,\bar{u}(p_fs_f)_\alpha\end{aligned} \tag{3.147}$$

로 쓸 수 있고, $\sum_{\pm s}u(ps)\bar{u}(ps)$는 제2장에서 논의된 에너지 투영연산자 $\Lambda_\pm$를 나타낸다. 즉

$$\sum_{\pm s}u(ps)_\alpha\,\bar{u}(ps)_\beta = \Lambda_{\alpha\beta} = \left(\frac{\not{p}+m}{2m}\right)_{\alpha\beta} \tag{3.148}$$

가 되므로 식 (3.147)은

$$\begin{aligned}\sum|\bar{u}(p_fs_f)\gamma^0u(p_is_i)|^2 &= Tr\left(\gamma^0\left\{\frac{\not{p}_i+m}{2m}\right\}\gamma^0\left\{\frac{\not{p}_f+m}{2m}\right\}\right)\\ &= \frac{1}{4m^2}Tr(\gamma^0[\not{p}_i+m]\gamma^0[\not{p}_f+m])\\ &= \frac{1}{4m^2}Tr(\gamma^0\not{p}_i\gamma^0\not{p}_f)+\frac{1}{4}Tr(\gamma^0\gamma^0)\\ &= \frac{E_iE_f+E_fE_i-p_i\cdot p_f}{m^2}+1\\ &= \frac{2E_iE_f-p_i\cdot p_f+m^2}{m^2}=\frac{E_iE_f+\boldsymbol{p}_i\cdot\boldsymbol{p}_f+m^2}{m^2}\end{aligned} \tag{3.149}$$

가 되어 식 (3.146)은 다음과 같이 된다.

$$\frac{d\sigma}{d\Omega} = \frac{2Z^2\alpha^2 m^2}{\boldsymbol{q}^4} \cdot \frac{E_i E_f + \boldsymbol{p}_i \cdot \boldsymbol{p}_f + m^2}{m^2} \tag{3.150}$$

여기서 다음 관계식을 사용했다.

㉮ $Tr(\gamma^\mu\gamma^\nu\gamma^\lambda\gamma^\tau) = 4(g^{\mu\nu}g^{\lambda\tau} - g^{\mu\lambda}g^{\nu\tau} + g^{\mu\tau}g^{\nu\lambda})$ (3.151a)

[증명] 위 식의 Tr 안에 있는 γ^μ를 차례로 오른쪽으로 옮기면

$$\begin{aligned} Tr(\gamma^\mu\gamma^\nu\gamma^\lambda\gamma^\tau) &= 2g^{\mu\nu}Tr(\gamma^\lambda\gamma^\tau) - Tr(\gamma^\nu\gamma^\mu\gamma^\lambda\gamma^\tau) \\ &= 2g^{\mu\nu}Tr(\gamma^\lambda\gamma^\tau) - 2g^{\mu\lambda}Tr(\gamma^\nu\gamma^\tau) + Tr(\gamma^\nu\gamma^\lambda\gamma^\mu\gamma^\tau) \\ &= 2g^{\mu\nu}Tr(\gamma^\lambda\gamma^\tau) - 2g^{\mu\lambda}Tr(\gamma^\nu\gamma^\tau) + 2g^{\mu\tau}Tr(\gamma^\nu\gamma^\lambda) - Tr(\gamma^\nu\gamma^\lambda\gamma^\tau\gamma^\mu) \\ &= 8(g^{\mu\nu}g^{\lambda\tau} - g^{\mu\lambda}g^{\nu\tau} + g^{\mu\tau}g^{\nu\lambda}) - Tr(\gamma^\mu\gamma^\nu\gamma^\lambda\gamma^\tau) \end{aligned}$$

따라서 오른쪽의 마지막 항을 왼쪽으로 옮기면 증명이 끝난다. 이 방법은 짝수 개의 Dirac 행렬의 곱의 *Trace*에 대하여 항상 사용할 수 있다.

㉯ 홀수 개의 Dirac 행렬의 곱의 *Trace*는 0이다.

[증명] 홀수 개의 Dirac 행렬의 곱의 *Trace*를 다음과 같이 쓴다고 하자.

$$Tr(\gamma^\alpha\gamma^\beta \cdot \cdot \cdot \cdot \gamma^\omega) = Tr(\gamma_5\gamma_5\gamma^\alpha\gamma^\beta \cdot \cdot \cdot \cdot \gamma^\omega) \tag{3.151b}$$

여기서 두 번째 γ_5를 차례로 오른쪽으로 옮기면 홀수 번 옮기므로 한 번 옮길 때마다 (-)부호가 붙는 것을 생각하면, 위 식을 다음과 같이 바꾸어 쓸 수 있게 된다.

$$\begin{aligned} Tr(\gamma^\alpha\gamma^\beta \cdot \cdot \cdot \cdot \gamma^\omega) &= -Tr(\gamma_5\gamma^\alpha\gamma^\beta \cdot \cdot \cdot \cdot \gamma^\omega\gamma_5) \\ &= -Tr(\gamma^\alpha\gamma^\beta \cdot \cdot \cdot \cdot \gamma^\omega\gamma_5\gamma_5) \\ &= -Tr(\gamma^\alpha\gamma^\beta \cdot \cdot \cdot \cdot \gamma^\omega) \end{aligned}$$

$$\therefore \quad Tr(\gamma^\alpha\gamma^\beta \cdot \cdot \cdot \cdot \gamma^\omega) = 0$$

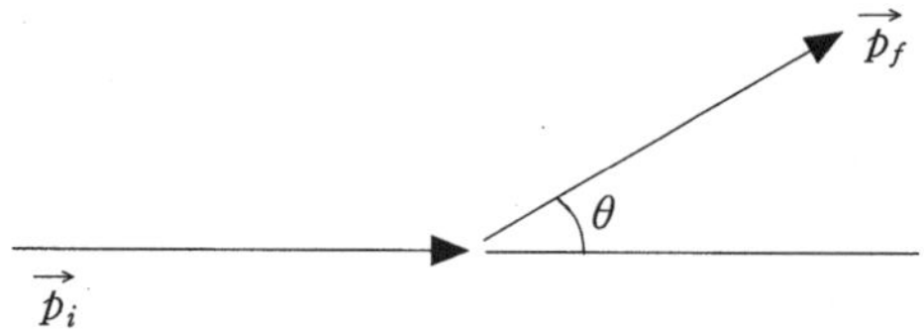

그림 3.8 전자의 산란각도

(iv) 다음은 미분단면적을 산란각도로 표시해 보자.

앞에서 기술한 바와 같이 쿨롱 산란에서는 입사전자의 에너지와 산란전자의 에너지가 같다. 따라서 이들은 전자는 자유 입자이므로 두 전자의 운동량의 크기는 같다고 할 수 있다.

그림 3.8에서와 같이 입사전자의 방향에 대한 산란전자의 산란각을 θ라 하면

$$|\boldsymbol{p}_i| = |\boldsymbol{p}_f| \equiv p$$

이므로

$$\begin{aligned} \boldsymbol{q}^2 = |\boldsymbol{p}_f - \boldsymbol{p}_i|^2 &= 2p^2 - 2\,\boldsymbol{p}_f \cdot \boldsymbol{p}_i = 2p^2(1 - \cos\theta) \\ &= 4p^2 \sin^2\frac{\theta}{2}, \end{aligned} \tag{3.152a}$$

$$\begin{aligned} E_f E_i + \boldsymbol{p}_f \cdot \boldsymbol{p}_i + m^2 &= E^2 + p^2\cos\theta + (E^2 - p^2) \\ &= 2E^2 - 2p^2\sin^2\frac{\theta}{2} \\ &= 2E^2(1 - \beta^2\sin^2\frac{\theta}{2}) \end{aligned} \tag{3.152b}$$

따라서 미분단면적 식 (3.150)은 다음과 같이 된다.

$$\frac{d\sigma}{d\Omega} = \frac{Z^2\alpha^2(1-\beta^2\sin^2\frac{\theta}{2})}{4|\boldsymbol{p}|^2\beta^2\sin^4\frac{\theta}{2}}. \tag{3.153}$$

여기서 β는 $\frac{|\boldsymbol{p}|}{E}(=\frac{v}{c})$이며, 이 식을 Mott 산란 공식이라 한다.

특히 $\beta \to 0$인 경우,

$$\frac{d\sigma}{d\Omega} = \frac{Z^2\alpha^2}{4m^2v^4\sin^4\frac{\theta}{2}} \tag{3.154}$$

가 되며, 이 식은 Rutherford 산란 공식이다. Rutherford 공식은 고전물리의 방법으로도 얻을 수 있으며, Mott 공식은 상대론적 효과가 가미된 식이라고 할 수 있다.

끝으로 쿨롱 산란에서 사용한 식 (3.129)의 $A^\mu(x)$는, 양자전자기학의 기본틀을 이루는 식 (3.108)이나 (3.109)에서 정의된 $A^\mu(x)$를 사용했다기보다, 이 식을 이용했으나 다른 종류의 $A^\mu(x)$인 $A_{ext}{}^\mu(x)$를 사용했다고 할 수 있다. 그 이유는 고차 항의 S-행렬에는 $A^\mu(x)$만이 참여하고 $A_{ext}{}^\mu(x)$는 한 번만 참여하기 때문이다. 따라서 보통 $A_{ext}{}^\mu(x)$ 항을 분리하여 생각하기도 한다.

3.2.2 전자-뮤온(Muon) 산란

양자전자기학의 S-행렬의 1차 항을 이용하는 다른 예를 들어 보자. 특히 여기서는 앞에서와는 달리 미분단면적을 계산하는 데 필요한 과정에서 공변적으로 취급하는 방법을 소개하는 데에도 이 과정을 생각하는 목적이 있다. 이 때 $A^\mu(x)$는 공변적 4-벡터로 S-행렬 자체가 게이지 변환에 대하여 불변이다.

식 (3.125)로 얻어진 $A^\mu(x)$를 식 (3.127)에 넣어 주면, 다음과 같은 S-행렬을 얻게 된다.

$$\begin{aligned} S_{fi} &= -ie\int d^4x\,\overline{\psi_f}(x)\,\not{A}(x)\,\psi_i(x) \\ &= -ie^2\int d^4x\int d^4y\,\overline{\psi_f}(x)\,\gamma_\mu\psi_i(x)\,D_F(x-y)J^\mu(y) \end{aligned} \tag{3.155}$$

이 식에서 eJ^μ는 게이지 입자인 광자를 발생시킨 전기를 띤(charged) 흐름, 즉 전류라 할 수 있다. 특히 전자-뮤온 산란(electron-muon scattering)을 생각하여 보자.

뮤온은 전자와 같은 전하를 띠고 있으며 질량만 더 클 뿐 전자와 같은 성질을 가진 입자이다. 그러나 역시 전자와는 다른 입자이므로 렙톤수를 달리 붙이기도 한다. Möller 산란으로 알려진 전자-전자 산란은 같은 입자들의 산란으로 전자-뮤온 산란과 매우 다르다는 것을 뒤에 보이겠다. 뮤온의 전류는 전자의 전류와 같이

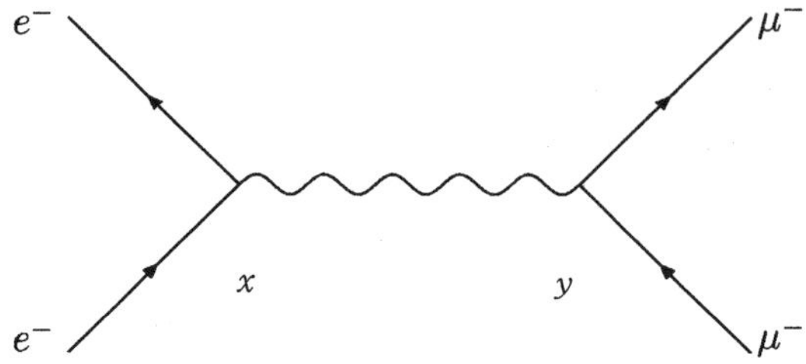

그림 3.9 전자-뮤온 산란의 Feynman 도형

$$eJ^{\mu}(y) \;=\; e\overline{\psi}'(y)\gamma^{\mu}\psi'(y) \tag{3.156}$$

로 쓴다. 여기서 ψ'은 뮤온을 나타낸다. 따라서 식 (3.155)는

$$S_{fi} \;=\; -ie^2\int d^4x\int d^4y\,\overline{\psi_f}(x)\gamma_{\mu}\,\psi_i(x)D_F(x-y)\,\overline{\psi}'_f(y)\gamma^{\mu}\psi'_i(y) \tag{3.157}$$

이 되므로 파동함수 ψ에 대하여는 식 (3.128)을 이용하고 $D_F(x-y)$에는 식 (3.124)를 사용하여 다음과 같은 결과를 얻게 된다.

$$S_{fi} \;=\; -ie^2\frac{mm'}{\sqrt{E_iE_fE'_iE'_fV^2}}\int d^4x\int d^4y\int d^4q e^{ip_f\cdot x}e^{-ip_i\cdot x}e^{-iq\cdot(x-y)}e^{ip'_f\cdot y}e^{-ip'_i\cdot y}$$
$$\cdot\left(-\frac{1}{(2\pi)^4}\right)\overline{u}(p_fs_f)\gamma_{\mu}u(p_is_i)\frac{1}{q^2+i\varepsilon}\overline{u}(p'_fs'_f)\gamma^{\mu}u(p'_is'_i) \tag{3.158}$$

여기서 적분항만을 추려 보면,

$$\begin{aligned}
&-\frac{1}{(2\pi)^4}\int d^4q\frac{1}{q^2+i\varepsilon}\int d^4xe^{i(p_f-p_i-q)\cdot x}\int d^4ye^{i(p'_f-p'_i+q)\cdot y}\\
&\quad= -(2\pi)^4\int d^4q\frac{1}{q^2+i\varepsilon}\,\delta^4(p_f-p_i-q)\delta^4(p'_f-p'_i+q)\\
&\quad= -(2\pi)^4\frac{1}{(p_f-p_i)^2+i\varepsilon}\,\delta^4(p'_f-p'_i+p_f-p_i)
\end{aligned} \tag{3.159}$$

가 되므로 따라서 다음과 같은 S-행렬 성분을 얻는다.

$$S_{fi} = -i\frac{(2\pi)^4}{V^2}\,\delta^4(p'_f-p'_i+p_f-p_i)\sqrt{\frac{m^2m'^2}{E_iE_fE'_iE'_f}}M_{fi}. \tag{3.160}$$

여기서 전자-뮤온산란의 전이진폭(transition amplitude) M_{fi}는

$$M_{fi} = \bar{u}(p_f s_f)\gamma^{\mu} u(p_i s_i) \frac{e^2}{(p_f - p_i)^2 + i\epsilon} \bar{u}(p'_f s'_f)\gamma_{\mu} u(p'_i s'_i) \tag{3.161}$$

로 정의되며 Lorentz 불변인 행렬이고 다른 대칭변환에 대하여도 불변이 될 수 있다. 이 식의 오른쪽 항은 (전자흐름벡터)×(광자의 전파자)×(뮤온흐름벡터)에 전자기적 결합상수 e^2이 곱해진 모양이며, 이러한 모양은 뒤에도 계속 유지된다.

처음에 i인 상태에 있던 계가 나중에 f인 상태로 될 확률은

$$|S_{fi}|^2 = \frac{(2\pi)^8}{V^4}[\delta^4(p'_f - p'_i + p_f - p_i)]^2 \frac{m^2 m'^2}{E_i E_f E'_i E'_f}|M_{fi}|^2 \tag{3.162}$$

가 되므로, $[\delta]^2$ 항의 제곱을 공간뿐 아니라 시간 차원에 대하여도 없애기 위하여 단위 시간과 단위 공간에 대한 확률을 생각하면 앞에서 계산한 결과와 방법을 이용하여

$$\left(\frac{probability\ i \to f}{time\ volume}\right) = \frac{(2\pi)^8}{V^4}\frac{1}{(2\pi)^4}[\delta^4(p'_f - p'_i + p_f - p_i)]\frac{m^2 m'^2}{E_i E_f E'_i E'_f}|M_{fi}|^2 \tag{3.163}$$

를 얻는다.

운동량 영역이 $d^3p_f d^3p'_f$인 마지막 입자의 상태의 수는 $\frac{Vd^3p_f}{(2\pi)^3}\frac{Vd^3p'_f}{(2\pi)^3}$이고 $d^3p_f d^3p'_f$로 산란하는 미분단면적 $d\sigma$는 다음과 같이 정의된다.

$$d\sigma\begin{pmatrix}\text{단위시간당 산란체에 대하여 움직}\\ \text{이는 입사입자의 단위면적당 수}\end{pmatrix}\begin{pmatrix}\text{단위 체적당}\\ \text{산란체의 수}\end{pmatrix} = \begin{pmatrix} d^3p_f d^3p'_f \text{에 있게 될 단위시간,}\\ \text{단위체적당 상호작용하는 입자수}\end{pmatrix}$$

즉

$$d\sigma\frac{|v_i - v'_i|}{V}\frac{1}{V} = \frac{(2\pi)^4}{V^4}[\delta^4(p'_f - p'_i + p_f - p_i)]\frac{m^2 m'^2}{E_i E_f E'_i E'_f}|M_{fi}|^2 \frac{V^2 d^3p_f d^3p'_f}{(2\pi)^6} \tag{3.164}$$

따라서 미분단면적은

$$d\sigma = \frac{m^2 m'^2}{(2\pi)^2} \frac{1}{E_i E'_i |v_i - v'_i|} \delta^4(p'_f - p'_i + p_f - p_i) |M_{fi}|^2 \frac{d^3 p_f}{E_f} \frac{d^3 p'_f}{E'_f} \tag{3.165a}$$

이 되며 이 공식은 어떠한 Lorentz 좌표계에서도 성립된다.

미분단면적의 값을 구하기 전에 먼저 이 식을 어떠한 좌표계에서도 만족할 수 있도록 Lorentz 변환에 대한 스칼라량으로 표시해 보자. 그리고 입자의 스핀을 고려하지 않는 경우 미분단면적을 생각하고, 뮤온의 정지계(실험실계라고도 함)에서 미분단면적이 어떻게 되는지 차례로 생각해 보겠다.

(i) $\dfrac{d^3 p_f}{E_f}$가 Lorentz 스칼라임을 보이자.

먼저 다음과 같은 p_0에 대한 적분

$$\int_{-\infty}^{\infty} d^4 p \delta(p_\mu p^\mu - m^2) \theta(p_0) \tag{3.166}$$

을 생각해 보자. 이 적분 안의 각 항은 Lorentz 스칼라임을 보이자.

㉮ $p'^\mu = a^\mu{}_\nu p^\nu$이므로,

$$d^4 p' = \left| \frac{\partial p'}{\partial p} \right| d^4 p = det(a)\ d^4 p = d^4 p \tag{3.167}$$

㉯ p_0가 $(-\infty, \infty)$에 펼쳐 있어서, 1에서부터 연속적으로 변환시키는 어떠한 Lorentz 변환도 그 부호를 바꾸지 못하고 p'_0 역시 같은 구간에 한정되게 된다. 그래서

$$\theta(p_0) = \theta(p'_0) \tag{3.168}$$

라 할 수 있다.

㉰ $\delta(p_\mu p^\mu - m^2) = \delta(p'_\mu p'^\mu - m^2)$

한편 식 (3.166)의 적분을 해 보자. 먼저 δ함수의 성질

$$\delta(x^2-a^2)=\frac{1}{2a}[\delta(x-a)+\delta(x+a)],\quad (a>0) \tag{3.169}$$

을 이용하면, 다음 관계식을 얻는다.

$$\begin{aligned}\int_{-\infty}^{\infty}d^4p\,\delta(p_\mu p^\mu-m^2)\theta(p_0) &= d^3p\int_{-\infty}^{\infty}dp_0\,\delta(p_0{}^2-\boldsymbol{p}\cdot\boldsymbol{p}-m^2)\theta(p_0)\\ &= d^3p\int_{-\infty}^{\infty}dp_0\,\frac{1}{2E}[\delta(p_0-E)+\delta(p_0+E)]\theta(p_0)\\ &= \frac{d^3p}{2E},\qquad (E=\sqrt{\boldsymbol{p}\cdot\boldsymbol{p}+m^2})\end{aligned} \tag{3.170}$$

이것은 $\dfrac{d^3p_f}{E_f}=\dfrac{d^3p'_f}{E'_f}$을 의미한다.

(ii) $E_iE'_i\,|v_i-v'_i|$를 공변형으로 만들어 보자. 특히 입사입자와 산란체가 같은 방향 또는 다른 방향으로 움직이는 경우를 생각하자. 편의상 아래첨자 i를 떼고 생각하면,

$$\begin{aligned}(EE'\,|v-v'|)^2 &= (E'p\pm Ep')^2\quad (\text{여기서 } p=|\boldsymbol{p}|)\\ &= E'^2p^2\pm 2EE'pp'+E^2p'^2\end{aligned}$$

또

$$\begin{aligned}(p\cdot p')^2 &= (EE'-p\cdot p')^2=(EE'\pm pp')^2\\ &= E^2E'^2\pm 2EE'pp'+p^2p'^2\\ &= (p^2+m^2)E'^2\pm 2EE'pp'+p'^2(E^2-m^2)\\ &= p^2E'^2\pm 2EE'pp'+p'^2E^2+m^2(E'^2-p'^2)\\ \therefore\ (p\cdot p')^2-m^2m'^2 &= p^2E'^2\pm 2EE'pp'+p'^2E^2\\ &= (EE'|v-v'|)^2\end{aligned} \tag{3.171}$$

따라서 식 (3.165a)를 보다 공변적으로 표현하면

$$d\sigma = \frac{m^2 m'^2}{(2\pi)^2} \frac{1}{\sqrt{(p_i \cdot p'_i)^2 - m^2 m'^2}} \delta^4(p'_f - p'_i + p_f - p_i) \, |M_{fi}|^2 \frac{d^3 p_f}{E_f} \frac{d^3 p'_f}{E'_f} \quad (3.165b)$$

을 얻는다. 이 식은 스칼라임을 알 수 있다.

식 (3.161)을 이용하면 $|M_{fi}|^2$을 공변적으로 계산할 수 있다. 즉 입자의 편극을 고려하지 않는 경우를 생각해 보자.

$$\frac{1}{4}\sum_{s_i}\sum_{s_f}\sum_{s'_i}\sum_{s'_f}|M_{fi}|^2 = \frac{1}{4}\sum|\bar{u}(p_f s_f)\gamma^\mu u(p_i s_i)\frac{e^2}{q^2+i\varepsilon}\bar{u}(p'_f s'_f)\gamma_\mu u(p'_i s'_i)|^2 \quad (3.172)$$

를 계산하게 되는데

$$\begin{aligned}(\bar{u}_f\gamma_\mu u_i)^* &= (u_f^\dagger \gamma_0\gamma_\mu u_i)^\dagger = u_i^\dagger \underline{\gamma_\mu^\dagger} \gamma_0^\dagger u_f \\ &= u_i^\dagger \gamma_0 \gamma_0 \gamma_\mu^\dagger \gamma_0 u_f = \bar{u}_i\gamma_\mu u_f\end{aligned} \quad (3.173)$$

를 이용하면

$$\begin{aligned}\frac{1}{4}\sum_{s_i s_f s'_i s'_f}|M_{fi}|^2 &= \frac{1}{4}\frac{e^4}{q^4}\sum_{s_i s_f s'_i s'_f}[\bar{u}(p_f s_f)\gamma^\mu u(p_i s_i)\bar{u}(p'_f s'_f)\gamma_\mu u(p'_i s'_i)] \\ &\qquad \times[\bar{u}(p_i s_i)\gamma^\nu u(p_f s_f)\bar{u}(p'_i s'_i)\gamma_\nu u(p'_f s'_f)] \\ &= \frac{1}{4}\frac{e^4}{q^4} Tr\left\{\frac{\gamma^\mu(\not{p}_i + m)\gamma^\nu(\not{p}_f + m)}{4m^2}\right\} \\ &\qquad \times Tr\left\{\frac{\gamma_\mu(\not{p}'_i + m')\gamma_\nu(\not{p}'_f + m')}{4m'^2}\right\}\end{aligned} \quad (3.174)$$

가 된다. 앞으로 $|M_{fi}|^2$에서 입사입자의 스핀 상태의 평균을 취하고 마지막 스핀 상태의 스핀을 고려하지 않는 경우(즉 마지막 스핀 상태의 합을 취하는 경우)를 $\overline{|M_{fi}|^2}$로 쓰고, 즉

$$\frac{1}{4}\sum_{s_i s_f s'_i s'_f}|M_{fi}|^2 \equiv \overline{|M_{fi}|^2} \quad (3.175)$$

로 놓는다.

식 (3.174)를 보면 전자의 흐름 $J^\mu{}_{(e)}$으로 이루어진 렙톤텐서(leptonic tensor)

$$l^{\mu\nu}{}_{(e)} = \langle J^{\mu} J^{\nu} \rangle_{(e)} = Tr\left\{ \frac{\gamma^{\mu}(\not{p}_i + m)\gamma^{\nu}(\not{p}_f + m)}{4m^2} \right\} \tag{3.176a}$$

와 뮤온의 흐름으로 만들어진 렙톤텐서 $l^{\mu\nu}{}_{(\mu)}$의 텐서 곱으로 되어 있음을 알 수 있다. 이 때 다음 관계식

$$\begin{aligned} Tr\{\gamma^{\mu}(\not{p}_i + m)\gamma^{\nu}(\not{p}_f + m)\} &= Tr(\gamma^{\mu}\not{p}_i\gamma^{\nu}\not{p}_f) + m^2 Tr(\gamma^{\mu}\gamma^{\nu}) \\ &= 4[p_i^{\mu} p_f^{\nu} + p_i^{\nu} p_f^{\mu} - g^{\mu\nu} p_i \cdot p_f + m^2 g^{\mu\nu}] \end{aligned} \tag{3.176b}$$

을 사용하면, 전자의 렙톤 흐름은

$$l^{\mu\nu}{}_{(e)} = \frac{1}{m^2}\left(p_i^{\mu} p_f^{\nu} + p_i^{\nu} p_f^{\mu} + \frac{q^2}{2} g^{\mu\nu} \right) \tag{3.176c}$$

으로 된다. 따라서 식 (3.174)는 다음과 같이 된다.

$$\begin{aligned} \overline{|M_{fi}|^2} &= \frac{1}{4}\frac{e^4}{q^4} l^{\mu\nu}{}_{(e)} l_{\mu\nu(\mu)} \\ &= \frac{e^4}{4m^2 m'^2 q^4}[p_i^{\mu} p_f^{\nu} + p_i^{\nu} p_f^{\mu} - g^{\mu\nu} p_i \cdot p_f + m^2 g^{\mu\nu}] \\ &\quad \times [p'_{i_\mu} p'_{f_\nu} + p'_{i_\nu} p'_{f_\mu} - g_{\mu\nu} p'_i \cdot p'_f + m'^2 g_{\mu\nu}] \end{aligned} \tag{3.177a}$$

$$\begin{aligned} \therefore \overline{|M_{fi}|^2} = \frac{e^4}{2m^2 m'^2 q^4} & [p_i \cdot p'_i \, p_f \cdot p'_f + p_i \cdot p'_f \, p_f \cdot p'_i \\ & - m^2 p'_i \cdot p'_f - m'^2 p_i \cdot p_f + 2m^2 m'^2] \end{aligned} \tag{3.177b}$$

따라서 미분단면적도 입자의 스핀을 고려하지 않을 경우 다음과 같다.

$$d\overline{\sigma} = \frac{m^2 m'^2}{(2\pi)^2} \frac{1}{\sqrt{(p_i \cdot p'_i)^2 - m^2 m'^2}} \delta^4(p'_f - p'_i + p_f - p_i) \overline{|M_{fi}|^2} \frac{d^3 p_f}{E_f} \frac{d^3 p'_f}{E'_f} \tag{3.165c}$$

(iii) 특히 뮤온의 정지계에서 미분단면적을 구해 보자. 이 때 입자들의 운동량은

$$p_i = (E_i, \mathbf{p}), \quad p'_i = (m', \mathbf{0}), \quad p_f = (E_f, \mathbf{p}_f) \tag{3.178}$$

로 택하고, 식 (3.165c)에서 p'_f에 대하여는 적분할 것이므로 d^3p_f를 고쳐 보자.

$$d^3p_f = p_f^2 dp_f d\Omega_f = p_f E_f dE_f d\Omega_f \tag{3.179}$$

또 식 (4.165c)의 적분 안의 값은 뮤온 정지계(실험실계, laboratory frame)에서

$$\sqrt{(p_i \cdot p'_i)^2 - m^2 m'^2} = m' |\mathbf{p}_i|, \quad (|\mathbf{p}_i| \equiv p_i) \tag{3.180}$$

를 사용할 수 있다. 따라서 고체각(solid angle) $d\Omega_f$로 나가는 전자의 미분단면적은

$$\frac{d\bar{\sigma}}{d\Omega_f} = \frac{m^2 m'^2}{(2\pi)^2} \int \frac{1}{\sqrt{(p_i \cdot p'_i)^2 - m^2 m'^2}} \delta^4(p'_f - p'_i + p_f - p_i) \overline{|M_{fi}|^2} p_f dE_f \frac{d^3 p'_f}{E'_f} \tag{3.181}$$

가 되는데, 이 때 적분의 중요성을 생각하여 두 가지 방법으로 시행하여 보자.

㉮ 식 (3.181)을 직접 $d^3p'_f$에 대하여 적분함으로써

$$\frac{\overline{d^2\sigma}}{dE_f\, d\Omega_f} = \frac{m^2 m'}{(2\pi)^2 E'_f}\left(\frac{p_f}{p_i}\right)\overline{|M_{fi}|^2}\, \delta(E'_f - m' + E_f - E_i) \tag{3.182a}$$

$$\frac{d\bar{\sigma}}{d\Omega_f} = \frac{m^2 m'}{(2\pi)^2}\int\left(\frac{p_f}{p_i}\right)\delta(E'_f - m' + E_f - E_i)\ \overline{|M_{fi}|^2}\frac{dE_f}{E'_f} \tag{3.182b}$$

를 얻는데 E_i, p_i는 적분변수 E_f와 무관하지만 p'_f, p_f, E'_f는 E_f의 함수가 될 수 있다. 식 (3.182b)에서 $\overline{|M_{fi}|^2}$ 안에 있는 p'^{μ}_f는 $(p_i^\mu + p'^{\mu}_i - p_f^\mu)$로 바꿔 주고

$$p_f = \sqrt{E_f^2 - m^2}.\ \mathbf{p}'_f = \mathbf{p}_i - \mathbf{p}_f \tag{3.183a}$$

를 이용하면 E'_f는

$$E'_f = \sqrt{\mathbf{p}'^2_f + m'^2} = \sqrt{p_i^2 + p_f^2 - 2p_i p_f \cos\theta + m'^2} \tag{3.183b}$$

가 되고, δ 함수에 대한 적분에서

$$\int dx\, \delta[f(x)] = \int \left| \frac{\partial f}{\partial x} \right|^{-1} df\, \delta(f) \tag{3.184}$$

를 이용하면

$$\int \delta(E'_f - m' + E_f - E) \frac{dE_f}{E'_f} = \frac{1}{E'_f \left| 1 + \dfrac{\partial E'_f}{\partial E_f} \right|},$$

$$\begin{aligned} E'_f \left| 1 + \frac{\partial E'_f}{\partial E_f} \right| &= E'_f + \frac{\partial p_f}{\partial E_f}(p_f - p_i \cos\theta) = E'_f + \left(\frac{E_f}{p_f} \right)(p_f - p_i \cos\theta) \\ &= m' + E_i - \left(\frac{E_f p_i}{p_f} \right) \cos\theta \end{aligned}$$

가 된다. 여기서 θ는 입사입자 방향에 대한 산란각이다. 따라서 식(3.182)는 다음과 같다.

$$\frac{d\bar{\sigma}}{d\Omega_f} = \frac{m^2 m'}{(2\pi)^2} \left(\frac{p_f}{p_i} \right) \frac{\overline{|M_{fi}|^2}}{m' + E_i - \left(\dfrac{E_f p_i}{p_f} \right) \cos\theta}. \tag{3.185}$$

㉯ 다른 방법은 식 (3.181)에서 적분 $d^3p'_f$을 수행할 때 식 (3.170)을 이용하면

$$\frac{d^3p'_f}{E'_f} = 2d^3p'_f \int d\,p'^0_f\, \delta(\,p'^2_f - m'^2)\theta(\,p'^0_f) \tag{3.186}$$

이므로 다음과 같은 결과를 얻는다.

$$\begin{aligned} \frac{d\bar{\sigma}}{d\Omega_f} &= \frac{2m^2 m'}{(2\pi)^2} \int d^4p'_f \int dE_f \left(\frac{p_f}{p_i} \right) \delta^4(p'_f - p'_i + p_f - p_i)\, \overline{|M_{fi}|^2} \\ &\qquad \delta(\,p'^2_f - m'^2)\theta(\,p'^0_f) \\ &= \frac{2m^2 m'}{(2\pi)^2} \int dE_f \left(\frac{p_f}{p_i} \right) \overline{|M_{fi}|^2} \delta[\,(p_i + p'_i - p_f)^2 - m'^2]\theta(\,E + m' - E_f) \end{aligned} \tag{3.187}$$

운동량이 4-벡터임을 상기할 때 이 식의 δ함수 안의 값은

$$(p_i+p'_i-p_f)^2-m'^2 = 2m^2+2p_i\cdot p'_i-2p'_i\cdot p_f-2p_i\cdot p_f \\ = 2m^2+2m'(E_i-E_f)-2E_iE_f+2p_ip_f\cos\theta \tag{3.188}$$

이므로 E_f에 대한 적분을 할 때 식 (4.184)를 이용하면

$$\int dE_f\,\delta[\,(p_i+p'_i-p_f)^2-m'^2]=\frac{1}{2[m'+E_i-\left(\frac{p_iE_f}{p_f}\right)\cos\theta)]} \tag{3.189}$$

가 되므로 식 (3.185)를 얻는다.

(iv) 식 (3.188)은 δ함수 안에 있는 값이므로 0이 됨은 $p'^2_f=m'^2$으로부터도 알 수 있다. 즉

$$E_f(m'+E_i)-p_ip_f\cos\theta=E_im'+m^2 \tag{3.190}$$

가 성립한다. 여기서 두 가지 특별한 경우를 생각하자.

㉮ $E_i \ll m'$인 경우: 낮은 전자 에너지 산란

이 때에 $E_f \ll m'$도 성립한다. 한편 전자의 질량 m은 0.51 MeV이고 뮤온의 질량은 105.6 MeV임을 생각하면, 식 (3.190)의 왼쪽에서는 첫 항이 크고 오른쪽에서도 첫 항이 커서 결국 $E_f \approx E_i$이므로 $p_f \approx p_i$가 되므로 미분단면적 식 (3.185)는 다음과 같이 된다.

$$\frac{d\bar{\sigma}}{d\Omega_f}=\frac{m^2m'}{(2\pi)^2}\left(\frac{p_f}{p_i}\right)\frac{\overline{|M_{fi}|^2}}{m'+E_i-\left(\frac{E_fp_i}{p_f}\right)\cos\theta}=\frac{m^2}{(2\pi)^2}\,\overline{|M_{fi}|^2} \tag{3.191}$$

여기서 뮤온의 운동량이 아주 작아서 첫 근사로 $E'_f \approx m'$인 경우에는 식 (3.177b)에서, 운동량-에너지 보존법칙 $p_i+p'_i=p_f+p'_f$로부터 얻는

$$p_f\cdot p'_f=p_i\cdot p'_i,\quad p_i\cdot p'_f=p'_i\cdot p_f \tag{3.192}$$

를 이용하면

$$\overline{|M_{fi}|^2} = \frac{e^4}{2m^2 m'^2 q^4}[m'^2\ E_i^2 + m'^2\ E_f^2 - m^2 m' E'_f - m'^2 p_i \cdot p_f + 2m^2 m'^2] \\ = \frac{8\pi^2\alpha^2}{m^2 q^4}(2\ E_i^2 + m^2 - p_i \cdot p_f), \quad (\alpha \equiv \frac{e^2}{4\pi}) \tag{3.193}$$

이므로 따라서 다음과 같은 Mott 산란 미분단면적을 얻는다.

$$\frac{d\overline{\sigma}}{d\Omega_f} = \frac{2\alpha^2}{q^4}(2\ E_i^2 + m^2 - p_i \cdot p_f) \tag{3.194}$$

㉯ $m \ll E_i$인 경우: 높은 전자 에너지 산란

식 (4.190)에서 $m=0$, $p_i = E_i$, $p_f = E_f$임을 생각하면

$$E_f(m' + E_i) - E_i E_f \cos\theta = E_i m', \\ \therefore\ E_f = \frac{m' E_i}{m' + E_i(1-\cos\theta)} \tag{3.195}$$

이므로 미분단면적은 식 (3.185)에 위 식을 사용하여 다음과 같은 모양으로 얻게 된다.

$$\frac{d\overline{\sigma}}{d\Omega_f} = \frac{m^2 E_f}{4\pi^2 E_i}\frac{\overline{|M_{fi}|^2}}{1+\left(\frac{E_i}{m'}\right)(1-\cos\theta)} = \frac{m^2 E_f}{4\pi^2 E_i}\frac{\overline{|M_{fi}|^2}}{1+\left(\frac{2E_i}{m'}\right)\sin^2\frac{\theta}{2}} \tag{3.196}$$

한편 식 (3.177b) $\overline{|M_{fi}|^2}$ 안에 있는 p'^{μ}_f는 ($p_i^{\mu} + p'^{\mu}_i - p_f^{\mu}$)로 바꿔 주면

$$\overline{|M_{fi}|^2} = \frac{8\pi^2\alpha^2}{m^2 m'^2 q^4}\ [p_i \cdot p'_i\ (p_f \cdot p_i + p_f \cdot p'_i - m^2) + (m^2 + p_i \cdot p'_i - p_i \cdot p_f)\ p_f \cdot p'_i \\ - m^2(p'_i \cdot p_i + m'^2 - p'_i \cdot p_f) - m'^2 p_i \cdot p_f + 2m^2 m'^2]$$

가 되는데, 여기서 m 항을 모두 없애고

$$
\begin{aligned}
p'_i \cdot p_i &= m' E_i \\
p'_i \cdot p_f &= m' E_f \\
p_i \cdot p_f &= E_i E_f (1-\cos\theta) \\
q^2 &= (p_f - p_i)^2 = -2E_i E_f(1-\cos\theta) = -4E_i E_f \sin^2\frac{\theta}{2}
\end{aligned}
\tag{3.197}
$$

를 사용하면

$$
\begin{aligned}
\overline{|M_{fi}|^2} &= \frac{8\pi^2\alpha^2}{m^2 m'^2 q^4}[2m'^2 E_i E_f + (m'E_i - m'E_f - m'^2)E_i E_f(1-\cos\theta)] \\
&= \frac{8\pi^2\alpha^2 E_i E_f}{m^2 q^4}[2+(1-\cos\theta)\Big(\frac{E_i - E_f}{m'} - 1\Big)] \\
&= \frac{\pi^2\alpha^2}{m^2 E_i E_f \sin^4\frac{\theta}{2}}[\cos^2\frac{\theta}{2} + \sin^2\frac{\theta}{2}\,(\frac{E_i - E_f}{m'})]
\end{aligned}
\tag{3.198}
$$

가 된다. 따라서 미분단면적 식 (3.196)으로부터

$$
\frac{d\bar{\sigma}}{d\Omega_f} = \frac{\alpha^2}{4E_i^2}\,\frac{\cos^2\frac{\theta}{2} + \frac{E_i - E_f}{m'}\sin^2\frac{\theta}{2}}{\sin^4\frac{\theta}{2}\,[1+\frac{2E_i}{m'}\sin^2\frac{\theta}{2}]}
\tag{3.199a}
$$

를 얻는다. 이 식에서 E_f에 대한 식 (3.195)를 쓰면 다음 결과를 얻는다.

$$
\frac{E_i - E_f}{m'} = \frac{1}{m'}\,\frac{2E_i^2\sin^2\frac{\theta}{2}}{m' + 2E_i\sin^2\frac{\theta}{2}},
\tag{3.200}
$$

$$
\therefore\ \frac{d\bar{\sigma}}{d\Omega_f} = \frac{\alpha^2}{4E^2 m'^2}\,\frac{(m'^2 + 2Em'\sin^2\frac{\theta}{2})\cos^2\frac{\theta}{2} + 2E^2\sin^4\frac{\theta}{2}}{\sin^4\frac{\theta}{2}\,[1+\frac{2E}{m'}\sin^2\frac{\theta}{2}]^2}
\tag{3.201}
$$

특히 $E_i \approx E_f$인 탄성 산란을 생각하면 식 (3.199a)에서

$$\left(\frac{d\sigma}{d\Omega_f}\right)_{ns} = \frac{\alpha^2}{4\,E_i^{\,2}} \frac{\cos^2\frac{\theta}{2}}{\sin^4\frac{\theta}{2}\left[1+\frac{2E_i}{m'}\sin^2\frac{\theta}{2}\right]} \tag{3.199b}$$

를 얻는데 이 식은 입자의 스핀을 생각하지 않는 경우에도 일반적으로 얻게 되어 보다 일반화된 Mott 산란식이다. 이것은 뒤에 다시 한 번 논의한다.

3.3 전자와 전자 및 전자와 양전자의 탄성 산란

지금까지는 전자와 다른 입자 사이의 반응을 주로 생각하였다. 여기서는 같은 종류의 입자 반응인 소위 Möller 산란으로 알려진 전자-전자 산란 $e^-e^-\to e^-e^-$를 생각하고, 이와 관련해서 Bhabha 산란으로 알려진 전자-양전자의 탄성 산란 $e^-e^+\to e^-e^+$를 생각하고 이 장을 마치려 한다. 전자-양전자 탄성 산란은 전자-전자 탄성 산란의 엇갈린 대칭(cross symmetry)으로서 전자-전자 산란의 계산 결과를 이용하면 쉽게 다룰 수 있다. 이러한 방법은 물리학에서 많이 나타나며 예를 들어 전자-양전자의 쌍소멸(pair annihilation)이나 쌍생성(pair creation)과정은 컴프턴 산란의 엇갈린 대칭에 해당된다. 특히 전자-양전자 산란은 최근 입자물리학 실험과 관련하여서 매우 중요한 과제 중 하나로서 뒷장에서 더 다루게 될 것이다.

3.3.1 전자-전자 산란

전자-전자 산란은 전자-뮤온 산란과 같으나, 다만 동일 입자(identical particle)의 산란을 취급하기 때문에 그림 3.10에서와 같이 Feynman 도형이 1개 더 추가된다. 즉 두 입사입자를 입자 1, 입자 2라 하고 산란되어 나오는 두 입자를 입자 3, 입자 4라 할 때, 입자 3과 4가 나오는 방향(또는 위치)을 바꾸어도 전혀 물리적으로 차이가 없다. 다만 전자가 페르미온이기 때문에 전이진폭의 부호가 바뀐다. 이러한 것을 감안하면, 전자-뮤온에 대한 산란행렬 식(3.160), (3.161)을 참고할 때 다음 식을 얻는다.

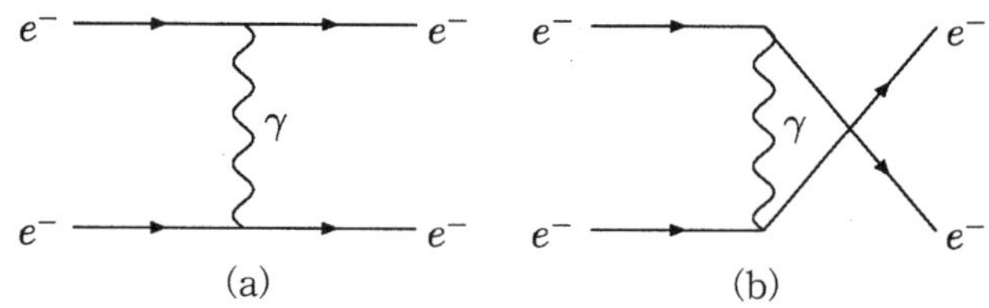

그림 3.10 전자-전자 산란의 Feynman 도형

$$S_{fi}=-ie^2\frac{(2\pi)^4}{V^2}\delta^4(p'_1+p'_2-p_1-p_2)\frac{m^2}{\sqrt{E_1E_2E'_1E'_2}}M_{fi}, \tag{3.200}$$

$$\begin{aligned} M_{fi} = &\ \bar{u}(p'_1s'_1)\gamma^\mu u(p_1s_1)\frac{1}{(p'_1-p_1)^2+i\varepsilon}\bar{u}(p'_2s'_2)\gamma_\mu u(p_2s_2) \\ &- \bar{u}(p'_2s'_2)\gamma^\mu u(p_1s_1)\frac{1}{(p'_2-p_1)^2+i\varepsilon}\bar{u}(p'_1s'_1)\gamma_\mu u(p_2s_2) \end{aligned} \tag{3.201}$$

여기서 p_1, p_2는 입사 전자 1, 2의 운동량이고, p'_1, p'_2는 각각 산란되어 나오는 전자 3, 4의 운동량이다. 식 (3.201)에서 p'_1과 p'_2를 바꾸면 부호가 바뀜을 알 수 있다. 이들은 그림 3.10(a)와 (b)로 표시되는데 첫번 그림을 직접(direct) 과정, 다음 그림을 교환(exchange) 과정이라 부른다.

전자들의 스핀을 고려하지 않는 경우 미분단면적은 식 (3.165b)로부터 $m'=m$이므로

$$d\sigma=\int\frac{m^4}{(2\pi)^2}\frac{1}{\sqrt{(p_1\cdot p_2)^2-m^4}}\delta^4(p'_1+p'_2-p_1-p_2)\ \overline{|M_{fi}|^2}\frac{d^3p'_1}{E'_1}\frac{d^3p'_2}{E'_2} \tag{3.202}$$

가 되는데, 입사전자에 대하여는 스핀의 평균을 취하고 산란전자의 스핀 상태에 대하여는 합하는 경우 전이진폭의 제곱은 다음과 같이 된다.

$$\begin{aligned} \overline{|M_{fi}|^2} = &\ \frac{1}{4}\sum_{s_1,s_2}\sum_{s'_1,s'_2}|M_{fi}|^2 \\ = &\ \frac{1}{4}\Bigg\{\frac{1}{(p'_1-p_1)^4}[\bar{u}(p'_1s'_1)\gamma^\mu u(p_1s_1)\bar{u}(p_1s_1)\gamma^\nu u(p'_1s'_1)] \\ &\times[\bar{u}(p'_2s'_2)\gamma_\mu u(p_2s_2)\bar{u}(p_2s_2)\gamma_\nu u(p'_2s'_2)] \\ &+\frac{1}{(p'_2-p_1)^4}[\bar{u}(p'_2s'_2)\gamma^\mu u(p_1s_1)\bar{u}(p_1s_1)\gamma^\nu(p'_2s'_2)] \\ &\times[\bar{u}(p'_1s'_1)\gamma_\mu u(p_2s_2)\bar{u}(p_2s_2)\gamma_\nu u(p'_1s'_1)] \end{aligned}$$

$$
\begin{aligned}
&- \frac{1}{(p'_1-p_1)^2}\frac{1}{(p'_2-p_1)^2}[\bar{u}(p'_1s'_1)\gamma^\mu u(p_1s_1)\bar{u}(p_1s_1)\gamma^\nu(p'_2s'_2)] \\
&\qquad \times[\bar{u}(p'_2s'_2)\gamma_\mu u(p_2s_2)\bar{u}(p_2s_2)\gamma_\nu u(p'_1s'_1)] \\
&- \frac{1}{(p'_1-p_1)^2}\frac{1}{(p'_2-p_1)^2}[\bar{u}(p'_2s'_2)\gamma^\mu u(p_1s_1)\bar{u}(p_1s_1)\gamma^\nu(p'_1s'_1)] \\
&\qquad \times[\bar{u}(p'_1s'_1)\gamma_\mu u(p_2s_2)\bar{u}(p_2s_2)\gamma_\nu u(p'_2s'_2)]\}
\end{aligned}
$$

$$
\begin{aligned}
= \frac{1}{4}\Bigg\{ & \frac{1}{(p'_1-p_1)^4} Tr\left[\gamma^\mu\left(\frac{\not{p}_1+m}{2m}\right)\gamma^\nu\left(\frac{\not{p}'_1+m}{2m}\right)\right] \\
& \times Tr\left[\gamma_\mu\left(\frac{\not{p}_2+m}{2m}\right)\gamma_\nu\left(\frac{\not{p}'_2+m}{2m}\right)\right] \\
& + \frac{1}{(p'_2-p_1)^4} Tr\left[\gamma^\mu\left(\frac{\not{p}_1+m}{2m}\right)\gamma^\nu\left(\frac{\not{p}'_2+m}{2m}\right)\right] \\
& \times Tr\left[\gamma_\mu\left(\frac{\not{p}_2+m}{2m}\right)\gamma_\nu\left(\frac{\not{p}'_1+m}{2m}\right)\right] \\
& - \frac{1}{(p'_1-p_1)^2(p'_2-p_1)^2} Tr\Bigg[\gamma^\mu\left(\frac{\not{p}_1+m}{2m}\right)\gamma^\nu\left(\frac{\not{p}'_1+m}{2m}\right) \\
& \qquad \times \gamma_\mu\left(\frac{\not{p}_2+m}{2m}\right)\gamma_\nu\left(\frac{\not{p}'_2+m}{2m}\right)\Bigg] \\
& - \frac{1}{(p'_1-p_1)^2(p'_2-p_1)^2} Tr\Bigg[\gamma^\mu\left(\frac{\not{p}_1+m}{2m}\right)\gamma^\nu\left(\frac{\not{p}'_2+m}{2m}\right) \\
& \qquad \times \gamma_\mu\left(\frac{\not{p}_2+m}{2m}\right)\gamma_\nu\left(\frac{\not{p}'_1+m}{2m}\right)\Bigg]\Bigg\}
\end{aligned}
\tag{3.203}
$$

여기에 나오는 행렬의 계산은 비교적 간단한 것으로서 다음 두 가지만을 계산하면 모두 얻을 수 있다. 즉 전에 식 (3.176b)로부터 얻은

$$
Tr[\gamma^\mu(\not{p}_1+m)\gamma^\nu(\not{p}'_1+m)] = 4\{p_1^\mu p'^\nu_1 + p_1^\nu p'^\mu_1 + (m^2 - p_1\cdot p'_1)g^{\mu\nu}\} \tag{3.176b}
$$

를 이용하여,

$$
\begin{aligned}
& Tr[\gamma^\mu(\not{p}_1+m)\gamma^\nu(\not{p}'_1+m)]Tr[\gamma^\mu(\not{p}_2+m)\gamma^\nu(\not{p}'_2+m)] \\
&= 16\{p_1^\mu p'^\nu_1 + p_1^\nu p'^\mu_1 + (m^2 - p_1\cdot p'_1)g^{\mu\nu}\} \\
&\qquad \times\{p_{2_\mu} p'_{2_\nu} + p_{2_\nu} p'_{2_\mu} + (m^2 - p_2\cdot p'_2)g_{\mu\nu}\} \\
&= 16\{2p_1\cdot p_2\, p'_1\cdot p'_2 + 2p_1\cdot p'_2\, p'_1\cdot p_2 + 2(m^2 - p_2\cdot p'_2)p_1\cdot p'_1 \\
&\qquad + 2(m^2 - p_1\cdot p'_1)p_2\cdot p'_2 + 4(m^2 - p_1\cdot p'_1)^2\}
\end{aligned}
\tag{3.204a}
$$

$$= 32\{(p_1 \cdot p_2)^2 + (p_1 \cdot p'_2)^2 + 2m^2(m^2 - p_1 \cdot p'_1)\}$$

$$Tr[\gamma^\mu(\not{p}_1 + m)\gamma^\nu(\not{p}'_2 + m)]Tr[\gamma^\mu(\not{p}_2 + m)\gamma^\nu(\not{p}'_1 + m)]$$

$$= 16\{p_1^\mu p'^\nu_2 + p_1^\nu p'^\mu_2 + (m^2 - p_1 \cdot p'_2)g^{\mu\nu}\}$$

$$\times\{p_{2\mu} p'_{1\nu} + p_{2\nu} p'_{1\mu} + (m^2 - p_2 \cdot p'_1)g_{\mu\nu}\} \qquad (3.204b)$$

$$= 16\{2p_1 \cdot p_2 p'_1 \cdot p'_2 + 2p_1 \cdot p'_1 p'_2 \cdot p_2 + 2(m^2 - p_2 \cdot p'_1)p_1 \cdot p'_2$$

$$+ 2(m^2 - p_1 \cdot p'_2)p_2 \cdot p'_1 + 4(m^2 - p_1 \cdot p'_2)^2\}$$

$$= 32\{(p_1 \cdot p_2)^2 + (p_1 \cdot p'_1)^2 + 2m^2(m^2 - p_1 \cdot p'_2)\}$$

와 다음 몇 가지 관계식을 생각해 보자.

$$\gamma^\mu \not{a} \gamma_\mu = -2\not{a},$$

$$\gamma^\mu \not{a} \not{b} \gamma_\mu = 4a \cdot b, \qquad (3.205)$$

$$\gamma^\mu \not{a} \not{b} \not{c} \gamma_\mu = -2\not{c} \not{b} \not{a}$$

$$(\because \gamma^\mu \not{a} \not{b} \not{c} \gamma_\mu = 2a^\mu \not{b} \not{c} \gamma_\mu - \not{a} \gamma^\mu \not{b} \not{c} \gamma_\mu$$

$$= 2\not{b} \not{c} \not{a} - 2\not{a} \not{c} \not{b} + 2\not{a} \not{b} \not{c} - \not{a} \not{b} \not{c} \gamma^\mu \gamma_\mu$$

$$= 4b \cdot c\not{a} - 2\not{c} \not{b} \not{a} - 2\not{a} \not{c} \not{b} - 2\not{a} \not{b} \not{c} = -2\not{c} \not{b} \not{a})$$

따라서 이 식들을 이용하고 운동량 보존법칙 $p_1 + p_2 = p'_1 + p'_2$를 이용하면

$$Tr[\gamma^\mu(\not{p}_1 + m)\gamma^\nu(\not{p}'_1 + m)\gamma_\mu(\not{p}_2 + m)\gamma_\nu(\not{p}'_2 + m)]$$

$$= Tr[(-2\not{p}'_1 \gamma^\nu \not{p}_1 + 4m p_1^\nu + 4m p'^\nu_1 - 2m^2\gamma^\nu)$$

$$\times(\not{p}_2 \gamma_\nu \not{p}'_2 + m\not{p}_2 \gamma_\nu + m\gamma_\nu \not{p}'_2 + m^2\gamma_\nu)]$$

$$= Tr[-2(4p_1 \cdot p_2 \not{p}'_1 \not{p}'_2 - 2m^2 \not{p}'_1 \not{p}_1) \qquad (3.206a)$$

$$+ 4m^2(\not{p}_2 \not{p}_1 + \not{p}_1 \not{p}'_2 + \not{p}_2 \not{p}'_1 + \not{p}'_1 \not{p}'_2)$$

$$-2m^2(-2\not{p}_2 \not{p}'_2 + 4m^2)]$$

$$= 16[-\{2(p_1 \cdot p_2)^2 - m^2(p_1 \cdot p'_1)\}$$

$$+ 2m^2\{(p_1 \cdot p_2) + (p_1 \cdot p'_2)\} - m^2\{2m^2 - (p_1 \cdot p'_1)\}]$$

$$= 32[-(p_1 \cdot p_2)^2 + m^2\{(p_1 \cdot p_2) + (p_1 \cdot p'_2) + (p_1 \cdot p'_1)\} - m^4]$$

$$= 32[2m^2(p_1 \cdot p_2) - (p_1 \cdot p_2)^2]$$

$$Tr[\gamma^\mu(\not p_1 + m)\gamma^\nu(\not p'_2 + m)\gamma_\mu(\not p_2 + m)\gamma_\nu(\not p'_1 + m)] = 32[2m^2(p_1 \cdot p_2) - (p_1 \cdot p_2)^2] \tag{3.206b}$$

등의 관계식을 얻는다. 이 관계들을 이용하면 다음과 같이 된다.

$$\overline{|M_{fi}|^2} = \frac{1}{2m^4}\left\{\frac{(p_1 \cdot p_2)^2 + (p_1 \cdot p'_2)^2 + 2m^2(m^2 - p_1 \cdot p'_1)}{(p'_1 - p_1)^4} + \frac{(p_1 \cdot p_2)^2 + (p_1 \cdot p'_1)^2 + 2m^2(m^2 - p_1 \cdot p'_2)}{(p'_2 - p_1)^4} - 2 \times \frac{2m^2(p_1 \cdot p_2) - (p_1 \cdot p_2)^2}{(p'_1 - p_1)^2(p'_2 - p_1)^2}\right\} \tag{3.207}$$

특히 여기에서는 Mandelstam 변수로 알려진 불변량

$$s = (p_1 + p_2)^2,\ t = (p_1 - p'_1)^2,\ u = (p_1 - p'_2)^2 \tag{3.208}$$

을 도입하여 표시하면 편리하다. 즉,

$$\overline{|M_{fi}|^2} = \frac{1}{8m^4}\left\{\frac{(s-2m^2)^2 + (u-2m^2)^2 + 4m^2 t}{t^2} + \frac{(s-2m^2)^2 + (t-2m^2)^2 + 4m^2 u}{u^2} + \frac{2(s-2m^2)(s-6m^2)}{tu}\right\} \tag{3.209}$$

이제 미분단면적을 질량중심계(center of mass system)에서 계산하자. 입사전자의 에너지를 E, 운동량의 크기를 p라 하고 또 그림 3.11에서와 같이 입사전자 방향에 대한 산란전자 방향을 θ라 하면

$$\begin{aligned} &\mathbf{p}_1 + \mathbf{p}_2 = 0, \quad \mathbf{p}'_1 + \mathbf{p}'_2 = 0, \quad E_1 + E_2 = E'_1 + E'_2, \\ &\therefore\ E = E_1 = E_2 = E'_1 = E'_2, \\ &\therefore\ p = p_1 = p_2 = p'_1 = p'_2, \end{aligned} \tag{3.210}$$

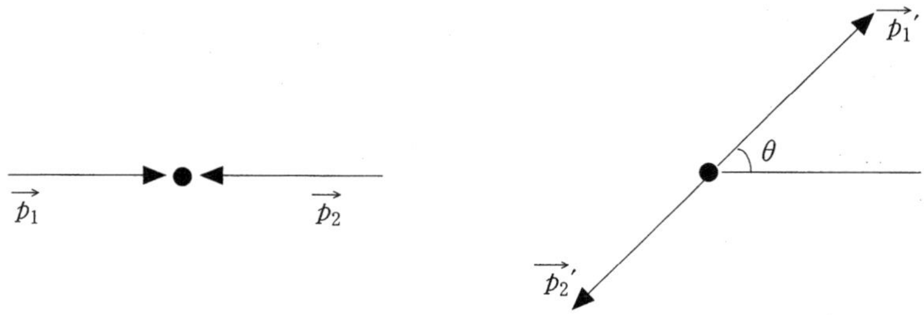

(a) 충돌 전 (b) 충돌 후

그림 3.11 질량 중심계에서 전자-전자 산란

$$
\begin{aligned}
s &= (p_1+p_2)^2 = (E_1+E_2)^2 - (\mathbf{p_1} + \mathbf{p_2})^2 = 4E^2, \\
t &= (p_1 - p'_1)^2 = 2m^2 - 2(p_1 \cdot p'_1) = 2m^2 - 2(E_1E'_1 - p_1p'_1\cos\theta) \\
&= -2p^2(1-\cos\theta), \\
u &= (p_1 - p'_2)^2 = 2m^2 - 2(p_1 \cdot p'_2) = 2m^2 - 2(E_1E'_2 + p_1p'_2\cos\theta) \\
&= -2p^2(1+\cos\theta), \\
s &+ t + u = 4m^2
\end{aligned} \tag{3.211}
$$

가 성립하므로 식 (3.202)로부터 다음 결과를 얻게 된다.

$$
\begin{aligned}
\frac{d\sigma}{d\Omega}_{cm} &= \frac{\alpha^2}{8E^2}\left\{\frac{(s-2m^2)^2+(u-2m^2)^2+4m^2t}{t^2}\right. \\
&\quad \left. + \frac{(s-2m^2)^2+(t-2m^2)^2+4m^2u}{u^2} + \frac{2(s-2m^2)(s-6m^2)}{tu}\right\} \\
&= \frac{\alpha^2}{8E^2}\frac{2}{p^4\sin^4\theta}\{4(2E^2-m^2)^2 \\
&\quad +(-8E^4+4m^2E^2+m^4)\sin^2\theta + p^4\sin^4\theta\} \\
&= \frac{\alpha^2}{4E^2p^4}\left\{(2E^2-m^2)^2\left(\frac{4}{\sin^4\theta}-\frac{3}{\sin^2\theta}\right)+p^4\left(1+\frac{4}{\sin^2\theta}\right)\right\}
\end{aligned} \tag{3.212}
$$

특히 에너지가 큰 상대론적인 경우($E \gg m$), $p \approx E$이므로

$$
\frac{d\sigma}{d\Omega}_{cm} = \frac{\alpha^2}{E^2}\left\{\frac{4}{\sin^4\theta} - \frac{2}{\sin^2\theta} + \frac{1}{4}\right\} = \frac{\alpha^2}{4E^2}\left\{\frac{1}{\sin^4\frac{\theta}{2}} + \frac{1}{\cos^4\frac{\theta}{2}} + 1\right\} \tag{3.213}
$$

이고, 에너지가 작은 경우($E\approx m$)는 $p\rightarrow 0$이며 속도는 $v=\frac{p}{E}$를 생각하면, 아래와 같다.

$$\frac{d\sigma^{nr}}{d\Omega}_{cm} = \frac{\alpha^2}{4m^2v^2}\left\{\frac{4}{\sin^4\theta}-\frac{3}{\sin^2\theta}\right\} \tag{3.214}$$

[문제 3.17] 전자와 전자의 탄성 산란에서 얻은 식 (3.212), (3.213)을 자세히 증명하라.

3.3.2 전자-양전자의 탄성 산란

전자-양전자 산란, $e^-e^+\rightarrow e^-e^+$은 전자-전자 산란과 매우 가까이 연관되어 있고 엇갈린 대칭을 이용하여 하나를 알면 다른 것에 대하여도 쉽게 알 수 있다.

아래 그림 3.12(b)가 전자-전자 산란의 교환 도형과 다르며, 전자와 양전자가 합하여 광자를 만든 후에 다시 전자와 양전자를 생성하는 모양을 하고 있다. 전파인자의 모양을 고려하여 그림 3.12(a)를 t 채널(channel), 그림 3.12(b)를 s 채널이라 부른다.

전자-양전자 산란과정(그림 3.12)에 대하여 구해 보면 다음과 같다. 양성자를 취급하는 경우가 처음 나타났으므로 여기서는 좀더 자세히 생각해 보고자 한다.

$$S_{fi} = +ie^2\frac{(2\pi)^4}{V^2}\delta^4(p'_1-p_2-p_1+p'_2)\frac{m^2}{\sqrt{E_1E_2E'_1E'_2}}M_{fi} \tag{3.215a}$$

$$\begin{aligned} M_{fi} = &\ \overline{u}(p'_1s'_1)\gamma^\mu u(p_1s_1)\frac{1}{(p'_1-p_1)^2+i\varepsilon}\overline{v}(p_2s_2)\gamma_\mu v(p'_2s'_2) \\ &- \overline{v}(p_2s_2)\gamma^\mu u(p_1s_1)\frac{1}{(p_2+p_1)^2+i\varepsilon}\overline{u}(p'_1s'_1)\gamma_\mu v(p'_2s'_2) \end{aligned} \tag{3.215b}$$

이 식이 전자-전자 산란의 식 (3.200), (3.201)과 다른 것은 식 (3.215a)에서 부호가 바뀐 것과, 식 (3.215b)에서는 다음과 같음을 알 수 있다.

그림 3.12 전자와 양전자의 산란에서 Feynman 도형

$$
\begin{aligned}
&u(p_1 s_1) \rightarrow u(p_1 s_1),\ p_1 \rightarrow p_1, \\
&u(p'_1 s'_1) \rightarrow u(p'_1 s'_1),\ p'_1 \rightarrow p'_1, \\
&u(p_2 s_2) \rightarrow v(p'_2 s'_2),\ p_2 \rightarrow -p'_2, \\
&u(p'_2 s'_2) \rightarrow v(p_2 s_2),\ p'_2 \rightarrow -p_2
\end{aligned} \tag{3.216}
$$

여기서 미분단면적은 공변적으로 계산할 때는 전자-전자 산란에서와 방법이 거의 같다. 다만 $u(ps)\overline{u}(ps)$ 대신 $v(ps)\overline{v}(ps)$가 되는 부분에서 $\not{p}$ 앞에 나오는 부호가 달라지는 것이다. 즉 입자들의 스핀을 고려하지 않을 때

$$
\begin{aligned}
\overline{|M_{fi}|^2} =& \frac{1}{4}\sum_{s_1, s_2}\sum_{s'_1, s'_2}|M_{fi}|^2 \\
=& \frac{1}{4}\left\{\frac{1}{(p'_1-p_1)^4}Tr\left[\gamma^{\mu}\left(\frac{\not{p}_1+m}{2m}\right)\gamma^{\nu}\left(\frac{\not{p}'_1+m}{2m}\right)\right]\right. \\
&\times Tr\left[\gamma_{\mu}\left(\frac{-\not{p}'_2+m}{2m}\right)\gamma_{\nu}\left(\frac{-\not{p}_2+m}{2m}\right)\right] \\
&-\frac{1}{(p'_1-p_1)^2(p_2+p_1)^2}Tr\left[\gamma^{\mu}\left(\frac{\not{p}_1+m}{2m}\right)\gamma^{\nu}\left(\frac{-\not{p}'_2+m}{2m}\right)\right. \\
&\left.\left.\times\gamma_{\mu}\left(\frac{-\not{p}_2+m}{2m}\right)\gamma_{\nu}\left(\frac{\not{p}'_1+m}{2m}\right)\right] + (p'_1\rightarrow -p_2,\ p_2\rightarrow -p'_1)\right\}
\end{aligned} \tag{3.217}
$$

$$
\begin{aligned}
\therefore\ \overline{|M_{fi}|^2} =& \frac{1}{2m^4}\left\{\frac{(p_1\cdot p_2)^2+(p_1\cdot p'_2)^2+2m^2(m^2-p_1\cdot p'_1)}{(p'_1-p_1)^4}\right. \\
&+\frac{(p_1\cdot p'_2)^2+(p_1\cdot p'_1)^2+2m^2(m^2+p_1\cdot p_2)}{(p_2+p_1)^4} \\
&\left.+\ 2\times\frac{2m^2(p_1\cdot p'_2)+(p_1\cdot p'_2)^2}{(p'_1-p_1)^2(p_2+p_1)^2}\right\}
\end{aligned} \tag{3.218a}
$$

가 되고, 이 양을 Mandelstam 변수로 표시하면 식 (3.211)의 정의를 생각할 때 식 (3.209)에서 s와 u를 바꾼 결과가 된다. 따라서

$$
\begin{aligned}
\overline{|M_{fi}|^2} =& \frac{1}{8m^4}\left\{\frac{(s-2m^2)^2+(u-2m^2)^2+4m^2t}{t^2}\right. \\
&\left.+\frac{(u-2m^2)^2+(t-2m^2)^2+4m^2s}{s^2}+\frac{2(u-2m^2)(u-6m^2)}{ts}\right\}
\end{aligned} \tag{3.218b}
$$

이고, 미분단면적은 특히 고에너지($E \gg m$)에서는

$$\left.\frac{d\sigma}{d\Omega}\right|_{cm} = \frac{\alpha^2}{8E^2}\left\{\frac{1+\cos^4\frac{\theta}{2}}{\sin^4\frac{\theta}{2}} - 2\frac{\cos^4\frac{\theta}{2}}{\sin^2\frac{\theta}{2}} + \frac{1+\cos^2\theta}{2}\right\} \tag{3.219}$$

되고 낮은 에너지($E \approx m$)에서는

$$\left.\frac{d\sigma^{nr}}{d\Omega}\right|_{cm} = \left(\frac{\alpha}{m}\right)^2 \frac{1}{16v^2\sin^4\frac{\theta}{2}} \tag{3.220}$$

이다. 이 결과의 증명은 문제로 남기겠다.

[문제 3.18] 전자와 양전자의 탄성 산란에서 식 (3.218)을 증명하고 에너지의 두 영역에서 식 (3.219), (3.220)이 성립함을 보여라.

전자-전자 산란과 전자-양전자 산란에 대한 미분단면적을 살펴보자. 전자-전자 산란에서는 $\theta \to \pi - \theta$에 대하여 불변이다. 그 이유는 이 때 산란된 전자 하나는 입사방향에 대하여 θ방향으로 나오고 다른 전자는 $\pi - \theta$방향으로 나왔는지, 또는 먼저 것이 $\pi - \theta$로 나오고 다른 것이 θ방향으로 나왔는지가 구별되지 않음을 나타내고 있다. 따라서 산란전자가 전방산란 또는 후방산란이 현저하게 나타남을 보여 주고 있다. 그러나 전자-양전자 산란의 경우는 양전자는 전자와 다른 입자이므로 이러한 대칭을 기대하지 못하므로 다른 형태를 취하고, 식 (3.220)은 전자의 전방산란이 현저함을 나타내고 있다.

전자가 산란을 한 후에 편극이 어떻게 변할까 하는 문제는 중요한 문제이지만, 후에 이 문제를 다루게 되므로 여기에서는 생략한다. 전자-전자 산란이나 전자-양전자 산란에서도 광자의 교환 외에서 다음에 논의되는 Z 입자의 교환이 첨가되지만, 낮은 에너지에서는 무시하여도 지장이 없다.

3.4 전자-양성자(Electron-proton) 탄성 산란

앞에서 생각한 뮤온 또는 타우(tau) 입자들은 전자와 같은 성질을 가지며 질량만 큰 기본 입자이므로 비교적 간단한 흐름밀도를 가졌었다. 그러나 양성자는 복잡한 구조를 가진 입자로 Dirac 방정식을 만족하지 않고, 다음 장에서 논의할 쿼크(quark)들의 속박상태이어서 보다 복잡한 모양의 흐름밀도를 가졌다고 할 수 있다. 즉 산란행렬 식 (3.155)에서 게이지 입자인 광자를 발생시킨 양성자에 의한 전류는 뮤온의 전류인 식 (3.156)과 같이 간단하지 않고 운동량 공간에서

$$e_p J^\mu = e_p \overline{u}(p'_f)[F_1\gamma^\mu + \frac{\chi_p}{2m'} F_2 i\sigma^{\mu\nu}q_\nu]u(p'_i) \tag{3.221}$$

의 모양을 가진다. 그 이유를 간단히 살펴보자.

양성자 전류를 가장 일반적인 벡터 흐름

$$J^\mu = \overline{u}(p'_f)\Gamma^\mu u(p'_i) \tag{3.222}$$

라 놓을 때 Γ^μ는

$$q^\mu = p'^\mu_f - p'^\mu_i,\ P^\mu = \frac{1}{2}(p'^\mu_f + p'^\mu_i),\ \gamma^\mu,\ \sigma^{\mu\nu}q_\nu,\ \sigma^{\mu\nu}P_\nu \tag{3.223}$$

들로 구성되었다고 생각할 수 있다. 여기서 산란 전과 후의 양성자의 운동량 p'_i와 p'_f는 같은 질량 m'을 가지고 또 흐름의 보존성

$$q_\mu J^\mu = 0 \tag{3.224}$$

을 생각하면, 식 (3.223) 중에서 q^μ, $\sigma^{\mu\nu}P_\nu$는 제외되어야 함을 알 수 있다. 또 전류의 Gordon 분해로 알려진 다음 관계식은 자유입자에 대하여 일반적으로 성립한다.

$$\overline{u}(p'_f)\gamma^\mu u(p'_i) = \overline{u}(p'_f)[\frac{P^\mu}{m'} + \frac{i}{2m'}\sigma^{\mu\nu}q_\nu]u(p'_i) \tag{3.225}$$

따라서 식 (3.223)에서 2개만이 독립인 항이므로 식 (3.221)은 한 가지 선택이라 할 수 있다. 물론 다른 형태도 있으며 뒤에 논하겠다.

또 Dirac 방정식을 Pauli의 비정상 자기 모멘트(anomalous magnetic moment) 항을 포함한 것을 생각하여

$$\left(i\partial\!\!\!/ - eA\!\!\!/ + \frac{\chi e}{4m'}\sigma^{\mu\nu}F_{\mu\nu} - m'\right)\Psi(x) = 0 \tag{3.226}$$

로 쓸 경우,

$$\sigma^{\mu\nu}F_{\mu\nu} = 2\sigma^{\mu\nu}\partial_\mu A_\nu \tag{3.227}$$

이므로

$$(i\partial\!\!\!/ - m')\Psi(x) = \left(eA\!\!\!/ - \frac{\chi e}{2m'}\sigma^{\mu\nu}\partial_\mu A_\nu\right)\Psi(x) \tag{3.228}$$

라 쓸 수 있는데 A_μ가 $e^{-iq\cdot x}$ 모양을 가짐을 생각하면 전자나 뮤온에서의 꼭지점이 $eA_\mu\gamma^\mu$ 대신에

$$eA_\mu\left(\gamma^\mu + i\frac{\chi}{2m'}\sigma^{\mu\nu}q_\nu\right) \tag{3.229}$$

모양이 됨을 짐작할 수 있고 꼭지점에 Pauli 항이 들어감을 말해 주고 있다. 이것은 특히

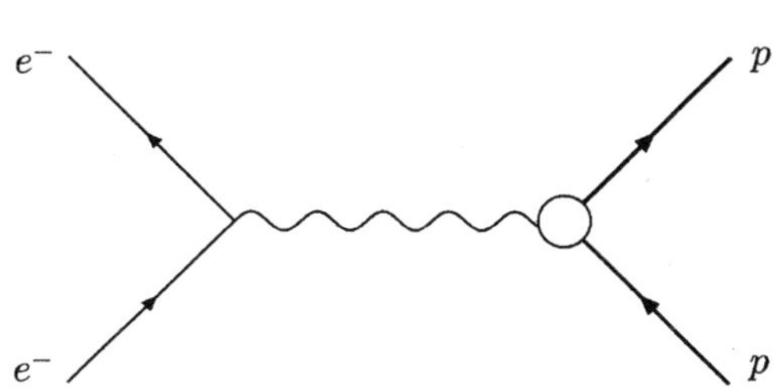

그림 3.13 전자-양성자 탄성 산란

$F_1 = F_2 = 1$인 경우이다.

식 (3.221)에서 F_1, F_2는 일반적으로 q^2의 함수라 할 수 있고, 이들은 입자의 구조와 관계가 있다 해서 형체인자(形体因子, form factor)라 부른다. 특히 $F_1(q^2)$를 Dirac의 형체인자, $F_2(q^2)$를 Pauli의 형체인자라 부르기도 한다. $\varkappa_p$는 소위 비정상(anomalous) 쌍극자(dipole moment)이며 저자에 따라서는 F_2 형체인자에 포함하여 쓰고 $\varkappa_p$는 생략하여 쓰기도 한다. 자세한 논의는 생략하고 식 (3.221)은 양성자나 중성자 모두에 대하여도 사용할 수 있는데, 이들에 대하여 $q^2 = 0$인 경우 다음과 같음이 알려졌다.

$F_1(0) = F_2(0) = 1,\ \varkappa_p = 1.79(Bohr\ magneton$ 단위$)$: 양성자

$F_1(0) = 0,\ F_2(0) = 1,\ \varkappa_p = -1.91$: 중성자

식 (3.221)은 γ 함수가 많이 들어 있어 계산할 때는 상당히 복잡하다. 따라서 보존된 흐름을 생각하고 양성자의 탄성 산란이 아닌 경우까지($m'_i \neq m'_f$)도 생각하면, 다음과 같은 양을 도입하여 사용하는 것이 종종 편리하다.

$$P^\mu = p'^{\mu}_i - \frac{q \cdot p'_i}{q^2} q^\mu = p'^{\mu}_f - \frac{q \cdot p'_f}{q^2} q^\mu, \tag{3.230}$$

$$R^\mu = -i\varepsilon^{\mu\nu\lambda\tau} P_\nu q_\lambda \gamma_\tau \gamma_5 \equiv R^\mu(Pq). \tag{3.231}$$

이들은 분명히

$$q \cdot P = 0, \quad q \cdot R = 0 \tag{3.232}$$

임을 알 수 있다. 양성자의 탄성 산란에서는 P^μ는 식 (3.223)에서 정의된 것과 같다. 이들을 이용하면 식 (3.221) 또는 (3.222)는 다음과 같이 쓸 수 있다.

$$\bar{u}(p'_f)\Gamma^\mu u(p'_i) = \frac{1}{(1 - \frac{q^2}{4m'^2})} \bar{u}(p'_f)[G_E(q^2)\frac{P^\mu}{m'} + G_M(q^2)\frac{R^\mu}{2m'^2}]u(p'_i) \tag{3.233}$$

여기서 G_E, G_M을 각각 전하형체인자(charge form factor), 자기형체인자(magnetic form factor)라 부르기도 하고, 이들을 Sach의 형체인자라고도 부른다.

식 (3.221)에서 정의된 F_1, F_2와 식 (3.223)에 있는 G_E, G_M 사이의 관계를 얻기 위하여 다음 관계식을 생각하자.

$$\gamma^\mu\gamma^\nu\gamma^\lambda = g^{\mu\nu}\gamma^\lambda - g^{\mu\lambda}\gamma^\nu + g^{\nu\lambda}\gamma^\mu - i\varepsilon^{\mu\nu\lambda\tau}\gamma_\lambda\gamma_5 \tag{3.234}$$

그러면

$$\bar{u}(p'_f)R^\mu u(p'_i) = 2m'^2\left(1 - \frac{q^2}{4m'^2}\right)\bar{u}(p'_f)\gamma^\mu u(p'_i) - 2m'P^\mu\bar{u}(p'_f)u(p'_i) \tag{3.235}$$

와 Gordon 관계식 (3.225)를 이용하면 G_E, G_M는 F_1, F_2와 다음과 같은 관계가 있음을 알 수 있다.

$$\begin{aligned} G_E(q^2) &= F_1(q^2) + \frac{q^2}{4m'^2}\kappa_p F_2(q^2), \\ G_M(q^2) &= F_1(q^2) + \kappa_p F_2(q^2) \end{aligned} \tag{3.236}$$

[문제 3.19] Gordon 관계식 (3.225)를 증명하여라.

[문제 3.20] 식 (3.234)를 증명하여라.

[문제 3.21] 식 (3.235)를 증명하여 식 (3.236)과 식 (3.233)을 얻음을 보여라.

또 식 (3.236)으로부터

$$F_1(q^2) = \frac{G_E - \dfrac{q^2}{4m'^2}G_M}{\left(1 - \dfrac{q^2}{4m'^2}\right)}, \qquad \kappa_p F_2(q^2) = \frac{G_M - G_E}{\left(1 - \dfrac{q^2}{4m'^2}\right)} \tag{3.237}$$

임을 알 수 있다.

이제 전이진폭은 전자 흐름 항과 양성자 흐름 항으로 이루어졌다. 이것은 앞에서 논의한 뮤온 흐름 대신에 양성자 흐름을 넣어 줌으로써 얻어진다. 즉 식 (3.161)로부터

$$M_{fi} = \overline{u}(p_f s_f)\gamma^{\mu} u(p_i s_i) \frac{e^2}{(p_f - p_i)^2 + i\varepsilon} \overline{u}(p'_f s'_f)\Gamma_{\mu} u(p'_i s'_i) \tag{3.238}$$

물론 여기서 프라임(′) 부호가 붙은 것은 양성자에 대한 값을 나타낸다. 전자와 양성자의 스핀의 영향을 고려하지 않는 경우에는 전자-뮤온 산란에서와 같이 입사입자의 스핀 상태에 대한 평균과 산란된 입자의 스핀 상태에 대하여 합하여 줌으로써 식 (3.177)모양으로

$$\overline{|M_{fi}|^2} = \frac{1}{4} \frac{e^4}{q^4} l^{\mu\nu}{}_{(e)} H_{\mu\nu} = \frac{e^4}{q^4} \overline{l^{\mu\nu}}_{(e)} \overline{H_{\mu\nu}} \tag{3.239}$$

를 얻는다. 여기서 렙톤텐서 $l^{\mu\nu}$는 식 (3.176)에서 얻은 것과 같고, $\overline{l^{\mu\nu}}$와 같이 bar를 붙인 것은 입사입자의 스핀에 대하여는 평균을 그리고 산란입자의 스핀에 대하여는 합한 것을 의미한다. 렙톤이 아닌 강입자 텐서(hadronic tensor)라 부르는 $H^{\mu\nu}$는 양성자 흐름으로부터 다음과 같이 얻어진다.

$$\begin{aligned} H_{\mu\nu} &= \overline{u}(p'_f)\Gamma_{\mu} u(p'_i) \left(\overline{u}(p'_f)\Gamma_{\nu} u(p'_i)\right)^{\dagger} \\ &= \overline{u}(p'_f)\Gamma_{\mu} u(p'_i)\, \overline{u}(p'_i)\, \widetilde{\Gamma}_{\nu} u(p'_f) \\ &= Tr\left[\frac{\not{p}'_f + m'}{2m'} \Gamma_{\mu} \frac{\not{p}'_i + m'}{2m'} \widetilde{\Gamma}_{\nu} \right] \end{aligned} \tag{3.240}$$

여기서 $\widetilde{\Gamma}_{\mu}$는

$$\widetilde{\Gamma}_{\mu} = \gamma^0 (\Gamma_{\mu})^{\dagger} \gamma^0 \tag{3.241}$$

로 정의된 양이므로 양성자 흐름에 대하여서는

$$\begin{aligned} \widetilde{\Gamma}^{\mu} &= \frac{1}{\left(1 - \frac{q^2}{4m'^2}\right)} \gamma^0 \left[G_E^*(q^2) \frac{P^{\mu}}{m'} + G_M^*(q^2) \frac{R^{\mu\dagger}}{2m'^2} \right] \gamma^0 \\ &= \frac{1}{\left(1 - \frac{q^2}{4m'^2}\right)} \left[G_E^*(q^2) \frac{P^{\mu}}{m'} - G_M^*(q^2) \frac{R^{\mu}}{2m'^2} \right] \end{aligned} \tag{3.242}$$

가 된다. 따라서

$$H^{\mu\nu} = \frac{1}{\left(1 - \frac{q^2}{4m'^2}\right)^2} \frac{1}{4m'^2} Tr\left[(\not{p}'_f + m')\left\{ G_E(q^2)\frac{P^\mu}{m'} + G_M(q^2)\frac{R^\mu}{2m'^2} \right\} \times (\not{p}'_i + m')\left\{ G_E{}^*(q^2)\frac{P^\nu}{m'} - G_M(q^2)^* \frac{R^\nu}{2m'^2} \right\}\right] \tag{3.243}$$

가 되고, Tr 부분만을 계산하면

$$\begin{aligned} Tr[\ ] &= Tr\left[\frac{|G_E|^2}{m'^2} P^\mu P^\nu (\not{p}'_f \not{p}'_i + m'^2) - \frac{|G_M|^2}{4m'^4} (\not{p}'_f R^\mu \not{p}'_i R^\nu + m'^2 R^\mu R^\nu) \right] \\ &= \frac{4}{m'^2} [|G_E|^2 P^\mu P^\nu (p'_f \cdot p'_i + m'^2) \\ &\quad + \frac{|G_M|^2}{4m'^4} \{\varepsilon^\mu(p'_f Pq)\varepsilon^\nu(p'_i Pq) + \varepsilon^\mu(p'_i Pq)\varepsilon^\nu(p'_f Pq) \\ &\quad - p'_f \cdot p'_i \varepsilon^{\mu\lambda}(Pq)\varepsilon^{\nu\tau}(Pq) g_{\lambda\tau} - m'^2 \varepsilon^{\mu\lambda}(Pq)\varepsilon^{\nu\tau}(Pq) g_{\lambda\tau}\}] \\ &= \frac{8}{m'^2} P^2 \left[|G_E|^2 P^\mu P^\nu - \frac{|G_M|^2}{4m'^4} \varepsilon^{\mu\lambda}(Pq)\varepsilon^{\nu\tau}(Pq) g_{\lambda\tau} \right] \end{aligned} \tag{3.244}$$

이 되는데, 여기서

$$\begin{aligned} \varepsilon^\mu(abc) &= \varepsilon^{\mu\nu\lambda\tau} a_\nu b_\lambda c_\tau, \\ \varepsilon^{\mu\nu}(ab) &= \varepsilon^{\mu\nu\lambda\tau} a_\lambda b_\tau \end{aligned} \tag{3.245}$$

로 표시하였고, 식 (3.225)에서 $\varepsilon^\mu(p'_f Pq) = 0$을 이용하였다. 또

$$\varepsilon^{\mu\lambda}(Pq)\varepsilon^{\nu\tau}(Pq) g_{\lambda\tau} = P^2 q^2 \left(-g^{\mu\nu} + \frac{q^\mu q^\nu}{q^2} \right) + q^2 P^\mu P^\nu \tag{3.246}$$

를 쓰면, 중입자 흐름 텐서 $H^{\mu\nu}$는 다음과 같다.

$$H^{\mu\nu} = \frac{2P^2}{m'^4 \left(1 - \frac{q^2}{4m'^2}\right)^2} \left[\left(|G_E|^2 - \frac{q^2}{4m'^2} |G_M|^2\right) P^\mu P^\nu - \frac{P^2 q^2}{4m'^2} |G_M|^2 \left(-g^{\mu\nu} + \frac{q^\mu q^\nu}{q^2} \right) \right] \tag{3.247}$$

따라서 렙톤 흐름의 식 (3.176c)를 식 (3.239)에 있는 $L^{\mu\nu}{}_{(e)}$에 대입하면

$$\begin{aligned}\overline{|M_{fi}|^2} &= \frac{1}{4}\frac{e^4}{q^4}L^{\mu\nu}{}_{(e)}H_{\mu\nu} \\ &= \frac{1}{2m^2m'^4}\frac{e^4}{q^4}\frac{P^2}{\left(1-\frac{q^2}{4m'^2}\right)^2}\left(p_i^{\mu}p_f^{\nu}+p_i^{\nu}p_f^{\mu}+\frac{q^2}{2}g^{\mu\nu}\right) \\ &\quad\times\left[\left(|G_E|^2-\frac{q^2}{4m'^2}|G_M|^2\right)P_\mu P_\nu-\frac{P^2q^2}{4m'^2}|G_M|^2\left(-g_{\mu\nu}+\frac{q_\mu q_\nu}{q^2}\right)\right]\end{aligned} \tag{3.248}$$

가 되는데, 중입자 텐서에서는 $q\cdot P=0$이고 두 번째 항도 q_μ를 곱하면 0이 되므로 p_i^{μ}나 p_f^{μ}로 곱하는 것이 같은 결과를 얻는다. 즉 식 (3.248)은

$$\begin{aligned}\overline{|M_{fi}|^2} &= \frac{1}{2m^2m'^4}\frac{e^4}{q^4}\frac{P^2}{\left(1-\frac{q^2}{4m'^2}\right)^2} \\ &\quad\times\left[\left(|G_E|^2-\frac{q^2}{4m'^2}|G_M|^2\right)\left(2P\cdot p_iP\cdot p_i+\frac{q^2P^2}{2}\right)-\frac{P^2q^2}{4m'^2}|G_M|^2(-q^2)\right]\end{aligned} \tag{3.249}$$

가 되는데, 여기서 $q\cdot p_i=\frac{q^2}{2}$가 사용되었다.

전자의 질량이 $m_e=0.511\ MeV$인데 비하여 양성자의 질량이 $m_p=938.28\ MeV$임을 생각하여 전자의 질량을 무시하는 경우를 고에너지 산란을 다루는 입자물리학에서는 많이 생각한다. 특히 입사 양성자가 정지해 있는 계, $p'_i=(m',\ \mathbf{0})$, 즉 실험실계(laboratory frame)에서는 위 식을 전자의 입사 에너지 E_i와 산란각 θ로 표시할 수 있다. 먼저 식 (3.249) 안에 있는 양들을 살펴보자.

$$q^2+4P^2=4m'^2 \Rightarrow P^2=m'^2\left(1-\frac{q^2}{4m'^2}\right), \tag{3.250a}$$

$$q^2=(p'_f-p'_i)^2=2m'^2-2m'E'_f=2m'(E_f-E_i) \Rightarrow E_f=E_i+\frac{q^2}{2m'}, \tag{3.250b}$$

$$q^2=(p_i-p_f)^2=-2p_i\cdot p_f=-4E_iE_f\sin^2\frac{\theta}{2} \tag{3.250c}$$

가 성립하므로 E_f, q^2를 E_i, 산란각 θ으로 표시하면 다음과 같다. 그러나 식 (3.249)에서 $\frac{q^2}{4m'^2}$는 자주 나오는 양이므로 그대로 두기로 하자.

$$\therefore\ E_f = \frac{E_i}{1+\dfrac{2E_i}{m'}\sin^2\dfrac{\theta}{2}}, \qquad q^2 = -\frac{4\,E_i^2\sin^2\dfrac{\theta}{2}}{1+\dfrac{2E_i}{m'}\sin^2\dfrac{\theta}{2}}, \tag{3.251a}$$

$$\begin{aligned} P\cdot p_i &= \frac{1}{2}(p'_f\cdot p_i + m'E_i) = \frac{1}{2}(p'_i\cdot p_f + m'E_i) \\ &= \frac{1}{2}m'(E_f+E_i) = m'E_i\left(\frac{1+\dfrac{E_i}{m'}\sin^2\dfrac{\theta}{2}}{1+\dfrac{2E_i}{m'}\sin^2\dfrac{\theta}{2}}\right) = m'E_i + \frac{q^2}{4} \end{aligned} \tag{3.251b}$$

$$\begin{aligned} \therefore\ 2P\cdot p_i\ P\cdot p_i + \frac{q^2P^2}{2} &= 2\left(m'E_i + \frac{q^2}{4}\right)^2 + \frac{q^2m'^2}{2}\left(1-\frac{q^2}{4m'^2}\right) \\ &= \frac{2m'^2\,E_i^2\cos^2\dfrac{\theta}{2}}{\left(1+\dfrac{2E_i}{m'}\sin^2\dfrac{\theta}{2}\right)}, \end{aligned} \tag{3.251c}$$

$$\frac{P^2q^4}{4m'^2} = \frac{1}{4}q^4\left(1-\frac{q^2}{4m'^2}\right) = -\frac{q^2\,E_i^2\sin^2\dfrac{\theta}{2}}{\left(1+\dfrac{2E_i}{m'}\sin^2\dfrac{\theta}{2}\right)}\left(1-\frac{q^2}{4m'^2}\right)$$

이 식들을 식 (3.249)에 대입하면,

$$\begin{aligned} \overline{|M_{fi}|^2} &= \frac{1}{m^2}\frac{e^4}{q^4}\frac{E_i^2}{\left(1-\dfrac{q^2}{4m'^2}\right)\left(1+2\dfrac{E_i}{m'}\sin^2\dfrac{\theta}{2}\right)} \\ &\times\left[\left(|G_E|^2 - \frac{q^2}{4m'^2}|G_M|^2\right)\cos^2\frac{\theta}{2} - \frac{q^2}{2m'^2}|G_M|^2\sin^2\frac{\theta}{2}\left(1-\frac{q^2}{4m'^2}\right)\right] \end{aligned} \tag{3.252}$$

가 되는데 $q^2<0$임을 생각하여 $Q^2=-q^2\ (>0)$을 사용하는 경우가 많다. 따라서 미분단면적은 식 (3.185)를 사용하고, 전자의 질량을 무시하는 경우, $p_i \approx E_i$, $p_f \approx E_f$ 이므로 식 (3.195)로부터

$$m' + E_i - \left(\frac{E_f p_i}{p_f}\right)\cos\theta = \frac{(E_i m')}{E_f} \tag{3.253}$$

가 됨을 생각하면 실험실계에서의 미분단면적은

$$\left.\frac{d\bar{\sigma}}{d\Omega_f}\right|_{lab} = \frac{m^2 m'}{(2\pi)^2}\left(\frac{p_f}{p_i}\right)\frac{\overline{|M_{fi}|^2}}{m' + E_i - \left(\frac{E_f p_i}{p_f}\right)\cos\theta}$$

$$= \frac{e^4}{4\pi^2}\frac{1}{Q^4}\frac{E_f^2}{\left(1+2\frac{E_i}{m'}\sin^2\frac{\theta}{2}\right)} \qquad (3.254)$$

$$\times\left[\frac{(|G_E|^2 + \frac{Q^2}{4m'^2}|G_M|^2)\cos^2\frac{\theta}{2}}{\left(1+\frac{Q^2}{4m'^2}\right)} + \frac{Q^2}{2m'^2}|G_M|^2\sin^2\frac{\theta}{2}\right]$$

특히 양성자의 스핀이 없다고 생각하는 경우는 식 (3.233)에서 두 번째 항이 없는 것과 같아서 G_M 항은 0이고 $\frac{|G_E|^2}{(1+\frac{Q^2}{4m'^2})} = 1$로 놓으면 된다. 즉

$$\left(\frac{d\sigma}{d\Omega_f}\right)_{ns} = \frac{\alpha^2}{4E_i^2}\frac{\cos^2\frac{\theta}{2}}{\sin^4\frac{\theta}{2}\left[1+\frac{2E_i}{m'}\sin^2\frac{\theta}{2}\right]} \qquad (3.199b)$$

이므로 식 (3.254)는 다음과 같이 쓸 수 있다.

$$\left.\frac{d\bar{\sigma}}{d\Omega_f}\right|_{lab} = \left(\frac{d\sigma}{d\Omega_f}\right)_{ns}\left[\frac{(|G_E|^2 + \frac{Q^2}{4m'^2}|G_M|^2)}{\left(1+\frac{Q^2}{4m'^2}\right)} + \frac{Q^2}{2m'^2}|G_M|^2\tan^2\frac{\theta}{2}\right] \qquad (3.255)$$

이 식을 Rothenbluth 공식이라 부른다.

지금까지 전자-양성자 산란에 대하여 비교적 자세하게 설명하였는데 여러 가지 이유가 있다. 이 과정이 뒤에 나오는 중요한 영향을 생각하여 그 결과와 과정에 대하여 몇 가지 논의해 보자.

(i) 전자-양성자 산란 실험은 특히 고에너지에서 많은 실험을 하였고 입자물리학의 발전에 중요한 역할을 하였다. 실험적으로 G_E와 G_M 값을 조사하기 위하여 여러 가지 입사전자의 에너지와 산란각도와 q^2에 대하여 그림 3.14에서와 같이 조사하였다.

그림 3.14(a)에서는 G_E와 G_M 값의 q^2의 함수로 조사한 것이다. 그리고 그림 3.14(b)에서는 $\frac{d\sigma}{d\Omega}/\left(\frac{d\sigma}{d\Omega}\right)_{ns}$을 각 θ에서 조사한 것으로, 여기서 기울기(slope)는 $-\frac{q^2}{2m'^2}|G_M|^2$

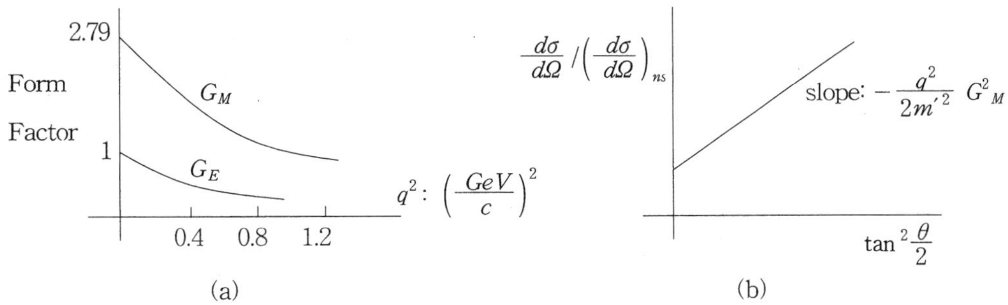

그림 3.14 형체인자 G_E, G_M에 대한 실험적 조사

를 주고 절편(intercept)은 $(|G_E|^2 - \frac{q^2}{4m'^2}|G_M|^2)/\left(1-\frac{q^2}{4m'^2}\right)$를 준다.

실험 결과는 G_E와 G_M의 q^2와의 관계는 다음과 같은 2중극(dipole)으로 맞추어짐이 알려졌다.

$$G_E(q^2) = \frac{1}{\left(1-\frac{q^2}{0.71(GeV/c)^2}\right)^2}, \tag{3.256a}$$

$$G_M(q^2) = 2,79 G_E(q^2) \tag{3.256b}$$

이것은 F_1과 F_2에 대하여

$$F_1(0) = F_2(0) = 1 \tag{3.257a}$$

$$\varkappa_p = 1.79 \tag{3.257b}$$

를 준다. 그러나 아직도 왜 형체인자가 2중극 모양을 갖는지는 이론적으로 규명되지 않았다.

(ii) 전자-중성자 산란은 전자-중양성자(deuteron)를 통하여 연구할 수 있다. 그 결과는

$$F_1{}^n(0) = 0, \qquad F_2{}^n(0) = 1 \tag{3.258a}$$

$$\varkappa_n = -1.91 \tag{3.258b}$$

임이 알려졌다. 또 뮤온에 대한 결과는 $F_1 = 1$, $F_2 = 0$이므로 $G_E = G_M = 1$이 되고 이 결과를 식 (3.255)에 대입하면 전자-뮤온 산란에서 얻은 식 (3.201)이 됨을 알 수 있다.

(iii) 중입자 텐서 $H^{\mu\nu}$에 대한 식 (3.247)을 보면, 특히 $P^2 = m'^2(1 - \frac{q^2}{4m'^2})$임을 생각하면, 이것이 $P^\mu P^\nu$와 $\left(-g^{\mu\nu} + \frac{q^\mu q^\nu}{q^2}\right)$로 표시되었음을 알 수 있다. 즉 반전성(parity)이 보존되고 입자의 편극을 생각하지 않는 경우 가장 일반적인 $\overline{H^{\mu\nu}}$는 다음과 같이 쓸 수 있다.

$$\overline{H^{\mu\nu}} = W_1\left(-g^{\mu\nu} + \frac{q^\mu q^\nu}{q^2}\right) + \frac{W_2}{m'^2}\left(p^\mu - \frac{q \cdot p}{q^2} q^\mu\right)\left(p^\nu - \frac{q \cdot p}{q^2} q^\nu\right). \tag{3.259}$$

여기서 q^μ는 입사전자의 4-운동량과 산란전자의 4-운동량과의 차이, 즉 운동량전달(momentum transfer)을 나타낸다. 그리고 p^μ는 입사(또는 산란된) 중입자의 4-운동량이다. 이 식은 양성자가 전자와 충돌 후에 다른 입자 형태를 이루는 소위 비탄성 충돌에서도 가능한 중입자 흐름으로 얻을 수 있는 텐서로서, 표적 입자의 성질을 연구하는 데 중요하다. 특히 W_1, W_2를 구조함수(structure function)라 부른다. 높은 에너지에서 이 함수의 성질은 후에 quark-parton 모형을 생각할 때 항상 논의된다. 식 (3.259)는 매우 일반적인 식으로 식 (3.247)에서는 특히 탄성 산란의 경우로

$$W_1 = -\frac{q^2}{4m'^2}|G_M|^2, \qquad W_2 = \frac{\left(|G_E|^2 - \frac{q^2}{4m'^2}|G_M|^2\right)}{\left(1 - \frac{q^2}{4m'^2}\right)} \tag{3.260}$$

이고 구조함수는 q^2만의 함수임을 알 수 있다. 전자-양성자의 탄성 산란에서 미분단면적 식 (3.255)를 구조함수를 써서 표시하면

$$\left.\frac{d\bar{\sigma}}{d\Omega_f}\right|_{lab} = \left(\frac{d\sigma}{d\Omega_f}\right)_{ns}\left[W_2 + 2W_1 \tan^2\frac{\theta}{2}\right] \tag{3.261}$$

됨을 알 수 있다. 구조함수가 고에너지 전자-양성자 산란에서 어떠한 성질을 가졌는가를 조사하는 것은 현재 입자물리학의 중요 연구과제 중의 하나이다. 이 결과의 응용은 제5장에서 생각하겠다.

3.5 제2차 섭동과정들과 Feynman의 규칙

앞에서 생각했던 가장 간단한 경우들의 산란과정은 제1차 섭동 항에 대하여서 나왔다. 만일 산란행렬의 제2차 항을 생각하면 더 복잡해질 것이 예상된다. 그러나 입자물리의 일상적인 실험에서 취급되는 많은 산란과정이 여기에 속하기 때문에 제2차 항을 다루려는 것이다. 여기에는 두 가지를 겪게 되는데, 그 하나는 앞에서 다루었던 과정들의 보정으로의 역할을 하는 제2차 항이고, 다른 한 가지는 4개 입자가 관련된 산란과정이다. 후자는 전자, 양전자, 광자들 중에서 두 입자가 충돌하는 것과 한 입자가 세 입자로 붕괴되는 경우를 생각할 수 있다. 그러나 여기에서는 몇 가지만을 선택하여 취급하고자 한다.

3.5.1 전자-뮤온 산란에서 제2차 섭동항

전자산란의 제2차 섭동항을 나타내는 $S_{fi}^{(2)}$는 식 (3.109)에서 알 수 있는 바와 같이

$$S_{fi}^{(2)} = -ie^2 \int d^4x \int d^4y\, \overline{\psi_f}(x) A\!\!\!/(x) S_F(x-y) A\!\!\!/(y) \psi_i(y) \tag{3.262}$$

이다. 이 과정에 전자의 기여는

$$\begin{aligned} i\,\overline{\psi_f}(x)\gamma^\mu S_F(x-y)\gamma^\nu\psi_i(y) = \overline{\psi_f}(x)\gamma^\mu \Big\{ &\sum_{r,p_0>0} \theta(x_0-y_0)\, \psi^r{}_p(x)\, \overline{\psi^r}{}_p(y) \\ &- \sum_{r,p_0<0} \theta(y_0-x_0)\, \psi^r{}_p(x)\, \overline{\psi^r}{}_p(y) \Big\} \gamma^\nu \psi_i(y) \end{aligned} \tag{3.263}$$

이고, 여기에 $A_\mu(x)A_\nu(y)$가 가해진 것으로 생각할 수 있다. 이 식에서 x점과 y점에서의 전자흐름의 곱을 나타낸 것을 볼 수 있다. $e-\mu$(전자-뮤온) 산란에서 뮤온의 입사와 산란상태가 전자와 같은 모양으로 기여되는 것을 기대한다. 한편 광자는 뮤온 전류 J^μ로부터 다음과 같이 얻어짐을 알고 있다.

$$A^{\mu}(x)=e'\int d^4w\ D_F(x-w)J^{\mu}(w), \quad J^{\mu}=\overline{\psi'}\gamma^{\mu}\psi' \tag{3.264}$$

여기서 프라임(′)이 붙은 것은 뮤온을 나타낸다. 또 $e'=e$이다. 따라서 뮤온에 의하여 생성된 두 광자의 곱에 대하여 뮤온전류의 곱이 식 (3.263)에서 본 전자전류의 곱의 기여와 같게 되려면

$$\begin{aligned} A_{\mu}(x)A_{\nu}(y) = & \ e^2\int d^4w\ d^4z D_F(x-w)\ D_F(y-z)\ \overline{\psi}'_f(w)\gamma_{\mu} \\ & \times\Big\{ \sum_{r,p_0>0}\theta(w_0-z_0)\ \psi'^{r}{}_{p}(w)\ \overline{\psi}'^{r}{}_{p}(z) \\ & - \sum_{r,p_0<0}\theta(z_0-w_0)\ \psi'^{r}{}_{p}(w)\ \overline{\psi}'^{r}{}_{p}(z)\Big\}\gamma_{\nu}\psi'_i(z) \\ = & \ ie^2\int d^4w d^4z D_F(x-w)\, D_F(y-z)\ \overline{\psi}'_f(w)\gamma_{\mu}S'_F(w-z)\gamma_{\nu}\psi'_i(z) \end{aligned} \tag{3.265a}$$

를 얻는다. 이 때 $A_{\nu}(y)A_{\mu}(x)$에 대하여도 같은 형태로 표시할 수 있는데 이 경우는 식 (3.265a)의 적분 안에서 변수 x와 y가 바뀌고 첨자 μ와 ν가 바뀐 모양이 되므로

$$A_{\nu}(y)A_{\mu}(x)=ie^2\int d^4w\ d^4z D_F(x-z)\ D_F(y-w)\ \overline{\psi}'_f(w)\gamma_{\nu}S'_F(w-z)\gamma_{\mu}\psi'(z) \tag{3.265b}$$

가 되며, 이 경우도 첨가해서 이 결과를 식 (3.262)에 대입하면 다음과 같다.

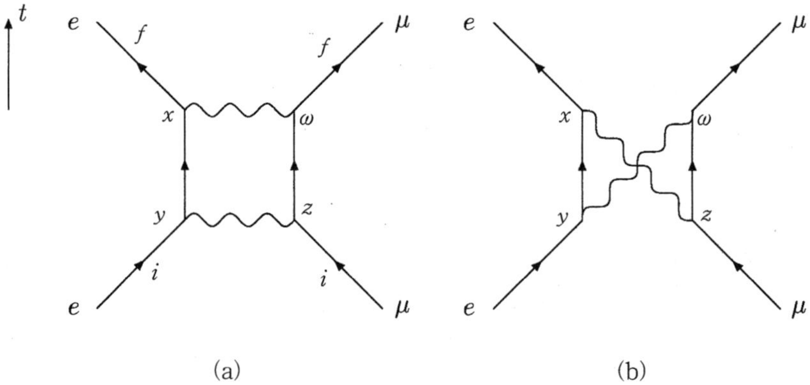

(a) (b)

그림 3.15 전자-뮤온 산란에서의 2차 항

$$\begin{aligned} S_{fi}^{(2)} &= e^4 \int d^4x \int d^4y \int d^4w \int d^4z\, \overline{\psi}_f(x)\gamma^\mu S_F(x-y)\gamma^\nu \psi_i(y) \\ &\quad [D_F(x-w)D_F(y-z)\, \overline{\psi}'_f(w)\gamma_\mu S'_F(w-z)\gamma_\nu \psi'_i(z) \\ &\quad + D_F(x-z)D_F(y-w)\, \overline{\psi}'_f(w)\gamma_\nu S'_F(w-z)\gamma_\mu \psi'_i(z)] \\ &= S_{fi}^{(2a)} + S_{fi}^{(2b)} \end{aligned} \tag{3.266}$$

이 결과에서 괄호 [ ] 안의 결과는 그림 3.15에서와 같이 2개의 Feynman 도형으로 표시할 수 있다. 특히 그림 3.15(a)를 직접 도형(direct diagram), 그리고 그림 3.15(b)를 교환 도형(exchange diagram)이라 부른다.

여기서 식 (3.266)을 그림 3.15로 표시할 수 있는 이유를 알아보기 위하여 식 (3.266)의 피적분항들을 그림 3.15와 비교하여 살펴보자.

(i) $-ie^2\overline{\psi}_f(x)\gamma^\mu S_F(x-y)\gamma^\nu\psi_i(y)$:: 그림 (a) 또는 (b)의 왼쪽 전자가 움직인 선을 참조하고, 이 식의 왼쪽으로부터 생각하여, 전자가 아래서부터 y 점까지 들어오고[$\psi_i(y)$], y 지점에 꼭지점이 있고[$-ie\gamma^\mu$], 전자는 y 지점에서 x 지점까지 전파하는데[$iS_F(x-y)$], x 지점에 꼭지점이 있고[$-ie\gamma^\nu$], 또 전자는 x 지점에서 밖으로 나간다[$\overline{\psi}_f(x)$].

(ii) 그림 (a)에서, $ie^2D_F(x-w)D_F(y-z)\,\overline{\psi}'_f(w)\gamma_\mu S'_F(w-z)\gamma_\nu\psi'_i(z)$:: 그림 (a)의 오른쪽 뮤온이 움직이는 선에서와 같이, 식의 왼쪽으로부터 생각하여, 뮤온이 아래에서부터 z 지점까지 들어오고[$\psi'_i(z)$], z 지점에 꼭지점이 있고[$-ie\gamma_\nu$], 뮤온은 z 지점에서 w 지점까지 전파하는데[$iS'_F(w-z)$], w 지점에 꼭지점이 있고[$-ie\gamma_\mu$], 뮤온은 w 지점에서 밖으로 나간다[$\overline{\psi}'_f(w)$]. 그리고 광자는 꼭지점에 연결되어 있는데 한 광자는 z 지점에서 y 지점으로 전파되고[$iD_F(y-z)$], 다른 광자는 w 지점에서 x 지점으로 전파한다[$iD_F(x-w)$].

(iii) 그림 (b)에서, $ie^2D_F(x-z)D_F(y-w)\,\overline{\psi}'_f(w)\gamma_\nu S'_F(w-z)\gamma_\mu\psi'_i(z)$:: (ii)와 마찬가지로, 뮤온이 아래에서부터 z 지점까지 들어오고[$\psi'_i(z)$], z 지점에 꼭지점이 있고[$-ie\gamma_\mu$], 뮤온은 z 지점에서 w 지점까지 전파하는데[$iS'_F(w-z)$], w 지점에 꼭지점이 있고[$-ie\gamma_\nu$], 뮤온은 w 지점에서 밖으로 나간다[$\overline{\psi}'_f(w)$]. 그리고 광자는 꼭지점에 연결되어 있는데 한 광자는 w 지점에서 y 지점으로 전파되고[$iD_F(y-w)$], 다른 광자는 z 지점에서 x 지점으로 전파한다[$iD_F(x-z)$].

식 (3.246)에서 각 꼭지점을 나타내는 x, y, w, z에 대하여 적분하였는데, 이것은 후에 각 꼭지점에 들어오고 나가는 입자를 생각할 때 입자의 에너지-운동량 보존을 나타내게 됨을 뒤에 알게 된다. 이와 같이 전이행렬을 그림으로 설명하면 입자들의 반응과정을 이해하기가 쉬우며 이러한 그림을 Feynman 도형(diagram)이라 부른다. 이 때 꼭지점에 $-i$를 붙인 것은 한 가지 약속으로 생각하자. 위에서 설명한 바와 같이 입자(전자, 뮤온, 광자)의 전파자는 한 꼭지점에서 생겼다가 다른 꼭지점에서 없어짐을 알 수 있다. 또 전자나 뮤온을 나타내는 선은 연결되어 있음을 알 수 있다. 이것은 이 반응에서 렙톤수(lepton number)가 보존됨을 의미한다.

반대로 생각하면, 한 Feynman 도형이 그려지면,

- 각 꼭지점에 x, y, z 등의 위치 표시를 하여 주고, 거기에 각각 $-ie\gamma^\mu$, $-ie\gamma^\nu$, · · 등을 부여하고,
- 입사입자에는 $\psi(x)$를, 산란입자는 $\bar{\psi}(w)$ 등으로 나타내고, 또 자유광자 같은 다른 입자가 있으면 그 입자에 해당되는 파동함수를 써 주고,
- 두 꼭지점 사이에 있는 페르미온의 전파인자는 $iS_F(y-z)$ 등을 쓰고, 광자의 전파 인자는 $iD_f(y-z)$, 등을 써 주고, 또 다른 입자의 전파인자가 있으면 해당되는 값을 써 주고,
- 그리고 각 꼭지점에 부여한 좌표 x, y, z 등에 대하여 적분하여 준다.

이렇게 하여 Feynman 도형에 해당되는 전이행렬식을 얻을 수 있다. 이러한 규칙을 Feynman 규칙(rule)이라 부른다. 이것은 아무리 복잡한 도형에 대하여도 쓸 수 있고 입자물리현상을 이해하는 데 매우 도움이 된다. 입사입자들 중에 동일(identical)입자가 있을 때는 이들을 구별할 수 없으므로 두 입자의 교환에 대하여 Pauli의 원리(principle)가 성립하도록 하는 데 주의할 필요가 있다. 보다 자세한 것은 뒤에 예를 들면서 설명하기로 하자.

이제 식 (3.266)에서 적분을 수행해 보자. 먼저 이 과정에서 입사하는 입자는 전자와 뮤온(양전자나 반뮤온이 아니고)이므로, 이들에 대하여는 각각 다음과 같이 놓는다.

$$\psi_i(x) = \sqrt{\frac{m}{E_i V}}\, u(p_i, s_i) e^{-ip_i \cdot x}, \qquad \psi'_i(z) = \sqrt{\frac{m'}{E'_i V}}\, u(p'_i, s'_i) e^{-ip'_i \cdot x}. \tag{3.267}$$

광자의 전파인자에는 식 (3.124)를 사용한다. 즉

$$D_F(x-y) = -\frac{1}{(2\pi)^4}\int d^4q \; \frac{e^{-iq\cdot(x-y)}}{q^2+i\varepsilon}. \tag{3.124}$$

전자나 뮤온의 전파인자에 대하여는 식 (3.88) 또는 이것의 변형인 다음 식을 쓴다.

$$S_F(x-y) = \frac{1}{(2\pi)^4}\int d^4p \frac{e^{-ip\cdot(x-y)}}{\not{p}-\mathrm{m}+i\varepsilon}. \tag{3.268}$$

따라서 그림 3.15(a)를 생각하면,

$$\begin{aligned} S_{fi}^{(2a)} &= \frac{e^4}{V^2}\sqrt{\frac{m^2}{E_iE_f}}\sqrt{\frac{m'^2}{E'_iE'_f}}\int d^4x\int d^4y\int d^4w\int d^4z\int\frac{d^4q_1}{(2\pi)^4}\int\frac{d^4q_2}{(2\pi)^4} \\ &\times\int\frac{d^4p}{(2\pi)^4}\int\frac{d^4P}{(2\pi)^4}\;\frac{e^{-iq_1\cdot(x-w)}}{q_1^{\,2}+i\varepsilon}\;\frac{e^{-iq_2\cdot(y-z)}}{q_2^{\,2}+i\varepsilon} \\ &\times\left[e^{ip_f\cdot x}\,\overline{u}(p_f,s_f)\gamma_\mu\frac{e^{-ip\cdot(x-y)}}{\not{p}-m+i\varepsilon}\gamma_\nu u(p_i,s_i)e^{-ip_i\cdot y}\right] \\ &\times\left[e^{ip'_f\cdot w}\,\overline{u}(p'_f,s'_f)\gamma^\mu\frac{e^{-iP\cdot(w-z)}}{\not{P}-m+i\varepsilon}\gamma^\nu u(p'_i,s'_i)e^{-ip'_i\cdot z}\right] \end{aligned} \tag{3.269}$$

가 되며, 여기에서 x, y, w, z 적분을 하면 다음과 같다.

$$\begin{aligned} &x \text{ 적분:} \quad \int d^4x e^{ix\cdot(-q_1+p_f-p)} = (2\pi)^4\delta^4(q_1+p-p_f), \\ &y \text{ 적분:} \quad \int d^4y e^{iy\cdot(-q_2+p-p_i)} = (2\pi)^4\delta^4(q_2+p_i-p), \\ &w \text{ 적분:} \quad \int d^4w e^{iw\cdot(q_1+p'_f-P)} = (2\pi)^4\delta^4(q_1+p'_f-P), \\ &z \text{ 적분:} \quad \int d^4z e^{iz\cdot(q_2+P-p'_i)} = (2\pi)^4\delta^4(q_2+P-p'_i). \end{aligned} \tag{3.270}$$

이 결과는 오른쪽 그림에서와 같이 운동량 공간에서 $S_{fi}^{(2a)}$ 과정을 표시했을 때, 식 (3.270)은 각 꼭지점에서 에너지-운동량 보존을 나타낸다. 또 식 (3.269)에서 4-운동량에 대한 적분을 하면,

- 먼저 $(2\pi)^4$은 모두 삭제되고,
- 적분 $\int d^4p$를 수행하면, 식 (3.270)의 첫 δ로부터 p를 p_f-q_1으로 대치하는 결과가 되고,

· 적분 $\int d^4q_2$를 수행하면, 둘째 δ로부터 q_2를 $(p-p_i=p_f-p_i-q_1)$로 대치하는 것이 되고
· 적분 $\int d^4P$를 수행하면, 셋째 δ로부터 P를 $(p'_i-q_2=p'_f-p_f+p_i+q_1)$로 대치하는 결과가 되며, 남는 네 번째 δ 함수는 다음과 같다.

$$\begin{aligned}\delta^4(q_1+p'_f-P) &= \delta^4(q_1+p'_f-p'_i+p_f-p_i-q_1)\\ &= \delta^4(p'_f+p_f-p'_i-p_i)\end{aligned} \tag{3.271}$$

이 결과를 이용하면 식 (3.269)는 다음과 같이 된다.

$$\begin{aligned}S_{fi}^{(2a)} = &\frac{e^4}{V^2}\sqrt{\frac{m^2}{E_iE_f}}\sqrt{\frac{m'^2}{E'_iE'_f}}\delta^4(p'_f+p_f-p'_i-p_i)\int d^4q_1\frac{1}{q_1{}^2+i\varepsilon}\\ &\times\frac{1}{(p_f-p_i-q_1)^2+i\varepsilon}\left[\bar{u}(p_f,s_f)\gamma_\mu\frac{1}{\not{p}_f-\not{q}_1-m+i\varepsilon}\gamma_\nu u(p_i,s_i)\right]\\ &\times\left[\bar{u}(p'_f,s'_f)\gamma^\mu\frac{1}{\not{p}'_i-\not{p}_f+\not{p}_i+\not{q}_1-m'+i\varepsilon}\gamma^\nu u(p'_i,s'_i)\right]\end{aligned} \tag{3.272}$$

같은 방법으로 교환 항 $S_{fi}{}^{(2b)}$도 얻을 수 있다. 산란행렬 S_{fi}는 제1차 항인 e^2 항, 지금 얻은 제2차 섭동항인 e^4 항 등 모든 항을 합하여 얻고, 이것의 제곱으로부터 미분단면적을 얻는다. 여기에서는 이것의 계산보다는 산란행렬의 제2차 항을 얻는 방법을 소개하고 Feynman 도형과 Feynman규칙을 소개하는 데에 그치고 다음에 몇 가지 중요한 산란과정에서 미분단면적에 미치는 편극의 영향들을 살펴보기로 하자.

3.5.2 제동복사(制動輻射, Bremsstrahlung)

일반적으로 전하를 띤 입자가 다른 물질에 의하여 그 궤도가 달라질 때 전자파를 발생시키는 경우를 제동복사라 부른다. 예를 들어 X선이 발생되는 것도 제동복사에 의한 것이라 할 수 있다. 여기서는 전하를 띤 입자(전자)가 양성자에 의한 쿨롱 장에서 산란될 때 정지질량이 없는 실(real)광자가 발생한다. 이 때 단면적이 어떻게 되는지 알아보자.

광자에 대하여 파동함수 $A^\mu(x)$는 식 (3.44)에 주어졌지만, 광자가 소멸되거나(들어오거나) 생성(나가게)될 때 두 항 중의 하나만이 기여한다. 따라서 편의상 다음과 같이 놓아도 같은 결과를 얻을 수 있음을 알게 된다.

$$A^\mu = \frac{\varepsilon^\mu}{\sqrt{2kV}}(e^{-ik\cdot x} + e^{ik\cdot x}) \tag{3.273a}$$

여기서 분모의 k는 광자의 에너지 또는 광자 운동량의 크기(에너지와 같음)를 나타낸다고 할 수 있다.

제동복사를 생각하기 전에 자유전자는 광자를 방출하지 못함을 보이자. 그림 3.16에서 광자의 운동량은 $k = p_f - p_i$이므로

$$k^2 = (p_f - p_i)^2 = 2m^2 - 2E_i E_f(1 - \cos\theta) \tag{3.274}$$

인데 자유광자에 대하여 $k^2 = 0$이지만 위 식의 오른쪽은 0이 아니기 때문이다. 따라서 광자의 방출은 산란행렬의 제1차 항에서는 얻을 수 없다. 제동복사는 제2섭동항에서 얻어진다.

일반적인 제2차 섭동항

$$S_{fi}^{(2)} = -ie^2 \int d^4x \int d^4y\, \overline{\psi_f}(x) A\!\!\!/(x) S_F(x-y) A\!\!\!/(y) \psi_i(y) \tag{3.275}$$

에서 한 꼭지점에는 광자는 식 (4.273)에서 밖으로 나오는 경우를 생각하면

$$A^\mu = \frac{\varepsilon^{*\mu}}{\sqrt{2kV}}(e^{-ik\cdot x} + e^{ik\cdot x}) \tag{3.273b}$$

을 놓고 다른 꼭지점에는

$$A^\mu(x) = \left(-\frac{Ze}{4\pi|\boldsymbol{x}|}, \boldsymbol{0}\right) \tag{3.276}$$

를 놓는데 그림 3.16에서와 같이 두 가지를 택한다.

또 파동함수에 대하여는

$$\psi(x) = \sqrt{\frac{m}{EV}}\, u(p, s) e^{-ip\cdot x},$$

쿨롱 장의 Fourier 변환에 대하여는

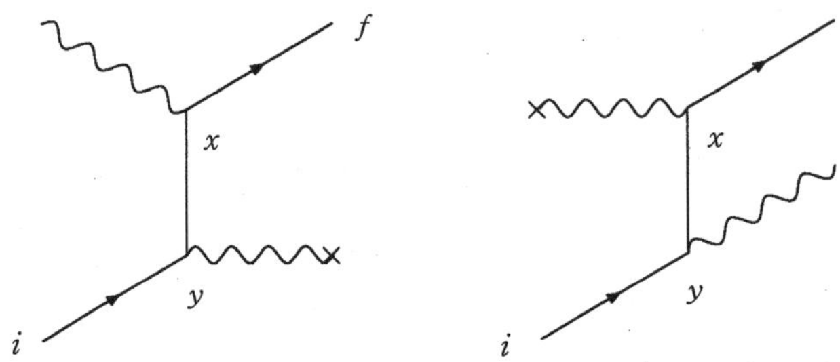

(a) (b)

그림 3.16 제동복사 2차 섭동의 도형

$$\int \frac{d^3x}{x} e^{-i\boldsymbol{q}\cdot\boldsymbol{x}} = \frac{4\pi}{\boldsymbol{q}^2},$$

$$\therefore \ \frac{1}{x} = \frac{1}{(2\pi)^3} \int d^3q \ e^{i\boldsymbol{q}\cdot\boldsymbol{x}} \frac{4\pi}{\boldsymbol{q}^2}$$

전파인자에 대하여는 식 (3.268)

$$S_F(x-y) = \frac{1}{(2\pi)^4} \int d^4p \frac{e^{-ip\cdot(x-y)}}{\not{p}-m+i\varepsilon} \tag{3.268}$$

를 택하면 식 (3.275)는 다음과 같이 된다.

$$\begin{aligned} S_{fi}^{(2)} = & -ie^2\left(\frac{-Ze}{4\pi}\right)\frac{4\pi}{(2\pi)^3}\frac{1}{(2\pi)^4}\frac{1}{\sqrt{2kV}}\sqrt{\frac{m^2}{E_iE_fV^2}}\int d^4x\int d^4y\int d^4q\int d^4p \\ & \times e^{ip_f\cdot x}\,\overline{u}(p_f,s_f)\left[\gamma_\mu\,\varepsilon^{*\mu}(e^{-ik\cdot x}+e^{ik\cdot x})\frac{e^{-ip\cdot(x-y)}}{\not{p}-m+i\varepsilon}\gamma^0\frac{e^{i\boldsymbol{q}\cdot\boldsymbol{y}}}{\boldsymbol{q}^2}\right. \\ & \left. +\gamma^0\frac{e^{i\boldsymbol{q}\cdot\boldsymbol{x}}}{\boldsymbol{q}^2}\frac{e^{-ip\cdot(x-y)}}{\not{p}-m+i\varepsilon}\gamma_\mu\,\varepsilon^{*\mu}(e^{-ik\cdot y}+e^{ik\cdot y})\right]u(p_i,s_i)e^{-ip_i\cdot y} \end{aligned} \tag{3.277}$$

여기서 먼저 위 식 [ ] 안의 첫 항(그림 3.16(a))에 대한 x와 y에 대한 적분을 수행하면

$$\begin{aligned} &x \text{ 적분:} \quad \int d^4x e^{ix\cdot(p_f\mp k-p)} = (2\pi)^4\delta^4(p_f\mp k-p), \\ &y^0 \text{ 적분:} \quad \int dy^0 e^{iy^0\cdot(p^0-p_i^0)} = (2\pi)\delta(p^0-p_i^0), \\ &\boldsymbol{y} \text{ 적분:} \quad \int d^3y e^{i\boldsymbol{y}\cdot(-\boldsymbol{p}+\boldsymbol{q}+\boldsymbol{p}_i)} = (2\pi)^3\delta^3(-\boldsymbol{p}+\boldsymbol{q}+\boldsymbol{p}_i) \end{aligned} \tag{3.278}$$

가 된다. 또 식 (3.277)에서 운동량에 대한 적분을 생각하자.

- 적분 $\int d^4p$을 수행하면, p를 $(p_f \mp k)$로 대치하는 것이 되고,
- 적분 $\int d^3q$를 수행하면, $\boldsymbol{q}$를 $(\boldsymbol{p} - \boldsymbol{p}_i)$로 대치하는 것이 되거나 $(\boldsymbol{p}_f \mp \boldsymbol{k} - \boldsymbol{p}_i)$로 놓는 것이 된다.
- 여기에서 남는 부분으로부터, 즉, 에너지 보존은 다음 식에서 얻어진다.

$$\delta(p^0 - p_i^0) = \delta(p^0{}_f \mp k^0 - p^0{}_i) = \delta(E_f \mp k^0 - E_i) \tag{3.279}$$

우리가 지금 생각하고 있는 그림 (a)에서는 $E_i = E_f + k^0$인 경우를 택하여야 하므로 식 (3.279)에서 아래 부호에 대한 것, 즉 식 (3.277)의 [ ] 안에 있는 첫 식에서 $e^{ik\cdot x}$만을 택하여야 한다.

이것은 또 $A^\mu(x)$에 대하여 식 (3.44)를 사용하는 경우를 생각하면, $|i\rangle$ 상태에 광자가 없으므로 $a(\lambda)|i\rangle = 0$이 되는 것으로부터도 알 수 있다.

이제 식 (3.277)의 [ ] 안의 두 번째 항에 대하여 x와 y의 적분을 수행하면,

$$\begin{aligned}
&y \text{ 적분:} \quad \int d^4y e^{iy\cdot(p\mp k - p_i)} = (2\pi)^4 \delta^4(p \mp k - p_i), \\
&x^0 \text{ 적분:} \quad \int dx^0 e^{ix^0\cdot(p_f^0 - p^0)} = (2\pi)\delta(p_f^0 - p^0), \\
&\boldsymbol{x} \text{ 적분:} \quad \int d^3x e^{i\boldsymbol{x}\cdot(-\boldsymbol{p}_f + \boldsymbol{q} + \boldsymbol{p})} = (2\pi)^3\delta^3(-\boldsymbol{p}_f + \boldsymbol{q} + \boldsymbol{p})
\end{aligned} \tag{3.280}$$

가 된다. 역시 식 (3.277)에서 운동량에 대한 적분을 생각하자.

- 적분 $\int d^4p$을 수행하면, p를 $(p_i \pm k)$로 대치하는 것이 되고,
- 적분 $\int d^3q$를 수행하면, $\boldsymbol{q}$를 $(\boldsymbol{p}_f - \boldsymbol{p})$로 대치하는 것이 되거나 $(\boldsymbol{p}_f \mp \boldsymbol{k} - \boldsymbol{p}_i)$로 놓는 것이 된다.
- 여기에서 남는 부분을 생각하면, 에너지 보존은 다음 식에서 얻어진다.

$$\delta(p^0{}_f - p^0) = \delta(p^0{}_f \mp k^0 - p^0{}_i) = \delta(E_f - E_i \mp k^0) \tag{3.281}$$

그림 3.16(b)를 생각하고 있으므로 역시 아래부호만을 택하여야 하고, 식 (3.277)의 [ ] 안

의 둘째 식에서 $e^{ik\cdot x}$만을 택하여야 한다.

지금까지 논의한 것을 종합하면 식 (3.277)은 다음과 같이 된다.

$$
\begin{aligned}
S_{fi}^{(2)} &= \frac{iZe^3}{V^{3/2}} 2\pi\delta(E_f + k - E_i)\sqrt{\frac{m^2}{2kE_iE_f}}\frac{1}{\boldsymbol{q}^2}\ \bar{u}(p_f, s_f) \\
&\quad \times\left[\ \not{\varepsilon}^*\frac{1}{\not{p}_f + \not{k} - m}\gamma^0 + \gamma^0\frac{1}{\not{p}_i - \not{k} - m}\ \not{\varepsilon}^*\right]u(p_i, s_i) \\
&= \frac{iZe^3}{V^{3/2}} 2\pi\delta(E_f + k - E_i)\sqrt{\frac{m^2}{2kE_iE_f}}\frac{1}{\boldsymbol{q}^2}\ \varepsilon^{*\mu}M_\mu\ .
\end{aligned}
\tag{3.282}
$$

여기서 행렬 M_μ는

$$
M_\mu = \bar{u}(p_f, s_f)\left[\gamma_\mu\frac{1}{\not{p}_f + \not{k} - m}\gamma^0 + \gamma^0\frac{1}{\not{p}_i - \not{k} - m}\gamma_\mu\right]u(p_i, s_i)
\tag{3.283}
$$

이고 3차원 운동량변환 벡터 $\boldsymbol{q}$는 다음 관계가 있다.

$$
\boldsymbol{q} = \boldsymbol{p}_f - \boldsymbol{p}_i + \boldsymbol{k}.
\tag{3.284}
$$

제동복사에 참여한 에너지-운동량 벡터에 대하여

$$
\begin{aligned}
&p_i^2 = p_f^2 = m^2, \quad k^2 = 0 \\
&(\not{p}_f + \not{k})^2 - m^2 = (\not{p}_f)^2 + (\not{k})^2 + \not{p}_f\not{k} + \not{k}\not{p}_f - m^2 = 2p_f\cdot k \\
&(\not{p}_i - \not{k})^2 - m^2 = -2p_i\cdot k
\end{aligned}
\tag{3.285}
$$

임을 생각하면, 식 (3.263)의 M_μ으로부터 다음과 같이 바꾸어 쓸 수 있다.

$$
\begin{aligned}
\varepsilon^\mu M_\mu &= \bar{u}(p_f, s_f)\left[\ \not{\varepsilon}\frac{\not{p}_f + \not{k} + m}{2p_f\cdot k}\gamma^0 + \gamma^0\frac{\not{p}_i - \not{k} + m}{-2p_i\cdot k}\ \not{\varepsilon}\right]u(p_i, s_i) \\
&= \bar{u}(p_f, s_f)\left[\frac{2\varepsilon\cdot p_f - (\not{p}_f - m)\not{\varepsilon} + \not{\varepsilon}\not{k}}{2p_f\cdot k}\gamma^0\right. \\
&\quad \left. + \gamma^0\frac{2p_i\cdot\varepsilon - \not{\varepsilon}(\not{p}_i - m) - \not{k}\not{\varepsilon}}{-2p_i\cdot k}\right]u(p_i, s_i).
\end{aligned}
\tag{3.286}
$$

여기서 Dirac 방정식

$$(\not p_i - m)u(p_i, s_i) = 0, \quad \bar{u}(p_f, s_f)(\not p_f - m) = 0 \tag{3.287}$$

을 이용하면 식 (3.286)의 [( )] 항은 없어진다.

특히 아주 작은 광자 에너지(무른 광자, soft photon), $k \to 0$을 생각하는 경우에는

$$\varepsilon^{*\mu} M_\mu = \bar{u}(p_f, s_f)\gamma^0 u(p_i, s_i)\left(\frac{\varepsilon^* \cdot p_f}{p_f \cdot k} - \frac{\varepsilon^* \cdot p_i}{p_i \cdot k}\right) \tag{3.288}$$

가 되므로 전자의 i 상태가 f 상태로 바뀔 확률은

$$\begin{aligned}|S_{fi}^{(2)}|^2 = &\frac{Z^2 e^4}{V^2}(2\pi)^2[\delta(E_f + k - E_i)]^2 \frac{m^2}{2kE_iE_f}\frac{1}{\mathbf{q}^2} \\ &\times |\bar{u}(p_f, s_f)\gamma^0 u(p_i, s_i)|^2 \left|\frac{\varepsilon^* \cdot p_f}{p_f \cdot k} - \frac{\varepsilon^* \cdot p_i}{p_i \cdot k}\right|^2\end{aligned} \tag{3.289}$$

이다. 단위시간당 전이확률을 얻으려면, 앞에서 이미 설명한 바와 같이 위의 식에서 $[\delta(E_f + k - E_i)]^2$ 대신 $\frac{1}{2\pi}\delta(E_f + k - E_i)$로 놓고, 또 전자는 d^3p_f로, 광자는 d^3k으로의 단위시간당 전위확률은 식 (3.289)에 $\frac{Vd^3k}{(2\pi)^3}\frac{Vd^3p_f}{(2\pi)^3}$를 곱하여 얻어지고, 미분단면적은 다음 관계식으로부터 얻어진다.

$$\begin{aligned}(\text{단위시간당 전이확률}) &= (\text{미분단면적})(\text{입사입자의 단위시간, 단위면적당 전자흐름}) \\ &= d\sigma \frac{p_i}{E_i}\frac{1}{V}\end{aligned}$$

$$\begin{aligned}\therefore\ d\sigma &= \frac{E_i}{p_i} V \cdot (\text{단위시간당 전이확률}) \\ &= \frac{Z^2 e^6 m^2}{2kp_iE_f}\frac{(2\pi)\,\delta(E_f + k - E_i)}{\mathbf{q}^4}|\bar{u}\gamma^0 u|^2 \left|\frac{\varepsilon^* \cdot p_f}{p_f \cdot k} - \frac{\varepsilon^* \cdot p_i}{p_i \cdot k}\right|^2 \frac{d^3k d^3p_f}{(2\pi)^6}\end{aligned} \tag{3.290}$$

이 식은 앞에서 얻은 쿨롱 산란에 대한 미분단면적 식 (3.145)와 비교할 때 쿨롱 산란은 전자의 운동량이 변하지 않는 탄성 산란으로 생각할 수 있고, 무른(soft) 광자를 내는 제동복사는 탄성 산란에서 벗어난 과정으로 생각할 수 있다. 이것은 뒤에 생각하기로 하고 우선

식 (3.145)를 약간 바꾸어

$$\left(\frac{d\sigma}{d\Omega}\right)_{el} = \frac{Z^2e^4m^2}{(2\pi)^2\,\boldsymbol{q}^4}\left|\bar{u}(p_f\,s_f)\gamma^0 u(p_i\,s_i)\right|^2 \tag{3.291}$$

라 놓을 때 $\boldsymbol{q} = \boldsymbol{p_f} - \boldsymbol{p_i}$이다. $\boldsymbol{k}$ 값이 아주 작은 경우에는 같은 $\boldsymbol{q}$라고 생각할 수 있다. 제동복사 산란을 위 탄성 산란을 사용해서 표시해 보면,

$$\begin{aligned} d^3k &= k^2dkd\Omega_k\,, \\ d^3p_f &= p_f^{\,2}\,dp_f\,d\Omega_f = p_fE_f\,dE_f\,d\Omega_f \end{aligned} \tag{3.292}$$

이므로 식 (3.290)으로부터

$$\begin{aligned} d\sigma = &\left(\frac{d\sigma}{d\Omega_f}\right)_{el}\frac{e^2}{2kp_iE_f}(2\pi)^3\int\delta(E_f+k-E_i)\left|\frac{\varepsilon^*\cdot p_f}{p_f\cdot k}-\frac{\varepsilon^*\cdot p_i}{p_i\cdot k}\right|^2 \\ &\times\frac{k^2dkd\Omega_k\,p_f^{\,2}\,dp_fd\Omega_f}{(2\pi)^6} \end{aligned} \tag{3.293a}$$

$$\therefore\left(\frac{d\sigma}{d\Omega_f}\right) = \left(\frac{d\sigma}{d\Omega_f}\right)_{el}\frac{e^2}{2k(2\pi)^3}\left|\frac{\varepsilon^*\cdot p_f}{p_f\cdot k}-\frac{\varepsilon^*\cdot p_i}{p_i\cdot k}\right|^2 k^2dkd\Omega_k \tag{3.293b}$$

를 얻는다. 여기서 $k\to0$인 극한을 생각한 경우이므로 $E_f = E_i - k = E_i$이고, $|\boldsymbol{p_i}| = |\boldsymbol{p_f}|$이다.

이 값을 계산하기 전에 특기할 것은 이 미분단면적의 오른쪽 식은 $\frac{dk}{k}$가 되므로 $k\to0$에서 무한히 큰 값이 된다. 그러나 이것은 그림 3.17과 같은 제동복사산란의 다른 e^6 기여를 같이 생각하면 없어지게 된다. 또 식 (3.286), (3.288)에서 알 수 있는 바와 같이 ε^μ 대신 k^μ를 대입하면 산란행렬이나, 전이행렬이 0이 된다. 이것은 전기적 상호작용이 게이지 변환에

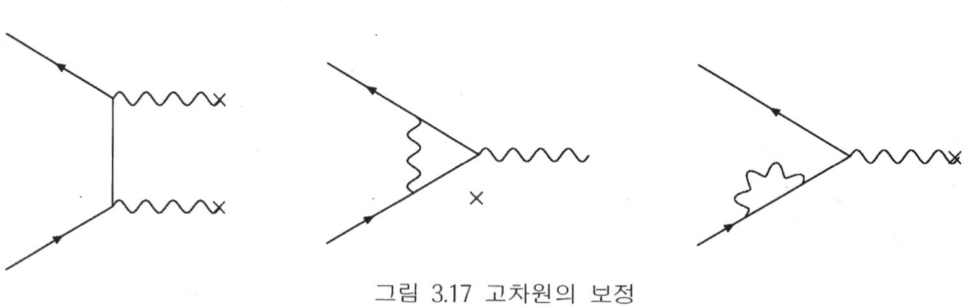

그림 3.17 고차원의 보정

대하여 불변임을 의미한다.

게이지 변환은 광자의 파동함수에서 $A^\mu \to A'^\mu = A^\mu + \partial^\mu \Lambda$로 바꾸는 것이며, 산란행렬에 있는 A^μ가 식 (3.273)에서와 같이

$$A^\mu = \varepsilon^\mu \sqrt{\frac{2}{kV}} \cos(k \cdot x) \tag{3.294a}$$

라면 Λ를 특히

$$\Lambda = \sqrt{\frac{2}{kV}} \sin(k \cdot x) \tag{3.294b}$$

로 택하면,

$$A^\mu + \partial^\mu \Lambda = (\varepsilon^\mu + k^\mu) \sqrt{\frac{2}{kV}} \cos(k \cdot x) \tag{3.294c}$$

이다. 따라서 식 (3.294a)와 (3.294c)로부터 게이지 변환은 ε^μ에 ($\varepsilon^\mu + k^\mu$)를 대입하는 것과 같고 게이지 불변은 ε^μ 자리에 ($\varepsilon^\mu + k^\mu$)를 대입하여도 값의 변화가 없는 것을 의미하므로, 이것은 ε^μ 자리에 그 입자의 운동량 k^μ를 대입할 때는 0이 됨을 의미한다.

또 A^μ가 전류 $J^\mu(x)$와 결합되어 있는 경우에 게이지 불변의 의미를 살펴보자. 보존전류에 대하여

$$I = \int d^4x \, A^\mu(x) J_\mu(x), \quad \partial^\mu J_\mu(x) = 0 \tag{3.295}$$

에서 $A^\mu(x) = \dfrac{\varepsilon^\mu}{\sqrt{2kV}} e^{ik \cdot x}$라면,

$$\begin{aligned} I &= \frac{\varepsilon^\mu}{\sqrt{2kV}} \int d^4x \, J_\mu(x) e^{ik \cdot x} = \frac{\varepsilon^\mu}{\sqrt{2kV}} j_\mu(k), \\ J_\mu(x) &= \frac{1}{(2\pi)^4} \int d^4k e^{-ik \cdot x} j_\mu(k) \end{aligned} \tag{3.296}$$

이므로, 따라서

$$\partial^{\mu} J_{\mu}(x) = \frac{1}{(2\pi)^4} \int d^4 k e^{-ik\cdot x}(-ik^{\mu}) j_{\mu}(k),$$
$$\therefore \quad k^{\mu} j_{\mu}(k) = 0 \tag{3.297}$$

즉 적분 I가 보존전류와 광자 사이에 식 (3.295)와 같이 결합된 함수를 나타낸다면, 게이지 불변은 식 (3.296)으로 표현된 I에서 ε^{μ} 대신 k^{μ}를 대입하면 0이 된다. 자유 페르미 입자에 대하여 보존전류는 일반적으로 다음의 형태로 주어진다.

$$J_{\mu}(x) = \bar{\psi}(x)\gamma_{\mu}\psi(x), \quad \frac{\partial}{\partial x_{\mu}} \bar{\psi}(x)\gamma_{\mu}\psi(x) = 0 \tag{3.298}$$

2개의 보존되는 전류의 운동량 표현을 각각 $a^{\mu}(k)$, $b^{\mu}(k)$라면 이들이 광자와 결합된 경우 자주 만나게 되는 다음 관계식을 증명해 보자.

$$\sum_{\lambda} [\varepsilon_{\mu}(k, \lambda) a^{\mu}(k)][\varepsilon^{*}{}_{\nu}(k, \lambda) b^{\nu}(k)] = -a(k)\cdot b(k) \quad (k\cdot a=0,\ k\cdot b=0) \tag{3.299}$$

[증명] 광자의 편극 λ는 2개의 값, 예를 들어, $\lambda=+1$ 또는 -1을 가진다. 이것을 스핀의 운동량 방향의 성분, 즉 헬리시티 값이라면,

$$\varepsilon^{\mu}(\lambda=1)\, k_{\mu} = 0, \ \varepsilon^{\mu}(\lambda=-1)\, k_{\mu} = 0 \tag{3.300}$$

이므로 k^{μ}의 공간성분을 z 방향으로 잡으면 $\varepsilon^{\mu}(+1)$, $\varepsilon^{\mu}(-1)$의 공간성분을 각각 x, y 성분으로 택할 수 있다. 쿨롱게이지에서는 $\varepsilon^{0}(\lambda)=0$이므로 다음의 선택이 가능하다.

$$k^{\mu} = (k^0,\ 0,\ 0,\ k), \quad (k^0 = k^3 = k)$$
$$\varepsilon^{\mu}(+1) = (0,\ 1,\ 0,\ 0), \tag{3.301}$$
$$\varepsilon^{\mu}(-1) = (0,\ 0,\ 1,\ 0)$$

따라서 식 (3.279)는

$$\sum_{\lambda}[\varepsilon_{\mu}(k,\lambda)a^{\mu}\ \varepsilon^{*}{}_{\nu}(k,\lambda)b^{\nu}] = a^1b^1 + a^2b^2 = a^0b^0 - a^3b^3 - a\cdot b \tag{3.302}$$

가 되는데, $k\cdot a = k\cdot b = 0$으로부터

$$\begin{aligned} k\cdot a &= k^0a^0 - ka^3 = 0, \quad \therefore\ a^0 = a^3, \\ k\cdot b &= k^0b^0 - kb^3 = 0, \quad \therefore\ b^0 = b^3 \end{aligned} \tag{3.303}$$

가 되므로 식 (3.302)에서 오른쪽 두 항이 없어져 식 (3.299)가 된다.**(증명 끝)**

식 (3.293)으로부터 광자의 편극을 고려하지 않는 경우, 광자의 에너지가 적지만(무른 광자에 대하여) $k_{\min} < k < k_{\max}$의 경우($k_{\max} \ll E_i$), 제동복사의 미분단면적을 구해 보면

$$\begin{aligned} \left(\frac{d\sigma}{d\Omega_f}\right) &= \left(\frac{d\sigma}{d\Omega_f}\right)_{el}\frac{\alpha}{4\pi^2}\int_{k_{\min}}^{k_{\max}} kdk\int d\Omega_k(-1)\times\left(\frac{p_f}{k\cdot p_f} - \frac{p_i}{k\cdot p_i}\right)\cdot\left(\frac{p_f}{k\cdot p_f} - \frac{p_i}{k\cdot p_i}\right) \\ &= \left(\frac{d\sigma}{d\Omega_f}\right)_{el}\frac{\alpha}{4\pi^2}\int_{k_{\min}}^{k_{\max}} kdk\int d\Omega_k\left\{\frac{2p_f\cdot p_i}{k\cdot p_f k\cdot p_i} - \frac{m^2}{(k\cdot p_f)^2} - \frac{m^2}{(k\cdot p_i)^2}\right\} \end{aligned} \tag{3.304}$$

가 된다. 적분 안의 값을 구하기 위하여 다음 관계식을 이용하자.

$$\begin{aligned} & k\cdot p_f = kE_f - \mathbf{k}\cdot\ \mathbf{p}_f = kE_f(1 - \hat{k}\cdot\ \boldsymbol{\beta}_f), \\ & k\cdot p_i = kE_i(1 - \hat{k}\cdot\ \boldsymbol{\beta}_i), \\ & p_f\cdot p_i = E_fE_i - \mathbf{p}_f\cdot\ \mathbf{p}_i = E_fE_i(1 - \boldsymbol{\beta}_f\cdot\ \boldsymbol{\beta}_i) \end{aligned} \tag{3.305}$$

여기서 $\boldsymbol{\beta} = \frac{\mathbf{p}}{E}$이고 무른 광자에 대하여는 $E_f = E_i$이므로 $\beta_f = \beta_i$가 된다. 따라서

$$\begin{aligned} \left(\frac{d\sigma}{d\Omega_f}\right) = &\left(\frac{d\sigma}{d\Omega_f}\right)_{el}\frac{\alpha}{4\pi^2}\log\left(\frac{k_{\max}}{k_{\min}}\right)\int d\Omega_k\left[\frac{2(1 - \boldsymbol{\beta}_f\cdot\ \boldsymbol{\beta}_i)}{(1 - \hat{k}\cdot\ \boldsymbol{\beta}_f)(1 - \hat{k}\cdot\ \boldsymbol{\beta}_i)}\right. \\ &\left. - \frac{m^2}{E_f^2(1 - \hat{k}\cdot\ \boldsymbol{\beta}_f)^2} - \frac{m^2}{E_i^2(1 - \hat{k}\cdot\ \boldsymbol{\beta}_i)^2}\right] \end{aligned} \tag{3.306}$$

가 된다.

식 (3.306)의 적분을 생각해 보자. 괄호 안의 마지막 두 식에서 $\boldsymbol{\beta}$ 방향을 z-방향으로 잡으면,

$$
\begin{aligned}
㉮\ I_2 &= \frac{1}{4\pi}\int d\Omega_k \frac{m^2}{E^2(1-\hat{k}\cdot\boldsymbol{\beta})^2} = \int_0^{\pi}\frac{2\pi\sin\theta d\theta m^2}{4\pi E^2(1-\hat{k}\cdot\boldsymbol{\beta})^2} \\
&= \frac{m^2}{2E^2}\int_{-1}^{1}\frac{dz}{(1-\beta z)^2} \qquad (z=\cos\theta) \\
&= \frac{m^2}{2E^2}\left[\frac{1}{\beta(1-\beta z)}\right]_{-1}^{1} \\
&= \frac{m^2}{2E^2}\left[\frac{1}{\beta(1-\beta)}-\frac{1}{\beta(1+\beta)}\right] \\
&= \frac{m^2}{2E^2}\,\frac{1+\beta-1+\beta}{\beta(1-\beta^2)} = \frac{m^2}{E^2}\,\frac{1}{(1-\beta^2)} \\
&= 1
\end{aligned}
\tag{3.307}
$$

㉯ 식 (3.306)의 괄호 안에 있는 첫 식의 적분을 구하기 위하여, 먼저 Feynman에 의하여 사용되었던 다음 Feynman 적분 방법을 생각하자.

$$
\frac{1}{ab} = \int_0^1 \frac{dx}{[ax+b(1-x)]^2} \tag{3.308}
$$

(증명)

$$
\begin{aligned}
\int_0^1 \frac{dx}{[ax+b(1-x)]^2} &= \left[\frac{(-1)}{a-b}\,\frac{1}{b+(a-b)x}\right]_0^1 \\
&= \frac{(-1)}{a-b}\left[\frac{1}{a}-\frac{1}{b}\right] = \frac{1}{ab} \quad \textbf{(증명끝)}
\end{aligned}
\tag{3.309}
$$

따라서 구하려는 적분 식은 다음과 같다.

$$
\begin{aligned}
I_1 &= \frac{1}{4\pi}\int d\Omega_k \frac{2(1-\boldsymbol{\beta}_f\cdot\boldsymbol{\beta}_i)}{(1-\hat{k}\cdot\boldsymbol{\beta}_f)(1-\hat{k}\cdot\boldsymbol{\beta}_i)} \\
&= \frac{(1-\boldsymbol{\beta}_f\cdot\boldsymbol{\beta}_i)}{2\pi}\int d\Omega_k \int_0^1 dx \times \frac{1}{[(1-\hat{k}\cdot\boldsymbol{\beta}_f)x+(1-\hat{k}\cdot\boldsymbol{\beta}_i)(1-x)]^2} \\
&\quad \left(\text{마지막 피적분항} \Rightarrow \frac{1}{[1-\hat{k}\cdot\{\boldsymbol{\beta}_f x+\boldsymbol{\beta}_i(1-x)\}]^2}\right) \\
&= \frac{1}{2\pi}(1-\boldsymbol{\beta}_f\cdot\boldsymbol{\beta}_i)\int_0^1 dx\int_0^{\pi}\frac{2\pi\sin\theta' d\theta'}{(1-u\cos\theta')^2} \\
&\quad (\text{여기서 } \boldsymbol{u}\equiv\boldsymbol{\beta}_f x+\boldsymbol{\beta}_i(1-x);\ \theta'\text{는 } \hat{k}\text{ 와 } \boldsymbol{u}\text{ 사이의 각도})
\end{aligned}
\tag{3.310}
$$

$$= 2(1-\boldsymbol{\beta}_f\cdot\boldsymbol{\beta}_i)\int_0^1 dx\frac{1}{1-|\boldsymbol{\beta}_f x+\boldsymbol{\beta}_i(1-x)|^2}$$

이제 입사전자와 산란전자 사이의 각도를 θ라 놓으면 다음과 같이 된다.

$$\begin{aligned}(1-\boldsymbol{\beta}_f\cdot\boldsymbol{\beta}_i) &= 1-\beta^2\cos\theta,\\ |\boldsymbol{\beta}_f x+\boldsymbol{\beta}_i(1-x)|^2 &= \beta^2[x^2+(1-x)^2+2x(1-x)\cos\theta]\\ &= \beta^2[1-4x(1-x)\sin^2\frac{\theta}{2}],\end{aligned}$$

$$\begin{aligned}\therefore\ I_1 &= 2(1-\beta^2\cos\theta)\int_0^1\frac{dx}{1-\beta^2+4x(1-x)\beta^2\sin^2\frac{\theta}{2}}\\ &= \frac{(1-\beta^2\cos\theta)}{\beta\sin^2\frac{\theta}{2}\sqrt{1-\beta^2\cos^2\frac{\theta}{2}}}\ln\left(\frac{\sqrt{1-\beta^2\cos^2\frac{\theta}{2}}+\beta\sin^2\frac{\theta}{2}}{\sqrt{1-\beta^2\cos^2\frac{\theta}{2}}-\beta\sin^2\frac{\theta}{2}}\right)\end{aligned} \tag{3.311}$$

따라서 제동복사의 미분단면적 식 (3.306)은 다음과 같다.

$$\left(\frac{d\sigma}{d\Omega_f}\right) = \left(\frac{d\sigma}{d\Omega_f}\right)_{el}\frac{\alpha}{\pi}\log\left(\frac{k_{\max}}{k_{\min}}\right)[I_1-2]. \tag{3.312}$$

㈐ 식 (3.312)의 결과에서 특히 두 가지 경우를 생각해 보자.

$\beta\ll 1$인 경우: 비상대론적인 경우

$$\left(\frac{d\sigma}{d\Omega_f}\right) = \left(\frac{d\sigma}{d\Omega_f}\right)_{el}2\frac{\alpha}{\pi}\log\left(\frac{k_{\max}}{k_{\min}}\right)\left[\frac{4}{3}\beta^2\sin^2\frac{\theta}{2}\right] \tag{3.313a}$$

$\beta\approx 1$인 경우: 아주 상대론적인 경우 ($\beta=1-\delta,\quad \delta\ll 1$)

$$\left(\frac{d\sigma}{d\Omega_f}\right) = \left(\frac{d\sigma}{d\Omega_f}\right)_{el}2\frac{\alpha}{\pi}\log\left(\frac{k_{\max}}{k_{\min}}\right)\left[\ln\left(\frac{-q^2}{m^2}\right)-1\right] \tag{3.313b}$$

[문제 3.22] 식 (3.312)에서 식 (3.313a), (3.313b)를 얻을 수 있음을 보여라.

제 4 장

스핀-½ 밀도행렬의 확장과 고(高)-스핀 입자의 편극

입자들의 스핀과 입자들이 충돌하기 전후의 스핀 상태를 조사하는 데에서는, 많은 입자를 다루게 되며, 이 때에 평균적인 스핀 값인 입자의 편극을 조사하기 위하여서는 입자의 밀도행렬(density matrix)을 사용하는 것이 편리하다. 여기에서는 스핀이 ½, 1, $^3/_2$인 경우에 대하여 스핀 밀도행렬과 편극을 어떻게 얻는가를 생각하고자 한다.

4.1 Bouchiat-Michel 공식과 스핀-½ 입자의 밀도행렬

식 (2.229)에서 정의된 스핀-½ 입자의 밀도행렬은 여러 가지 형태로 확장될 수 있다. Dirac 행렬을 어떠한 표기법을 택하여도 밀도행렬의 물리적 의미는 바뀌지 않는다.

이 때 Dirac 방정식

$$(\not{p} - m)\Psi(x) = 0 \tag{3.1a}$$

에서 평면파 해(plane wave solution)로

$$\Psi(x) = \sqrt{\frac{m}{EV}}\, u(p, K) e^{-ip\cdot x} \tag{4.1}$$

라 놓으면

$$(\not{p} - m)u = 0 \tag{4.2}$$

를 얻는데, 위 식 (3.1a)에서 $\not{p}$는 연산자이고 식 (4.2)에서는 물리적 양이다. 여기서 K는 $\pm \frac{1}{2}$을 의미한다. 여기서는 제2장에서 보다 더 일반적인 사영연산자를 생각해 보자.

4.1.1 Bouchiat-Michel 공식

Weyl 표현에서

$$u = \frac{1}{\sqrt{2}}\begin{pmatrix}\xi \\ \eta\end{pmatrix} \tag{4.3}$$

라 놓으면 앞 장에서 논의한 바와 같이 정지계에서의 해를 첨자 R을 붙일 때

$$\begin{aligned} &\xi_R = e^{-\frac{\omega}{2}\widehat{\boldsymbol{p}}\cdot\boldsymbol{\sigma}}\xi \\ &\therefore\ \xi = e^{\frac{\omega}{2}\widehat{\boldsymbol{p}}\cdot\boldsymbol{\sigma}}\xi_R = (\cosh\frac{\omega}{2} + \boldsymbol{\sigma}\cdot\hat{\boldsymbol{p}}\sinh\frac{\omega}{2})\xi_R \end{aligned} \tag{4.4}$$

마찬가지로

$$\eta = e^{-\frac{\omega}{2}\widehat{\boldsymbol{p}}\cdot\boldsymbol{\sigma}}\eta_R = (\cosh\frac{\omega}{2} - \boldsymbol{\sigma}\cdot\hat{\boldsymbol{p}}\sinh\frac{\omega}{2})\eta_R \tag{4.5}$$

을 얻는다. 여기에 식 (2.108)에서 주어진 관계식

$$\begin{aligned} &\cosh\frac{\omega}{2} = \sqrt{\frac{\gamma+1}{2}} = \sqrt{\frac{E+m}{2m}}, \\ &\sinh\frac{\omega}{2} = \sqrt{\frac{\gamma-1}{2}} = \sqrt{\frac{E-m}{2m}} = \sqrt{\frac{E+m}{2m}}\sqrt{\frac{E-m}{E+m}} = \sqrt{\frac{E+m}{2m}}\left(\frac{|\boldsymbol{p}|}{E+m}\right) \end{aligned} \tag{4.6}$$

이므로 ξ와 η는 다음과 같이 쓸 수 있다.

$$\xi = \sqrt{\frac{E+m}{2m}}\left(1+\frac{\boldsymbol{\sigma}\cdot\boldsymbol{p}}{E+m}\right)\xi_R,$$
$$\eta = \sqrt{\frac{E+m}{2m}}\left(1-\frac{\boldsymbol{\sigma}\cdot\boldsymbol{p}}{E+m}\right)\eta_R \tag{4.7}$$

여기서 스피너 u는 다음을 만족하도록 규격화(normalized)하였다.

$$\bar{u}(p, K)\,u(p,K)=1,$$
$$u^\dagger(p, K)\,u(p, K)=\left(\frac{E}{m}\right) \tag{4.8}$$

한편 식 (4.2)와 (4.3)은 입자의 정지계에서는

$$\left[m\begin{pmatrix}0 & I\\ I & 0\end{pmatrix}-m\begin{pmatrix}I & 0\\ 0 & I\end{pmatrix}\right]\begin{pmatrix}\xi_R\\ \eta_R\end{pmatrix}=0 \tag{4.9}$$

가 되므로 $\xi_R=\eta_R$임을 알 수 있다.

위 식들을 종합하면

$$u(p, K)=\frac{1}{2\sqrt{m(E+m)}}\begin{pmatrix}(m+\widetilde{\sigma}_\mu p^\mu)\ \ \xi_R(K)\\ (m+\sigma_\mu p^\mu)\ \ \xi_R(K)\end{pmatrix}=\frac{1}{2\sqrt{m(E+m)}}\,(m+\not{p})\begin{pmatrix}\xi_R(K)\\ \xi_R(K)\end{pmatrix} \tag{4.10}$$

를 얻는다. 여기서 γ^μ는 Weyl 표현으로 택한 것이다.

[문제 4.1] 식 (4.10)은 다음과 같이 쓸 수 있음을 보여라.

$$u(p,\ K)=\frac{1}{\sqrt{m}}\begin{pmatrix}\sqrt{\widetilde{\sigma}_\mu p^\mu}\,\xi_R\\ \sqrt{\sigma_\mu p^\mu}\,\xi_R\end{pmatrix} \tag{4.11}$$

또 식 (4.11)로부터 $\bar{u}(p, K)$는

$$\bar{u}(p, K) = u^{\dagger}\gamma^0 = \frac{1}{2\sqrt{m(E+m)}}(\xi_R^{\dagger}, \xi_R^{\dagger})(m + \not{p}^{\dagger})\gamma^0 = \frac{1}{2\sqrt{m(E+m)}}(\xi_R^{\dagger}, \xi_R^{\dagger})\gamma^0(m + \not{p}) \tag{4.12}$$

이 되므로 밀도행렬인 값은

$$u(p, K)\bar{u}(p, K') = \frac{1}{4m(E+m)}(m + \not{p})\begin{pmatrix}\xi_R(K)\\ \xi_R(K)\end{pmatrix}(\xi_R^{\dagger}(K'), \xi_R^{\dagger}(K'))\gamma^0(m + \not{p}) = \frac{1}{4m(E+m)}(m + \not{p})\rho_R(m + \not{p}) \tag{4.13}$$

라 쓸 수 있다. 특히 이 값은 정지계에서는 ½ ρ_R인 값이다.

여기서 먼저 $\xi_R(K)$를 구해 보자. $\xi_R(K)$는 스핀-½ 각운동량 $\boldsymbol{S}$의 한 특정한 방향 $\hat{\boldsymbol{n}}$ 방향 성분의 고유상태로 택할 수 있다. 즉 $\hat{\boldsymbol{n}}\cdot\boldsymbol{S}$의 고유치는 ±½이고 그림 4.1과 같이 극좌표계에서 $\hat{\boldsymbol{n}}$의 성분(참고로 제2장에서는 $\hat{s}$로 사용한 것이다.)

$$\hat{\boldsymbol{n}} = (\sin\theta\cos\phi,\ \sin\theta\sin\phi,\ \cos\theta) \tag{4.14a}$$

을 택하면,

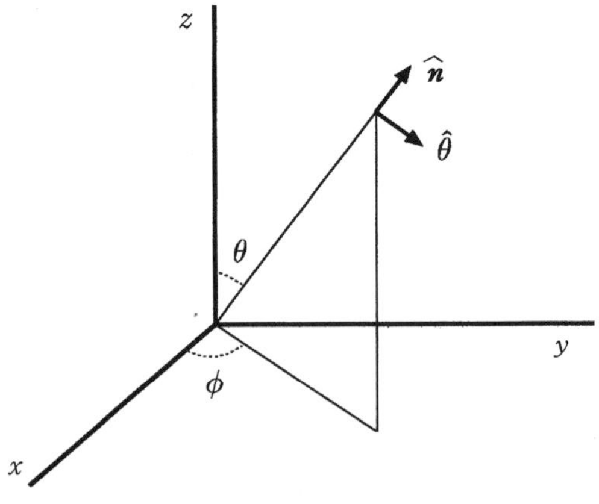

그림 4.1 좌표계에서 $\hat{\boldsymbol{n}}$의 방향

$$\xi_R(½) = \begin{pmatrix} \cos\dfrac{\theta}{2} e^{-\frac{i}{2}\phi} \\ \sin\dfrac{\theta}{2} e^{\frac{i}{2}\phi} \end{pmatrix} \tag{4.15a}$$

$$\xi_R(-½) = \begin{pmatrix} -\sin\dfrac{\theta}{2} e^{-\frac{i}{2}\phi} \\ \cos\dfrac{\theta}{2} e^{\frac{i}{2}\phi} \end{pmatrix} \tag{4.15b}$$

가 된다. $\xi_R(\pm½)$에 대하여 $\xi_R\,\xi_R^{\dagger}$를 계산하여 보면 다음 결과를 얻게 된다.

$$\begin{aligned}\xi_R(K)\ \xi_R(K')^{\dagger} = ½[\,&\delta_{KK'} + (K+K')\ \hat{\boldsymbol{n}}\cdot\boldsymbol{\sigma} \\ &-(2KK'-½)\ \hat{\boldsymbol{\theta}}\cdot\boldsymbol{\sigma} + i(K-K')\ \hat{\boldsymbol{\phi}}\cdot\boldsymbol{\sigma}]\end{aligned} \tag{4.16}$$

여기서 $\hat{\boldsymbol{n}}$, $\hat{\boldsymbol{\theta}}$, $\hat{\boldsymbol{\phi}}$는 서로 직교인 단위 벡터로서 다음과 같이 택할 수 있다.

$$\hat{\boldsymbol{\theta}} = (\cos\theta\cos\phi,\ \cos\theta\sin\phi,\ -\sin\theta), \tag{4.14b}$$

$$\hat{\boldsymbol{\phi}} = (-\sin\phi,\ \cos\phi,\ 0) \tag{4.14c}$$

[문제 4.2] 식 (4.16)을 증명하여라. 이것은 식 (4.15)를 이용하여 K와 K'의 각 성분에 대하여 성립함을 보임으로써 증명할 수도 있다.

이제 식 (4.16)을 이용하면 식 (4.13)은

$$u(p,K)\overline{u}(p,K') = \frac{1}{\sqrt{2}}\begin{pmatrix} e^{\frac{\omega}{2}\hat{p}\cdot\sigma} & 0 \\ 0 & e^{-\frac{\omega}{2}\hat{p}\cdot\sigma}\end{pmatrix}\begin{pmatrix}\xi_R(K) \\ \xi_R(K)\end{pmatrix}\frac{1}{\sqrt{2}}\left(\xi_R^{\dagger}(K'),\ \xi_R^{\dagger}(K')\right)$$
$$\cdot\begin{pmatrix} e^{\frac{\omega}{2}\hat{p}\cdot\sigma} & 0 \\ 0 & e^{-\frac{\omega}{2}\hat{p}\cdot\sigma}\end{pmatrix}\gamma^0$$

$$=\frac{1}{2}\begin{pmatrix} e^{\frac{\omega}{2}\hat{p}\cdot\sigma} & 0 \\ 0 & e^{-\frac{\omega}{2}\hat{p}\cdot\sigma}\end{pmatrix}\begin{pmatrix}\xi_R(K)\ \xi_R^{\dagger}(K') & \xi_R(K)\ \xi_R^{\dagger}(K') \\ \xi_R(K)\ \xi_R^{\dagger}(K') & \xi_R(K)\ \xi_R^{\dagger}(K')\end{pmatrix}\gamma^0\begin{pmatrix} e^{-\frac{\omega}{2}\hat{p}\cdot\sigma} & 0 \\ 0 & e^{\frac{\omega}{2}\hat{p}\cdot\sigma}\end{pmatrix}$$

$$=\frac{1}{2}\begin{pmatrix} e^{\frac{\omega}{2}\hat{p}\cdot\sigma} & 0 \\ 0 & e^{-\frac{\omega}{2}\hat{p}\cdot\sigma}\end{pmatrix}\begin{pmatrix}1 & 1 \\ 1 & 1\end{pmatrix}\begin{pmatrix}\xi_R(K)\ \xi_R^{\dagger}(K') & 0 \\ 0 & \xi_R(K)\ \xi_R^{\dagger}(K')\end{pmatrix}\begin{pmatrix} e^{-\frac{\omega}{2}\hat{p}\cdot\sigma} & 0 \\ 0 & e^{\frac{\omega}{2}\hat{p}\cdot\sigma}\end{pmatrix}$$

$$\begin{aligned}\therefore\ u(p,K)\bar{u}(p,K') = \frac{1}{4}S^{-1}(1+\gamma^0)[\delta_{KK'} + (K+K')\beta\,\hat{\boldsymbol{n}}\cdot\boldsymbol{\Sigma} \\ -(2KK'-½)\beta\,\hat{\boldsymbol{\theta}}\cdot\boldsymbol{\Sigma} + i(K-K')\beta\,\hat{\boldsymbol{\phi}}\cdot\boldsymbol{\Sigma}]S\end{aligned} \tag{4.17a}$$

한편 $\beta\boldsymbol{\Sigma} = -\gamma_5\boldsymbol{\gamma}$이므로

$$\begin{aligned} &S^{-1}(1+\gamma^0)S = \frac{1}{m}(m+\not{p}) \\ &S^{-1}\beta\boldsymbol{\Sigma}\cdot\hat{\boldsymbol{n}}S = -S^{-1}\gamma_5\boldsymbol{\gamma}\cdot\hat{\boldsymbol{n}}S = S^{-1}\gamma_5\gamma_\mu(n_3{}^\mu)_{REST}S = \gamma_5\gamma_\mu n_3{}^\mu \\ &S^{-1}\beta\boldsymbol{\Sigma}\cdot\hat{\boldsymbol{\theta}}S = -S^{-1}\gamma_5\boldsymbol{\gamma}\cdot\hat{\boldsymbol{\theta}}S = S^{-1}\gamma_5\gamma_\mu(n_1{}^\mu)_{REST}S = \gamma_5\gamma_\mu n_1{}^\mu \\ &S^{-1}\beta\boldsymbol{\Sigma}\cdot\hat{\boldsymbol{\phi}}S = -S^{-1}\gamma_5\boldsymbol{\gamma}\cdot\hat{\boldsymbol{\phi}}S = S^{-1}\gamma_5\gamma_\mu(n_2{}^\mu)_{REST}S = \gamma_5\gamma_\mu n_2{}^\mu \\ &\therefore\ u(p,K)\bar{u}(p,K') = \frac{1}{4m}(m+\not{p})[\delta_{KK'} - (2KK'-\frac{1}{2})\gamma_5\not{n}_1 + i(K-K')\gamma_5\not{n}_2 + (K+K')\gamma_5\not{n}_3]\end{aligned} \tag{4.17b}$$

여기에서 $n_1{}^\mu$, $n_2{}^\mu$, $n_3{}^\mu$는 각각 $\hat{\boldsymbol{\theta}}$, $\hat{\boldsymbol{\phi}}$, $\hat{\boldsymbol{n}}$을 식 (2.219)와 같이 Lorentz boost한 4-벡터이다. 즉, 정지상태에서 $(0, \hat{\boldsymbol{n}})$인 벡터는 Lorentz boost에 의하여

$$n_3{}^\mu = \left(\frac{\boldsymbol{p}\cdot\hat{\boldsymbol{n}}}{m},\ \hat{\boldsymbol{n}} + \frac{\boldsymbol{p}(\boldsymbol{p}\cdot\hat{\boldsymbol{n}})}{m(E+m)}\right) \tag{4.18a}$$

$$n_1{}^\mu = \left(\frac{\boldsymbol{p}\cdot\hat{\boldsymbol{\theta}}}{m},\ \hat{\boldsymbol{\theta}} + \frac{\boldsymbol{p}(\boldsymbol{p}\cdot\hat{\boldsymbol{\theta}})}{m(E+m)}\right) \tag{4.18b}$$

$$n_2{}^\mu = \left(\frac{\boldsymbol{p}\cdot\hat{\boldsymbol{\phi}}}{m},\ \hat{\boldsymbol{\phi}} + \frac{\boldsymbol{p}(\boldsymbol{p}\cdot\hat{\boldsymbol{\phi}})}{m(E+m)}\right) \tag{4.18c}$$

또 식 (4.17b)에서

$$
\begin{aligned}
\delta_{KK'} &= (I)_{K'K} \\
-(2KK' - \frac{1}{2}) &= \begin{pmatrix} 0 & 1 \\ 1 & 0 \end{pmatrix}_{K'K} \\
i(K-K') &= \begin{pmatrix} 0 & -i \\ i & 0 \end{pmatrix}_{K'K} \\
K+K' &= \begin{pmatrix} 1 & 0 \\ 0 & -1 \end{pmatrix}_{K'K}
\end{aligned}
\tag{4.19}
$$

를 이용하면

$$
u(p, K)\bar{u}(p, K') = \frac{1}{4m}\left[(m + \not{p})\left\{I_{K'K} + \gamma_5\gamma_\mu\, n_i^{\mu}(\sigma_i)_{K'K}\right\}\right] \tag{4.20a}
$$

또는

$$
u(p, K)_\alpha \bar{u}(p, K')_\beta = \frac{1}{4m}\left[(m + \not{p})\left\{I_{K'K} + \gamma_5\gamma_\mu\, n_i^{\mu}(\sigma_i)_{K'K}\right\}\right]_{\alpha\beta} \tag{4.20b}
$$

을 얻는다. 이것이 Bouchiat-Michel(*Nucl. Phys.* **5**, 416 (1958))의 공식이다. 식 (4.20b)는 일종의 사영연산자의 역할을 함을 보이고 있다. 많은 경우 지표 $(\alpha\beta)$는 생략하고 쓴다.

4.1.2 스핀-½ 입자의 밀도행렬

식 (4.20b)에서 보는 바와 같이 Bouchiat-Michel 공식은 지표 $(\alpha\beta)$와 스핀 상태 (KK')로 표시되어 있다. 이 식을 이용하는 몇 가지 특별한 경우를 생각해 보자.

(i) 특히 $K' = K$인 경우는(이들에 대한 합은 아닐 때)

$$
u(p, K)\bar{u}(p, K) = \frac{1}{4m}(m + \not{p})(1 + 2K\gamma_5\gamma_\mu\, n_3^{\mu}) \tag{4.21}
$$

가 된다. 이 식에서 편극상태에 대한 합을 취하는 경우는 앞 장에서 얻은 양에너지 사영연산자가 된다.

$$\sum_K u(p, K)\bar{u}(p, K) = \frac{1}{2m}(m + \not{p}) \tag{2.215b}$$

(ii) 또 식 (4.21)에서 입자가 스핀 상태 $K=½, -½$가 될 확률을 각각 $W_{½}, W_{-½}$라 할 때 이 식의 밀도행렬은

$$\begin{aligned}\rho &= \sum_{K=-½}^{½} W_K u(p, K)\bar{u}(p, K) = \frac{1}{4m}\sum_{K=-½}^{½} W_K(m + \not{p})(1+2K\gamma_5\gamma_\mu n_3{}^\mu) \\ &= \left(\frac{\not{p}+m}{2m}\right)\left(\frac{1+\gamma_5\not{s}}{2}\right) = \langle u(p,s)\overline{u(p,s)}\rangle\, ens.\ av.\end{aligned} \tag{4.22}$$

가 되는데, 여기서 s^μ는 다음과 같이 새로 정의된 양으로 편극 벡터(polarization vector)라 부르며,

$$s^\mu = (W_{½} - W_{-½})\, n_3{}^\mu \tag{4.23}$$

P^μ라 쓰기도 한다. 나중에 입자반응과 관련하여 밀도행렬을 구하는 방법을 논의하겠으며, 만일 밀도행렬이 주어지면 편극 벡터는 식 (2.232)로부터 얻을 수 있음을 보였다. 식 (4.22)는 식 (2.229)와 같은 편극된 입자의 사영연산자로 잘 알려진 Michel-Wightman 공식이다.

(iii) 특히 한 스핀 ½인 입자가 다른 표적입자에 의하여 산란되어 나올 때 전이진폭 T를 얻을 수 있고 여기에 스핀-½ 입자가 포함되는 경우 일반적으로 다음과 같은 모양으로 쓰여진다.

$$T_{fi} = \bar{u}(p_f, s_f) M u(p_i, s_i) \tag{4.24}$$

이것은 $u(p_i, s_i)$로 기술되는 입사입자가 외부 장의 영향을 받아 새로운 입자상태 $U(p, s)$로 되는데, 이것은 $U(p, s) \propto Mu(p_i, s_i)$로 쓸 수 있고, 이 입자가 입사입자와 같은 +에너지 상태에 있다면 규격화를 생각하지 않는 경우 새 입자상태를 $u(p_f, s_f)$상태들로 전개하여

$$U(p,s) = \sum_{s_f} u(p_f,\ s_f)\bar{u}(p_f,\ s_f) M u(p_i,\ s_i) = \left(\frac{\not{p}_f + m}{2m}\right) M u(p_i, s_i) \tag{4.25a}$$

로 쓸 수 있음을 의미한다. 따라서 이 식에서 $u(p_f, s_f)$의 전개계수가 전이진폭인 식 (3.137)과 식 (3.20)의 T_{fi}가 된다고 할 수 있다. 입자반응이 일어난 후 새 상태에서 운동량은 p_f이며 이 상태의 밀도행렬은

$$U\bar{U} = \left(\frac{\not{p}_f + m}{2m}\right) M u(p_i,\ s_i)\bar{u}(p_i,\ s_i)\widetilde{M}\left(\frac{\not{p}_f + m}{2m}\right) \tag{4.26}$$

으로부터 다음과 같이 됨을 알 수 있다. 만일 입사입자가 순수한 상태가 아닐 경우도 감안하여 밀도행렬로 기술한다면 위 식에서 $u(p_i, s_i)u(p_i, s_i)$ 대신에 ρ_i를 사용하면, 산란되어 나오는 입자의 밀도행렬은 다음과 같아진다.

$$\rho_f = \frac{U\bar{U}}{Tr(U\bar{U})} = \frac{\left(\frac{\not{p}_f + m}{2m}\right) M \rho_i \widetilde{M}\left(\frac{\not{p}_f + m}{2m}\right)}{Tr\left\{\left(\frac{\not{p}_f + m}{2m}\right) M \rho_i \widetilde{M}\right\}}. \tag{4.27}$$

여기서 $\widetilde{M}$는 다음과 같이 정의된 양이다.

$$\widetilde{M} = \gamma^0 M^{\dagger} \gamma^0 \tag{4.28}$$

이 식은 산란 전 입자의 상태와 산란 후 입자의 상태에 대한 정보를 주며, 편극이 산란 후 어떻게 변하는가를 이 식을 이용하면 알 수 있다. 구체적인 예는 다음 장에서 논하겠다.

(iv) 식 (4.22)는 스피너 지표 $(\alpha\beta)$로 표시한 밀도행렬 $\rho_{\alpha\beta}$를 나타낸 것이며 스핀 상태에 대한 밀도행렬도 $\rho_{KK'}$와는 어떠한 관계가 있는가 살펴보자.

$$U_{\alpha}(p,s) = \sum_K u_{\alpha}(p_f, K)\overline{u_{\lambda}}(p_f, K) M_{\lambda\tau} u_{\tau}(p_i, s_i) = \sum_K u_{\alpha}(p_f, K) T(K) \tag{4.25b}$$

로 놓으면 산란되어 나오는 입자에 대하여 첨자 f를 생략하고

$$\rho_{\alpha\beta} = \frac{U_\alpha \overline{U_\beta}}{Tr(U\overline{U})} = \frac{\sum_{K'}\sum_{K''} u_\alpha(p', K')T(K')T^\dagger(K'')\overline{u_\beta}(p', K'')}{\sum_K (T(K)T^\dagger(K))} \tag{4.29a}$$

즉

$$\rho_{\alpha\beta} = \sum_K \sum_{K'} \rho_{KK'}\ u(p', K)_\alpha \overline{u}(p', K')_\beta \tag{4.29}$$

를 얻는다. 여기서 $\rho_{KK'}$ 스핀 상태를 기저로 하여 얻은 밀도행렬이며 다음과 같이 정의된 양이다.

$$\rho_{KK'} = \frac{T(K)T^\dagger(K')}{\sum_K |T|^2{}_{KK}} \tag{4.30}$$

또 파동함수 $u(p', K)$의 직교성을 이용하면 이 식은 다음과 같이 쓸 수도 있다.

$$\rho_{KK'} = \sum_\alpha \sum_\beta \rho_{\alpha\beta} u(p, K')_\beta \overline{u}(p, K)_\alpha \tag{4.31}$$

즉 식 (4.20)은 스피너 상태와 스핀 상태로 표시한 밀도행렬을 연결해 주는 사영연산자이다. 또 식 (4.20)의 관계식을 이용하면

$$\rho_{KK'} = \sum_\alpha \sum_\beta \frac{1}{4m}\left[(m+\not{p})\{\mathrm{I}_{KK'} + \gamma_5\gamma_\mu \mathrm{n_i}^\mu (\sigma_\mathrm{i})_{KK'}\}\right]_{\beta\alpha} \rho_{\alpha\beta} \tag{4.32a}$$

$$\rho_{\alpha\beta} = \sum_\alpha \sum_\beta \frac{1}{4m}\left[(m+\not{p})\{\mathrm{I}_{K'K} + \gamma_5\gamma_\mu \mathrm{n_i}^\mu (\sigma_\mathrm{i})_{K'K}\}\right]_{\alpha\beta} \rho_{KK'} \tag{4.32b}$$

를 얻는다. 특히 식 (4.32a)는 항상 다음과 같이 쓸 수 있다.

$$\rho_{KK'} = \frac{1}{2}(I + P^i\ \sigma^i)_{KK'} \tag{4.33}$$

한편 식 (4.32b)는 식 (4.22)와 같으며, 편극 벡터 s^μ의 뜻을 알 수 있다. 또 스핀 상태를 나타내는 지표 K는 양자화 방향 $\boldsymbol{n}$을 어느 쪽으로 잡느냐에 따라 달라질 수 있으며, 앞에서 언급한 바 있는 헬리시티 상태는 $\boldsymbol{n}$을 입자의 운동량 방향으로 잡은 특별한 경우이다.

[문제 4.3] 식 (4.32a)을 증명하여라. 또 이 때 P^i는 무엇인가?

우리는 Bouchiat-Michel 공식을 스핀-1, ³⁄₂, 2 등으로 연장한 공식 [S.Y. Choi, Taeyeon Lee, and H.S. Song, *Phys. Rev.* D**40**, 2477 (1989)]을 얻었고, 비교적 최근에 Vega-Wudka는 식 (4.20)에서 운동량이 다른 경우에 대한 공식을 얻었다.

4.1.3 질량이 없는 스핀-½ 입자

스핀이 ½보다 큰 경우를 생각하기 전에 질량이 없는($m=0$) 스핀-½ 입자를 생각해 보자. 식 (2.296)에서 보는 바와 같이 입자의 질량 $m\neq 0$인 경우는 Dirac 스피너의 ξ와 η는 서로 연결(coupled)되어 있지만, 만일 $m=0$인 경우는 이들 사이에 아무런 관련이 없다. 즉

$$\begin{aligned} p_\mu \sigma^\mu \xi &= 0 \\ p_\mu \widetilde{\sigma}^\mu \eta &= 0 \end{aligned} \tag{4.34}$$

이다. 첫번째 식을 보면 식 (2.297)에서 보인 바와 같이

$$(p^0 - \boldsymbol{p}\cdot\boldsymbol{\sigma})\xi = 0 \tag{4.34a}$$

이며, $p^0 = |\boldsymbol{p}|$이므로

$$\hat{\boldsymbol{p}}\cdot\boldsymbol{\sigma}\,\xi = \xi \tag{4.34b}$$

가 된다. 마찬가지로 식 (4.34)의 두 번째 식은

$$\hat{\boldsymbol{p}}\cdot\boldsymbol{\sigma}\eta = -\eta \qquad (4.34c)$$

가 된다. 스핀 $\boldsymbol{S}$의 운동량 방향(즉, $\hat{\boldsymbol{p}}$ 방향) 성분의 고유치를 특히 헬리시티라 부른다. 따라서 ξ와 η는 각각 ½, -½의 헬리시티를 가진다. 식 (4.34b)에서와 같은 ξ는 오른쪽(left-handed) 헬리시티를, 식 (4.34c)의 η는 왼쪽(left-handed) 헬리시티를 가진다고 한다. 질량이 0인 입자가 오른쪽 헬리시티를 갖느냐, 왼쪽 헬리시티를 갖느냐 또는 두 가지를 다 갖느냐 하는 문제는 그 입자의 성질에 달려 있다고 할 수 있다. 지금까지 질량이 거의 0인 것으로 알려진 중성미자(中性微子, neutrino)는 왼쪽 헬리시티만을 가진 것으로 알려졌다. 표준모형에서는 중성미자가 질량이 0으로 가정하고 만들어진 입자모형이다. 중성미자의 질량이 0 인가 하는 문제는 아직도 실험적으로 많은 조사연구가 진행되고 있으며, 중성미자가 한 종류에서 다른 종류로 바뀌는 것은 정지질량이 0이 아닐 경우에만 가능하다. 따라서 질량이 0이고 왼쪽 헬리시티만을 갖는 중성미자는 η(반입자는 오른쪽 헬리시티를 가짐으로 ξ)만에 의하여 기술될 수 있다. 다시 말해서 스핀-½인 중성미자의 Dirac 스피너 $\Psi(x)$는 4 성분 대신에 2성분만으로 기술될 수 있다. 이와 관련된 문제는 다음에 더 자세히 기술하겠다.

4.2 질량이 없는 스핀-1 입자(광자)의 편극

스핀-1인 입자들 중에는 정지질량이 0인 잘 알려진 광자(光子, photon)와 질량이 상당히 무거운 $W^{\pm}$, Z^0과 같은 게이지 보존(gauge boson)과 그리고 ρ, ω, K^*, J/ψ 등 수많은 중간자(中間子, meson)들이 있다. 이들을 벡터 보존(vector boson)이라고도 하며 이들은 입자물리학에서 매우 중요한 역할을 하고 있다. 먼저 광자에서부터 시작하여 벡터 보존들의 편극을 다루는 방법을 생각하자.

4.2.1 전자기파의 복습

광자로 된 전자기파는 Maxwell 방정식을 만족함이 잘 알려져 있다. 특히 앞 장의 3.2절에서와 같이 유리화된 단위계(rationalized unit, 4π나 c를 1로 놓아서 없애고)와 $\hbar=1$인 단위계를 택하는 경우 자유광자의 Maxwell의 방정식은 다음과 같다.

$$
\begin{aligned}
&\nabla \cdot \boldsymbol{B} = 0 \\
&\nabla \times \boldsymbol{E} + \frac{\partial \boldsymbol{B}}{\partial t} = 0 \\
&\nabla \cdot \boldsymbol{E} = \rho \\
&\nabla \times \boldsymbol{B} - \frac{\partial \boldsymbol{E}}{\partial t} = \boldsymbol{j}
\end{aligned}
\tag{4.35}
$$

광자 자체가 정지질량이 없으므로 항상 광속도 움직임을 알고 있어 Maxwell 방정식은 상대론적 식임을 짐작할 수 있다. 여기에 4-벡터 포텐셜

$$A^{\mu} = (\phi, \boldsymbol{A}) \tag{4.36}$$

을 도입하여

$$
\begin{aligned}
&\boldsymbol{B} = \nabla \times \boldsymbol{A} \\
&\boldsymbol{E} = -\frac{\partial \boldsymbol{A}}{\partial t} - \nabla \phi
\end{aligned}
\tag{2.57}
$$

임을 알고 있다. 앞 장에서 이들이 게이지 변환에 대하여 불변임을 보였다. 또 Mawell 방정식이 공변인 모양이 아니기 때문에 Einstein에 의하여 처음 시도된 바와 같이 텐서량

$$F^{\mu\nu} = \partial^{\mu} A^{\nu} - \partial^{\nu} A^{\mu} \tag{4.37a}$$

을 도입하면 전자기장과의 관계는 식 (2.79)와 같고 Maxwell 방정식은 공변형으로 다음과 같이 쓸 수 있음을 알고 있다. 즉, 식 (4.35)에서 샘(source)

$$j^{\mu} = (\phi, \boldsymbol{j}) \tag{4.38}$$

을 포함하는 두 식은

$$\partial_\mu F^{\mu\nu} = j^\nu \tag{4.39}$$

가 되고, 샘이 없는 나머지 두 동차식은 $F^{\mu\nu}$의 쌍생성 텐서(dual tensor)

$$\widetilde{F^{\mu\nu}} = \frac{1}{2}\varepsilon^{\mu\nu\lambda\tau} F_{\lambda\tau} \tag{4.37b}$$

를 도입함으로써

$$\partial_\mu \widetilde{F^{\mu\nu}} = 0 \tag{4.40}$$

임을 알 수 있다. 식 (4.37)은 Lorentz 변환에 대하여

$$F'^{\mu\nu} = a^\mu{}_\lambda\, a^\nu{}_\tau F^{\lambda\tau} \tag{4.41}$$

와 같이 변하며, 식 (2.79)로부터 새 좌표계에 대한 (E', B')를 구할 수 있다. 또 식 (4.37a), (4.37b), (4.39), (4.40)은 Lorentz 공변식이므로 새 좌표계에서도 성립하고, 식 (4.35)를 만족하는 새 (E', B')와 (E, B) 사이의 관계는 식 (4.41)을 통하여 이루어진다.

[문제 4.4] 식 (4.39)와 (4.40)이 Maxwell방정식 (4.35)와 같음을 보여라.

식 (4.39)을 A^μ로 표시하면

$$\partial_\mu(\partial^\mu A^\nu - \partial^\nu A^\mu) = j^\nu, \tag{4.42a}$$

$$\Box A^\nu - \partial^\nu(\partial_\mu A^\mu) = j^\nu \tag{4.42b}$$

가 된다. 여기서 D'Ambertian 기호로 알려진 $\Box$는 다음과 같이 정의된 양이다.

$$\Box = \partial_\mu \partial^\mu = \frac{\partial^2}{\partial t^2} - \nabla^2 \tag{4.43}$$

물리적으로 전기자기장 ($\boldsymbol{E}$, $\boldsymbol{B}$)보다 A^{μ}가 더 기본적인 양임은 전자기장만으로는 설명할 수 없는 물리현상을 4-포텐셜로 규명할 수 있기 때문이다.

전자기장이 게이지 변환에 대하여 불변인 것은 앞 장에서 보였지만, 식 (2.62)를 쓰는 경우

$$A^{\mu} \rightarrow A'^{\mu} = A^{\mu} + \partial^{\mu}\Lambda \tag{2.62}$$

에 대하여 식 (4.42b)는 불변이지만, 여기서 $\partial_{\mu}A^{\mu}=0$을 택하면 게이지 변환에 대하여 불변이라고 볼 수 없다. 그러나

$$\partial_{\mu}A^{\mu} \rightarrow \partial_{\mu}A^{\mu} + \Box\Lambda \tag{4.44}$$

가 되므로 만일 $\partial_{\mu}A^{\mu}\neq 0$이면 $\Box\Lambda = -\partial_{\mu}A^{\mu}$로 택함으로써 새로 택한 4-포텐셜(A'^{μ} 같이)은

$$\partial_{\mu}A^{\mu} = \frac{\partial\phi}{\partial t} + \nabla\cdot\boldsymbol{A} = 0 \text{ (Lorentz 조건)} \tag{4.45}$$

되는 A^{μ}를 택할 수 있고 이것은 Maxwell 방정식에 아무런 영향을 주지 않을 뿐 아니라 방정식을 간단히 만든다. 즉 식 (4.42b)는

$$\Box A^{\mu} = j^{\mu} \tag{4.46a}$$

가 되고 특히 샘이 없는 경우에는 다음과 같이 된다.

$$\Box A^{\mu} = 0 \tag{4.46b}$$

Klein-Gordon식

$$(\Box + m^2)\phi = 0 \tag{2.5b}$$

과 비교하면 A^{μ}는 질량이 없는 입자를 나타냄을 알 수 있다.

Proca 방정식으로 알려진 질량을 가진 스핀-1 입자의 방정식은

$$\partial_\mu F^{\mu\nu} + m^2 A^\nu = 0 \tag{4.47}$$

으로서, 질량 $m=0$이면 Maxwell 방정식이 된다. 여기에 ∂_ν를 작용하면 $F^{\mu\nu}$의 역대칭성 때문에

$$m^2 \partial_\nu A^\nu = 0 \tag{4.48}$$

되며, $m \neq 0$이므로 유한한 질량을 가진 스핀-1 입자도 Lorentz 조건은 만족한다. 따라서 A^μ는 4개의 성분을 가지고 있으나 Lorentz 조건 때문에 3개의 독립 성분을 가진 스핀-1 입자를 나타낸다고 할 수 있다.

4.2.2 전자기파의 편극

전자기파의 편극을 생각해 보자. 다시 먼저 고전적 전자기파 방정식인 Maxwell 방정식으로부터 전자기파 광자들이 만족하는 Hamiltonian을 구할 수 있다. 당분간 $\hbar$와 c를 생략하지 않고, 샘에서 멀리 떨어진 자유 광자에 대하여 Maxwell 식 (4.35)의 둘째와 넷째 식, 첫째와 셋째 식으로부터 각각

$$\nabla \times (\boldsymbol{E} - i\boldsymbol{B}) = -\frac{i}{c}\frac{\partial}{\partial t}(\boldsymbol{E} - i\boldsymbol{B}) \tag{4.49a}$$

$$\nabla \cdot (\boldsymbol{E} - i\boldsymbol{B}) = 0 \tag{4.49b}$$

가 된다. 여기에

$$\boldsymbol{\Psi} = \boldsymbol{E} - i\boldsymbol{B} = \begin{pmatrix} \Psi^1 \\ \Psi^2 \\ \Psi^3 \end{pmatrix} \tag{4.50}$$

라 정의하면, 식 (4.49)는 다음과 같이 쓸 수 있다.

$$i\hbar \frac{\partial}{\partial t} \boldsymbol{\Psi} + c\hbar \, \nabla \times \boldsymbol{\Psi} = 0 \tag{4.51a}$$

$$\nabla \cdot \boldsymbol{\Psi} = 0 \tag{4.51b}$$

특히 위 식들을 성분별로 쓰면

$$i\hbar \frac{\partial \Psi^i}{\partial t} = -c\hbar \varepsilon^{ijk} \frac{\partial \Psi^k}{\partial x^j} \tag{4.52a}$$

$$\frac{\partial \Psi^i}{\partial x^i} = 0 \tag{4.52b}$$

가 된다. 여기에 다음과 같은 3×3 행렬 $S^i \, (i=1,2,3)$를 도입하자.

$$(S^i)_{jk} = -i\varepsilon^{ijk} \Rightarrow -(S^j)_{ik} \tag{4.53a}$$

$$S^1 = \begin{pmatrix} 0 & 0 & 0 \\ 0 & 0 & -i \\ 0 & i & 0 \end{pmatrix}, \quad S^2 = \begin{pmatrix} 0 & 0 & -i \\ 0 & 0 & 0 \\ i & 0 & 0 \end{pmatrix}, \quad S^3 = \begin{pmatrix} 0 & -i & 0 \\ i & 0 & 0 \\ 0 & 0 & 0 \end{pmatrix} \tag{4.53b}$$

그러면 식 (4.52a)는

$$i\hbar \frac{\partial \Psi^i}{\partial t} = -c(\boldsymbol{p} \cdot \boldsymbol{S})_{ik} \Psi^k \tag{4.54}$$

가 되어, 마치 스핀-½에서의 Dirac 방정식 모양의 방정식을 얻었다.

식 (4.52)를 살펴보자.

(i) 식 (4.52b)를 시간에 대한 미분을 하면,

$$\frac{\partial}{\partial t} \frac{\partial \Psi^i}{\partial x^i} = \frac{\partial}{\partial x^i} \frac{\partial \Psi^i}{\partial t} = ic\varepsilon^{ijk} \frac{\partial}{\partial x^i} \frac{\partial \Psi^k}{\partial x^j} = 0 \tag{4.55}$$

이 된다. 따라서 식 (4.52b)는 시간과 무관하게 성립한다. 즉, 이것은 전자파가 항상 진행 방향에 수직인 횡파(橫波, transverse wave)임을 의미한다.

(ii) 식 (4.52a)를

$$i\hbar \frac{\partial}{\partial t} \Psi = H \Psi \tag{4.56}$$

와 비교하여 보면

$$H = -c(\boldsymbol{p} \cdot \boldsymbol{S}) \tag{4.57}$$

인 3×3 행렬로서

$$\begin{aligned}(H^2)_{ij} &= c^2(\boldsymbol{p} \cdot \boldsymbol{S})_{ik}(\boldsymbol{p} \cdot \boldsymbol{S})_{kj} = -c^2 p^m p^n \varepsilon^{mik} \varepsilon^{nkj} \\ &= c^2 p^m p^n (\delta_{ij}\,\delta_{mn} - \delta_{in}\,\delta_{jm}) = c^2(\boldsymbol{p}^2 \delta_{ij} - p^i p^j)\end{aligned}$$

이므로 식 (4.52b)를 적용하면 다음과 같이 된다.

$$(H^2)_{ij}\, \Psi^j = c^2\, \boldsymbol{p}^2\, \Psi^i \tag{4.58}$$

따라서 H의 고유치를 E라 할 때

$$E^2 = c^2\, \boldsymbol{p}^2 \tag{4.59}$$

가 되며 Einstein의 에너지-운동량 사이의 관계식을 생각하면 이것은 광자의 정지질량이 없다($m=0$)는 것을 의미한다.

(iii) 식 (4.44)를 평면파에 대하여 생각하고, 식 (4.59)로부터 $E = \pm c|\boldsymbol{p}|$를 이용하면

$$(\hat{\boldsymbol{p}} \cdot S)\, \boldsymbol{\Psi} = \pm\, \boldsymbol{\Psi} \tag{4.60}$$

을 만족한다. 즉 $\boldsymbol{\Psi}$는 스핀-1의 고유 상태임을 의미한다. 즉, 임의 단위 벡터 $\boldsymbol{n}$에 대하여 $\boldsymbol{n}\cdot\boldsymbol{S}$의 고유치 문제를 생각해 보자.

$$
\begin{aligned}
|\boldsymbol{n}\cdot\boldsymbol{S}-\lambda| &= \begin{vmatrix} -\lambda & -in^3 & in^2 \\ in^3 & -\lambda & -in^1 \\ -in^2 & in^1 & -\lambda \end{vmatrix} = 0 \\
&-\lambda^3 + \lambda(\boldsymbol{n}\cdot\boldsymbol{n}) = 0, \\
&\therefore \lambda = +1,\ 0,\ \text{또는}\ -1
\end{aligned}
\tag{4.61}
$$

따라서 $\boldsymbol{n}$을 광자의 운동량 방향 $\hat{\boldsymbol{p}}$로 택할 때, 고유치 0을 갖는 $\hat{\boldsymbol{p}}\cdot\boldsymbol{S}$의 고유 벡터 $\boldsymbol{\Psi}_0$는

$$\boldsymbol{\Psi}_0 \propto \hat{\boldsymbol{p}} \tag{4.62}$$

인데 이것은 Maxwell 방정식에서 나온 식 (4.60)에 해당되지 않는다. 이것은 전자장의 방향이 전자파의 진행방향이므로 전자파는 종파가 될 수 없음을 의미한다. 이 해는 식 (4.52b)에도 위배된다. 따라서 전자파는 $\boldsymbol{\Psi}_\pm$만을 해로 가진다.

식 (4.60)의 해 $\boldsymbol{\Psi}_\pm$는 이것의 평면파를

$$\boldsymbol{\Psi}_\pm = \boldsymbol{u}_\pm e^{\frac{i}{\hbar}(\boldsymbol{p}\cdot\boldsymbol{x}\mp cpt)} \tag{4.63}$$

라 놓으면 다음과 같음을 보일 수 있다.

$$
\begin{pmatrix} E^1 - iB^1 \\ E^2 - iB^2 \\ E^3 - iB^3 \end{pmatrix} = \frac{1}{\sqrt{2(1-\hat{p}_3^{\,2})}} \begin{pmatrix} \mp i\hat{p}_2 - \hat{p}_1\hat{p}_3 \\ \mp i\hat{p}_1 - \hat{p}_2\hat{p}_3 \\ 1-\hat{p}_3^{\,2} \end{pmatrix} e^{\frac{i}{\hbar}(\boldsymbol{p}\cdot\boldsymbol{x}\mp cpt)} \tag{4.64}
$$

[문제 4.5] $\hat{\boldsymbol{p}}\cdot\boldsymbol{S}$의 고유 벡터가 식 (4.62)과 (4.64)가 됨을 보여라.

[문제 4.6] 전자파가 x-축 방향으로 진행한다고 하여 $p_1 = \pm p$, $p_2 = p_3 = 0$이라면

$$
\begin{aligned}
E^1 &= 0, \\
E^2 &= \mp\sqrt{\frac{1}{2}}\sin\frac{p}{\hbar}(x-ct), \\
E^3 &= \sqrt{\frac{1}{2}}\cos\frac{p}{\hbar}(x-ct)
\end{aligned}
\tag{4.65}
$$

특히 $x=0$에서 $\frac{pc}{\hbar}=\omega$를 고려하면 이 파가 좌/우로 원편극(circularly polarized)된 것을 알 수 있다. 이 해에 $e^{i\chi}$와 $e^{-i\chi}$를 곱하여 합하면 z-축방향에 χ의 각으로 선편광된 전자기파가 됨을 알 수 있다(참조: Good & Nelson 저 *Classical Theory of Electric and Magnetic Fields*, Academy Press).

4.2.3 광자의 스핀 상태

$\Psi_{\pm}$를 A^{μ}로 표시하면 어떻게 될까? 특히 자유광자에 대하여는 Coulomb 게이지

$$\nabla \cdot \boldsymbol{A} = 0 \tag{4.66}$$

를 택할 수 있다. 그 이유는 Lorentz 조건

$$\frac{\partial A_0}{\partial t} + \nabla \cdot \boldsymbol{A} = 0 \tag{4.45}$$

과 게이지 변환

$$
\begin{aligned}
&\boldsymbol{A} \to \boldsymbol{A} - \nabla\Lambda, \\
&A_0 \to A_0 + \frac{\partial\Lambda}{\partial t}
\end{aligned}
\tag{4.67}
$$

에서 $\frac{\partial\Lambda}{\partial t}=-A_0$가 되도록 Λ를 택하고 다시 게이지 변환을 하면 문제는 해결될 수 있다

(송희성 저 『양자역학』 p. 552 참조). 따라서 이 때 식 (2.57)은 다음과 같이 된다.

$$\begin{aligned} \boldsymbol{B} &= \nabla \times \boldsymbol{A}, \\ \boldsymbol{E} &= -\frac{1}{c}\frac{\partial \boldsymbol{A}}{\partial t} \end{aligned} \tag{4.68}$$

즉 전자기장은 $A^0 = 0$으로 놓고 $\boldsymbol{A}$만으로 기술될 수 있다. 특히 평면파 해

$$\boldsymbol{A} = N\hat{\boldsymbol{a}}\, e^{\frac{i}{\hbar}(\boldsymbol{p}\cdot\boldsymbol{x} - Et)} \tag{4.69}$$

를 생각하자. 여기서 N은 규격화 상수이고 $\hat{\boldsymbol{a}}$은 $\boldsymbol{A}$ 방향의 단위 벡터이며 식 (4.66)은 $\boldsymbol{a}$가 운동량 방향 $\hat{\boldsymbol{p}}$에 수직임을 말해 준다. 따라서

$$\begin{aligned} \boldsymbol{B} &= \frac{i}{\hbar}\,\boldsymbol{p}\times\boldsymbol{A}, \\ \boldsymbol{E} &= \frac{iE}{\hbar c}\,\boldsymbol{A};\ (E\text{는 에너지}) \\ \therefore\ \boldsymbol{\Psi}_{\pm} &= \boldsymbol{E} - i\boldsymbol{B} = \frac{i\,|\boldsymbol{p}|}{\hbar}(\boldsymbol{A} - i\hat{\boldsymbol{p}}\times\boldsymbol{A}) \\ &\propto N'(\hat{\boldsymbol{a}} - i\hat{\boldsymbol{p}}\times\hat{\boldsymbol{a}})e^{\frac{i}{\hbar}(\boldsymbol{p}\cdot\boldsymbol{x} - Et)} \end{aligned} \tag{4.70a}$$

가 된다. 앞으로 식 (4.63) 대신에

$$\boldsymbol{\Psi}_{\pm} = N\boldsymbol{\varepsilon}(\pm)\, e^{\frac{i}{\hbar}(\boldsymbol{p}\cdot\boldsymbol{x} - Et)}, \quad (E = cp) \tag{4.70b}$$

를 사용하기로 하자.

식 (4.60)은 $\lambda = \pm 1$이라 할 때 다음과 같이 쓸 수 있다.

$$(\hat{\boldsymbol{p}}\cdot\boldsymbol{S})\,\boldsymbol{\varepsilon}(\lambda) = \lambda\,\boldsymbol{\varepsilon}(\lambda) \tag{4.71}$$

물리적 의미는 없지만 $\lambda = 0$인 경우,

$$(\hat{\boldsymbol{p}} \cdot \boldsymbol{S})_{ij}\boldsymbol{\varepsilon}_k(0) = 0 \quad \rightarrow i(\hat{\boldsymbol{p}} \times \boldsymbol{\varepsilon}(0)) = 0 \tag{4.72}$$

$\varepsilon(0) = \hat{\boldsymbol{p}}$라 쓸 수 있으므로, $\boldsymbol{\varepsilon}(\pm)$은 $\boldsymbol{\varepsilon}(0)$에 수직이며 따라서 $\hat{\boldsymbol{p}}$에 수직임을 알 수 있다. 즉 식 (4.71)은

$$i(\hat{\boldsymbol{p}} \times \boldsymbol{\varepsilon}(\pm)) = \pm\, \boldsymbol{\varepsilon}(\pm) \tag{4.73}$$

가 되어 $\boldsymbol{\varepsilon}(\pm)$은 $\hat{\boldsymbol{p}}$에 수직인 두 벡터 $\hat{\boldsymbol{\theta}}$와 $\hat{\boldsymbol{\phi}}(=\hat{\boldsymbol{p}} \times \hat{\boldsymbol{\theta}})$로 표시할 수 있다. 따라서 광자의 편극 베터는

$$\boldsymbol{\varepsilon}(+) = -\frac{1}{\sqrt{2}}(\hat{\boldsymbol{\theta}} + i\hat{\boldsymbol{p}} \times \hat{\boldsymbol{\theta}}) = -\frac{1}{\sqrt{2}}(\hat{\boldsymbol{\theta}} + i\hat{\boldsymbol{\phi}}) \tag{4.74a}$$

$$\boldsymbol{\varepsilon}(-) = \frac{1}{\sqrt{2}}(\hat{\boldsymbol{\theta}} - i\hat{\boldsymbol{p}} \times \hat{\boldsymbol{\theta}}) = \frac{1}{\sqrt{2}}(\hat{\boldsymbol{\theta}} - i\hat{\boldsymbol{\phi}}) \tag{4.74b}$$

이며 이들을 각각 우원편광(right circular polarization)과 좌원편광(left circular polarization)이라 부른다. 또는 Coulomb 게이지에서 $\varepsilon^0 = 0$이고 이 둘을 함께 다음과 같이 쓸 수 있다.

$$\boldsymbol{\varepsilon}(\lambda) = -\frac{1}{\sqrt{2}}(\lambda\hat{\boldsymbol{\theta}} + i\hat{\boldsymbol{p}} \times \hat{\boldsymbol{\theta}}) = -\frac{1}{\sqrt{2}}(\lambda\hat{\boldsymbol{\theta}} + i\hat{\boldsymbol{\phi}}). \tag{4.74c}$$

여기서 $\boldsymbol{\varepsilon}(+1)$ 앞에 + 부호를 붙이는 사람도 있다. 여기서 중요한 것은 $\boldsymbol{\varepsilon}(+)$와 $\boldsymbol{\varepsilon}(-)$ 사이의 상대적 부호이다. 즉 $\boldsymbol{\varepsilon}(+)$, $\boldsymbol{\varepsilon}(0)$, $\boldsymbol{\varepsilon}(-)$ 사이의 상대적 부호는 소위 내림연산자(lowering operator)를 작용하여 얻을 수 있도록 택하여야 한다.

[문제 4.7] $\varepsilon(0) = \hat{\boldsymbol{p}}$에 사다리연산자(ladder operators) $S_{\pm} = \frac{1}{\sqrt{2}}(\hat{\boldsymbol{\theta}} \cdot \boldsymbol{S} \pm i\hat{\boldsymbol{\phi}} \cdot \boldsymbol{S})$를 작용하여 $\boldsymbol{\varepsilon}(\pm)$가 식 (4.74)와 같이 됨을 보여라.

[문제 4.8] 서로 수직인 단위 벡터 $\hat{\boldsymbol{e}}^i$ $(i=1,2,3)$에 대하여 다음 관계식을 보여라.

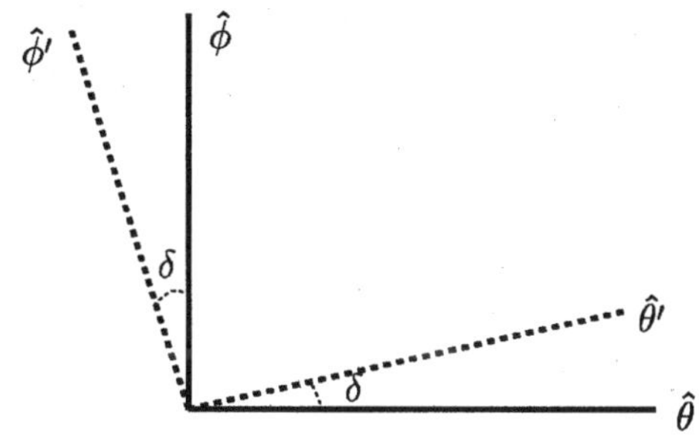

그림 4.2 $\hat{\boldsymbol{p}}$ 방향에 수직인 좌표축을 δ각만큼 $\hat{\boldsymbol{p}}$ 방향 주위로 회전한 것

$$[\boldsymbol{S}\cdot\hat{\boldsymbol{e}}^1, \boldsymbol{S}\cdot\hat{\boldsymbol{e}}^2] = i\boldsymbol{S}\cdot\hat{\boldsymbol{e}}^3 \tag{4.75}$$

식 (4.74c)로 만들어진 $\boldsymbol{\varepsilon}(\lambda)$는 다음과 같은 성질을 가지고 있다.

(i) $\boldsymbol{\varepsilon}(\lambda)^*\cdot\boldsymbol{\varepsilon}(\lambda') = \delta_{\lambda\lambda'}$, (4.76a)

(ii) $\boldsymbol{\varepsilon}(\lambda)^* = (-1)^{\lambda}\boldsymbol{\varepsilon}(-\lambda)$ (4.76b)

(iii) $\hat{\boldsymbol{p}}$에 수직인 $\hat{\boldsymbol{\theta}}$, $\hat{\boldsymbol{\phi}}$를 택하는 방법은 여러 가지가 있을 수 있다. 그림 3.2와 같이 새로운 $\hat{\boldsymbol{\theta}}'$, $\hat{\boldsymbol{\phi}}'$가 $\hat{\boldsymbol{\theta}}$, $\hat{\boldsymbol{\phi}}$에 대하여 $\hat{\boldsymbol{p}}$ 주위로 δ각만큼 회전한 것이라면,

$$\begin{aligned}\hat{\boldsymbol{\theta}}' &= \cos\theta\,\hat{\boldsymbol{\theta}} + \sin\theta\,\hat{\boldsymbol{\phi}},\\ \hat{\boldsymbol{\phi}}' &= -\sin\theta\,\hat{\boldsymbol{\theta}} + \cos\theta\,\hat{\boldsymbol{\phi}}\end{aligned} \tag{4.77}$$

이 되고, 새로운 $\hat{\boldsymbol{\theta}}'$, $\hat{\boldsymbol{\phi}}'$가 만드는 $\boldsymbol{\varepsilon}(\lambda)$는

$$\begin{aligned}-\frac{1}{\sqrt{2}}(\lambda\hat{\boldsymbol{\theta}}' + i\hat{\boldsymbol{\phi}}') &= -\frac{1}{\sqrt{2}}(\lambda\cos\delta\,\hat{\boldsymbol{\theta}} + \lambda\sin\delta\,\hat{\boldsymbol{\phi}} - i\sin\delta\,\hat{\boldsymbol{\theta}} + i\cos\delta\,\hat{\boldsymbol{\phi}})\\ &= -\frac{1}{\sqrt{2}}(\cos\delta - i\lambda\sin\delta)(\lambda\hat{\boldsymbol{\theta}} + i\hat{\boldsymbol{\phi}})\\ &= -\frac{1}{\sqrt{2}}e^{-i\lambda\delta}(\lambda\hat{\boldsymbol{\theta}} + i\hat{\boldsymbol{\phi}})\end{aligned} \tag{4.78}$$

즉, 위상(phase)의 차이만을 준다. 1개의 광자가 입자와 산란할 때에 이 위상은 별로 중

요하지 않으나 두 광자가 상호작용하는 경우에는 위상차가 중요할 수 있다.

앞으로 광자의 편극을 취급할 때 편의상 $\boldsymbol{\theta}$ 대신 $\hat{\boldsymbol{a}}$를 취하겠다. 즉 식 (4.74c) 대신에

$$\boldsymbol{\varepsilon}(\lambda) = -\frac{1}{\sqrt{2}}(\lambda\,\hat{\boldsymbol{a}} + i\,\hat{\boldsymbol{p}}\times\hat{\boldsymbol{a}}) \tag{4.74d}$$

이 된다. 이 식으로부터 다음 관계식을 얻을 수 있다.

$$\begin{aligned}\varepsilon^i(\lambda)\varepsilon^j(\lambda')^* = \frac{1}{2}\Big[&(\delta^{ij} - \hat{p}^i\hat{p}^j)\delta_{\lambda\lambda'} - \frac{i}{2}(\lambda+\lambda')\varepsilon^{ijk}\hat{p}^k \\ &- \frac{i}{2}(\lambda-\lambda')\{\hat{a}^i(\hat{p}\times\hat{a})^j + \hat{a}^j(\hat{p}\times\hat{a})^i\} \\ &+ \frac{1}{2}(\lambda\lambda'-1)\{\hat{a}^i\hat{a}^j - (\hat{p}\times\hat{a})^i(\hat{p}\times\hat{a})^j\}\Big]\end{aligned} \tag{4.79}$$

특히 광자의 편극상태에 대한 합을 취하는 경우 다음과 같이 됨을 알 수 있다.

$$\sum_{\lambda}\varepsilon^i(\lambda)\varepsilon^j(\lambda)^* = (\delta^{ij} - \hat{p}^i\hat{p}^j) \tag{4.80}$$

여기서 (ε^i)는 4-차원 값이 아니므로 경우에 따라서는 (ε^μ)를 다루는 것이 편리할 때가 있다. 이것은 뒤에 다루기로 한다.

[문제 4.9] 식 (4.80)을 증명하여라.

4.3 질량을 가진 스핀-1 입자의 편극

질량이 0인 광자는 항상 광속도로 움직이므로 비상대론이 될 수 없으나, 질량이 유한한 값을 갖는 입자는 항상 입자의 정지상태를 생각할 수 있다. 따라서 같은 스핀-1인 입자라도 질량이 있는 것과 없는 것의 취급은 다르게 된다. 복합 입자인 스핀-1 입자는 많이 발견되어 쿼크 모형으로 속박된 상태(bound state)로 취급하는 데 반하여, $W^{\pm}$, Z^0 같은 게이지 입자는 기본입자로 생각하고 있다.

식 (4.53a)에서 정의된 스핀-1 행렬의 $\hat{\boldsymbol{n}}$ 방향 성분의 고유치 문제의 해는 식 (4.61)에서 보인 바와 같이 고유치 $\lambda=0$을 갖는 고유 벡터는 $\hat{\boldsymbol{n}}$이고 $\lambda=\pm 1$인 고유 벡터는 식 (4.74a)와 (4.74b)로 주어지는데, 제2장에서 정지상태에서 서로 직교인 3벡터 $\hat{\boldsymbol{\theta}}$, $\hat{\boldsymbol{\phi}}$, $\hat{\boldsymbol{n}}$를 식 (2.219)와 같이 Lorentz boost한 식 (4.18a-c)의 $n_1{}^\mu$, $n_2{}^\mu$, $n_3{}^\mu$에

$$n_0{}^\mu = \left(\frac{E}{m}, \frac{\boldsymbol{p}}{m} \right) \tag{4.18d}$$

를 추가하면, 이들 $n_i{}^\mu(\mu,\ i=0,1,2,3)$는 다음과 같은 관계식을 만족한다.

$$\begin{aligned}
&n_i{}^\mu\ n_j{}^\nu g_{\mu\nu} = g_{ij}, \\
&n_i{}^\mu\ n_j{}^\nu g^{ij} = g^{\mu\nu}, \\
&\varepsilon_{\mu\nu\lambda\tau}\, n_i{}^\mu\ n_j{}^\nu\ n_k{}^\lambda\ n_l{}^\tau = \varepsilon_{ijkl}, \\
&\varepsilon^{ijkl}\, n_i{}^\mu\ n_j{}^\nu\ n_k{}^\lambda\ n_l{}^\tau = \varepsilon^{\mu\nu\lambda\tau}
\end{aligned} \tag{4.81}$$

이들 ($n_i{}^\mu$)를 tetrad 또는 vierbein이라 부른다. 따라서 질량이 유한한 스핀-1 벡터는 식 (4.18)을 이용하여 식 (4.74)의 Lorentz boost를 생각하면

$$\begin{aligned}
&\varepsilon^\mu(\pm 1) = \frac{1}{\sqrt{2}}(\mp\ n_1{}^\mu - i\, n_2{}^\mu), \\
&\varepsilon^\mu(0) = n_3{}^\mu
\end{aligned} \tag{4.82}$$

가 된다. 이 식 (4.82)을 다시 한꺼번에 쓰면 다음과 같다.

$$\varepsilon^\mu(K) = (1 - |K|)\, n_3{}^\mu - \frac{1}{\sqrt{2}}|K|(K\, n_1{}^\mu + i\, n_2{}^\mu) \tag{4.83}$$

여기서 K는 고유치 λ와 같이 스핀-1의 상태를 나타내는 $(+1,\ 0,\ -1)$을 의미한다. 이 식으로부터 다음 관계식을 얻는다.

$$\varepsilon^\mu(p,\ K)\varepsilon^\nu(p,\ K')^* = \frac{1}{3}\left(I^{\mu\nu} - \frac{3}{2m} i\varepsilon^{\mu\nu\lambda\tau} p_\lambda\, n_{i_\tau}(S^i) - \frac{3}{2}\ n_i{}^\mu\ n_j{}^\nu(S^{ij}) \right)_{K'K} \tag{4.84}$$

이 식에서 $I^{\mu\nu}$는 입자의 정지계에서 δ^{ij}가 되고 $(\mu,\ \nu)$에 대칭인 양으로

$$I^{\mu\nu} = -g^{\mu\nu} + \frac{p^{\mu}p^{\nu}}{m^2} = n_1{}^{\mu}\, n_1{}^{\nu} + n_2{}^{\mu}\, n_2{}^{\nu} + n_3{}^{\mu}\, n_3{}^{\nu} \tag{4.85a}$$

이고, (S^i)는 스핀-1 각운동량 연산자의 표준 행렬 표현으로 traceless인

$$(S^1) = \begin{pmatrix} 0 & \frac{1}{\sqrt{2}} & 0 \\ \frac{1}{\sqrt{2}} & 0 & \frac{1}{\sqrt{2}} \\ 0 & \frac{1}{\sqrt{2}} & 0 \end{pmatrix},\ (S^2) = \begin{pmatrix} 0 & -\frac{i}{\sqrt{2}} & 0 \\ \frac{i}{\sqrt{2}} & 0 & -\frac{i}{\sqrt{2}} \\ 0 & \frac{i}{\sqrt{2}} & 0 \end{pmatrix},\ (S^3) = \begin{pmatrix} 1 & 0 & 0 \\ 0 & 0 & 0 \\ 0 & 0 & -1 \end{pmatrix} \tag{4.85b}$$

이며, 또 S^{ij}는 다음과 같이 정의된 $(i\,j)$에 대하여 대칭이며 traceless인 행렬이다.

$$\begin{aligned} &(S^{ij})_{K'K} = (S^iS^j + S^jS^i - \frac{4}{3}\delta^{ij}I)_{K'K} \\ &\sum_K (S^{ij})_{KK} = 0, \qquad \sum_i (S^{ii}) = 0 \end{aligned} \tag{4.85c}$$

식 (4.84)는 유한한 질량을 가진 스핀-1 입자의 편극을 조사하는 데 매우 중요한 공식으로 스핀-1 입자의 Bouchiat-Michel 공식에 해당하는 공식이라 할 수 있다. 이 식을 증명해 보자.

[식 (4.84)의 증명]

편의상 K 대신 λ를 사용하고 꼭 필요한 부분만 생각한다.

$$\begin{aligned} \varepsilon^{\mu}(\lambda)\, \varepsilon^{\nu}(\lambda')^* = &\left\{(1-|\lambda|)\, n_3{}^{\mu} - \frac{1}{\sqrt{2}}|\lambda|(\lambda\, n_1{}^{\mu} + i\, n_2{}^{\mu})\right\} \\ &\cdot \left\{(1-|\lambda'|)\, n_3{}^{\nu} - \frac{1}{\sqrt{2}}|\lambda'|(\lambda'\, n_1{}^{\nu} - i\, n_2{}^{\nu})\right\} \end{aligned}$$

여기에 식 (4.85)로부터

$$n_1{}^{\mu}\ n_1{}^{\nu} + n_2{}^{\mu}\ n_2{}^{\nu} = I^{\mu\nu} - n_3{}^{\mu}\ n_3{}^{\nu} \tag{4.86a}$$

$$\lambda|\lambda| = \lambda, \qquad \lambda'|\lambda'| = \lambda' \tag{4.86b}$$

또 식 (4.81)로부터 얻을 수 있는 관계식

$$(n_2{}^{\mu}\ n_3{}^{\nu} - n_2{}^{\nu}\ n_3{}^{\mu}) = -\frac{1}{m}\varepsilon^{\mu\nu\lambda\tau}p_{\lambda}\ n_{1_\tau} \tag{4.86c}$$

$$(n_1{}^{\mu}\ n_3{}^{\nu} - n_1{}^{\nu}\ n_3{}^{\mu}) = \frac{1}{m}\varepsilon^{\mu\nu\lambda\tau}p_{\lambda}\ n_{2_\tau} \tag{4.86d}$$

$$(n_1{}^{\mu}\ n_2{}^{\nu} - n_1{}^{\nu}\ n_2{}^{\mu}) = -\frac{1}{m}\varepsilon^{\mu\nu\lambda\tau}p_{\lambda}\ n_{3_\tau} \tag{4.86e}$$

를 사용하면,

$$\begin{aligned}
\varepsilon^{\mu}(\lambda)\varepsilon^{\nu}(\lambda') = {} & \frac{1}{4}(\lambda\lambda' + |\lambda||\lambda'|)I^{\mu\nu} + \left\{(1-|\lambda|)(1-|\lambda'|) - \frac{1}{4}(\lambda\lambda' + |\lambda||\lambda'|)\right\} n_3{}^{\mu}\ n_3{}^{\nu} \\
& - \frac{1}{2\sqrt{2}m}\varepsilon^{\mu\nu\lambda\tau}p_{\lambda}\Big\{ i\,[|\lambda|(1-|\lambda|) + |\lambda'|(1-|\lambda'|)]\ n_{1\ \tau} \\
& + [(\lambda'(1-|\lambda|) - \lambda(1-|\lambda'|)]\ n_2{}^{\mu} + \frac{i}{\sqrt{2}}[\lambda|\lambda'| + \lambda'|\lambda|]\ n_3{}^{\mu}\Big\} \\
& + \frac{1}{2\sqrt{2}}\left\{\frac{1}{\sqrt{2}}(\lambda\lambda' - |\lambda||\lambda'|)(\ n_1{}^{\mu}\ n_1{}^{\nu} - n_2{}^{\nu}\ n_2{}^{\mu})\right. \\
& + \frac{i}{\sqrt{2}}(-\lambda|\lambda'| + \lambda'|\lambda|)(\ n_1{}^{\mu}\ n_2{}^{\nu} + n_2{}^{\mu}\ n_1{}^{\nu}) \\
& - [\lambda(1-|\lambda'|) + \lambda'(1-|\lambda|)](\ n_1{}^{\mu}\ n_3{}^{\nu} + n_3{}^{\mu}\ n_1{}^{\nu}) \\
& \left. - i[|\lambda|(1-|\lambda'|) - |\lambda'|(1-|\lambda|)](\ n_2{}^{\mu}\ n_3{}^{\nu} + n_3{}^{\mu}\ n_2{}^{\nu})\right\}
\end{aligned} \tag{4.87}$$

를 얻는다. 한편, 여기에 다음과 같은 행렬식 관계를 적용하자.

$$I_{\lambda'\lambda} = \delta_{\lambda'\lambda} = \begin{pmatrix} 1 & 0 & 0 \\ 0 & 1 & 0 \\ 0 & 0 & 1 \end{pmatrix}_{\lambda'\lambda} = (1-|\lambda|)(1-|\lambda'|) + \frac{1}{2}(\lambda\lambda' + |\lambda||\lambda'|), \tag{4.88a}$$

$$(S^1)_{\lambda'\lambda}=\begin{pmatrix} 0 & \frac{1}{\sqrt{2}} & 0 \\ \frac{1}{\sqrt{2}} & 0 & \frac{1}{\sqrt{2}} \\ 0 & \frac{1}{\sqrt{2}} & 0 \end{pmatrix}=\frac{1}{\sqrt{2}}[|\lambda|(1-|\lambda'|)+|\lambda'|(1-|\lambda|)], \tag{4.78b}$$

$$(S^2)_{\lambda'\lambda}=\begin{pmatrix} 0 & -\frac{i}{\sqrt{2}} & 0 \\ \frac{i}{\sqrt{2}} & 0 & -\frac{i}{\sqrt{2}} \\ 0 & \frac{i}{\sqrt{2}} & 0 \end{pmatrix}=-\frac{i}{\sqrt{2}}[\lambda'(1-|\lambda|)-\lambda(1-|\lambda'|), \tag{4.88c}$$

$$(S^3)_{\lambda'\lambda}=\begin{pmatrix} 1 & 0 & 0 \\ 0 & 0 & 0 \\ 0 & 0 & -1 \end{pmatrix}=\frac{1}{2}(\lambda|\lambda'|+\lambda'|\lambda|)=\lambda\,\delta_{\lambda'\lambda} \tag{4.88d}$$

또 식 (4.76)을 이용하면

$$(S^{11})_{\lambda'\lambda}=\begin{pmatrix} -1/3 & 0 & 1 \\ 0 & 2/3 & 0 \\ 1 & 0 & -1/3 \end{pmatrix}=2/3\,I_{\lambda'\lambda}-\lambda'\lambda \tag{4.89a}$$

$$(S^{22})_{\lambda'\lambda}=\begin{pmatrix} -1/3 & 0 & -1 \\ 0 & 2/3 & 0 \\ -1 & 0 & -1/3 \end{pmatrix}=2/3\,I_{\lambda'\lambda}-|\lambda'||\lambda| \tag{4.89b}$$

$$\therefore\ (S^{33})_{\lambda'\lambda}=-[(S^{11})+(S^{22})]_{\lambda'\lambda}=\lambda'\lambda+|\lambda'||\lambda|-\frac{4}{3}I_{\lambda'\lambda} \tag{4.89c}$$

이고, 마찬가지로

$$(S^{11}-S^{22})_{\lambda'\lambda}=|\lambda'||\lambda|-\lambda'\lambda, \tag{4.89d}$$

$$(S^{12})_{\lambda'\lambda}=\begin{pmatrix} 0 & 0 & -i \\ 0 & 0 & 0 \\ i & 0 & 0 \end{pmatrix}=\frac{i}{2}(\lambda|\lambda'|-\lambda'|\lambda|), \tag{4.89e}$$

$$(S^{23})_{\lambda'\lambda} = \begin{pmatrix} 0 & -\frac{i}{\sqrt{2}} & 0 \\ \frac{i}{\sqrt{2}} & 0 & \frac{i}{\sqrt{2}} \\ 0 & -\frac{i}{\sqrt{2}} & 0 \end{pmatrix} = -\frac{i}{\sqrt{2}}\left[|\lambda'|(1-|\lambda|) - |\lambda|(1-|\lambda'|)\right], \tag{4.89f}$$

$$(S^{13})_{\lambda'\lambda} = \begin{pmatrix} 0 & \frac{1}{\sqrt{2}} & 0 \\ \frac{1}{\sqrt{2}} & 0 & -\frac{1}{\sqrt{2}} \\ 0 & -\frac{1}{\sqrt{2}} & 0 \end{pmatrix} = \frac{1}{\sqrt{2}}\left[\lambda'(1-|\lambda|) + \lambda(1-|\lambda'|)\right] \tag{4.89g}$$

를 이용하면 다음 식을 얻을 수 있다. 자세한 계산 검토는 문제로 남기겠다.

$$\varepsilon^{\mu}(P,\lambda)\varepsilon^{\nu}(P,\lambda')^{*} = \frac{1}{3}\left\{I^{\mu\nu} - \frac{3i}{2m}\varepsilon^{\mu\nu\rho\sigma}p_{\rho}\, n_{i_{\sigma}}(S^{i}) - \frac{3}{2}\; n_{i}^{\ \mu}\; n_{j}^{\ \nu}(S^{ij})\right\}_{\lambda'\lambda}$$ **(증명 끝)**

[문제 4.10] 식 (4.84)의 증명 과정에서 나온 여러 관계식들을 증명하여라.

특히 만일 식 (4.84)에서 $K' = K$인 경우

$$\varepsilon^{\mu}(K)\varepsilon^{\nu}(K)^{*} = \frac{1}{3}I^{\mu\nu} - \frac{i(K_1+K_2)}{2m(1+|K|)}\varepsilon^{\mu\nu\rho\sigma}p_{\rho}\eta_{\sigma} - \frac{K_1K_2}{3(1+|K|)}\eta^{\mu\nu} \tag{4.90}$$

를 얻는다. 여기서

$$\eta^{\mu} = n_3^{\ \mu}, \qquad \text{(정지계에서는)} \Rightarrow (0,\ \hat{\boldsymbol{n}})$$
$$\eta^{\mu\nu} = 3\eta^{\mu}\eta^{\nu} - I^{\mu\nu} \quad \text{(정지계에서는)} \Rightarrow\ 3\ \hat{n}^{i}\ \hat{n}^{j} - \delta^{ij} \tag{4.91a}$$

이고

$$K = \pm 1 \text{에서는} \quad K_1 = K_2 = \pm 1, \tag{4.91b}$$

$$K = 0 \text{에서는} \quad K_1 = -K_2 = 1, \tag{4.91c}$$

또

$$-\frac{K_1K_2}{3(1+|K|)} = \left(\frac{1}{3}-\frac{1}{2}|K|\right) \tag{4.91d}$$

라 할 수 있다. 또 스핀 상태에 대하여 합을 할 경우에는 다음 관계를 얻는다.

$$\sum\varepsilon^{\mu}(p,\lambda)\varepsilon^{\nu}(p,x)^{*}=I^{\mu\nu}=(-g^{\mu\nu}+\frac{p^{\mu}p^{\nu}}{m^{2}}) \tag{4.91e}$$

4.4 스핀-1 입자의 밀도행렬

4.4.1 광자의 밀도행렬

전자기파가 물질과 상호작용할 때 전자기파가 어떻게 변화하는가에 관심을 가지고 조사하려고 한다. 그리고 전자기파를 양자화하였을 때, 여러 상태로 변하는 경우의 통계적 조사를 할 때 밀도행렬의 방법이 매우 유용하다. 고전적인 경우를 복습으로 생각하여 살펴보자. z-축 방향으로 진행하는 평면파가 x-축 방향의 전기장 벡터를 가졌다면, 다음과 같이 기술된다.

$$\boldsymbol{E}(z,t) = \frac{1}{2}[E_x e^{i(k_z z-\omega t)} + E_x^{*} e^{-i(k_z z-\omega t)}]\,\hat{\boldsymbol{\varepsilon}}_{\boldsymbol{x}} = E_x(z,t)\,\hat{\boldsymbol{\varepsilon}}_{\boldsymbol{x}} \tag{4.92}$$

여기서 $E_x(z, t)$는 실수장(real field)이고, E_x는 복소수 진폭(complex amplitude)이며, $\hat{\boldsymbol{\varepsilon}}_{\boldsymbol{x}}$는 편극 방향의 단위 벡터이다. 따라서

$$E_x = E_{x0}\, e^{i\phi} \tag{4.93}$$

로 택하면 실수장은 다음과 같이 된다.

$$E_x(z,t) = E_{x0}\cos(k_z z-\omega t+\phi). \tag{4.94}$$

만일 두 가지의 장의 합성을 생각하자. 하나는 x-축 방향으로 편극되고 다른 하나는 이와 수직인 y-축 방향으로 편극되었는데 앞의 것과는 ϕ각 만큼의 위상 차가 있다고 하자. 그러면 임의의 z에 대하여 논의하기 위하여 편의상 $z=0$로 택하였다면, 그 결과는

$$\boldsymbol{E}(t) = E_x(t)\,\hat{\boldsymbol{\varepsilon}}_x + E_y(t)\,\hat{\boldsymbol{\varepsilon}}_y = \hat{\boldsymbol{\varepsilon}}_x E_{x0}\cos\omega t + \hat{\boldsymbol{\varepsilon}}_y E_{y0}\cos(\omega t - \phi), \tag{4.95}$$

가 된다. 이 식의 특별한 경우를 생각해 보자.

(i) $\phi=0$인 경우:

$$\begin{aligned}\boldsymbol{E}(t) &= (\hat{\boldsymbol{\varepsilon}}_x E_{x0} + \hat{\boldsymbol{\varepsilon}}_y E_{y0})\cos\omega t \\ &= E_0(\hat{\boldsymbol{\varepsilon}}_x\cos\theta + \hat{\boldsymbol{\varepsilon}}_y\sin\theta)\cos\omega t = \hat{\boldsymbol{\varepsilon}}E_0\cos\omega t\end{aligned} \tag{4.96}$$

가 된다. 여기서 진폭 E_0, 각도 θ, 단위 벡터 $\hat{\boldsymbol{\varepsilon}}$는 다음 식으로 정의된다.

$$E_0^{\,2} = E_{x0}^{\,2} + E_{y0}^{\,2}, \quad \tan\theta = \frac{E_{y0}}{E_{x0}} \tag{4.97a}$$

$$\hat{\boldsymbol{\varepsilon}} = \hat{\boldsymbol{\varepsilon}}_x\cos\theta + \hat{\boldsymbol{\varepsilon}}_y\sin\theta. \tag{4.97b}$$

따라서 식 (4.96)은 x-축에 θ각도만큼 기울어진 편극 평면에 선편광(線偏光, linearly polarized)된 장을 나타낸다. 선편광을 평면편광(plane polarized)되었다고 한다. 이 때 두 수직인 장은 같은 위상을 가지고 진동하고 있다. $\phi=\pi$인 경우에도 합성된 장은 선편광되었으나 다만 x-축에 대해 기울어진 각도가 $-\theta$인 것이 다르다.

(ii) $\phi=\dfrac{\pi}{2}$이고, $E_{x0}=E_{y0}=E_0/\sqrt{2}$인 경우:

$$\begin{aligned}\boldsymbol{E}(t) &= E_0/\sqrt{2}(\hat{\boldsymbol{\varepsilon}}_x\cos\omega t + \hat{\boldsymbol{\varepsilon}}_y\sin\omega t) \\ &= E_0/\sqrt{2}Re[(\hat{\boldsymbol{\varepsilon}}_x + i\,\hat{\boldsymbol{\varepsilon}}_y)e^{-i\omega t}] = E_0 Re[\hat{\boldsymbol{\varepsilon}}_+ e^{-i\omega t}]\end{aligned} \tag{4.98}$$

여기서

$$\hat{\boldsymbol{\varepsilon}}_{\pm} = \frac{1}{\sqrt{2}}(\hat{\boldsymbol{\varepsilon}}_{\boldsymbol{x}} \pm i\,\hat{\boldsymbol{\varepsilon}}_{\boldsymbol{y}}) \tag{4.99}$$

를 나타내며 이 식을 편극 벡터라 부르는데 식 (4.74)에서 정의된 $\hat{\boldsymbol{\varepsilon}}(\pm)$와 같다. 식 (4.98)은 들어오는 전자기파를 관찰하는 관측자에게는 시간이 흐름에 따라 장이 시계반대방향으로 회전하는 것을 알 수 있다. 이러한 장을 광학에서는 왼쪽 원편극(left-handed circularly polarized)되었다고 말한다. 그러나 입자물리학에서는 광자의 입장에서 보아 오른쪽 원편극된 파라고 부른다.

위상각 ϕ를 $-\frac{\pi}{2}$로 택하는 경우는 편극 벡터 $\hat{\boldsymbol{\varepsilon}}_{-}$를 가진 광학적으로 오른쪽(우) 원편극된 전자기파를 나타낸다(왼쪽 원편극된 광자).

(iii) $\phi = \frac{\pi}{2}$이고 $E_{x0} \neq E_{y0}$인 경우:

$$\begin{aligned}\boldsymbol{E}(t) &= \hat{\boldsymbol{\varepsilon}}_{\boldsymbol{x}} E_{x0}\cos\omega t + \hat{\boldsymbol{\varepsilon}}_{\boldsymbol{y}} E_{y0}\sin\omega t \\ &= E_0 Re[(\hat{\boldsymbol{\varepsilon}}_{\boldsymbol{x}}\cos\theta + i\,\hat{\boldsymbol{\varepsilon}}_{\boldsymbol{y}}\sin\theta)e^{-i\omega t}] = E_0 Re[\hat{\boldsymbol{\varepsilon}}_{\boldsymbol{el}}\, e^{-i\omega t}]\end{aligned} \tag{4.100}$$

여기서

$$\hat{\boldsymbol{\varepsilon}}_{\boldsymbol{el}} = \hat{\boldsymbol{\varepsilon}}_{\boldsymbol{x}}\cos\theta + i\,\hat{\boldsymbol{\varepsilon}}_{\boldsymbol{y}}\sin\theta \tag{4.101a}$$

이며 회전방향은 (ii) 경우와 같고 타원편극(elliptically polarized)된 장이라 부른다. 이 때 타원의 장축과 단축은 각각 x-축과 y-축 방향이다. 여기서도 $\phi = -\frac{\pi}{2}$로 택하면 회전방향만 바꾸어진다.

(iv) $\phi \neq \pm\frac{\pi}{2}$이고 $E_{x0} \neq E_{y0}$인 경우:

$$\begin{aligned}\boldsymbol{E}(t) &= E_x(t)\,\hat{\boldsymbol{\varepsilon}}_{\boldsymbol{x}} + E_y(t)\,\hat{\boldsymbol{\varepsilon}}_{\boldsymbol{y}} = \hat{\boldsymbol{\varepsilon}}_{\boldsymbol{x}} E_{x0}\cos\omega t + \hat{\boldsymbol{\varepsilon}}_{\boldsymbol{y}} E_{y0}\cos(\omega t - \phi) \\ &= E_0 Re[(\hat{\boldsymbol{\varepsilon}}_{\boldsymbol{x}}\cos\theta + \hat{\boldsymbol{\varepsilon}}_{\boldsymbol{y}}\sin\theta e^{i\phi})e^{-i\omega t}] = E_0 Re[\hat{\boldsymbol{\varepsilon}}'\, e^{-i\omega t}]\end{aligned} \tag{4.102}$$

여기서

$$\hat{\boldsymbol{\varepsilon}}' = \hat{\boldsymbol{\varepsilon}}_x \cos\theta + \hat{\boldsymbol{\varepsilon}}_y \sin\theta e^{i\phi} \tag{4.101b}$$

이다. 이것은 횡파인 전자기파의 가장 일반적인 식이며, 여러 가지 가능한 편광은 θ와 ϕ에 적당한 값을 줌으로써 얻을 수 있다.

그러나 모든 전자파가 편극된 것은 아니다. 부분 편극(partially polarized)된 것이나 편극 안 된(unpolarized) 파도 있다. 따라서 편극의 정도(degree of polarization)를 정하는 방법도 필요하다.

이러한 목적으로 사용될 수 있는 양이 밀도행렬(密度行列, density matrix)

$$\rho = |\hat{\boldsymbol{\varepsilon}}'\rangle\langle\hat{\boldsymbol{\varepsilon}}'| \tag{4.103}$$

이다. 여기서 $\hat{\boldsymbol{\varepsilon}}'$는 식 (4.101b)라 하고 $\hat{\boldsymbol{\varepsilon}}_x$와 $\hat{\boldsymbol{\varepsilon}}_y$를 기저(basis) 벡터라 하면 즉,

$$|\hat{\boldsymbol{\varepsilon}}'\rangle = \cos\theta|\hat{\boldsymbol{\varepsilon}}_x\rangle + \sin\theta e^{i\phi}|\hat{\boldsymbol{\varepsilon}}_y\rangle \tag{4.101c}$$

를 이용하면, 밀도행렬의 성분을 다음과 같이 구할 수 있다.

$$\rho = \begin{pmatrix} \langle\hat{\boldsymbol{\varepsilon}}_x|\rho|\hat{\boldsymbol{\varepsilon}}_x\rangle & \langle\hat{\boldsymbol{\varepsilon}}_x|\rho|\hat{\boldsymbol{\varepsilon}}_y\rangle \\ \langle\hat{\boldsymbol{\varepsilon}}_y|\rho|\hat{\boldsymbol{\varepsilon}}_x\rangle & \langle\hat{\boldsymbol{\varepsilon}}_y|\rho|\hat{\boldsymbol{\varepsilon}}_y\rangle \end{pmatrix} = \begin{pmatrix} \cos^2\theta & \sin\theta\cos\theta e^{-i\phi} \\ \sin\theta\cos\theta e^{i\phi} & \sin^2\theta \end{pmatrix} \tag{4.104}$$

여기에서

$$\cos^2\theta = \frac{1}{2}(1+\xi_3), \quad \sin^2\theta = \frac{1}{2}(1-\xi_3), \quad \sin\theta\cos\theta e^{\pm i\phi} = \frac{1}{2}(\xi_1 \pm i\xi_2) \tag{4.105}$$

를 통하여 매개상수 $\xi_i(i=1, 2, 3)$를 도입하면, 식 (4.104)는 다음과 같이 쓸 수 있다.

$$\rho = \frac{1}{2}\begin{pmatrix} 1+\xi_3 & \xi_1 - i\xi_2 \\ \xi_1 + i\xi_2 & 1-\xi_3 \end{pmatrix} = \frac{1}{2}[I + \xi_1\sigma^1 + \xi_2\sigma^2 + \xi_3\sigma^3] \tag{4.106}$$

ξ_i는 Stokes 매개상수라 부르며 편극의 정도를 알려 주는 상수이다. 또 식 (4.105)로부터

$$\xi_1 = 2\sin\theta\cos\theta\cos\phi, \quad \xi_2 = 2\sin\theta\cos\theta\sin\phi, \quad \xi_3 = \cos^2\theta - \sin^2\theta \tag{4.107}$$

인데, 앞에서 논의한 여러 형태의 편극이 Stokes 매개상수와 어떠한 관계가 있는지를 쉽게 알아보자.

예를 들어, 광자가 오른쪽 원편극인 경우는, 식 (4.99)와 (4.101b)와 비교할 때 $\theta = \frac{\pi}{4}$, $\phi = \frac{\pi}{2}$이므로 식 (4.107)로부터 $\xi_1 = \xi_3 = 0$, $\xi_2 = 1$임을 알 수 있다. 밀도행렬에 대한 식 (4.106)은 다음과 같이 쓸 수도 있다.

밀도행렬은 식 (4.103)에서도 알 수 있는 바와 같이 항상

$$Tr(\rho) = 1, \quad \rho^{\dagger} = \rho \ (Hermitian) \tag{4.108}$$

이다. 식 (4.106)도 이것을 만족한다. 그러나 식 (4.107)은

$$\xi_1^2 + \xi_2^2 + \xi_3^2 = 1 \tag{4.109a}$$

을 만족하며 이것은

$$Tr(\rho^2) = \xi_1^2 + \xi_2^2 + \xi_3^2 = 1 = Tr(\rho)(\text{순수상태}) \tag{4.109b}$$

를 의미한다. 이것은 밀도행렬이 식 (4.103)과 같이 순수상태(pure state)로 표시되기 때문이다. 일반적으로 여러 개의 광자들이 모여 있어 평균을 생각하면, 편극상태가 어떤 한 상태인 순수상태가 아닌 부분적으로 편극되었거나, 편극이 안 된 상태인 혼합상태가 되는데, 일반적으로 혼합상태(mixed state)에 대하여는

$$Tr(\rho^2) \neq Tr(\rho) = 1 \text{ 즉 } Tr(\rho^2) \leq 1(\text{혼합상태}) \tag{4.110}$$

가 된다. 다시 말해서

$$P = \sqrt{\xi_1^2 + \xi_2^2 + \xi_3^2}, \quad 0 \le P \le 1 \tag{4.111}$$

는 편극의 정도(degree of polarization)라고 정의한다. 앞에서 예를 들은, 완전히 원평광된 경우는 $\xi_1 = \xi_3 = 0$, $\xi_2 = 1$이므로 $P = 1$인 경우이다.

예를 들어, 여러 광자들이 대칭으로 편극되어 있어

$$\xi_1 = \xi_2 = \xi_3 = 0 \tag{4.112a}$$

인 경우도 있을 수 있다. 이 때

$$\rho = \frac{1}{2}\begin{pmatrix} 1 & 0 \\ 0 & 1 \end{pmatrix} \Rightarrow Tr(\rho^2) = \frac{1}{2} \neq Tr(\rho) = 1 \tag{4.112b}$$

이어서 편극이 안 된 상태는 혼합상태의 한 예이다.

광자를 취급할 때는 식 (4.74)에서와 같이 좌, 우 원편광에 해당되는 두 헬리시티 상태를 기저상태로 잡고 밀도행렬 성분을 알아보는 것이 종종 더 편리하다. 즉,

$$\rho = \begin{pmatrix} \langle \hat{\boldsymbol{\varepsilon}}(+)|\rho|\hat{\boldsymbol{\varepsilon}}(+)\rangle & \langle \hat{\boldsymbol{\varepsilon}}(+)|\rho|\hat{\boldsymbol{\varepsilon}}(-)\rangle \\ \langle \hat{\boldsymbol{\varepsilon}}(-)|\rho|\hat{\boldsymbol{\varepsilon}}(+)\rangle & \langle \hat{\boldsymbol{\varepsilon}}(-)|\rho|\hat{\boldsymbol{\varepsilon}}(-)\rangle \end{pmatrix} \tag{4.113}$$

이 때 $\hat{\boldsymbol{\theta}}$ 방향을 x-축 방향, $\hat{\boldsymbol{\phi}}$ 방향을 y-축 방향으로 잡으면,

$$\begin{aligned} \langle \hat{\boldsymbol{\varepsilon}}(\lambda)|\rho|\hat{\boldsymbol{\varepsilon}}(\lambda')\rangle = & \langle \hat{\boldsymbol{\varepsilon}}(\lambda)|\hat{\boldsymbol{\varepsilon}}_x\rangle\langle \hat{\boldsymbol{\varepsilon}}_x|\rho|\hat{\boldsymbol{\varepsilon}}_x\rangle\langle \hat{\boldsymbol{\varepsilon}}_x|\hat{\boldsymbol{\varepsilon}}(\lambda')\rangle \\ & +\langle \hat{\boldsymbol{\varepsilon}}(\lambda)|\hat{\boldsymbol{\varepsilon}}_x\rangle\langle \hat{\boldsymbol{\varepsilon}}_x|\rho|\hat{\boldsymbol{\varepsilon}}_y\rangle\langle \hat{\boldsymbol{\varepsilon}}_y|\hat{\boldsymbol{\varepsilon}}(\lambda')\rangle \\ & +\langle \hat{\boldsymbol{\varepsilon}}(\lambda)|\hat{\boldsymbol{\varepsilon}}_y\rangle\langle \hat{\boldsymbol{\varepsilon}}_y|\rho|\hat{\boldsymbol{\varepsilon}}_x\rangle\langle \hat{\boldsymbol{\varepsilon}}_x|\hat{\boldsymbol{\varepsilon}}(\lambda')\rangle \\ & +\langle \hat{\boldsymbol{\varepsilon}}(\lambda)|\hat{\boldsymbol{\varepsilon}}_y\rangle\langle \hat{\boldsymbol{\varepsilon}}_y|\rho|\hat{\boldsymbol{\varepsilon}}_y\rangle\langle \hat{\boldsymbol{\varepsilon}}_y|\hat{\boldsymbol{\varepsilon}}(\lambda')\rangle \end{aligned} \tag{4.114}$$

에서

$$\langle\, \hat{\boldsymbol{\varepsilon}}_x |\, \hat{\boldsymbol{\varepsilon}}(\lambda)\rangle = -\frac{1}{\sqrt{2}}\lambda$$

$$\langle\, \hat{\boldsymbol{\varepsilon}}_x |\, \hat{\boldsymbol{\varepsilon}}(\lambda')\rangle = -\frac{1}{\sqrt{2}}\lambda' \tag{4.115}$$

$$\langle\, \hat{\boldsymbol{\varepsilon}}_y |\, \hat{\boldsymbol{\varepsilon}}(\lambda)\rangle = \langle\, \hat{\boldsymbol{\varepsilon}}_y |\, \hat{\boldsymbol{\varepsilon}}(\lambda')\rangle = -\frac{i}{\sqrt{2}}$$

이므로 식 (4.113)은 다음 문제에서와 같이 됨을 쉽게 알 수 있다.

[문제 4.11] 식 (4.113)이 헬리시티 상태를 기저 벡터로 잡을 때 다음과 같이 됨을 보여라.

$$\rho = \begin{pmatrix} 1+\xi_2 & -\xi_3+i\xi_1 \\ -\xi_3-i\xi_1 & 1-\xi_2 \end{pmatrix} \tag{4.116}$$

[문제 4.12] 이 식의 성분을 다음과 같이 쓸 수 있음을 보여라.

$$\rho_{\lambda\lambda'} = \frac{1}{2}[\delta_{\lambda\lambda'} + \frac{i}{2}\xi_1(\lambda-\lambda') + \frac{1}{2}\xi_2(\lambda+\lambda') + \frac{1}{2}\xi_3(\lambda\lambda'-1)] \tag{4.117}$$

전자파의 편극상태를 나타내는 식 (4.117)은 헬리시티 값을 성분으로 하는 밀도행렬이다. 이것은 좌표성분에 대한 밀도행렬로 표시할 수 있다. 이것을 알아보기 위하여, 물질과 전자파의 상호작용 또는 입자와 광자의 상호작용을 생각하자.

4.4.2 스핀-1 입자의 밀도행렬

일반적으로 어떤 스핀-1인 입자가 생성되었을 때, 이것은 다음과 같은 전이진폭으로 기술됨을 후에 구체적인 예를 들 때 설명하기로 하자.

$$M(\lambda) = T_\mu \varepsilon^\mu(\lambda)^*. \tag{4.118}$$

이것은 생성된 스핀-1 입자가 다음과 같이 기술될 수 있음을 의미한다.

$$\phi^{\mu} = \sum_{\lambda} T_{\alpha}\, \varepsilon^{\alpha}(\lambda)^{*}\, \varepsilon^{\mu}(\lambda). \tag{4.119}$$

그러면 생성된 입자의 밀도행렬은 스핀-½ 입자에 대하여 취한 것처럼 파동함수의 곱으로서

$$\rho^{\mu\nu} = -\frac{\langle \phi^{\mu}\ \phi^{\nu *}\rangle}{g_{\alpha\beta}\langle \phi^{\alpha}\ \phi^{\beta *}\rangle} = \sum_{\lambda}\sum_{\lambda'} \varepsilon^{\mu}(\lambda)\,\rho_{\lambda\lambda'}\,\varepsilon^{\nu}(\lambda')^{*}. \tag{4.120}$$

이다. 여기서 { }는 입자들의 무리에 대한 평균, 즉 ensemble 평균을 나타낸다. 그리고 여기서 정의된 편극밀도행렬 $\rho_{\lambda\lambda'}$는 다음과 같이 놓을 수 있다.

$$\rho_{\lambda\lambda'} = \frac{M(\lambda)M(\lambda')^{*}}{Tr(\ |M|^{2})} = \sum_{\mu}\sum_{\nu} \varepsilon_{\mu}(\lambda)^{*}\,\rho_{\mu\nu}\,\varepsilon_{\nu}(\lambda'). \tag{4.121}$$

식 (4.120)과 (4.121)은 질량이 없든 있든 스핀-1 입자에 대하여 항상 성립한다. 다만 밀도행렬에 대한 표현이 다를 뿐이다.

(i) 특히 광자에 대하여, 식 (4.120)에서 Coulomb 게이지를 사용했을 때 $\varepsilon^{0}(\lambda)=0$로 놓고, 식 (4.79)와 식 (4.117)을 사용하면 다음을 얻는다.

$$\rho^{00} = \rho^{0i} = \rho^{i0} = 0, \tag{4.122a}$$

$$\begin{aligned}
\rho^{ij} = \sum_{\lambda}\sum_{\lambda'} \varepsilon^{i}(\lambda)\,\varepsilon^{j}(\lambda')^{*}\rho_{\lambda\lambda'} &= \sum_{\lambda}\sum_{\lambda'} \frac{1}{2}\Big[(\delta^{ij} - \hat{p}^{i}\ \hat{p}^{j})\delta_{\lambda\lambda'} - \frac{i}{2}(\lambda+\lambda')\varepsilon^{ijk}\ \hat{p}^{k} \\
&\quad - \frac{i}{2}(\lambda-\lambda')\{\ \hat{a}^{i}(\hat{p}\times\hat{a})^{j} + \hat{a}^{j}(\hat{p}\times\hat{a})^{i}\} \\
&\quad \frac{1}{2}(\lambda\lambda'-1)\{\ \hat{a}^{i}\ \hat{a}^{j} - (\hat{p}\times\hat{a})^{i}(\hat{p}\times\hat{a})^{j}\}\Big] \qquad (4.122b) \\
&\quad \cdot \frac{1}{2}[\delta_{\lambda\lambda'} + \frac{i}{2}\xi_{1}(\lambda-\lambda') + \frac{1}{2}\xi_{2}(\lambda+\lambda') + \frac{1}{2}\xi_{3}(\lambda\lambda'-1)] \\
&= \frac{1}{2}\Big[(\delta^{ij} - \hat{p}^{i}\ \hat{p}^{j}) + \frac{1}{2}\xi_{1}\{\ \hat{a}^{i}(\hat{p}\times\hat{a})^{j} + \hat{a}^{j}(\hat{p}\times\hat{a})^{i}\} \\
&\quad - \frac{i}{2}\xi_{2}\varepsilon^{ijk}\ \hat{p}^{k} + \frac{1}{2}\xi_{3}\{\ \hat{a}^{i}\ \hat{a}^{j} - (\hat{p}\times\hat{a})^{i}(\hat{p}\times\hat{a})^{j}\}\Big]
\end{aligned}$$

(ii) 만일 정지질량이 유한한 값을 갖는 스핀-1인 벡터 보존에 대하여는 식 (4.120)에서,

밀도행렬 $\rho_{KK'}$ 을 식 (4.84)에 곱하였다고 생각하면,

$$\begin{aligned}\rho^{\mu\nu} &= \sum_K \sum_{K'} \rho_{KK'} \varepsilon^{\mu}(K)\, \varepsilon^{\nu}(K')^* \\ &= \frac{1}{3}\left\{ I^{\mu\nu} - \frac{3}{2m} i\varepsilon^{\mu\nu\lambda\tau} p_{\lambda}\, n_{i_\tau} Tr(\rho S^i) - \frac{3}{2}\; n_i^{\mu}\; n_j^{\nu} Tr(\rho S^{ij}) \right\} \end{aligned} \tag{4.123}$$

$$\therefore\ \rho^{\mu\nu} = \frac{1}{3} I^{\mu\nu} - \frac{i}{2m} \varepsilon^{\mu\nu\lambda\tau} p_{\lambda} P_{\tau} - \frac{1}{2} Q^{\mu\nu}$$

여기서

$$P^{\mu} = Tr(\rho S^i)\, n_i^{\mu}, \tag{4.124a}$$

$$Q^{\mu\nu} = Tr(\rho S^{ij})\, n_i^{\mu}\; n_j^{\nu} \tag{4.124b}$$

로 정의된 P^{μ}와 $Q^{\mu\nu}$를 각각 편극 벡터(polarization vector)와 편극 텐서(polarization tensor)라 부른다. $Q^{\mu\nu}$는 두 첨자에 대하여 대칭이고 n_i^{μ}의 성질에서

$$P^{\mu} p_{\mu} = 0, \quad Q^{\mu\nu} p_{\mu} = Q^{\mu\nu} p_{\nu} = 0 \tag{4.124c}$$

임을 알 수 있다.

또 식 (4.121)에 식 (4.84)를 이용하면 다음과 같은 스핀 성분으로 표시되는 밀도행렬을 얻는다.

$$\rho_{KK'} = \frac{1}{3} I_{KK'} - \frac{1}{2} P_{\mu}\, n_i^{\mu} (S^i)_{KK'} + \frac{1}{4}\; n_i^{\mu}\; n_j^{\nu} Q_{\mu\nu} (S^{ij})_{KK'} \tag{4.125}$$

특히 스핀-1 입자의 정지계에서는 (n_i^{μ})가 ($\hat{\boldsymbol{\theta}}$, $\hat{\boldsymbol{\phi}}$, $\hat{\boldsymbol{n}}$)가 되며 이 방향을 각각 x, y, z-축 방향으로 택하면 식 (4.125)는 다음과 같이 된다.

$$\rho = \frac{1}{3} I + \frac{1}{2} \boldsymbol{P} \cdot \boldsymbol{S} + \frac{1}{4} Q_{ij} (S^i S^j + S^j S^i - \frac{4}{3} \delta^{ij}) \tag{4.126}$$

여기서 밀도행렬로 기술되는 상태의 순수도는 다음과 같이 정의되는 매개상수에 의하여 알 수 있다.

$$\xi = \frac{3}{4}\,\boldsymbol{P}^2 + \frac{3}{8}\,Q^{ij}Q^{ij} \tag{4.127}$$

이 값은 순수상태에 대하여는 1이고 등방인 상태에 대하여는 0이다.

4.5 스핀-3/2 및 고스핀 입자와 편극의 공변적 기술

1928년 Dirac 방정식이 나온 후 스핀이 ½보다 큰 입자에 대한 연구가 많이 행하여졌다. 여기서 모두 열거하지는 않겠지만 중요한 연구는 처음은 Pauli-Fierz에 의한 연구였다. 앞장에서 스핀-½ 입자를 스피너 지표 1개가 붙은 성분으로 기술한 것과 같이 스핀-1 입자는 스피너 지표 2개가 붙은 성분으로 기술할 수 있다. 스피너 지표는 항상 (1, 2)를 갖기 때문에, 예를 들어 ξ^{ab}는 (ξ^{11}, ξ^{12}, ξ^{22})로서 일반적으로 3개의 성분을 가져 유한한 질량을 가진 스핀-1 입자를 기술하는 데 사용된다. 이 때 스피너 지표 사이에는 대칭으로 취한다. 여기에 반입자를 생각하여야 하므로 유한한 질량을 가진 스핀-1 입자는 $\eta_{\dot{a}\dot{b}}$를 포함하여 6개의 성분을 가진 파동함수로 기술된다. 스핀-3/2 입자는 ξ^{abc}와 $\eta_{\dot{a}\dot{b}\dot{c}}$로 이루어진 8개의 성분을 가진 파동함수로 기술될 수 있다. 이와 같이 하여 질량을 가진 스핀-j인 입자는 $2(2j+1)$개의 성분을 가진 파동함수로 기술된다고 할 수 있다. 이러한 방법으로 고스핀 입자를 기술한 연구는 Weinberg, Weaver-Hammer-Good 등에 의하여 행하여졌다. 이러한 연구는 1950년대부터 발견되기 시작한 Δ입자를 비롯하여 1960년대에는 Ξ^*, Σ^*, Ω^- 등 스핀이 3/2인 입자 등이 많이 발견되어 더욱 활발했었다.

한편 Dirac 방정식과 같이 Lorentz 4-벡터를 가지고 표시하는 방법으로 고스핀(high spin)을 연구한 것은 스핀-1 입자에 대하여는 Proca 방정식, Kemmer 방정식 등이 많이 연구되었고, 스핀-3/2 같은 반정수의 스핀을 가진 입자는 1941년 Rarita-Schwinger에 의하여 처음 연구되었으며 그 후 임의의 스핀에 대한 연구로 앞에 언급된 Bargman-Wigner, Weinberg 등에 의하여 연구되었었다. 이러한 결과는 자유입자에 대하여는 결국 동등한 결과를 주지만, 전자기장과 같은 외부 장에서의 운동을 기술하면 다른 결과를 주고 문제점이 많아 아직도 명백히는 해결되지 않은 문제로 남아 있다.

여기서 스핀-$^3\!/_2$ 입자의 기술하는 데 현재에 많이 연구되고 있는 Rarita-Schwinger 방정식에 대하여 논하여 보자[*Phys. Rev.* **60**, 61 (1941)]. Rarita-Schwinger 스피너는 스핀-1 벡터 $\varepsilon^\mu(p,\ \lambda)$와 스핀-½ 스피너 $u(p,\ \tau)$의 결합으로 다음과 같이 쓰여진다.

$$u^\mu(p,K) = \sum_\tau \langle 1\ \lambda\ \tfrac{1}{2}\ \tau\ |3/2\ K\rangle\, \varepsilon^\mu(p,\lambda)\, u(p,\tau) \tag{4.128}$$

여기서 λ와 τ는 각각 스핀-1과 스핀-½ 편극상태의 성분 (1, 0, -1)과 (½, -½)을 나타내며, $\langle 1\ \lambda\ \tfrac{1}{2}\ \tau\ |3/2\ K\rangle$는 Clebsch-Gordan 계수이다.

이 식의 구성으로부터 이 식은 Dirac 방정식과 같은 모양의 식

$$(\not{p} - m)u^\mu = 0 \tag{4.129}$$

을 만족한다. 이 식을 Rarita-Schwinger 방정식이라 부른다. 또 u^μ는 다음 식을 만족함을 알 수 있다.

$$p_\mu u^\mu = 0 \tag{4.130}$$

따라서 질량이 0이 아닌 스핀-$^3\!/_2$ 입자에 대하여 그 입자의 정지계에서는

$$u^0{}_R = 0 \tag{4.131}$$

임을 알 수 있다. 또 이 식은

$$\gamma_\mu u^\mu = 0 \tag{4.132}$$

을 만족한다고 할 수 있다. 이러한 조건들은 u^μ 스피너가 스핀-$^3\!/_2$ 입자의 스피너가 될 수 있음을 나타낸다고 할 수 있다.

[문제 4.13] 식 (4.132)에 $\not{p}$를 곱하여 식 (4.130)이 성립함을 보여라.

식 (4.128)에 Clebsch-Gordan 계수의 수치 값을 넣어 주고 자세히 계산하면 다음과 같은 Michel- Bouchiat 형의 공식을 얻을 수 있음을 보일 수 있다.

$$\begin{aligned} u^{\mu}(p,K)\overline{u^{\nu}}(p,K') = \frac{1}{12m}\Big[(m+\not{p})\Big\{ & I_{K'K}(I^{\mu\nu}+\frac{i}{2m}\varepsilon^{\mu\nu\lambda\tau}\gamma_5 p_{\lambda}\gamma_{\tau})\delta_{K'K} \\ & +(S^i)_{K'K}(\frac{4}{3}I^{\mu\nu}\gamma_5\gamma_{\tau}n_{i_\tau}-\frac{1}{5}\gamma_5\gamma_{\rho}[I^{\rho\mu}n_i^{\nu}+I^{\rho\nu}n_i^{\mu}]-\frac{i}{m}\varepsilon^{\mu\nu\lambda\tau}p_{\lambda}n_{i_\tau}) \\ & -\frac{1}{2}(S^{ij})_{K'K}(n_i^{\mu}n_j^{\nu}+\frac{i}{m}\gamma_5\varepsilon^{\mu\nu\lambda\tau}p_{\lambda}n_{i_\tau}n_{j_\rho}\gamma^{\rho}) \\ & -\frac{1}{3}(S^{ijk})_{K'K}(\gamma_5\gamma_{\rho}n_i^{\rho}n_j^{\mu}n_k^{\nu})\Big\}\Big] \end{aligned} \tag{4.133}$$

이 결과의 증명은 생략하고 그 성질에 대하여만 고찰하여 보자. 여기서 (S^i)는 스핀-$^3\!/_2$ 각운동량의 표준행렬이며, (S^{ij}), (S^{ijk})는 각각 첨자 (i, j, k)에 대하여 대칭이고 traceless인 행렬로서 다음과 같이 정의된다.

$$S^{ij} = S^iS^j + S^jS^i - \frac{5}{2}\delta^{ij}I \tag{4.134a}$$

$$\begin{aligned} S^{ijk} = & S^iS^jS^k+S^iS^kS^j+S^jS^iS^k+S^jS^kS^i+S^kS^iS^j+S^kS^jS^i \\ & -\frac{41}{10}(\delta^{ij}S^k+\delta^{jk}S^i+\delta^{ki}S^j) \end{aligned} \tag{4.134b}$$

이들은 다음의 표준행렬로부터 자세한 모양을 얻을 수 있다.

$$S^1 = \begin{pmatrix} 0 & \frac{\sqrt{3}}{2} & 0 & 0 \\ \frac{\sqrt{3}}{2} & 0 & 1 & 0 \\ 0 & 1 & 0 & \frac{\sqrt{3}}{2} \\ 0 & 0 & \frac{\sqrt{3}}{2} & 0 \end{pmatrix}, \quad S^2 = \begin{pmatrix} 0 & -\frac{\sqrt{3}}{2}i & 0 & 0 \\ \frac{\sqrt{3}}{2}i & 0 & 1 & 0 \\ 0 & 1 & 0 & \frac{\sqrt{3}}{2}i \\ 0 & 0 & \frac{\sqrt{3}}{2}i & 0 \end{pmatrix},$$

$$S^3 = \begin{pmatrix} \frac{3}{2} & 0 & 0 & 0 \\ 0 & \frac{1}{2} & 0 & 0 \\ 0 & 0 & -\frac{1}{2} & 0 \\ 0 & 0 & 0 & -\frac{3}{2} \end{pmatrix} \tag{4.134c}$$

이 결과에서 몇 가지 특별한 경우를 생각해 보자.

(i) $K = K'$인 경우(K에 대한 합은 취하지 않을 때):

$$(S^i)_{KK} = K\,\delta^{i3}, \tag{4.135a}$$

$$(S^{ij})_{KK} \Rightarrow (S^{11})_{KK} = (S^{22})_{KK} = -\frac{1}{2}(S^{33})_{KK}$$

$$= \begin{pmatrix} -1 & 0 & 0 & 0 \\ 0 & 1 & 0 & 0 \\ 0 & 0 & 1 & 0 \\ 0 & 0 & 0 & -1 \end{pmatrix}_{KK}, \quad \text{(다른 성분은 모두 0)} \tag{4.135b}$$

$$(S^{ijk})_{KK} \Rightarrow (S^{113})_{KK} = (S^{223})_{KK} = -\frac{1}{2}(S^{333})_{KK}$$

$$= \frac{9}{10}\begin{pmatrix} -1 & 0 & 0 & 0 \\ 0 & 3 & 0 & 0 \\ 0 & 0 & -3 & 0 \\ 0 & 0 & 0 & 1 \end{pmatrix}_{KK}, \quad \text{(다른 성분은 모두 0)} \tag{4.135c}$$

을 이용하면, 식 (4.133)은

$$\begin{aligned} u^{\mu}(p,K)\overline{u^{\nu}}(p,K) = {} & \frac{1}{24m}(m+\not{p})\Big[-3g^{\mu\nu} + \gamma^{\mu}\gamma^{\nu} + \frac{p^{\mu}\gamma^{\nu} - p^{\nu}\gamma^{\mu}}{m} + \frac{2p^{\mu}p^{\nu}}{m^2} \\ & + \frac{5(K_1+K_2+K_3)+3K_1K_2K_3}{4|K|}\Big\{-\frac{i}{m}\varepsilon^{\mu\nu\lambda\tau}p_{\lambda}\eta_{\tau} + \frac{4}{5}I^{\mu\nu}\gamma_5\eta_{\tau}\gamma^{\tau} - \frac{1}{5}\gamma_5\gamma_{\rho}[I^{\rho\mu}\eta^{\nu} + I^{\rho\nu}\eta^{\mu}]\Big\} \\ & - \frac{(K_1K_2+K_2K_3+K_3K_1)}{2|K|}\Big\{\eta^{\mu\nu} + \eta^{\mu\tau}\gamma_{\tau}(\gamma^{\nu} + \frac{p^{\nu}}{m}) - \eta^{\nu\tau}\gamma_{\tau}(\gamma^{\mu} + \frac{p^{\mu}}{m})\Big\} \\ & - \frac{K_1K_2K_3}{|K|}\gamma_5\gamma_{\rho}\eta^{\mu\nu\rho}\Big] \end{aligned} \tag{4.136}$$

이 된다. 여기서 η^{μ}는 $n_3{}^{\mu}$이고

$$\eta^{\mu\nu} = \eta^{\mu}\eta^{\nu} - \frac{1}{3}g^{\mu\nu}$$
$$\eta^{\mu\nu\lambda} = \eta^{\mu}\eta^{\nu}\eta^{\lambda} - \eta^{\mu}g^{\nu\lambda} - \eta^{\nu}g^{\lambda\mu} - \eta^{\lambda}g^{\mu\nu} \tag{4.137}$$

이며, K들은 다음과 같이 정의된 양이다.

$$\begin{aligned} &K=3/2\text{일 때}, \quad K_1 = K_2 = K_3 = 1 \\ &K=1/2\text{일 때}, \quad K_1 = K_2 = -K_3 = 1 \\ &K=-1/2\text{일 때}, \quad K_1 = -K_2 = -K_3 = 1 \\ &K=-3/2\text{일 때}, \quad K_1 = K_2 = K_3 = -1 \end{aligned} \tag{4.138}$$

따라서 특히 스핀 상태에 대하여 합을 하는 경우

$$\sum_K u^{\mu}(p,K)\overline{u^{\nu}}(p,K) = \frac{1}{6m}(m+\not{p})\left[-3g^{\mu\nu} + \gamma^{\mu}\gamma^{\nu} + \frac{p^{\mu}\gamma^{\nu} - p^{\nu}\gamma^{\mu}}{m} + \frac{2p^{\mu}p^{\nu}}{m^2}\right] \tag{4.139}$$

를 얻게 된다. 식 (4.139)는 많이 사용되는 식이지만 식 (4.133)의 첫째 항과 같은 결과이다.

또 이들 식에서 $(m+\not{p})$ 항은 오른쪽에 붙여 표시하기도 하는데 이 때 나머지 부분의 표현이 약간 달라진다.

[문제 4.14] 식 (4.139)에서 오른쪽 항의 $(m+\not{p})$를 끝부분으로 옮기면, 이 식이 어떻게 바뀌어지는가?

여기에서도 밀도행렬을 구할 수 있다. 즉 공변적 밀도행렬은 입자가 K 상태로 편극되어 있을 확률 $W(K)$를 식 (4.131)에 곱하여

$$\rho^{\mu\nu} = \sum_K W(K) u^{\mu}(p,K)\overline{u^{\nu}}(p,K), \tag{4.140}$$

또는 $\rho_{KK'}$를 식 (4.121)에 작용하여

$$\rho^{\mu\nu} = \sum_{K}\sum_{K'}\rho_{KK'}\ u^{\mu}(p,K)\overline{u^{\nu}}(p,K') \tag{4.141}$$

로부터 얻어진다. 두 결과 모두 다음 관계식을 준다.

$$\begin{aligned}\rho^{\mu\nu} = \frac{1}{12m}\Big[& I^{\mu\nu} + \frac{i}{2m}\varepsilon^{\mu\nu\lambda\tau}\gamma_5 p_\lambda \gamma_\tau \\ & + \frac{3}{2}P^{\tau}\Big\{\frac{4}{5}I^{\mu\nu}\gamma_5\gamma_\tau - \frac{1}{5}\gamma_5\gamma_\rho(I^{\rho\mu}g^{\nu\tau} + I^{\rho\nu}g^{\mu\tau}) - \frac{i}{m}\varepsilon^{\mu\nu\lambda\tau}p_\lambda\Big\} \\ & - \frac{1}{2}Q_{\alpha\beta}\Big(g^{\mu\alpha}g^{\nu\beta} + \frac{i}{m}\varepsilon^{\mu\nu\lambda\alpha}\gamma_5 p_\lambda \gamma^{\beta}\Big) - \frac{1}{3}R^{\mu\nu\rho}\gamma_5\gamma_\rho\Big](m + \not{p})\end{aligned} \tag{4.142}$$

따라서 스핀-3/2 입자의 편극은 편극 벡터 P_τ, 4-중편극 텐서 $Q_{\alpha\beta}$, 그리고 8-중편극 텐서 $R_{\alpha\beta\gamma}$에 의하여 그 특성이 설명된다. 그리고 이들은 다음 성질을 만족하는 대칭 텐서이다.

$$p_\alpha P^\alpha = p_\alpha Q^{\alpha\beta} = p_\alpha R^{\alpha\beta\gamma} = 0 \tag{4.143}$$

만일 스핀-3/2 입자가 생성되는 과정에서 전이진폭이 주어지면 이들 텐서를 직접 구할 수 있다.

밀도행렬을 각운동량 공간에서는 식 (4.142)와 식 (4.131)을 이용하여 다음과 같음을 보일 수 있다.

$$\begin{aligned}\rho_{KK'} &= \overline{u_\mu}(p,K)\ \rho^{\mu\nu}\ u_\nu(p,K') \\ &= \frac{1}{4}I_{KK'} - \frac{3}{10}P_\mu\, n_i^{\ \mu}(S^i)_{KK'} + \frac{1}{24}Q_{\mu\nu}\, n_i^{\ \mu}\ n_j^{\ \nu}(S^{ij})_{KK'} \\ &\quad - \frac{1}{162}R_{\mu\nu\sigma}\, n_i^{\ \mu}\ n_j^{\ \nu}\ n_k^{\ \sigma}(S^{ijk})_{KK'}\end{aligned} \tag{4.144}$$

[문제 4.15] 식 (4.144)를 증명하여라.

특히 스핀-3/2 입자의 정지계에서는 ($n_i^{\ \mu}$)는 ($\hat{\boldsymbol{\theta}}$, $\hat{\boldsymbol{\phi}}$, $\hat{\boldsymbol{n}}$)가 되는데 이것을 각각 x-, y-, z-축 방향으로 잡으면, 위 식은

$$\rho = \frac{1}{4}I + \frac{3}{10}\ \boldsymbol{P}\cdot\ \boldsymbol{S} + \frac{1}{24}Q^{ij}S^{ij} + \frac{1}{162}R^{ijk}S^{ijk} \tag{4.145}$$

가 되고 또 밀도행렬 ρ로부터

$$\begin{aligned} &\boldsymbol{P} = \frac{2}{3}Tr(\boldsymbol{S}\rho),\ (\rightarrow \boldsymbol{P} = Tr(\boldsymbol{S}\rho)/S\ ) \\ &Q^{ij} = Tr(S^{ij}\rho), \\ &R^{ijk} = Tr(S^{ijk}\rho) \end{aligned} \tag{4.146}$$

이 된다. 이 때 식 (4.145)로 주어진 밀도행렬로 기술되는 상태의 순수도는 다음과 같이 정의되는 매개상수

$$\xi = \frac{3}{5}\ \boldsymbol{P}^2 + \frac{1}{18}Q^{ij}Q^{ij} + \frac{2}{243}R^{ijk}R^{ijk} \tag{4.147}$$

로 정해지는데, 순수상태에 대하여 이 값은 1이 되고 등방인 상태에 대하여는 0이 된다. 참고로 식 (4.145)는 식 (4.144)를 다시 쓴 것으로 정지계가 아닐 때도 성립하는 식이다.

이와 같이하여 고스핀 입자의 편극을 공변적으로 취급하는 방법을 연장시켜 갈 수 있다. 마지막으로 스핀-2인 입자에 대하여 간단히 언급하고 이 장을 마무리하려 한다. 최근에는 스핀이 2 이상인 입자도 많이 발견되지만 스핀-2 입자에서는 정지질량이 0인 입자, 중력자가 유명하고 많이 연구되고 있다.

먼저 유한한 정지질량을 가진 스핀-2 입자는 식 (4.83)으로 기술되는 두 스핀-1인 입자 $\varepsilon^{\mu}(p,\ K)$의 결합으로 된 대칭 텐서량 $\varepsilon^{\mu\nu}(p,\lambda)$ $(\lambda=2,1,0,-1,-2)$로 기술된다. 즉 더 자세히 쓰면

$$\varepsilon^{\mu\nu}(p,\lambda) = \sum_{K}\langle 1K1K'|2\lambda\rangle\varepsilon^{\mu}(p,K)\varepsilon^{\nu}(p,K') \tag{4.148}$$

이며 이는 $\varepsilon^{\mu}(p,\ K)$의 성질에서 아는 바와 같이 다음 관계를 만족한다.

$$\begin{aligned} &p_{\mu}\varepsilon^{\mu\nu} = p_{\nu}\varepsilon^{\mu\nu} = 0, \\ &\varepsilon^{\mu}{}_{\mu} = 0, \\ &\varepsilon^{*\mu\nu}\varepsilon_{\mu\nu} = 0 \end{aligned} \tag{4.149}$$

보다 더 자세한 기술은 문헌[S. Y. Choi, Jungil Lee, J.S. Shim and H.S. Song, *J. Korean Phys. Soc.* **25**, 576 (1992)]을 참고하기로 하고 여기서는 생략한다.

질량이 0인 중력자에 대한 파의 기술은 더 이상 자세히 논의하지 않지만, 일반적으로 정지질량이 0인 입자는 항상 두 성분을 가진 파동함수로 기술된다. 따라서 입자의 스핀 성분으로 기술하는 밀도행렬은 스핀-1인 광자나 스핀-2인 중력자나 마찬가지 형태로 기술됨을 알 수 있다.

끝으로 입자의 편극을 기술할 때 지금까지 논의한 공변적 방법 외에도 헬리시티(helicity) 방법이 있다. 이것은 스핀의 양자화 방향을 그 입자의 운동방향으로 택하였을 때의 가능한 스핀 성분의 값임은 이미 정의하였다. 입자 반응에서 전이진폭(transition amplitude)을 입자의 헬리시티 상태의 성분으로 분석하는 경우가 많이 쓰인다. 특히 질량이 0이고 스핀을 가진 입자를 기술할 때는 헬리시티 방법이 훨씬 더 쉽고 편리한 방법이다. 그 이유는 정지질량이 0인 입자는 독립인 헬리시티가 2개밖에 없기 때문이다. 물론 유한한 정지질량을 가진 경우에도 유용한 방법이다. 특히 고에너지 물리학에서는 전자와 같은 작은 질량을 가진 입자는 거의 질량이 0인 입자로 취급하여도 별 문제가 없기 때문에 자주 쓰인다.

특히 입자물리학 실험에서 매우 중요한 위치를 차지하고 있는, 전자(e^-)와 양전자(e^+)의 충돌가속장치(e^+e^- colliders)는 전자와 양전자의 질량중심에서 충돌 실험을 하기 때문에, 좌표축을 바꾸어 생각할 필요가 별로 없고 뒤에 보이겠지만 고에너지에서는 입자의 헬리시티가 보존되기 때문에 헬리시티 방법이 잘 쓰인다.

입자반응에서 미분단면적을 계산할 때 스핀 상태에 대하여 합하는 경우가 많기 때문에 헬리시티 방법을 선호하는 경우가 많으나, 요즈음은 REDUCE, MATHEMATICA 같은 컴퓨터를 이용한 계산 방법이 개발되어 복잡한 계산에도 공변적 방법도 많이 쓰이고 있다. 공변적 방법의 결과는 항상 헬리시티 방법의 결과로 바꿀 수 있지만, 그 반대는 그리 쉽지 않다. 그러나 이러한 장점 때문에 헬리시티 방법을 실제 입자의 반응을 기술할 때 약간 논의하려 한다.

헬리시티 방법은 Jacob과 Wick [M. Jacob and G.C. Wick, *Ann. Phys.* **7**, 404(1959)]에 의하여 처음 시도되었다. 입자의 헬리시티를 다룰 때는 일반적으로 편리한 좌표계를 잡는다. 예를 들어, 무거운 입자를 다룰 때는 그 입자의 정지좌표계에서의 스핀 성분을 생각하게 되는데, 이 값은 입자의 운동방향으로의 Lorentz boost에 대하여 변하지 않는다. 그리고 고에너지 전자-양전자 산란에서는 질량중심 좌표계를 많이 사용한다.

제 5 장

양자전기역학에서 입자의 편극

입자들의 산란과정들은 전이진폭에 의하여 기술되고, 제3장에서는 몇 가지 간단한 입자 산란 과정에서 입자의 스핀을 고려하지 않는 경우 미분단면적을 구하는 방법을 기술하였고, 또 제4장에서는 입자의 편극을 기술하는 방법을 다루었다. 이제 이들 양자전기역학의 산란 과정에서 입자의 편극이 산란 전과 후에 어떻게 바꾸어지는가를 알아보자.

5.1 쿨롱 장에 의한 전자산란에서 전자의 편극

일반적으로 입자반응에 의하여 입자의 편극이 어떻게 바뀌는지 알아보기 전에 먼저 앞에서 생각하였던 간단한 쿨롱 산란의 경우를 생각해 보자. 이 과정에서 간단한 편극을 생각하여 편극에 대한 친밀감을 심어 주고 후에 보다 일반적인 경우로 확장하는 것에 대한 도움을 주려고 한다.

이미 이 과정의 S 행렬 성분은 식 (3.137)에서 주어진 바와 같이

$$S_{fi} = 2\pi i\delta(E_f - E_i)\frac{Ze^2}{|\boldsymbol{q}|^2}\frac{1}{V}\frac{m}{E}\bar{u}(p_f s_f)\gamma^0 u(p_i s_i), \tag{3.137}$$

이고 이 식으로부터 미분단면적은 다음 식이 된다.

$$\frac{d\sigma}{d\Omega} = \frac{4Z^2\alpha^2m^2}{\boldsymbol{q}^4} |\overline{u}(p_f s_f)\gamma^0 u(p_i\, s_i)|^2 \tag{3.145}$$

이 식을 계산할 때 전자의 스핀 상태와 관련하여 생각해 보자.

5.1.1 헬리시티 상태의 조사를 통한 전자의 편극

(a) 산란된 전자의 스핀 상태에 대하여는 합을 하지만 입사입자의 스핀 상태는 앞에서와는 달리 평균을 취하지 않는 경우를 생각해 보자. 그러면 위 식은

$$\begin{aligned}\frac{d\sigma}{d\Omega} &= \frac{4Z^2\alpha^2m^2}{|\boldsymbol{p}_f - \boldsymbol{p}_i|^4} \sum_{s_f} \overline{u}(p_f s_f)\gamma^0 u(p_i s_i)\overline{u}(p_i s_i)\gamma^0 u(p_f s_f) \\ &= \frac{4Z^2\alpha^2m^2}{|\boldsymbol{p}_f - \boldsymbol{p}_i|^4} Tr\left(\gamma^0 \frac{\not{p}_i + m}{2m} \frac{1+\gamma_5 \not{s}_i}{2} \gamma_0 \frac{\not{p}_f + m}{2m}\right)\end{aligned} \tag{5.1}$$

가 된다. 그러나 $\gamma_5 \not{s}_i$ 항은 기여하지 않음은 다음과 같이 보일 수 있다.

$$\begin{aligned}Tr\{\gamma^0(\not{p}_i + m)\gamma_5 \not{s}_i\gamma^0(\not{p}_f + m)\} &= mTr\{\gamma_5 \not{s}_i\gamma^0\gamma^0 \not{p}_i\} + mTr\{\gamma_5 \not{s}_i \gamma^0 \not{p}_f\gamma^0\} \\ &= 0\end{aligned} \tag{5.2}$$

따라서 식 (5.1)을 계산하면 입사입자가 편극되지 않은 경우의 결과와 같다. 그리고 앞 절에서 계산한 것과 같이 미분단면적은 Mott 산란 단면적 공식 (3.153)을 얻는다.

$$\frac{d\sigma}{d\Omega} = \frac{Z^2\alpha^2(1-\beta^2\sin^2\frac{\theta}{2})}{4|\boldsymbol{p}|^2\beta^2\sin^4\frac{\theta}{2}} \tag{3.153}$$

즉 산란된 전자의 편극을 측정하지 않는 경우 입사전자의 편극은 미분단면적에 아무런 영향을 주지 않는다. 그러나 이것은 제1차 섭동항만을 생각하는 경우이고 보다 높은 차원의

섭동까지를 생각하는 경우에는 다르다.

(b) 쿨롱 산란에서 편극의 변화, 다시 말해서 입사전자가 입사방향 쪽으로 편극되었다면, 즉 오른쪽 편극(right-hand polarized) 되었다면, 그 전자가 산란될 때 편극은 어떻게 되는지 알아보자. 이 때 식 (5.1)은 다음과 같이 변한다.

$$\begin{aligned}\frac{d\sigma}{d\Omega} &= \frac{4Z^2\alpha^2m^2}{|\boldsymbol{p}_f-\boldsymbol{p}_i|^4}\bar{u}(p_fs_f)\gamma^0u(p_is_i)\bar{u}(p_is_i)\gamma^0u(p_fs_f).\\ &= \frac{4Z^2\alpha^2m^2}{|\boldsymbol{p}_f-\boldsymbol{p}_i|^4}Tr\left(\gamma^0\frac{\not{p}_i+m}{2m}\frac{1+\gamma_5\not{s}_i}{2}\gamma_0\frac{\not{p}_f+m}{2m}\frac{1+\gamma_5\not{s}_f}{2}\right)\end{aligned} \tag{5.3}$$

산란된 전자의 편극 P는 다음과 같이 정의한다.

$$P=\frac{\frac{d\sigma}{d\Omega}(s_f=+1)-\frac{d\sigma}{d\Omega}(s_f=-1)}{\frac{d\sigma}{d\Omega}(s_f=+1)+\frac{d\sigma}{d\Omega}(s_f=-1)} \tag{5.4}$$

이것은 편극의 비대칭량(asymmetry)이라고도 부른다. 식 (5.3)을 살펴보면 편극 P는 식 (5.3) 오른쪽의 Tr 양만으로 구할 수 있다. 따라서 그 Tr 양을 구해 보자.

$$\begin{aligned}&Tr\left(\gamma^0\frac{\not{p}_i+m}{2m}\frac{1+\gamma_5\not{s}_i}{2}\gamma_0\frac{\not{p}_f+m}{2m}\frac{1+\gamma_5\not{s}_f}{2}\right)\\ &=\frac{1}{16m^2}Tr\{\gamma^0(\not{p}_i+m)(1+\gamma_5\not{s}_i)\gamma_0(\not{p}_f+m)\}\\ &\quad+\frac{1}{16m^2}Tr\{\gamma_5\not{s}_f\gamma^0(\not{p}_i+m)(1+\gamma_5\not{s}_i)\gamma_0(\not{p}_f+m)\}\\ &=\frac{1}{16m^2}Tr\{\gamma^0(\not{p}_i+m)\gamma^0(\not{p}_f+m)\}\\ &\quad+\frac{1}{16m^2}Tr\{\gamma_5\not{s}_f\gamma^0(\not{p}_i+m+m\gamma_5\not{s}_i+\not{p}_i\gamma_5\not{s}_i)(\gamma_0\not{p}_f+m\gamma^0)\}\\ &=\frac{1}{16m^2}Tr\{\gamma^0\not{p}_i\gamma^0\not{p}_f+m^2\gamma^0\gamma^0)\}\\ &\quad+\frac{1}{16m^2}Tr\{\gamma_5\not{s}_f\gamma^0(m\not{p}_i\gamma^0+m\gamma_0\not{p}_f+m^2\gamma_5\not{s}_i\gamma^0+\not{p}_i\gamma_5\not{s}_i\gamma_0\not{p}_f)\}\\ &\quad(\text{마지막항}\Rightarrow Tr\{m^2\not{s}_f\gamma^0\not{s}_i\gamma^0-\not{s}_f\gamma^0\not{p}_i\not{s}_i\gamma_0\not{p}_f)\})\end{aligned} \tag{5.5}$$

따라서

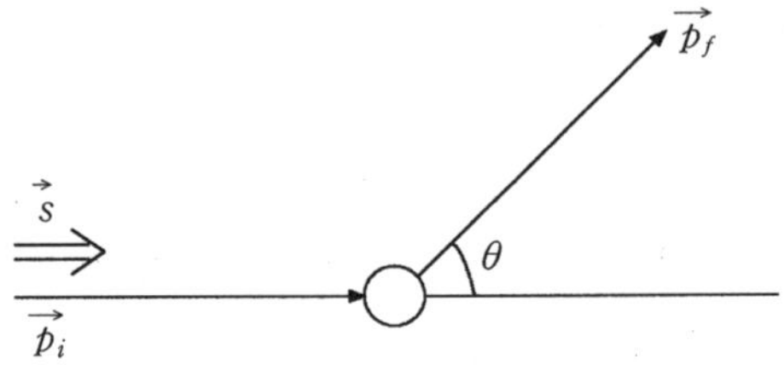

그림 5.1 편극된 전자의 산란

$$\begin{aligned} &\gamma^0\gamma^\mu\gamma^0 \equiv \widetilde{\gamma}^\mu = (\gamma^0, -\boldsymbol{\gamma}) \\ &\widetilde{s} = (s^0, -\boldsymbol{s}) \end{aligned} \tag{5.6}$$

를 이용하며

$$\begin{aligned} Tr(s_f = |s_f|) - Tr(s_f = -|s_f|) &= \frac{1}{8m^2} Tr\{m^2 \not{s}_f \widetilde{\not{s}}_i - \not{s}_f \widetilde{\not{p}}_i \widetilde{\not{s}}_i \not{p}_f)\} \\ &= \frac{1}{2m^2}\{m^2 s_f \cdot \widetilde{s}_i - (s_f \cdot \widetilde{p}_i \ \widetilde{s}_i \cdot p_f + s_f \cdot p_f \ \widetilde{s}_i \cdot \widetilde{p}_i - s_f \cdot \widetilde{s}_i \ \widetilde{p}_i \cdot p_f)\} \\ &= \frac{1}{2m^2}\{m^2(s_f^0 s_i^0 + \boldsymbol{s_f} \cdot \boldsymbol{s_i}) - (s_f^0 E_i + \boldsymbol{s_f} \cdot \boldsymbol{p_i})(s_i^0 E_f + \boldsymbol{s_i} \cdot \boldsymbol{p_f}) \\ &\qquad + (s_f^0 s_i^0 + \boldsymbol{s_f} \cdot \boldsymbol{s_i})(E_f E_i + \boldsymbol{p_i} \cdot \boldsymbol{p_f})\} \qquad (\because s \cdot p = 0) \end{aligned} \tag{5.7a}$$

$$\begin{aligned} Tr(s_f = |s_f|) + Tr(s_f = -|s_f|) &= \frac{1}{8m^2} Tr(\not{p}_i \widetilde{\not{p}}_f + m^2) \\ &= \frac{1}{2m^2}(E_i E_f + \boldsymbol{p_i} \cdot \boldsymbol{p_f} + m^2) \end{aligned} \tag{5.7b}$$

를 얻는다. 여기에서 특히 헬리시티 상태를 조사한다면, 일반적인 스핀 4-벡터

$$s^\mu = \left\{ \frac{(\boldsymbol{p} \cdot \widehat{\boldsymbol{s}})}{m}, \widehat{\boldsymbol{s}} + \frac{\boldsymbol{p}(\boldsymbol{p} \cdot \widehat{\boldsymbol{s}})}{m(E+m)} \right\} \tag{2.219}$$

에서 입사입자와 산란입자에 대하여 각각 $\widehat{\boldsymbol{s}_i} = \widehat{\boldsymbol{p}_i}$, $\widehat{\boldsymbol{s}_f} = \widehat{\boldsymbol{p}_f}$이므로

$$s^\mu = \left\{ \frac{|\boldsymbol{p}|}{m}, \frac{E}{m} \widehat{\boldsymbol{p}} \right\} \tag{2.218}$$

가 된다. 따라서 그림 5.1에서와 같이 탄성 산란에서 입사입자 방향에 대한 산란입자의 방

향각을 θ라 하면 입사입자가 오른쪽으로 편극된 경우

$$\begin{aligned}
&Tr(s_f=+1)-Tr(s_f=-1)\\
&=\frac{1}{2m^2}\{m^2(s_f^0 s_i^0+\boldsymbol{s_f}\cdot\boldsymbol{s_i})-(s_f^0E_i+\boldsymbol{s_f}\cdot\boldsymbol{p_i})(s_i^0E_f+\boldsymbol{s_i}\cdot\boldsymbol{p_f})\\
&\qquad+(s_f^0 s_i^0+\boldsymbol{s_f}\cdot\boldsymbol{s_i})(E_fE_i+\boldsymbol{p_i}\cdot\boldsymbol{p_f})\} \qquad (5.8)\\
&=\frac{1}{2m^2}\left\{m^2\left(\frac{p^2}{m^2}+\frac{E^2}{m^2}\cos\theta\right)-\left(\frac{pE}{m}+\frac{pE}{m}\cos\theta\right)^2\right.\\
&\qquad\left.+\left(\frac{p^2}{m^2}+\frac{E^2}{m^2}\cos\theta\right)(E^2+p^2\cos\theta)\right\}
\end{aligned}$$

가 되는데 $p^2(=|\boldsymbol{p}|^2)=E^2-m^2$를 이용하면 식 (5.8)은 다음과 같이 된다.

$$Tr(s_f=+1)-Tr(s_f=-1)=\frac{1}{m^2}\left(E^2\cos^2\frac{\theta}{2}-m^2\sin^2\frac{\theta}{2}\right) \qquad (5.9)$$

한편 식 (5.7b)로부터

$$\begin{aligned}
Tr(s_f=+1)+Tr(s_f=-1)&=\frac{1}{2m^2}(E^2+m^2+p^2\cos\theta)\\
&=\frac{1}{m^2}\left(E^2\cos^2\frac{\theta}{2}+m^2\sin^2\frac{\theta}{2}\right)
\end{aligned} \qquad (5.10)$$

를 얻으므로 오른쪽 편극된 입사입자에 대하여 산란된 전자의 편극 P_R는 다음과 같아진다.

$$P_R=\frac{E^2\cos^2\frac{\theta}{2}-m^2\sin^2\frac{\theta}{2}}{E^2\cos^2\frac{\theta}{2}+m^2\sin^2\frac{\theta}{2}} \qquad (5.11)$$

이 결과를 검토해 보자.

(i) $\theta=0$인 경우에는 모든 에너지에서 $P_R=+1$이고, $\theta=\pi$인 경우에는 모든 에너지에서 $P_R=-1$이다.

(ii) 고에너지 전자에 대해서는 $(E\gg m)$ 어떠한 각도에서도 $P_R=+1$이다. 즉 산란입자의

헬리시티는 입사할 때의 헬리시티 값을 가지고 있다. 다시 말해서 고에너지 전자는 쿨롱 산란에서 헬리시티가 보존된다. 높은 에너지를 갖는 전자의 헬리시티는 단단(hard)하다고 말한다.

(iii) 저에너지 전자에 대해서는 ($E \approx m$)

$$P_R = \frac{\cos^2\dfrac{\theta}{2} - \sin^2\dfrac{\theta}{2}}{\cos^2\dfrac{\theta}{2} + \sin^2\dfrac{\theta}{2}} = \cos\theta \tag{5.12}$$

이다. 이것은 낮은 에너지에서 전자의 스핀은 궤도운동과 결합되지 않기 때문에 스핀은 단단하다고 말할 수 있다(스핀과 궤도운동과의 결합은 상대론적 효과이다.). 식 (5.12)는 z-축을 $\boldsymbol{p}_f$ 방향으로 택할 때 $(\theta, \ \phi)$ 방향으로 편극된 것은

$$\omega(\theta, \phi) = \begin{pmatrix} \cos\dfrac{\theta}{2} \\ \sin\dfrac{\theta}{2} e^{i\phi} \end{pmatrix} = \cos\frac{\theta}{2}\begin{pmatrix} 1 \\ 0 \end{pmatrix} + \sin\frac{\theta}{2} e^{i\phi}\begin{pmatrix} 0 \\ 1 \end{pmatrix} \tag{5.13}$$

따라서 스핀이 $+½$이 될 확률은 $\cos^2\dfrac{\theta}{2}$, $-½$이 될 확률은 $\sin^2\dfrac{\theta}{2}$이 되므로 편극은 식 (5.12)가 된다고 할 수 있다. 위 결과는 그림 5.2에서 보는 바와 같다.

(iv) 만일 입사입자의 편극이 오른쪽 편극이 아니고 왼쪽 편극이었다면, 이 결과는 그 전자의 정지계에서의 편극방향 $\widehat{\boldsymbol{s}}_i$ 값이 앞에서 생각하였던 바와 다른 $-\widehat{\boldsymbol{s}}_i$를 생각하여 얻는 결과와 같게 될 것이다. 즉 $\widehat{\boldsymbol{s}}_i = -\widehat{\boldsymbol{p}}_i$로 놓아서 계산한 결과가 되므로 식 (5.7a)의 부호가 바뀌는 결과가 된다. 그러므로

$$P_L = -P_R = -\frac{E^2\cos^2\dfrac{\theta}{2} - m^2\sin^2\dfrac{\theta}{2}}{E^2\cos^2\dfrac{\theta}{2} + m^2\sin^2\dfrac{\theta}{2}} \tag{5.14}$$

를 얻는다.

(v) 입자의 산란을 생각할 때는 한 입자를 취급하지 않고 수많은 입자가 포함되므로 전자살 다발(electron beam)을 생각하여야 하는데, 이 때 입사입자의 편극은 일반적으로는 전자살다발의 평균 스핀 값을 택하여야 한다. 만일 p_R, p_L을 각각 전자들이 오른쪽, 왼쪽으로 편극될 확률이라면, $p_R + p_L = 1$이므로

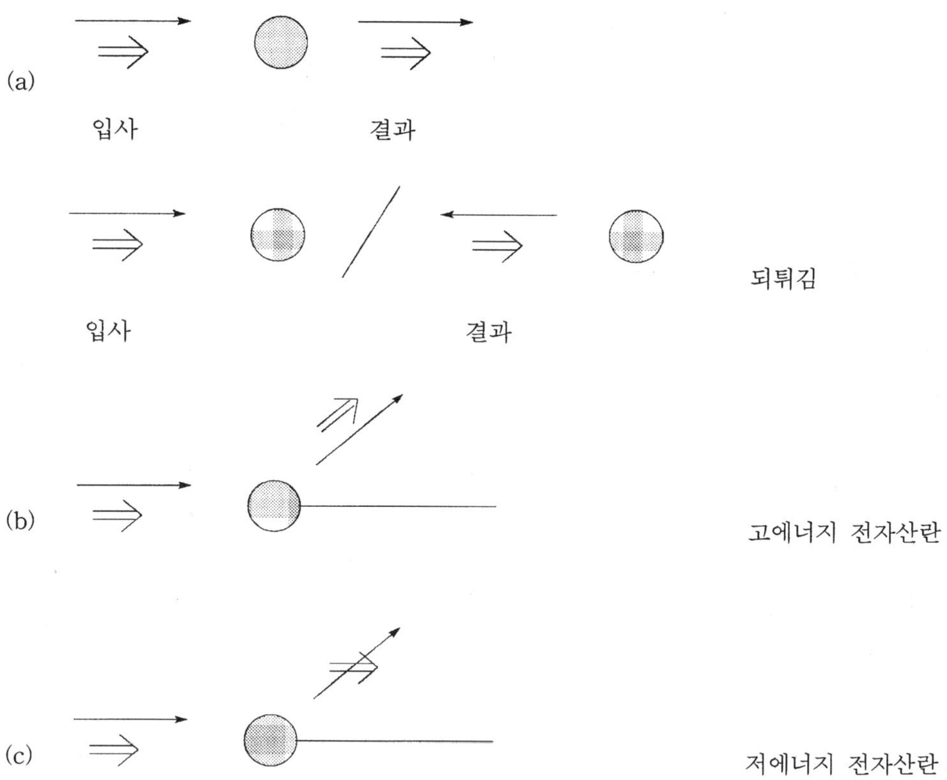

그림 5.2 충돌 전과 충돌 후의 전자의 편극

$$p \equiv p_R - p_L, \quad (-1 \leq p \leq 1) \tag{5.15}$$

는 입사전자의 편극(편극의 정도를 말함)이라 할 수 있다. 따라서 산란입자의 편극 P는

$$P = p_R P_R + p_L P_L = (p_R - p_l) P_R = p \left(\frac{E^2 \cos^2 \dfrac{\theta}{2} - m^2 \sin^2 \dfrac{\theta}{2}}{E^2 \cos^2 \dfrac{\theta}{2} + m^2 \sin^2 \dfrac{\theta}{2}} \right) \tag{5.16}$$

가 된다. 만일 입사입자가 편극되지 않은 경우 $p=0$이고, 따라서 $P=0$임을 알 수 있다.

지금까지의 결과는 전자가 운동량의 방향으로의 편극, 다시 말해서 종편극(longitudinally polarized)된 경우를 생각할 때에 합당한 결과를 얻었다. 이러한 방법으로 보다, 다음에 보이는 일반적인 공변적 방법을 이용하면, 같은 결과를 얻을 뿐만 아니라 횡편극(transversely polarized)된 전자에 대하여도 산란에 의한 편극을 한꺼번에 알 수 있다. 다만 계산이 앞에서와 같이 간단한 모양이 안 되는 경우가 많으나, 간단한 과정은 직접 계산할 수 있고 복잡한 과정에서는 REDUCE 같은 컴퓨터 프로그램의 도움으로 쉽게 얻을 수 있다.

5.1.2 일반적인 스핀-½ 입자의 편극

편극을 구하는 데는 쿨롱 산란의 S 행렬 식 (3.137)에서 전이진폭 T를 얻을 수 있는데, 제4장에서 보인 바와 같이 스핀-½ 입자가 포함되는 경우 일반적으로 전이진폭이

$$T_{fi} = \overline{u}(p_f, s_f) M u(p_i, s_i) \tag{4.24}$$

으로 쓰면, 이것은 $u(p_i, s_i)$로 기술되는 입사전자가 외부의 장의 영향을 받아 새로운 입자상태 $U(p, s)$로 되는데,

$$\begin{aligned} U(p,s) &= \sum_{s_f} u(p_f, s_f)\overline{u}(p_f, s_f) M u(p_i, s_i) \\ &= \left(\frac{\not{p}_f + m}{2m}\right) M u(p_i, s_i) \end{aligned} \tag{4.25a}$$

이고 산란되어 나오는 전자의 밀도행렬은

$$\rho_f = \frac{U\overline{U}}{Tr(U\overline{U})} = \frac{\left(\frac{\not{p}_f + m}{2m}\right) M \rho_i \widetilde{M} \left(\frac{\not{p}_f + m}{2m}\right)}{Tr\left\{\left(\frac{\not{p}_f + m}{2m}\right) M \rho_i \widetilde{M}\right\}}. \tag{4.27}$$

$$\widetilde{M} = \gamma^0 M^\dagger \gamma^0 \tag{4.28}$$

임을 보였다.

특히 $\widetilde{\gamma^\mu} = \gamma^\mu$이며 앞에서 정의된 $\widetilde{s_f}^\mu$에서만은 다르게 정의되었다고 생각하자. 따라서 산란된 입자가 갖게 될 스핀 벡터를 S_f^μ라 할 때는 제2장의 식 (2.232)에서와 같이 다음 식으로 얻는다.

$$S_f^\mu = Tr(\gamma^\mu \gamma_5 \rho_f) = \frac{Tr\{\gamma^\mu\gamma_5(\not{p}_f + m)M\rho_i\widetilde{M}(\not{p}_f+m)\}}{2mTr\{(\not{p}_f+m)M\rho_i\widetilde{M}\}} \tag{5.17}$$

이 식은 앞에서 논의된 편극문제를 포함하여 어떠한 과정에서도 성립하는 것으로 ρ_i는 항상

$$\rho_i = \frac{1}{4}\left(1+\frac{\not{p}_i}{m}\right)(1+\gamma_5\not{s}_i), \qquad (\text{여기서 } |\widehat{s_i}| \le 1) \tag{5.18}$$

임으로 우리가 고려하는 입자반응에 대한 M 값이 정해지면 산란된 입자의 편극이 정해진다. 입자반응에 대한 이론적 모형으로부터 오는 정보는 모두 M에 있으므로, 바꾸어 말하면 실험적으로 산란입자의 편극 S_f^μ를 조사함으로써 입자모형에 대한 검증을 할 수 있다고 하겠다. S_f^μ와 s_f^μ와의 차이점은 뒤에 설명하겠지만 앞에서 논의하였던 편극 $\boldsymbol{P}$는 정지계에서의 S_f^μ 값($\widehat{S_f}$)에 해당된다.

앞에서 생각하였던 쿨롱 산란을 지금까지 논의한 편극의 일반적인 방법을 이용하여 다시 생각하면 앞에서 얻은 결과는 물론 다른 결과까지도 얻을 수 있음을 보일 수 있다. 이것은 일반적인 방법에 대한 보다 확실한 의미를 이해하고 식 (5.17)의 유용성을 강조하기 위한 것이다.

쿨롱 산란에서는 $M=\gamma^0$라 할 수 있으므로, 식 (5.17)의 분모는 식 (5.18)을 이용하면 다음과 같은 결과를 얻는다.

$$\begin{aligned} Tr\{(\not{p}_f+m)M\rho_i\widetilde{M}\} &= Tr\left\{(\not{p}_f+m)\gamma^0\frac{1}{4}\left(1+\frac{\not{p}_i}{m}\right)(1+\gamma_5\not{s}_i)\gamma^0\right\} \\ &= \frac{1}{4m}Tr\{\gamma^0(\not{p}_f+m)\gamma^0(\not{p}_i+m)\} = \frac{1}{m}(2E_fE_i - p_f\cdot p_i + m^2) \\ &= \frac{1}{m}(E_fE_i + p_fp_i\cos\theta + m^2) \quad (\text{또 } p_f=p_i,\ E_f=E_i=E \text{ 를 이용하면}) \\ &= \frac{2}{m}\left(E^2\cos^2\frac{\theta}{2} + m^2\sin^2\frac{\theta}{2}\right) \end{aligned} \tag{5.19}$$

즉 식 (5.16)의 분모와 같음을 알 수 있다.

이제 쿨롱 산란에 대한 식 (5.17)의 분자는

$$
\begin{aligned}
&Tr\{\gamma^\mu\gamma_5(\not p_f+m)M\rho_i\widetilde{M}(\not p_f+m)\}\\
&=\frac{1}{4m}Tr\{(\not p_f+m)\gamma^\mu\gamma_5(\not p_f+m)\gamma^0(\not p_i+m)(1+\gamma_5\not s_i)\gamma^0\}\\
&=\frac{1}{4m}Tr\{(m^2\gamma^\mu\gamma_5+m\not p_f\gamma^\mu\gamma_5+m\gamma^\mu\gamma_5\not p_f+\not p_f\gamma^\mu\gamma_5\not p_f)\\
&\qquad\times(m+\widetilde{\not p}_i-m\gamma_5\widetilde{\not s}_i-\widetilde{\not p}_i\gamma_5\widetilde{\not s}_i)\}\\
&=\frac{1}{4m}Tr\{(-m^3\gamma^\mu\widetilde{\not s}_i+m\not p_f\gamma^\mu\not p_f\widetilde{\not s}_i)+m(\not p_f\gamma^\mu\widetilde{\not p}_i\widetilde{\not s}_i-\gamma^\mu\not p_f\widetilde{\not p}_i\widetilde{\not s}_i)\}\\
&=2(-m^2\widetilde{s_i}^\mu+p_f\cdot\widetilde{s}_i\,p_f^\mu+p_f\cdot\widetilde{s}_i\,\widetilde{p_i}^\mu-p_f\cdot\widetilde{p}_i\,\widetilde{s_i}^\mu)
\end{aligned}
\tag{5.20}
$$

가 되므로 산란전자의 편극 벡터는 다음과 같이 된다.

$$
S_f^\mu=\frac{\{p_f\cdot\widetilde{s}_i(p_f^\mu+\widetilde{p_i}^\mu)-(p_f\cdot\widetilde{p}_i+m^2)\widetilde{s_i}^\mu\}}{2(E^2\cos^2\dfrac{\theta}{2}+m^2\sin^2\dfrac{\theta}{2})}
\tag{5.21}
$$

이 결과를 살펴보자(앞으로 S_f 대신 당분간 s_f를 쓴다.).

(i) 식 (5.7b)에서 보인 바와 같이 식 (5.21)의 분자는

$$
2\left(E^2\cos^2\frac{\theta}{2}+m^2\sin^2\frac{\theta}{2}\right)=p_f\cdot\widetilde{p}_i+m^2\equiv D=E^2(1+\cos\theta)m^2(1-\cos\theta)
\tag{5.22}
$$

이다. 한편 식 (2.219)에서 보는 바와 같이

$$
\begin{aligned}
\mathbf{s}&=\hat{\mathbf{s}}+\frac{\mathbf{p}(\mathbf{p}\cdot\hat{\mathbf{s}})}{m(E+m)}=\frac{E}{m}\hat{\mathbf{p}}(\hat{\mathbf{p}}\cdot\hat{\mathbf{s}})+\hat{\mathbf{p}}\times(\hat{\mathbf{s}}\times\hat{\mathbf{p}})\\
&=\frac{E}{m}\hat{\mathbf{p}}(\hat{\mathbf{p}}\cdot\hat{\mathbf{s}})+\mathbf{s}^T
\end{aligned}
\tag{5.23}
$$

$$
\mathbf{s}^T\equiv\hat{\mathbf{p}}\times(\hat{\mathbf{s}}\times\hat{\mathbf{p}})=\hat{\mathbf{s}}-\hat{\mathbf{p}}(\hat{\mathbf{p}}\cdot\hat{\mathbf{s}})
\tag{5.24}
$$

으로 쓸 수 있으므로, 식 (5.21)에서 $\mu=0$ 성분은 식 (2.219)를 생각하면

$$\frac{\boldsymbol{p}_f\cdot\widehat{\boldsymbol{s}_f}}{m}=\frac{1}{D}\Big\{2E\Big(\frac{E}{m}\ \boldsymbol{p}_i\cdot\widehat{\boldsymbol{s}_i}+\frac{E}{m}\ \boldsymbol{p}_f\cdot\widehat{\boldsymbol{p}_i}(\widehat{\boldsymbol{p}_i}\cdot\widehat{\boldsymbol{s}_i})$$
$$+\boldsymbol{p}_f\cdot\widehat{\boldsymbol{s}_i}-\boldsymbol{p}_f\cdot\widehat{\boldsymbol{p}_i}(\widehat{\boldsymbol{p}_i}\cdot\widehat{\boldsymbol{s}_i})\Big)-D\frac{\boldsymbol{p}_i\cdot\widehat{\boldsymbol{s}_i}}{m}\Big\} \tag{5.25}$$

인데, 쿨롱 산란과 같은 탄성 산란($|\boldsymbol{p}_i|=|\boldsymbol{p}_f|=p$)의 경우를 생각하면,

$$\widehat{\boldsymbol{p}_f}\cdot\widehat{\boldsymbol{s}_f}=\frac{1}{D}\{2mE\widehat{\boldsymbol{p}_f}\cdot\widehat{\boldsymbol{s}_i}+2[E^2+E(E-m)\cos\theta-D](\widehat{\boldsymbol{p}_i}\cdot\widehat{\boldsymbol{s}_i})\}$$
$$=\frac{1}{D}\{2mE\widehat{\boldsymbol{p}_f}\cdot\widehat{\boldsymbol{s}_i}+[E^2-m^2+(E-m)^2\cos\theta](\widehat{\boldsymbol{p}_i}\cdot\widehat{\boldsymbol{s}_i})\} \tag{5.26}$$

를 얻는다. 따라서 앞에서 생각한 두 경우의 결과를 곧 알 수 있다. 즉 $\widehat{\boldsymbol{s}_i}$가 $\boldsymbol{p}_i$방향으로 잡을 경우에는 $\widehat{\boldsymbol{p}_f}\cdot\widehat{\boldsymbol{s}_i}=\cos\theta\,\widehat{\boldsymbol{p}_i}\cdot\widehat{\boldsymbol{s}_i}$가 성립하므로 식 (5.26)은 식 (5.16)이 되고 특별히

낮은 에너지에서는 $(E\approx m)$; $\widehat{\boldsymbol{p}_f}\cdot\widehat{\boldsymbol{s}_f}=\widehat{\boldsymbol{p}_f}\cdot\widehat{\boldsymbol{s}_i}=\cos\theta\,\widehat{\boldsymbol{p}_i}\cdot\widehat{\boldsymbol{s}_i}$ (5.27)

높은 에너지에서는 $(E\gg m)$; $\widehat{\boldsymbol{p}_f}\cdot\widehat{\boldsymbol{s}_f}=\widehat{\boldsymbol{p}_i}\cdot\widehat{\boldsymbol{s}_i}$ (5.28)

임을 알 수 있다.

(ii) 식 (5.21)은 입사전자들이 임의로 편극된 경우에도 입사전자가 산란 후 편극이 어떻게 변하는가를 알려 준다. 아무리 복잡한 과정에서도 이것을 알려 주는 방법이 같음으로 여기서 자세히 살펴보자.

먼저 식 (5.21)에서 $\boldsymbol{s}_f$를 구할 수 있다. 이것으로부터 $\boldsymbol{s}_f\times\widehat{\boldsymbol{p}_f}$를 구할 수 있는데 이 값은 식 (2.219) 또는 (5.23)에서 알 수 있듯이 $\widehat{\boldsymbol{s}_f}\times\widehat{\boldsymbol{p}_f}$ 와 같다. 따라서 $\widehat{\boldsymbol{p}_f}\times(\widehat{\boldsymbol{s}_f}\times\widehat{\boldsymbol{p}_f})$를 구할 수 있다. 한편 앞에서 보인 바와 같이 s_f^0에서 $\widehat{\boldsymbol{p}_f}\cdot\widehat{\boldsymbol{s}_f}$와 $\widehat{\boldsymbol{p}_f}\times(\widehat{\boldsymbol{p}_f}\times\widehat{\boldsymbol{s}_f})$를 구할 수 있으므로 결국 이들로부터 $\widehat{\boldsymbol{s}_f}=\widehat{\boldsymbol{p}_f}(\widehat{\boldsymbol{p}_f}\cdot\widehat{\boldsymbol{s}_f})+\widehat{\boldsymbol{p}_f}\times(\widehat{\boldsymbol{s}_f}\times\widehat{\boldsymbol{p}_f})$를 구할 수 있다.

전자의 쿨롱 산란에서는

$$\boldsymbol{s}_f=\frac{1}{D}\Big\{(\boldsymbol{p}_f-\boldsymbol{p}_i)\Big(\frac{E}{m}\ \boldsymbol{p}_i\cdot\widehat{\boldsymbol{s}_i}+\frac{E}{m}\boldsymbol{p}_f\cdot\widehat{\boldsymbol{p}_i}(\widehat{\boldsymbol{p}_i}\cdot\widehat{\boldsymbol{s}_i})+\boldsymbol{p}_f\cdot\widehat{\boldsymbol{s}_i}$$
$$-\boldsymbol{p}_f\cdot\widehat{\boldsymbol{p}_i}(\widehat{\boldsymbol{p}_i}\cdot\widehat{\boldsymbol{s}_i})\Big)+D\Big[\frac{E}{m}\ \widehat{\boldsymbol{p}_i}(\widehat{\boldsymbol{p}_i}\cdot\widehat{\boldsymbol{s}_i})+\widehat{\boldsymbol{s}_i}-\widehat{\boldsymbol{p}_i}(\widehat{\boldsymbol{p}_i}\cdot\widehat{\boldsymbol{s}_i})\Big]\Big\} \tag{5.29}$$

이므로

$$\widehat{p}_f \times \widehat{s}_f = \widehat{p}_f \times s_f$$
$$= \frac{1}{D}\Big\{-(\widehat{p}_f \times p_i)\Big(\frac{E}{m}\, p_i \cdot \widehat{s}_i + \frac{E-m}{m}\, p_f \cdot \widehat{p}_i(\widehat{p}_i \cdot \widehat{s}_i) + p_f \cdot \widehat{s}_i\Big)$$
$$+ D[\frac{(E-m)}{m}(\widehat{p}_f \times \widehat{p}_i)(\widehat{p}_i \cdot \widehat{s}_i) + \widehat{p}_f \times \widehat{s}_i]\Big\},$$

$$\widehat{p}_f \times (\widehat{p}_f \times \widehat{s}_f) = \widehat{p}_f \times (\widehat{p}_f \times s_f)$$
$$= -\frac{1}{D}\,\widehat{p}_f \times (\widehat{p}_f \times p_i) \times$$
$$\Big(\frac{E}{m}\, p_i \cdot \widehat{s}_i + \frac{E-m}{m}\, p_f \cdot \widehat{p}_i(\widehat{p}_i \cdot \widehat{s}_i) + p_f \cdot \widehat{s}_i\Big)$$
$$+ \frac{E-m}{m}[\widehat{p}_f \times (\widehat{p}_f \times \widehat{p}_i)](\widehat{p}_i \cdot \widehat{s}_i) + \widehat{p}_f \times (\widehat{p}_f \times \widehat{s}_i),$$

$$\therefore\ \widehat{p}_f \times (\widehat{s}_f \times \widehat{p}_f) = \widehat{p}_f \times (\widehat{s}_i \times \widehat{p}_f) - \frac{1}{D}[\widehat{p}_f \times (\widehat{p}_i \times \widehat{p}_f)]$$
$$\{(E-m)^2(\widehat{p}_i \cdot \widehat{s}_i) + p^2(\widehat{p}_f \cdot \widehat{s}_i)\} \tag{5.30}$$

를 얻는다. 이 값은 $\widehat{s}_f$의 횡 성분, $s_T (= \widehat{s}_T)$와 같은 양이다. 또 이 식과 식 (5.29)로부터

$$\widehat{s}_f = (\widehat{p}_f \cdot \widehat{s}_f)\widehat{p}_f + \widehat{p}_f \times (\widehat{s}_f \times \widehat{p}_f)$$
$$= \frac{1}{D}\{2mE\,\widehat{p}_f \cdot \widehat{s}_i + [E^2 - m^2 + (E-m)^2\cos\theta](\widehat{p}_i \cdot \widehat{s}_i)\}\,\widehat{p}_f$$
$$+ [\widehat{s}_i - (\widehat{p}_f \cdot \widehat{s}_i)\widehat{p}_f]$$
$$- \frac{1}{D}[\widehat{p}_i - (\widehat{p}_f \cdot \widehat{p}_i)\widehat{p}_f]\{(E-m)^2(\widehat{p}_i \cdot \widehat{s}_i) + p^2(\widehat{p}_f \cdot \widehat{s}_i)\}$$

$$\therefore\ \widehat{s}_f = \widehat{s}_i + \frac{(E-m)}{D}\{\widehat{p}_f[\widehat{p}_i \cdot \widehat{s}_i(E+m+2(E-m)\cos\theta)$$
$$- \widehat{p}_f \cdot \widehat{s}_i(E-m)] - \widehat{p}_i[(E-m)\,\widehat{p}_i \cdot \widehat{s}_i + (E+m)\,\widehat{p}_f \cdot \widehat{s}_i]\} \tag{5.31}$$

를 얻는다.

이 결과를 처음 $\widehat{s}_i$를 가지고 $\widehat{p}_i$ 방향으로 입사한 전자가 쿨롱 산란에 의하여, $\widehat{p}_f$ 방향으로 $\widehat{s}_f$의 편극을 가지고 나오는 경우 편극이 어떻게 변하는가를 나타낸 일반적인 식이다.

㉮ 식 (5.31)에 $\widehat{p}_f$를 곱해 주면 식 (5.26)을 얻음을 알 수 있다.

㉯ 편극이 되지 않은 입사전자는 쿨롱 산란의 경우 편극되어 나오지 않는다.

㉰ 식 (5.31)로부터

$$\hat{s}_f \cdot \frac{(\boldsymbol{p}_i \times \boldsymbol{p}_f)}{|\boldsymbol{p}_i \times \boldsymbol{p}_f|} = \hat{s}_i \cdot \frac{(\boldsymbol{p}_i \times \boldsymbol{p}_f)}{|\boldsymbol{p}_i \times \boldsymbol{p}_f|} \tag{5.32}$$

임을 알 수 있다. 즉 입자반응평면 또는 생성평면(production plane)에 수직인 편극의 성분은 쿨롱 산란에서는 변하지 않음을 알 수 있다.

㉱ 식 (5.31)을 고쳐서 $\hat{s}_i$ 방향, 생성평면에 수직인 방향, 또 이 두 방향에 수직인 방향으로 바꾸어 쓰면 다음과 같이 쓸 수 있다.

$$\hat{s}_f = \frac{[(A^2 - B^2)\hat{s}_i + 2B^2 \hat{\boldsymbol{a}}(\hat{\boldsymbol{a}} \cdot \hat{s}_i) + 2AB(\hat{\boldsymbol{a}} \times \hat{s}_i)]}{A^2 + B^2} \tag{5.33}$$

여기서 $\hat{\boldsymbol{a}}$, A, B는 다음과 같이 정의된 양이다.

$$\hat{\boldsymbol{a}} = \frac{(\boldsymbol{p}_i \times \boldsymbol{p}_f)}{|\boldsymbol{p}_i \times \boldsymbol{p}_f|} \tag{5.34a}$$

$$A = (E+m) + (E-m)\cos\theta, \quad B = (E-m)\sin\theta \tag{5.34b}$$

$$D = A^2 + B^2 \tag{5.34c}$$

[문제 5.1] 식 (5.26)의 마지막 식을 얻는 과정을 확인하여라.

[문제 5.2] 식 (5.31)이 식 (5.33)과 같이 쓸 수 있음을 보여라.

㉲ 위에서 얻은 식 (5.33)의 $\hat{s}_f$는 엄밀히 말하면 전자의 편극

$$\hat{S}_f = \boldsymbol{P}_f = Tr(s\rho) \tag{5.34d}$$

를 의미한다.

만일 입사전자와 산란전자의 편극 벡터를 포함시켜 미분단면적을 구하면,

$$d\sigma = d\sigma_0(1 + \widehat{\boldsymbol{s}}_f \cdot \boldsymbol{P}_f) \tag{5.35}$$

의 결과를 얻는다. 따라서 식 (5.35)에서 $\widehat{\boldsymbol{s}}_f$의 계수가 식 (5.33)에서 얻은 결과가 된다. 이 식에서 $\boldsymbol{P}_f (= \widehat{\boldsymbol{S}}_f \Leftarrow (5.33))$는 산란된 전자가 갖는 편극이고, $\widehat{\boldsymbol{s}}_f$는 측정기(detector)에 의하여 선택되는 전자의 분석(analizing) 편극이라 할 수 있다. 그 이유는 생성되는 입자의 밀도행렬을 구할 때 식 (4.25a)에서 보는 바와 같이 마지막 입자상태에 대한 투영을 하였기 때문이다. 전자가 아무리 편극을 가지고 있다 해도 검출기가 측정을 못하거나 안 하는 경우 입자의 편극은 없는 것 같은 결과를 얻는다.

5.2 전자-양성자 비탄성 산란과 편극

전자가 양성자와 산란하는 문제는 상당히 오랫동안 연구되었으며 입자물리학의 발전에 많은 기여를 하였다. 그러나 아직도 양성자의 스핀 구조 문제는 입자의 근본적 구성 모형과 관련하여 중요한 연구대상이 되고 있다. 전자와 양성자가 충돌할 때는 탄성 산란 $e+p \to e+p$, 또는 비탄성 산란(inelastic scattering) $e+p \to e+X$, $e+p \to e+\gamma+X$ 등을 생각할 수 있는데, 이 때 X는 양성자가 아닌 다른 입자들, 어느 것(any thing)을 의미한다. 고에너지 전자가 양성자와 충돌할 때는 충돌 후 여러 입자들이 나올 수 있다.

특히 여기서는 $e+p \to e+X$의 경우를 생각해 보자. 그러면 $e+p \to e+p$ 과정은 $e+p \to e+X$ 과정의 특수한 경우로 취급할 수도 있다. 또 뒤에 나오게 될 quark-parton 모형도 결국 고에너지의 이 과정을 실험적으로 연구한 것을 이론적으로 설명하는 과정에서, 특히 Bjorken에 의하여 알아낸 눈금잡기(scaling) 법칙을 설명하는 과정에서 Feynman에 의하여 도입된 것이다. 일반적으로 아주 높은 에너지에서는 광자의 교환 이외에 Z^0의 교환을 생각하여야 하지만, 여기서는 광자의 교환만을 생각할 정도에서의 에너지 영역에서의 반응을 생각하자. 양자전자기학에서는 이 과정은 그림 5.3에서와 같이 광자에 의한 힘의 매개과정으로 설명할 수도 있다.

이 과정에서 전이진폭을 구하기 위하여 다시 식 (3.155)으로 주어지는 산란행렬을 생각해 보자.

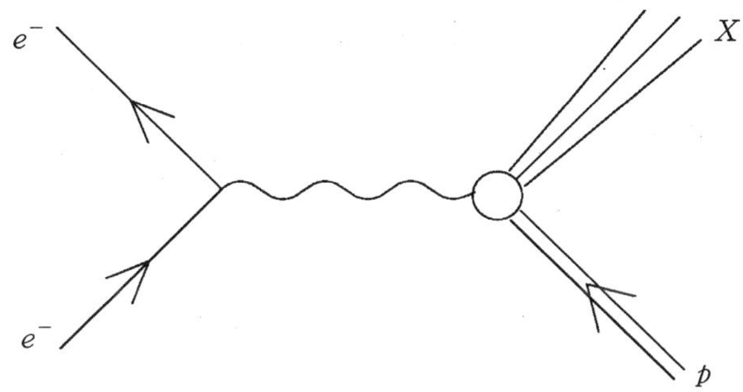

그림 5.3 비탄성 전자-양성자 산란, $e+p \to e+X$

$$S_{fi} = -ie \int d^4x \int d^4y \, \overline{\psi_f}^{(e)}(x) \gamma_\mu \psi_i^{(e)}(x) D_F(x-y) \langle X(p_X)|J^\mu(y)|N(p'_i, s'_i)\rangle \tag{5.36}$$

이 과정의 전이진폭을 얻기 위하여, 강입자흐름을 바꾸어 써서

$$\langle X(p'_X)|J^\mu(y)|N(p'_i s'_i)\rangle = \langle X(p'_X)|J^\mu(0)|N(p'_i s'_i)\rangle e^{-i(p'_i - p'_X)} \tag{5.37}$$

로 놓을 때

$$\begin{aligned} S_{fi} &= -ie^2 \frac{\sqrt{m^2}}{\sqrt{E_i E_f}} \int d^4x \int d^4y \int d^4q e^{ip_f \cdot x} e^{-ip_i \cdot x} e^{-iq \cdot (x-y)} e^{ip'_X \cdot y} e^{-ip'_i \cdot y} \\ &\cdot \left(-\frac{1}{(2\pi)^4}\right) \bar{u}(p_f s_f) \gamma_\mu u(p_i s_i) \frac{1}{q^2 + i\varepsilon} \langle X(p'_X)|J^\mu(0)|N(p'_i s'_i)\rangle \end{aligned} \tag{5.38}$$

로 쓸 수 있으며, 그림 5.3에서 보는 바와 같이 운동량보존과 운동량전달(momentum transfer) q^μ는 다음과 같다.

$$p_i + p'_i = p_f + p'_X, \tag{5.39}$$

$$q = p_f - p_i = p'_i - p'_X \tag{5.40}$$

(a) 미분단면적

앞에서 논의한 결과 식 (3.162)를 이용할 수 있어

$$|S_{fi}|^2 = \frac{(2\pi)^8}{V^4} [\delta^4(p'_X - p'_i + p_f - p_i)]^2 \frac{m^2}{E_i E_f} |M_{fi}|^2 \tag{5.41}$$

가 되고 미분단면적은 (4.165a)로부터 다음과 같이 됨을 알 수 있다.

$$d\sigma = \frac{m^2 E'_i E_X}{(2\pi)^2} \frac{1}{\sqrt{(p_i \cdot p'_i) - m^2 m'^2}} \delta^4(p'_X - p'_i + p_f - p_i) \, |M_{fi}|^2 \frac{d^3 p_f}{E_f} \frac{d^3 p'_X}{E_X} \tag{5.42}$$

이 때 전이행렬은 전자흐름과 강입자흐름으로 인수분해되어(factorized)

$$M_{fi}^{(inel)} = \bar{u}(p_f s_f)\gamma^\mu u(p_i s_i) \frac{e^2}{(p_f - p_i)^2 + i\varepsilon} \langle X(p'_X) | J_\mu(0) | N(p'_i s'_i) \rangle \tag{5.43}$$

로 쓸 수 있다. 강입자계 X는 일반적으로는 입사 양성자와는 다른 상태이므로 이 계의 불변질량 $(p'_X)^2$은 일반적으로 한 입자의 질량이라 할 수는 없고,

$$W^2 (\equiv m'^2_X) = p'^2_X = (p'_i - q)^2 = q^2 - 2q \cdot p'_i + m'^2 \tag{5.44}$$

이며, 특히 탄성 산란에서는 $W^2 = m'^2$가 되지만, 여기서 생각하는 비탄성 산란에서는 $W^2 \neq m'^2$ 이어서, 탄성 산란에서 생각하였던 미분단면적을 구하는 방법에 주의가 필요하다. $X(p'_X)$는 일부러 측정하지는 않지만, 여러 가지 상태의 입자를 나타내고 또 여러 입자상태를 나타낼 수 있다. 따라서 비탄성 산란에서는 미분단면적의 마지막 적분에서 $W^2 \neq m'^2$임을 고려하면,

$$q^2 \neq 2q \cdot p'_i \tag{5.45}$$

이므로, 식 (3.190) 같은 관계가 성립되지 않는다. 따라서 미분단면적은 2개의 독립변수로 표시하는 것이 바람직하다. 특히 실험실계에서

$$\frac{d^3 p_f}{E_f} = p_f \, dE_f \, d\Omega_f \tag{5.46a}$$

$$\frac{1}{\sqrt{(p_i \cdot p'_i) - m^2 m'^2}} = \frac{1}{m' p_i} \tag{5.46b}$$

를 이용하면 입자편극에 대한 합을 생각할 때 미분단면적은

$$\frac{d^2\bar{\sigma}}{dE_f\, d\Omega_f} = \sum_X \frac{m^2 E'_X}{(2\pi)^2} \int \frac{p_f}{p_i} \delta^4(p'_X - p'_i + p_f - p_i)\, \overline{|M_{fi}|^2} \frac{d^3 p'_X}{E'_X} \tag{5.47}$$

로 쓸 수 있다. 식 (3.170)을 이용하면,

$$\frac{d^3 p'_X}{E'_X} = 2\int_{-\infty}^{\infty} d^4 p'_X \delta(p'_X \cdot p'_X - m_X{}^2)\theta(p'_X{}^0) \tag{5.48}$$

이므로 식 (5.47)은 다음과 같이 된다.

$$\frac{d^2\bar{\sigma}}{dE_f\, d\Omega_f} = \sum_X \frac{2m^2 E'_X}{(2\pi)^2} \frac{p_f}{p_i} \delta(p'_X{}^2 - m_X{}^2)\, \overline{|M_{fi}|^2} \tag{5.49}$$

편의상 다음과 같은 Lorentz 불변량, s, t와 ν를 도입하여

$$s = (p_i + p'_i)^2, \quad t = q^2, \quad \nu = \frac{q \cdot p'_i}{m'} \tag{5.50}$$

라 할 때,

$$\begin{aligned} \delta(p'_X{}^2 - m_X{}^2) &= \delta(q^2 - 2m'\nu + m'^2 - m_X{}^2) \\ &= 2m'\delta\left(\nu - \frac{q^2}{2m'} + \frac{(m_X{}^2 - m'^2)}{2m'}\right) \end{aligned} \tag{5.51}$$

가 되고, 식 (3.176c)에서 정의된 전자의 스핀을 고려하지 않은 렙톤-흐름텐서 $l_{(e)}{}^{\mu\nu}$을 쓰면

$$l^{\mu\nu}{}_{(e)} = \frac{1}{m^2}\left(p_i{}^\mu p_f{}^\nu + p_i{}^\nu p_f{}^\mu + \frac{q^2}{2} g^{\mu\nu}\right), \tag{3.176c}$$

$$\begin{aligned} \overline{|M_{fi}|^2} &= \frac{1}{4}\frac{e^4}{q^4} \sum_{s_i, s_f} \bar{u}(p_f s_f)\gamma^\mu u(p_i s_i)\{\bar{u}(p_f s_f)\gamma^\nu u(p_i s_i)\}^\dagger \\ &\quad \cdot \sum_{s'_i} \langle X(p'_X)|J_\mu(0)|N(p'_i s'_i)\rangle \langle X(p'_X)|J_\nu(0)|N(p'_i s'_i)\rangle^\dagger \\ &= \frac{1}{4}\frac{e^4}{q^4}\, l_{(e)}{}^{\mu\nu} \sum_{s'_i} \langle X(p'_X)|J_\mu(0)|N(p'_i s'_i)\rangle \langle X(p'_X)|J_\nu(0)|N(p'_i s'_i)\rangle^\dagger \end{aligned} \tag{5.52}$$

가 되므로 식 (5.49)는 다음과 같이 쓸 수 있다.

$$\begin{aligned}\frac{d^2\bar{\sigma}}{dE_f\,d\Omega_f} &= \sum_X \frac{2m^2}{(2\pi)^2}\frac{p_f}{p_i}\delta(\,p'^{\,2}_X - m_X^2)\ \overline{|M_{fi}|^2} \\ &= \frac{\alpha^2}{q^4}\frac{E_f}{E_i}(2m^2)\ l_{(e)}{}^{\mu\nu}W_{\mu\nu}\end{aligned} \tag{5.53}$$

여기서 $W^{\mu\nu}$는 강입자-흐름텐서로서 다음과 같이 정의된 양이다.

$$\begin{aligned}W^{\mu\nu} = {} & 2m'\sum_{s_i}\sum_X E'_X\langle N(p'_i s'_i)|\,J_\mu(0)^\dagger\,|X(p'_X)\rangle\langle X(p'_X)|J_\nu(0)|N(p'_i s'_i)\rangle \\ & \cdot\,\delta\!\left(\nu - \frac{q^2}{2m'} + \frac{(\,m_X^2 - m'^2)}{2m'}\right)\end{aligned} \tag{5.54}$$

$X(p'_X)$ 상태를 모르는 상태(Inclusive reaction)의 반응에서 강입자-흐름텐서 $W^{\mu\nu}$는 일반적으로 참여 강입자들의 운동량과 스핀 4-벡터들로 기술될 수 있다. 즉 식 (3.239)에서 주어진 것을 확장하여 가장 일반적인 강입자흐름텐서는 다음과 같아진다.

$$\begin{aligned}W^{\mu\nu} = {} & W_1\!\left(-g^{\mu\nu} + \frac{q^\mu q^\nu}{q^2}\right) + \frac{W_2}{m'^2}\left(\,p'^{\,\mu}_i - \frac{q\cdot p'_i}{q^2}q^\mu\right)\!\left(\,p'^{\,\nu}_i - \frac{q\cdot p'_i}{q^2}q^\nu\right) \\ & + \frac{i}{m'^2}\,\varepsilon^{\mu\nu\lambda\tau}q_\lambda\!\left[p_\tau W_3 + s_{f_\tau}\!\left(G_1 + \frac{p\cdot q}{m'^2}G_2\right) - \frac{p_\tau(q\cdot s_f)}{m'^2}G_2\right] \\ & + \frac{W_4}{m'^2}q^\mu q^\nu + \frac{W_5}{m'^2}(p^\mu q^\nu + p^\nu q^\mu) + \frac{W_6}{m'^2}(p^\mu q^\nu - p^\nu q^\mu) + \cdots\end{aligned} \tag{5.55a}$$

단, 구조상수(structure constant) $W_i(q^2, \nu)$들의 값은 입자반응의 종류에 따라 선택을 하게 되고 또 에너지에 따라 그 값이 달라진다. 만일 위의 강입자-흐름텐서가 게이지 불변인 경우는 q^μ와 곱할 때 영(0)이 되어야 하므로 W_4, W_5, W_6는 없어져야 한다. 또 양성자들의 스핀이 고려되는 경우는 흐름텐서는 위에서 G_1, G_2을 포함하는 반대칭 항을 생각하여야 하며, 이 항들은 표적인 양성자의 편극을 생각하지 않는 경우는 0으로 놓는다. 또 순수한 전자기적 상호작용에서는 시간반전(time reversal)과 공간반전(space reflection)에 대하여 불변인 성질을 이용하면, W_3 항은 고려되지 않는다. 따라서 앞으로는 식 (5.55a) 대신 다음 식만을 사용한다.

$$W^{\mu\nu} = W_1\left(-g^{\mu\nu} + \frac{q^\mu q^\nu}{q^2}\right) + \frac{W_2}{m'^2}\left(p'^{\mu}_i - \frac{q\cdot p'_i}{q^2}q^\mu\right)\left(p'^{\nu}_i - \frac{q\cdot p'_i}{q^2}q^\nu\right)$$
$$+ i\frac{W_3}{m'^2}\varepsilon^{\mu\nu\lambda\tau}q_\lambda p_\tau + \frac{i}{m'}\varepsilon^{\mu\nu\lambda\tau}q_\lambda\left[s_{f_\tau}\left(G_1 + \frac{p\cdot q}{m'^2}G_2\right) - \frac{p_\tau(q\cdot s_f)}{m'^2}G_2\right] \tag{5.55b}$$

한편 렙톤-흐름텐서 $l_{(e)}{}^{\mu\nu}$와 강입자-흐름텐서 $W^{\mu\nu}$에 대한 식 (4.176c)와 (5.55b)로부터 (또는 식 (3.239)도 식 (5.55b)의 특별한 경우에 해당됨)

$$2m^2\, l_{(e)}{}^{\mu\nu}W_{\mu\nu} = 2\left\{-q^2W_1 + \frac{W_2}{m'^2}\left(2p_i\cdot p'_i p_f\cdot p'_i + \frac{1}{2}m'^2q^2\right)\right\} \tag{5.56a}$$

를 얻고 실험실계에서는 이 값이 다음과 같이 된다.

$$2m^2\, l_{(e)}{}^{\mu\nu}W_{\mu\nu} = 4E_iE_f\left[2W_1\sin^2\frac{\theta}{2} + W_2\cos^2\frac{\theta}{2}\right] \tag{5.56b}$$

따라서 미분단면적인 식 (5.53)은

$$\frac{d^2\bar{\sigma}}{dE_fd\Omega_f} = 4\frac{\alpha^2}{q^4}E_f^2\left[2W_1\sin^2\frac{\theta}{2} + W_2\cos^2\frac{\theta}{2}\right]$$
$$= \frac{\alpha^2}{4E_i^2\sin^4\frac{\theta}{2}}\left[2W_1\sin^2\frac{\theta}{2} + W_2\cos^2\frac{\theta}{2}\right] \tag{5.57}$$

가 된다.

[문제 5.3] 식 (5.56a, b)를 증명하여라.

한편 식 (5.50)에서 알 수 있는 바와 같이 실험실계에서 미분단면적은 $\nu = E_f - E_i$이므로 주어진 E_i에 대하여

$$dQ^2 = -dq^2 = \frac{E_iE_f}{\pi}d\Omega, \quad d\nu = dE_f$$
$$\therefore\ \frac{d^2\bar{\sigma}}{dE_fd\Omega_f} = \frac{E_iE_f}{\pi}\frac{d^2\bar{\sigma}}{dQ^2d\nu} \tag{5.58}$$

의 관계가 있다. 따라서 식 (5.57)로부터 다음과 같은 결과를 얻을 수 있다.

$$\frac{d^2\bar{\sigma}}{dQ^2 d\nu} = 4\pi\frac{\alpha^2}{Q^4}\frac{E_f}{E_i}\left[2W_1\sin^2\frac{\theta}{2} + W_2\cos^2\frac{\theta}{2}\right] \tag{5.59}$$

특히 탄성 산란 $ep\to ep$에서는 $\nu=\dfrac{Q^2}{2M}$이고

$$\begin{aligned} W_1 &= \tau\, G_M{}^2\delta(\nu - \frac{Q^2}{2M}) \\ W_2 &= \left\{\frac{G_E{}^2 + \tau\, G_M{}^2}{1+\tau}\right\}\delta(\nu - \frac{Q^2}{2M}) \\ \tau &= \frac{Q^2}{4M} \end{aligned} \tag{5.60}$$

이어서 식 (3.255)를 얻게 된다.

[문제 5.4] 식 (5.59)와 (5.60)으로부터 식 (3.255)를 얻음을 보여라.

(b) 전자의 편극

전자와 양성자의 비탄성 산란 $ep\to eX$ 과정에서 마지막 전자가 어떠한 편극을 갖는가를 생각해 보자.

식 (5.43)으로부터 알 수 있는 바와 같이 산란되어 나온 전자는

$$\begin{aligned} \phi(p_f) &\propto \sum_{s_f} u(p_f s_f)\,\overline{u}(p_f s_f)\gamma^\mu u(p_i s_i)\frac{e^2}{(p_f - p_i)^2 + i\varepsilon}\langle X(p'_X)|J_\mu(0)|N(p'_i s'_i)\rangle \\ &\propto\left(\frac{\not{p}_f + m}{2m}\gamma^\mu u(p_i s_i)\frac{e^2}{q^2}\langle X(p'_X)|J_\mu(0)|N(p'_i s'_i)\rangle\right) \end{aligned} \tag{5.61}$$

이므로 $\phi(p_f)$로부터 얻게 되는 밀도행렬은

$$\rho_f = \frac{\phi_f\overline{\phi_f}}{Tr(\overline{\phi_f}\phi_f)} = \frac{\left\{\frac{\not{p}_f + m}{2m}\gamma^\mu u(p_i, s_i)\overline{u(p_i, s_i)}\gamma^\nu\frac{\not{p}_f + m}{2m}\right\}W_{\mu\nu}}{Tr\left\{\frac{\not{p}_f + m}{2m}\gamma^\mu u(p_i, s_i)\overline{u(p_i, s_i)}\gamma^\nu\right\}W_{\mu\nu}} \tag{5.62}$$

가 되므로 산란되어 나오는 전자의 편극 $s_f{}^\mu$는 식 (5.21)에서와 같이 다음 식에서 얻을 수 있다.

$$s_f{}^\mu = Tr(\gamma^\mu\gamma^5\rho_f) = \frac{Tr\left\{\gamma^\mu\gamma^5\frac{\not p_f+m}{2m}\gamma^\alpha u(p_i,s_i)\overline{u(p_i,s_i)}\gamma^\beta\frac{\not p_f+m}{2m}\right\}W_{\alpha\beta}}{Tr\left\{\frac{\not p_f+m}{2m}\gamma^\alpha u(p_i,s_i)\overline{u(p_i,s_i)}\gamma^\beta\right\}W_{\alpha\beta}} \tag{5.63}$$

이 식에서 산란된 전자의 편극은 $u(p_i,s_i)\overline{u(p_i,s_i)}$를 통하여 입자전자의 편극의 영향을 받음을 알 수 있고, $W_{\mu\nu}$를 통하여 입사양성자의 편극의 영향을 받음을 알 수 있다.

먼저 편극된 입사전자가 편극되지 않은 양성자와 비탄성 충돌을 하는 경우는 앞에서 논의한 바와 같이 $W_{\mu\nu}$에 대하여는 식 (3.259)를 쓰고, 식 (5.62)에서 편극된 입사전자에 대하여는 여러 전자를 생각하므로 $u(p_i,s_i)\overline{u(p_i,s_i)}$ 대신에 소위 모듬평균(ensemble averaged) 값, 즉 앞에서 논의되었던 식 (5.18)로 표시되는 입사입자의 밀도행렬

$$\rho_i = \langle u(p_i,s_i)\overline{u(p_i,s_i)}\rangle_{ens} = \frac{(\not p_i+m)(1+\gamma^5\not s_i)}{4m} \tag{5.18}$$

를 사용함으로써 산란되어 나오는 전자의 편극, 다시 말하면 편극된 입자가 산란 후 편극이 어떻게 바뀌는가를 알 수 있다.

특히 고에너지 전자에 대하여는 $p_i \gg m$이므로 s^μ는 식 (2.219)로부터

$$s^0 = \frac{(\mathbf{p}\cdot\hat{\mathbf{s}})}{m} \approx \frac{E}{m}(\hat{\mathbf{s}}\cdot\hat{\mathbf{p}}) \tag{5.64a}$$

$$\begin{aligned}\mathbf{s} &= \hat{\mathbf{s}} + \frac{\mathbf{p}(\mathbf{p}\cdot\hat{\mathbf{s}})}{m(E+m)} = \frac{E}{m}\hat{\mathbf{p}}(\hat{\mathbf{p}}\cdot\hat{\mathbf{s}}) + \hat{\mathbf{p}}\times(\hat{\mathbf{s}}\times\hat{\mathbf{p}}) \\ &\approx \frac{\mathbf{p}}{m}(\hat{\mathbf{s}}\cdot\hat{\mathbf{p}}) + \mathbf{s}^T\end{aligned} \tag{5.64b}$$

이므로 이것을 다음과 같이 쓸 수 있다.

$$s^\mu \approx \frac{p^\mu}{m}(\hat{\mathbf{s}}\cdot\hat{\mathbf{p}}) + s_T{}^\mu, \tag{5.64c}$$

여기서 횡편극(transverse polarization)인 $s_T{}^{\mu}$는 다음과 같이 정의된 양이다.

$$s_T{}^{\mu} = (0,\ \mathbf{s}_T) = (0,\ \hat{\mathbf{s}} - \hat{\mathbf{p}}(\hat{\mathbf{p}}\cdot\hat{\mathbf{s}})) \tag{5.64d}$$

따라서 식 (5.64)를 이용하면 식 (5.62)에 있는 $u(p_i, s_i)\overline{u(p_i, s_i)}$는

$$\begin{aligned} u(p_i, s_i)\overline{u(p_i, s_i)} &\approx \frac{1}{4}\left(1+\frac{\not{p}_i}{m}\right)\left(1+\gamma^5\frac{\not{p}_i}{m}(\hat{\mathbf{s}}_i\cdot\hat{\mathbf{p}})+\gamma^5\ \not{s}_i{}^T\right) \\ &\approx \frac{\not{p}_i}{4m}\left(1-(\hat{\mathbf{s}}_i\cdot\hat{\mathbf{p}})\gamma^5+\ \mathbf{s}_i{}^T\cdot\boldsymbol{\gamma}\,\gamma^5\right) \end{aligned} \tag{5.65}$$

를 사용하면 계산이 간단해진다. 한편 마지막 전자에 대하여는 식 (5.62)의 분자에서

$$\begin{aligned} \frac{\not{p}_f+m}{m}\gamma^{\mu}\gamma^5\frac{\not{p}_f+m}{m} &= \left(1+\frac{\not{p}_f}{m}\right)\gamma^{\mu}\gamma^5\left(1+\frac{\not{p}_f}{m}\right) \\ &= \left[1+\frac{\not{p}_f}{m},\gamma^{\mu}\gamma^5\right]\left(1+\frac{\not{p}_f}{m}\right)+\gamma^{\mu}\gamma^5\left(1+\frac{\not{p}_f}{m}\right)^2 \\ &= \frac{2p_f{}^{\mu}}{m}\gamma^5\left(1+\frac{\not{p}}{m}\right)+2\gamma^{\mu}\gamma^5\left(1+\frac{\not{p}_f}{m}\right) \end{aligned} \tag{5.66}$$

가 되며 마지막 식에서 둘째 항은 첫째 항보다 작아서 무시될 수 있다. 따라서 식 (5.62)를 계산하면,

$$\begin{aligned} (\text{i})\ \text{분자} \Rightarrow\ & Tr\left\{\gamma^{\beta}\frac{\not{p}_f}{2m}\gamma^{\alpha}\frac{\not{p}_i}{2m}\left[1-(\hat{\mathbf{s}}_i\cdot\hat{\mathbf{p}}_i)\gamma^5+\ \mathbf{s}_i{}^T\cdot\boldsymbol{\gamma}\,\gamma^5\right]\right\}W_{\alpha\beta} \\ &= \frac{1}{m^2}\left[\ p_i{}^{\alpha}\ p_f{}^{\beta}+\ p_i{}^{\beta}\ p_f{}^{\alpha}-p_i\cdot p_f g^{\mu\nu}+i(\hat{\mathbf{s}}_i\cdot\hat{\mathbf{p}}_i)\varepsilon^{\alpha\beta\lambda\tau}\ p_{i_\lambda}\ p_{f_\tau}\right]W_{\alpha\beta} \end{aligned}$$

$$\begin{aligned} (\text{ii})\ \text{분모} \Rightarrow\ & \frac{p_f{}^{\mu}}{2m}Tr\left\{\gamma^{\beta}\gamma^5\frac{\not{p}_f}{m}\gamma^{\alpha}\frac{\not{p}_i}{2m}\left[1-(\hat{\mathbf{s}}_i\cdot\hat{\mathbf{p}})\gamma^5+\ \mathbf{s}_i{}^T\cdot\boldsymbol{\gamma}\,\gamma^5\right]\right\}W_{\alpha\beta} \\ &= \frac{p_f{}^{\mu}}{m^3}\left[(\hat{\mathbf{s}}_i\cdot\hat{\mathbf{p}})(\ p_i{}^{\alpha}\ p_f{}^{\beta}+\ p_i{}^{\beta}\ p_f{}^{\alpha}-p_i\cdot p_f g^{\mu\nu})+i\varepsilon^{\alpha\beta\lambda\tau}\ p_{f_\lambda}\ p_{i_\tau}\right]W_{\alpha\beta} \end{aligned}$$

가 되는데, 식 (5.64c)에서 얻은 $s_f{}^{\mu} \approx \dfrac{p_f{}^{\mu}}{m}(\hat{\mathbf{s}}_f\cdot\hat{\mathbf{p}}_f)$로부터 $\dfrac{p_f{}^{\mu}}{m}$의 계수는 산란되어 나가는 전자의 종편극(longitudinal polarization)

$$(\widehat{s_f}\cdot\widehat{p_f})=\frac{C+(\widehat{s_i}\cdot\widehat{p_i})D}{(\widehat{s_i}\cdot\widehat{p_i})C+D} \tag{5.67}$$

를 얻는다. 여기서 C와 D는 다음 양에 비례한다.

$$C=\varepsilon^{\alpha\beta\lambda\tau}p_{i_\lambda}p_{f_\tau}W_{\alpha\beta}, \tag{5.68a}$$

$$D=(p_i^{\alpha}p_f^{\beta}+p_i^{\beta}p_f^{\alpha}-p_i\cdot p_f g^{\alpha\beta})W_{\alpha\beta}, \tag{5.68b}$$

이 식으로부터 입사전자의 종편극 상태는 산란 후 어떻게 변하는가를 알 수 있다. 이 결과를 살펴보자.

(i) 식 (5.67)로부터 $(\widehat{s_i}\cdot\widehat{p_i})=1$이면 $(\widehat{s_f}\cdot\widehat{p_f})=1$이 됨을 알 수 있다. 즉 입사전자가 완전히 종편극된 상태라면 이 전자가 전기적 상호작용에 의하여 산란되어 나올 때 완전히 종편극되어 나옴을 알 수 있다.

(ii) 식 (5.65b)에서 보는 바와 같이 전기적 상호작용을 생각할 때에 $W_{\alpha\beta}$는 첨자에 대하여 대칭과 반대칭 항이 있는데, 대칭 항은 양성자의 스핀에 무관하고 반대칭 항은 양성자의 스핀을 포함하고 있다. 따라서 표적 양성자가 편극되지 않은 경우는 $C=0$가 되고, 따라서 $(\widehat{s_f}\cdot\widehat{p_f})=(\widehat{s_i}\cdot\widehat{p_i})$이어서 종편극의 정도(degree)가 변하지 않는다.

(iii) 일반적으로 표적 양성자가 편극되어 있으면 전자는 산란 후 편극의 정도가 달라진다. 입사전자가 편극되지 않은 상태였다면 $(\widehat{s_i}\cdot\widehat{p_i})=0$이지만 $(\widehat{s_f}\cdot\widehat{p_f})=\frac{C}{D}\,(\neq 0)$만큼 편극되어 나온다. C와 D는 구조상수를 이용하면 그 값이 얻어진다.

(iv) 끝으로 전자의 횡편극에 대하여도 같은 방법으로 논의할 수 있다. 자세한 것은 다음 문헌을 참고하자(F.L. Ridener, Jr., et al., *Phys. Rev.* **D24**, 631 (1981)).

고에너지 전자-양성자 산란은 입자물리 이론의 발전과정에서 매우 중요한 역할을 하였고 앞으로도 많이 연구될 것이다. 다음 장에서 취급하겠지만 고에너지 전자-양성자 산란에서는 전기적 상호작용을 기술하는 광자의 교환 외에도 Z 보존의 교환을 통한 약한 상호작용의 기여가 있어야 한다.

5.3 광자와 전자의 반응에서 편극의 역할: 컴프턴 산란과 제동복사에서 광자의 편극

지금까지 2개의 페르미 입자가 충돌 후 2개의 페르미 입자가 나오는 과정을 주로 생각하였다. 이제 페르미 입자와 보존 입자가 반응하는 경우를 생각하는데, 특히 페르미 입자와 광자가 작용하는 경우를 생각하겠다.

광자가 입자와 반응과정에서 가장 잘 알려진 것 중의 하나는 광자-전자의 탄성 산란, $\gamma\, e \rightarrow \gamma\, e$과정인 컴프턴(Compton) 산란이고, 이 과정은 두 광자에 의한 전자-양전자의 쌍생성(pair creation)과 쌍소멸(pair annihilation)도 같이 취급할 수 있어서 매우 유용하다. 또 전자가 양성자와 같은 전하를 띤 입자의 영향을 받으면 속도가 변하면서 광자를 발생하는, $e\, N \rightarrow e\, N\, \gamma$ 과정인 소위 제동복사(制動輻射, Bremsstrahlung)를 생각한다. 이러한 과정에서 특히 광자의 편극을 조사해 보자.

5.3.1 컴프턴 산란

앞에서 나온 전자산란의 제2차 섭동과정에서 생각하였던 식(3.262)를 생각하자.

$$S_{fi}^{(2)} = -ie^2 \int d^4x \int d^4y\, \overline{\psi_f}(x) \not{A}(x) S_F(x-y) \not{A}(y) \psi_i(y) \tag{3.262}$$

전자-뮤온 산란에서는 $A^\mu(x)$, $A^\nu(y)$가 뮤온에 의하여 생성된 광자가 전자에 의하여 흡수되는 것으로 기술되었으나, 컴프턴 산란에서는 $A^\mu(x)$, $A^\nu(y)$가 자유광자를 나타낸다. 그러나 이 때 $A^\mu(x)$가 입사 광자가 되고 $A^\nu(y)$가 산란된 광자가 되거나, 또는 $A^\nu(y)$가 입사 광자가 되고 $A^\mu(x)$가 산란된 광자가 될 수도 있다. 이들이 동일한 입자이기 때문에 두 가능성을 모두 생각하여야 하지만 입사와 산란 입자의 교환에 대하여 대칭이 되어야 한다. 이것은 앞에서 논의된 쿨롱 장에서의 제동복사에서와 매우 비슷한 결과를 갖게 된다. 즉 식 (3.277)을 참고하면서 그림 5.4에 해당되는 Feynman 도형으로부터(앞으로는 그림에서 시간 방향은 좌에서 우로 향함.)

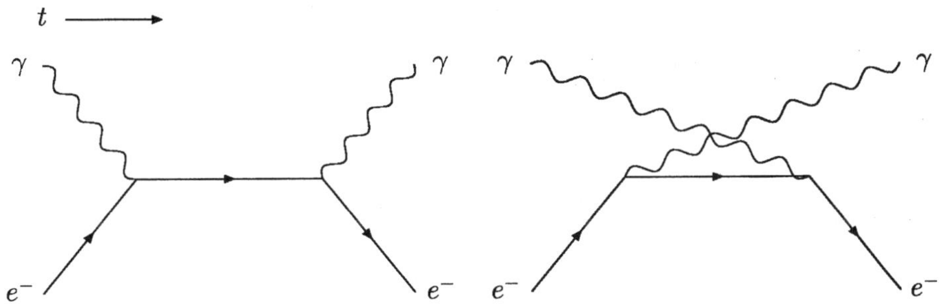

그림 5.4 컴프턴 산란에 대한 Feynman 도형

$$\psi(x)=\sqrt{\frac{m}{EV}}\,u(p,s)e^{-ip\cdot x} \tag{3.247}$$

$$S_F(x-y)=\frac{1}{(2\pi)^4}\int d^4p\frac{e^{-ip\cdot(x-y)}}{\not p-m+i\varepsilon} \tag{3.248}$$

$$A^{\mu}=\frac{1}{\sqrt{2kV}}\left(\varepsilon^{\mu}e^{-ik\cdot x}+\varepsilon^{*\mu}e^{ik\cdot x}\right) \tag{3.253a}$$

를 이용하면, 컴프턴 산란에 대한 Feynman 규칙을 이용하면

$$\begin{aligned}S_{fi}^{(2)}=&-ie^2\frac{1}{(2\pi)^4}\frac{1}{\sqrt{4k_1k_2V^2}}\sqrt{\frac{m^2}{E_1E_2V^2}}\int d^4x\int d^4y\int d^4p\\&\times e^{ip_2\cdot x}\,\overline{u}(p_{2,}s_2)\Big[\gamma_\mu\ \varepsilon_2{}^{*\mu}(e^{ik_2\cdot x})\frac{e^{-ip\cdot(x-y)}}{\not p-m+i\varepsilon}\gamma_\nu\,\varepsilon_1{}^{\nu}\,e^{-ik_1\cdot y}\\&+\gamma_\nu\,\varepsilon_1{}^{\nu}(e^{-ik_1\cdot x})\frac{e^{-ip\cdot(x-y)}}{\not p-m+i\varepsilon}\gamma_\mu\ \varepsilon_2{}^{*\mu}(e^{ik_2\cdot y})\Big]u(p_{1,}s_1)e^{-ip_i\cdot y}\end{aligned} \tag{5.69}$$

를 얻는다. 여기서 $u(p_1, s_1)$, $\varepsilon_1{}^{\mu}(k_1)$와 $\overline{u}(p_2,\ s_2)$, $\varepsilon_2{}^{*\mu}(k_2)$는 각각 입사전자, 광자와 산란된 전자, 광자를 나타낸다.

이 식의 첫 항을 먼저 생각하여 적분을 하면, x에 대한 적분에서,

$$\int d^4xe^{ip_2\cdot x}e^{ik_2\cdot x}e^{-ip\cdot x}=(2\pi)^4\delta^4(p_2+k_2-p), \tag{5.70a}$$

y에 대한 적분에서,

$$\int d^4x e^{-ip_1\cdot y} e^{-ik_1\cdot y} e^{ip\cdot y} = (2\pi)^4 \delta^4(p - p_1 - k_1), \tag{5.70b}$$

또 이들의 p에 대한 적분으로부터

$$\int d^4p (2\pi)^8 \delta^4(p_2 + k_2 - p)\delta^4(p - p_1 - k_1) = (2\pi)^8 \delta^4(p_2 + k_2 - p_1 - k_1) \tag{5.70c}$$

가 되므로, 식 (5.69)는 다음과 같이 된다.

$$\begin{aligned} S_{fi}^{(2)} &= -i\frac{e^2}{V^2}(2\pi)^4\delta^4(p_2+k_2-p_1-k_1)\sqrt{\frac{m^2}{4k_1k_2E_1E_2}}\,\bar{u}(p_2,s_2) \\ &\times\left[\not{\varepsilon}_2^{\,*}\frac{1}{\not{p}_1+\not{k}_1-m+i\varepsilon}\not{\varepsilon}_1+\not{\varepsilon}_1\frac{1}{\not{p}_1-\not{k}_2-m+i\varepsilon}\not{\varepsilon}_2^{\,*}\right]u(p_1,s_1) \end{aligned} \tag{5.71}$$

이 식에 대하여 살펴보자.

(i) 이 식은 다음과 같은 두 광자의 값의 교환에 대하여 불변함을 알 수 있다.

$$k_1,\ \varepsilon_1 \Leftrightarrow -k_2,\ \varepsilon_2^{\,*} \tag{5.72}$$

(ii) 위 식에서 전이진폭인 괄호 안의 식은 다음과 같이 보다 간단히 쓸 수 있다.

$$\begin{aligned} M &= \bar{u}(p_2,s_2)\left[\not{\varepsilon}_2^{\,*}\frac{\not{p}_1+\not{k}_1+m}{2p_1\cdot k_1}\not{\varepsilon}_1+\not{\varepsilon}_1\frac{\not{p}_1-\not{k}_2+m}{-2p_1\cdot k_2}\not{\varepsilon}_2^{\,*}\right]u(p_1,s_1) \\ &= \bar{u}(p_2,s_2)\left[\not{\varepsilon}_2^{\,*}\frac{2p_1\cdot\varepsilon_1+\not{k}_1\not{\varepsilon}_1}{2p_1\cdot k_1}-\not{\varepsilon}_1\frac{2p_1\cdot\varepsilon_2^{\,*}-\not{k}_2\not{\varepsilon}_2^{\,*}}{2p_1\cdot k_2}\right]u(p_1,s_1) \end{aligned} \tag{5.73}$$

여기서 운동량 보존법칙 $p_1+k_1=p_2+k_2$ (또는 $p_1-k_2=p_2-k_1$)를 사용하였으며, 이 결과로부터 식 (5.71)은 게이지 변환 $\varepsilon_i^{\mu} \Rightarrow \varepsilon_i^{\mu} + const\cdot k_i^{\mu}$에 대하여 불변임을 알 수 있다.

[문제 5.5] 식 (5.73)이 게이지 변환에 대하여 불변함을 보여라.

[문제 5.6] 전자-양전자가 쌍소멸하는 과정 $e^-e^+ \to \gamma\gamma$를 기술하는 S행렬은

$$S_{fi}^{(2)}=i\frac{e^2}{V^2}(2\pi)^4\delta^4(k_1+k_2-p_--p_+)\sqrt{\frac{m^2}{4k_1k_2E_-E_+}}\,\bar{v}(p_+,s_+)$$
$$\times\left[\ \not{\varepsilon}_1^*\frac{1}{\not{k}_2-\ \not{p}_+-m+i\varepsilon}\ \not{\varepsilon}_2^*+\ \not{\varepsilon}_2^*\frac{1}{\not{k}_1-\ \not{p}_+-m+i\varepsilon}\ \not{\varepsilon}_1^*\right]u(p_-,s_-) \tag{5.74}$$

임을 보여라. 여기서 $u(p_-,s_-)$, $\bar{v}(p_+,\ s_+)$, $\varepsilon_i^*(k_i)[:i=1,\ 2]$는 각각 전자, 양전자, 광자들을 나타낸다.

[문제 5.7] 광자에 의한 전자-양전자의 생성과정 $\gamma\gamma\rightarrow e^-e^+$ 과정의 S_{fi}을 구하라.

보통 컴프턴 산란을 생각할 때는 전자가 정지한 상태에서 광자가 산란되어 나오고 전자도 후퇴하는 과정을 말한다. 그러나 일반적으로는 움직이는 전자와 광자가 탄성 충돌하는 과정을 통틀어 컴프턴 산란이라 한다. 먼저 입사 광자가 정지상태의 전자와 충돌하는 경우를 생각하자. 이 때에 광자에 대하여 쿨롱게이지를 택하면,

$$p_1{}^{\mu}=(m,\ \mathbf{0}),\quad \varepsilon^{\mu}=(0,\ \boldsymbol{\varepsilon}),\quad \therefore\ (p_1\cdot\varepsilon)=0 \tag{5.75}$$

이므로 식 (4.361)과 (4.363)을 생각하면 컴프턴 산란은 다음 식으로 기술된다.

$$S_{fi}^{(2)}\ =\ -i\frac{e^2}{V^2}(2\pi)^4\delta^4(p_2+k_2-p_1-k_1)\sqrt{\frac{m^2}{4k_1k_2E_1E_2}}$$
$$\times\frac{1}{2}\bar{u}(p_2,s_2)\left[\frac{\not{\varepsilon}_2^*\ \not{k}_1\ \not{\varepsilon}_1}{p_1\cdot k_1}+\frac{\not{\varepsilon}_1\ \not{k}_2\ \not{\varepsilon}_2^*}{p_1\cdot k_2}\right]u(p_1,s_1) \tag{5.76}$$

특히 위의 식에서 둘째 줄은 식 (5.73)에서의 전이진폭인 M이다. 만일 전자들의 스핀을 생각하지 않는 경우는 처음 전자의 스핀에 대하여는 평균을 취하고 산란된 전자의 스핀에 대하여는 합하는 경우는 다음 결과를 얻는다. 이 식의 증명은 문제로 남기겠다.

$$\frac{1}{2}\sum_{s_1}\sum_{s_2}|M|^2=\ \frac{1}{4m^2}\left[\frac{(p_1\cdot k_1+p_1\cdot k_2)^2}{p_1\cdot k_1p_1\cdot k_2}|\varepsilon_1\cdot\ \varepsilon_2^*|^2\right.$$
$$\left.+\frac{(k_1\cdot k_2)^2}{p_1\cdot k_1p_1\cdot k_2}\{\varepsilon_1\cdot\ \varepsilon_1^*\varepsilon_2\cdot\ \varepsilon_2^*-|\varepsilon_1\cdot\varepsilon_2|^2\}\right] \tag{5.77}$$

[문제 5.8] 식 (5.77)을 증명하여라.

이제 컴프턴 산란의 미분단면적과 편극의 영향을 생각해 보자. 전에 나온 식 (3.160)에서 식 (3.165)까지의 과정과 비교하여,

$$d\sigma\times(\text{입사입자 다발}) = \frac{|S_{\text{if}}|^2}{TV}\frac{Vd^3p_2}{(2\pi)^3}\frac{Vd^3k_2}{(2\pi)^3} \tag{5.78a}$$

$$\begin{aligned} d\sigma\times\left(\frac{|\boldsymbol{v}|}{V}\cdot\frac{1}{V}\right) &= \frac{e^4}{V^4}(2\pi)^4\delta^4(p_2+k_2-p_1-k_1)\left(\frac{m^2}{4k_1k_2E_1E_2}\right) \\ &\quad\times\frac{1}{2}\sum_{s_1}\sum_{s_2}|M|^2\frac{Vd^3p_2}{(2\pi)^3}\frac{Vd^3k_2}{(2\pi)^3} \end{aligned} \tag{5.78b}$$

한편 식 (3.171)을 광자에 대하여 적용하면,

$$(k_1E_1|\boldsymbol{v}|)^2 = (k_1\cdot p_1)^2, \qquad \therefore\ |\boldsymbol{v}| = \frac{(k_1\cdot p_1)}{k_1E_1} \tag{5.79}$$

따라서 산란된 광자 방향에 대한 미분단면적은 다음과 같다.

$$\begin{aligned} \frac{d\sigma}{d\Omega_{k_2}} &= \frac{e^4}{(2\pi)^2}\int\frac{1}{(k_1\cdot p_1)}\frac{m^2}{(4k_2E_2)}\delta(k_2+E_2-k_1-m)\,k_2{}^2dk_2\cdot\frac{1}{2}\sum_{s_1}\sum_{s_2}|M|^2 \\ &= \alpha^2\int\frac{mk_2}{E_2k_1}\delta(k_2+E_2-k_1-m)dk_2\frac{1}{2}\sum_{s_1}\sum_{s_2}|M|^2 \end{aligned} \tag{5.80}$$

한편 운동량-에너지 보존법칙에 의하여 E_2는 k_2의 함수이므로

$$\begin{aligned} \int\delta(k_2+E_2-k_1-m)dk_2 &= \int\delta\left(k_2+\sqrt{\boldsymbol{p_2}^2+m^2}-k_1-m\right)dk_2 \\ &= \int\delta\left(k_2+\sqrt{(\boldsymbol{k_2}-\boldsymbol{k_1})^2+m^2}-k_1-m\right)dk_2 \\ &= \int\delta\left(k_2+\sqrt{k_1{}^2+k_2{}^2-2k_1k_2\cos\theta+m^2}-k_1-m\right)dk_2 \\ &= \frac{1}{1+\dfrac{k_2-k_1\cos\theta}{\sqrt{k_1{}^2+k_2{}^2-2k_1k_2\cos\theta+m^2}}} \\ &= \frac{E_2}{E_2+k_2-k_1\cos\theta} = \frac{E_2}{k_1-k_1\cos\theta+m} \end{aligned} \tag{5.81}$$

또 δ 함수 안의 값이 0이어야 하므로

$$
\begin{aligned}
&k_2+\sqrt{\ k_1{}^2+\ k_2{}^2-2k_1k_2\cos\theta+m^2}-k_1-m=0,\\
&\text{즉}\ \ k_1{}^2+\ k_2{}^2-2k_1k_2\cos\theta+m^2=(k_1+m-k_2)^2,\\
&-2k_1k_2\cos\theta=2mk_1-2k_1k_2-2mk_2,\\
&\therefore\ k_2=\frac{mk_1}{k_1+m-k_1\cos\theta}
\end{aligned}
\tag{5.82}
$$

가 되는데, 이 식은 $k_i=\dfrac{2\pi}{\lambda_i}$를 생각하면

$$
\lambda'=\lambda+\frac{2\pi}{m}(1-\cos\theta) \tag{5.83}
$$

인 잘 알려진 입사광의 파장과 산란광의 파장 사이의 컴프턴 관계식이다. 따라서

$$
\int\delta(k_2+E_2\ -k_1-m)dk_2=\frac{E_2k_2}{mk_1} \tag{5.84}
$$

가 되어 다음 관계식을 얻는다.

$$
\frac{d\sigma}{d\Omega_{k_2}}=\alpha^2\left(\frac{k_2}{k_1}\right)^2\frac{1}{2}\sum_{s_1}\sum_{s_2}|M|^2 \tag{5.85a}
$$

$$
\begin{aligned}
\therefore\ \frac{d\sigma}{d\Omega_{k_2}}=\alpha^2\left(\frac{k_2}{k_1}\right)^2\frac{1}{4m^2}\Bigg[&\frac{(p_1\cdot k_1+p_1\cdot k_2)^2}{p_1\cdot k_1p_1\cdot k_2}|\varepsilon_1\cdot\ \varepsilon_2{}^*|^2\\
&+\frac{(k_1\cdot k_2)^2}{p_1\cdot k_1p_1\cdot k_2}\{\varepsilon_1\cdot\ \varepsilon_1{}^*\varepsilon_2\cdot\ \varepsilon_2{}^*-|\varepsilon_1\cdot\varepsilon_2|^2\}\Bigg]
\end{aligned}
\tag{5.85b}
$$

또 처음 전자의 정지계를 생각하므로 $p_1{}^\mu=(m,\ \mathbf{0})$로부터,

$$
\begin{aligned}
k_i\cdot p_1\ &=mk_i\\
k_1\cdot k_2\ &=k_1\cdot(k_1+p_1-p_2)=k_1\cdot p_1-k_1\cdot p_2=k_1\cdot p_1-k_2\cdot p_1=m(k_1-k_2)
\end{aligned}
\tag{5.86}
$$

이므로 컴프턴 산란의 미분단면적인 식 (5.85)는

$$\frac{d\sigma}{d\Omega}=\alpha^2\left(\frac{k_2}{k_1}\right)^2\frac{1}{4m^2}\left[\frac{(k_1+k_2)^2}{k_1k_2}|\varepsilon_1\cdot\varepsilon_2{}^*|^2+\frac{(k_1-k_2)^2}{k_1k_2}\{\varepsilon_1\cdot\varepsilon_1{}^*\varepsilon_2\cdot\varepsilon_2{}^*-|\varepsilon_1\cdot\varepsilon_2|^2\}\right] \quad (5.85c)$$

로 쓸 수 있다. 이 결과를 살펴보자.

(i) 많은 경우에 광자가 선편광된 경우를 생각하는데, 이 때

$$\varepsilon_i{}^*=\varepsilon_i,\quad \varepsilon_1{}^2=\varepsilon_2{}^2=1 \quad (5.87)$$

이므로 다음 식을 얻는다.

$$\begin{aligned}\frac{d\sigma}{d\Omega}&=\alpha^2\left(\frac{k_2}{k_1}\right)^2\frac{1}{4m^2}\left[4|\varepsilon_1\cdot\varepsilon_2|^2+\frac{(k_1-k_2)^2}{k_1k_2}\right]\\&=\frac{\alpha^2}{4m^2}\left(\frac{k_2}{k_1}\right)^2\left[\frac{k_2}{k_1}+\frac{k_1}{k_2}+4|\varepsilon_1\cdot\varepsilon_2|^2-2\right]\end{aligned} \quad (5.88)$$

이 식을 컴프턴 산란의 Klein-Nishina 공식이라 부른다.

(ii) 특히 저에너지 탄성 산란에서는 $k_1=k_2\ll m$이어서, 위 식은

$$\frac{d\sigma}{d\Omega}=\frac{\alpha^2}{m^2}|\varepsilon_1\cdot\varepsilon_2|^2 \quad (5.89)$$

가 된다. 이 식은 고전적 Thomson 산란에 대한 결과이다. 이 결과로부터 고전적 전자의 반경은 다음과 같음을 말해 주고 있다.

$$r_0=\frac{\alpha}{m}=\frac{e^2}{4\pi mc^2}=2.8\times10^{-13}cm \quad (5.90)$$

그러나 입자물리학에서 전자는 크기가 없는 점입자로 취급되고 있다.

(iii) 광자의 편극은 제4장 4.2절에서 다루었으며, 특히 광자의 편극상태에 대한 합을 취하는 경우 다음과 같이 됨을 알 수 있다.

$$\sum_\lambda \varepsilon^i(\lambda)\varepsilon^j(\lambda)^* = (\delta^{ij} - \hat{p}^i \hat{p}^j) \tag{4.70}$$

따라서 식 (5.85b)에서,

$$\begin{aligned}\frac{1}{2}\sum_\lambda\sum_{\lambda'}|\varepsilon_1(\lambda)\cdot\varepsilon_2{}^*(\lambda')|^2 &= \frac{1}{2}\sum_\lambda\sum_{\lambda'}\sum_i\sum_j \varepsilon_1{}^i(\lambda)\ \varepsilon_2{}^{i*}(\lambda')\ \varepsilon_1{}^j{*}(\lambda)\ \varepsilon_2{}^{j*}(\lambda') \\ &= \frac{1}{2}\sum_i\sum_j(\delta^{ij} - \hat{k}_1{}^i\ \hat{k}_1{}^j)(\delta^{ij} - \hat{k}_2{}^i\ \hat{k}_2{}^j) \\ &= \frac{1}{2}(3-1-1+(\hat{k}_1\cdot\hat{k}_2)^2) = \frac{1}{2}(1+\cos^2\theta)\end{aligned} \tag{5.91a}$$

$$\frac{1}{2}\sum_\lambda\sum_{\lambda'}|\varepsilon_1(\lambda)\cdot\varepsilon_2(\lambda')|^2 = \frac{1}{2}(1+\cos^2\theta), \tag{5.91b}$$

$$\sum_\lambda \varepsilon(\lambda)\cdot\varepsilon(\lambda)^* = -\sum_i\sum_\lambda \varepsilon^i(\lambda)\varepsilon^i(\lambda)^* = -2, \tag{5.91c}$$

$$\frac{1}{2}\sum_\lambda \varepsilon_1(\lambda)\cdot\varepsilon_1(\lambda)^* \sum_{\lambda'}\varepsilon_2(\lambda')\cdot\varepsilon_2(\lambda')^* = 2 \tag{5.91d}$$

를 이용하면 미분단면적은 다음과 같이 됨을 알 수 있다.

$$\frac{d\sigma}{d\Omega} = \frac{\alpha^2}{2m^2}\left(\frac{k_2}{k_1}\right)^2\left[\frac{k_2}{k_1} + \frac{k_1}{k_2} - \sin^2\theta\right] \tag{5.92}$$

이 식도 Klein-Nishina 공식의 한 표현이다. 이 결과를 검토하여 보자.

① 광자의 에너지가 큰 $k_1, k_2 \gg m$ 경우, 식 (5.82)에서

$$k_2 = \frac{mk_1}{k_1 + m - k_1\cos\theta} \approx \frac{m}{(1-\cos\theta)} = \frac{m}{2\sin^2\dfrac{\theta}{2}} \tag{5.93}$$

인데 이 식은 특히 θ값이 아주 작은 영역 $\theta^2 > \dfrac{2m}{k_2}$ 에서 성립되며, $k_1 > k_2$이므로

$$\frac{d\sigma}{d\Omega}=\frac{\alpha^2}{4m^2}\left(\frac{m}{k_1}\right)\frac{1}{\sin^2\frac{\theta}{2}} \tag{5.94}$$

가 된다. 따라서 고에너지 광자산란은 전방방향의 작은 각도에서 주로 일어남을 알 수 있다.

② 컴프턴 산란에서 총단면적을 얻기 위하여 식 (5.92)를 각도에 대한 적분을 하면

$$\sigma=\frac{\alpha^2}{2m^2}\int\sin\theta d\theta d\phi\left\{\frac{1}{1+\frac{k_1}{m}(1-\cos\theta)}\right\}^2$$
$$\times\left(\left\{\frac{1}{1+\frac{k_1}{m}(1-\cos\theta)}\right\}+1+\frac{k_1}{m}(1-\cos\theta)-\sin^2\theta\right)$$
$$=\frac{\pi\alpha^2}{m^2}\int_{-1}^{1}dz\left(\frac{1}{\left[1+\frac{k_1}{m}(1-z)\right]^3}+\frac{1}{\left[1+\frac{k_1}{m}(1-z)\right]}-\frac{1-z^2}{\left[1+\frac{k_1}{m}(1-z)\right]^2}\right) \tag{5.95}$$

가 되는데, 이 식은 완전히 적분할 수 있으나, 특히 두 에너지 영역을 살펴보자.

ⓐ 낮은 광자 에너지 영역, $k_1 \ll m$인 경우: Thomson 단면적을 얻는다.

$$\sigma=\frac{\pi\alpha^2}{m^2}\int_{-1}^{1}dz(1+z^2)=\frac{8\pi}{3}\cdot\frac{\alpha^2}{m^2} \tag{5.96}$$

ⓑ 높은 광자 에너지 영역, $k_1 \gg m$인 경우: $\left(\frac{m}{k_1}\right)$의 기여를 생각하여 다음과 같은 결과를 얻는다.

$$\sigma=\frac{\pi\alpha^2}{m^2}\int_{-1}^{1}dz\left(\frac{(\frac{m}{k_1})^3}{\left[1+\frac{m}{k_1}-z\right]^3}+\frac{(\frac{m}{k_1})}{\left[1+\frac{m}{k_1}-z\right]}-(\frac{m}{k_1})^2\frac{1-z^2}{\left[1+\frac{m}{k_1}-z\right]^2}\right)$$
$$=\frac{\pi\alpha^2}{m^2}\left(\left[\frac{1}{2}(\frac{m}{k_1})^3\frac{1}{\left[1+\frac{m}{k_1}-z\right]^2}-\frac{m}{k_1}\log\left[1+\frac{m}{k_1}-z\right]\right]_{-1}^{1}\right.$$
$$\left.-\left(\frac{m}{k_1}\right)^2\int_{-1}^{1}dz\frac{1-\left\{1+\frac{m}{k_1}-z\right\}^2-\left\{1+\frac{m}{k_1}\right\}^2+2\left\{1+\frac{m}{k_1}\right\}\left\{1+\frac{m}{k_1}-z\right\}}{\left[1+\frac{m}{k_1}-z\right]^2}\right)$$

$$= \frac{\pi\alpha^2}{m^2}\left[\frac{1}{2}\left(\frac{m}{k_1}\right)^3\frac{1}{\left[1+\frac{m}{k_1}-z\right]^2}+\left[2\left(\frac{m}{k_1}\right)^2\left\{1+\frac{m}{k_1}\right\}-\frac{m}{k_1}\right]\log\left[1+\frac{m}{k_1}-z\right]\right.$$

$$\left.+2\left(\frac{m}{k_1}\right)^2+\left(\frac{m}{k_1}\right)^2\left[1-\left\{1+\frac{m}{k_1}\right\}\right]\frac{1}{\left[1+\frac{m}{k_1}-z\right]}\right]_{-1}^{1}$$

$$\therefore\ \sigma = \frac{\pi\alpha^2}{m^2}\left[\frac{m}{k_1}\log\left(\frac{2k_1}{m}\right)+\frac{1}{2}\left(\frac{m^3}{k_1^3}\right)\left\{\frac{k_1^2}{m^2}-\frac{1}{\left[2+\frac{m}{k_1}\right]^2}\right\}+\cdots\right] \tag{5.97}$$

$$= \frac{\pi\alpha^2}{mk_1}\left[\log\left(\frac{2k_1}{m}\right)+\frac{1}{2}+O\left\{\frac{m}{k_1}\right\}\right]$$

5.3.2 컴프턴 산란에서 광자편극의 변화

광자가 전자와 충돌을 하면 충돌 전후에 입자들의 편극은 일반적으로 바뀐다. 충돌되어 나오는 입자들의 미분단면적 이외에도 편극을 조사하면 충돌현상을 기술하는 이론이 맞는지를 더 잘 알아볼 수 있다. 광자의 편극은 제4장에서 논의한 바와 같이, 입사광자이든 산란광자에 대하여 성립하는 다음 공식을 사용한다.

$$\begin{aligned}\varepsilon^i(\lambda)\varepsilon^j(\lambda')^* = \frac{1}{2}\Big[&(\delta^{ij}-\hat{k}^i\hat{k}^j)\delta_{\lambda\lambda'}-\frac{i}{2}(\lambda+\lambda')\varepsilon^{ijk}\hat{k}^k\\ &-\frac{i}{2}(\lambda-\lambda')\{\hat{a}^i(\hat{k}\times\hat{a})^j+\hat{a}^j(\hat{k}\times\hat{a})^i\}\\ &+\frac{1}{2}(\lambda\lambda'-1)\{\hat{a}^i\hat{a}^j-(\hat{k}\times\hat{a})^i(\hat{k}\times\hat{a})^j\}\Big]\end{aligned} \tag{4.79}$$

여기서 $\hat{a}$는 광자의 운동량 방향에 수직인 임의의 단위 벡터이다.

특히 충돌 전후 전자의 편극을 생각하지 않을 경우를 생각해 보자. 광자 살다발(beam)은 밀도행렬에 의하여 기술되므로, 우선 입사광의 밀도행렬을 Stokes 매개상수 ξ_1, ξ_2, ξ_3 라면 $|M|^2$에 있는 $\varepsilon_1{}^i(\lambda)\ \varepsilon_1{}^{*j}(\lambda')$ 대신에

$$\rho_1{}^{00} = \rho_1{}^{i0} = \rho_1{}^{0i} = 0,$$

$$\begin{aligned}\rho_1{}^{ij} = \frac{1}{2}\Big[&(\delta^{ij}-\hat{k}_1{}^i\hat{k}_1{}^j)+\frac{1}{2}\xi_1\{\hat{a}^i(\hat{k}_1\times\hat{a})^j+\hat{a}^j(\hat{k}_1\times\hat{a})^i\}\\ &-\frac{i}{2}\xi_2\varepsilon^{ijk}\hat{k}_1{}^k+\frac{1}{2}\xi_3\{\hat{a}^i\hat{a}^j-(\hat{k}_1\times\hat{a})^i(\hat{k}_1\times\hat{a})^j\}\Big]\end{aligned} \tag{5.98}$$

를 넣어 줌으로써 컴프턴 산란에서 입사광자의 편극을 다룰 수 있다. 편극이 안 된 광자는 모든 ξ_i를 0으로 놓으면 되고, ξ_3만 0이 아닌 경우는 선편극된 광자를 나타내는 것은 제4장에서 논의된 것과 같다.

한편 산란광자에 대하여는 $|M|^2$에 있는 $\varepsilon_2{}^i(\lambda)\ \varepsilon_2^{*j}(\lambda')$에 대하여 식 (4.69) 대신에 첨자는 2를 쓰고, $\hat{a}$ 대신에 $\hat{b}$를 써 줌으로써 산란광자의 Stokes 매개상수를 얻게 된다. 즉 식 (5.77)에서

$$
\begin{aligned}
\overline{\sum_{s_1}\sum_{s_2}}|M|^2 &= \frac{1}{2}\sum_{s_1}\sum_{s_2}|M|^2 \\
&= \frac{1}{4m^2}\left[\frac{(k_1+k_2)^2}{k_1k_2}(\varepsilon_1{}^i\ \varepsilon_2^{*i}\ \varepsilon_1^{*j}\ \varepsilon_2{}^j)+\frac{(k_1-k_2)^2}{k_1k_2}\{\varepsilon_1{}^i\ \varepsilon_1^{*i}\ \varepsilon_2{}^j\ \varepsilon_2^{*j}-(\varepsilon_1{}^i\ \varepsilon_2{}^i\ \varepsilon_1^{*j}\ \varepsilon_2^{*j})\}\right] \\
&= \frac{1}{4m^2}\left[\frac{(k_1+k_2)^2}{k_1k_2}(\rho_1{}^{ij}\ \varepsilon_2^{*i}\ \varepsilon_2{}^j)+\frac{(k_1-k_2)^2}{k_1k_2}\{\rho_1{}^{ii}\ \varepsilon_2{}^j\ \varepsilon_2^{*j}-(\rho_1{}^{ij}\ \varepsilon_2{}^i\ \varepsilon_2^{*j})\}\right] \qquad (5.99)
\end{aligned}
$$

가 되는데, 여기서

$$
\rho_1{}^{ii}=1,\ \varepsilon_2{}^j(\lambda)\ \varepsilon_2^{*j}(\lambda')=\delta_{\lambda\lambda'} \qquad (5.100)
$$

또 $\hat{b}$도 $\hat{a}$와 같이 반응평면(production plane)에 수직하게 택한다면 처음 전자의 정지계에서 반응평면은 $\boldsymbol{k}_1$과 $\boldsymbol{k}_2$에 수직하므로, 이들은 다음과 같이 쓸 수 있다.

$$
\hat{a}=\hat{b}=\frac{\hat{k}_1\times\hat{k}_2}{|\hat{k}_1\times\hat{k}_2|} \qquad (5.101)
$$

$$
\hat{a}\cdot\hat{k}_1=\hat{a}\cdot\hat{k}_2=0 \qquad (5.102)
$$

따라서 식 (5.99)는 밀도행렬의 대칭성을 생각하여

$$
\begin{aligned}
&\overline{\sum_{s_1}\sum_{s_2}}|M|^2(\lambda,\lambda') \\
&= \frac{1}{4m^2}\left[\frac{(k_1-k_2)^2}{k_1k_2}\delta_{\lambda,\lambda'}+\frac{(k_1+k_2)^2}{k_1k_2}(\rho_1{}^{ij}\ \varepsilon_2^{*i}\ \varepsilon_2{}^j)-\frac{(k_1-k_2)^2}{k_1k_2}(\rho_1{}^{ij}\ \varepsilon_2{}^i\ \varepsilon_2^{*j})\right] \\
&= \frac{1}{4m^2}\left[\frac{(k_1-k_2)^2}{k_1k_2}\delta_{\lambda,\lambda'}+2\,\rho_1{}^{ij}\{\varepsilon_2{}^i\ \varepsilon_2^{*j}+\varepsilon_2^{*i}\ \varepsilon_2{}^j\}-\frac{k_1{}^2+k_2{}^2}{k_1k_2}\ \rho_1{}^{ij}\{\varepsilon_2{}^i\ \varepsilon_2^{*j}-\varepsilon_2^{*i}\ \varepsilon_2{}^j\}\right]
\end{aligned}
$$

$$= \frac{1}{4m^2}\left[\frac{(k_1-k_2)^2}{k_1k_2}\delta_{\lambda,\lambda'} + 2\rho_1{}^{ij}\{ \varepsilon_2{}^i \varepsilon_2^{*j} + \varepsilon_2^{*i}\varepsilon_2{}^j\} - \frac{k_1{}^2+k_2{}^2}{k_1k_2}\rho_1{}^{ij}\{ \varepsilon_2{}^i \varepsilon_2^{*j} - \varepsilon_2^{*i}\varepsilon_2{}^j\}\right]$$

$$= \frac{1}{4m^2}\left[\frac{(k_1-k_2)^2}{k_1k_2}\delta_{\lambda,\lambda'} - \frac{k_1{}^2+k_2{}^2}{k_1k_2}\left(-\frac{i}{2}\xi_2\varepsilon^{ijk}\widehat{k_1}{}^k\right)\left(-\frac{i}{2}(\lambda+\lambda')\varepsilon^{ijk'}\widehat{k_2}{}^{k'}\right)\right.$$

$$+\{(\delta^{ij}-\widehat{k_1}{}^i\widehat{k_1}{}^j)+\xi_1[\widehat{a}^i(\widehat{k_1}\times\widehat{a})^j+\widehat{a}^j(\widehat{k_1}\times\widehat{a})^i]$$

$$+\xi_3[\widehat{a}^i\widehat{a}^j-(\widehat{k_1}\times\widehat{a})^i(\widehat{k_1}\times\widehat{a})^j]\}$$

$$\cdot\left\{(\delta^{ij}-\widehat{k_2}{}^i\widehat{k_2}{}^j)\delta_{\lambda\lambda'}-\frac{i}{2}(\lambda-\lambda')[\widehat{a}^i(\widehat{k_2}\times\widehat{a})^j+\widehat{a}^j(\widehat{k_2}\times\widehat{a})^i]\right.$$

$$\left.\left.+\frac{1}{2}(\lambda\lambda'-1)[\widehat{a}^i\widehat{a}^j-(\widehat{k_2}\times\widehat{a})^i(\widehat{k_2}\times\widehat{a})^j]\right\}\right]$$

$$= \frac{1}{4m^2}\left[\frac{(k_1-k_2)^2}{k_1k_2}\delta_{\lambda,\lambda'} + \frac{1}{2}(\lambda+\lambda')\frac{k_1{}^2+k_2{}^2}{k_1k_2}(\xi_2\widehat{k_1}\cdot\widehat{k_2})\right.$$

$$+\delta_{\lambda\lambda'}\{1+(\widehat{k_1}\cdot\widehat{k_2})^2+\xi_3(\widehat{k_1}\times\widehat{k_2})^2\}-\frac{i}{2}(\lambda-\lambda')2\xi_1(\widehat{k_1}\cdot\widehat{k_2})$$

$$+\frac{1}{2}(\lambda\lambda'-1)\{(\widehat{k_1}\times\widehat{k_2})^2+\xi_1[1+(\widehat{k_1}\cdot\widehat{k})^2]\}$$

$$\therefore\ \bar{\sum_{s_1}}\sum_{s_2}|M|^2(\lambda,\lambda') = \frac{1}{4m^2}\left[\delta_{\lambda,\lambda'}\left\{\frac{k_2}{k_1}+\frac{k_1}{k_2}-\sin^2\theta+\xi_3\sin^2\theta\right\}\right.$$
$$-\frac{i}{2}(\lambda-\lambda')2\xi_1\cos\theta+\frac{1}{2}(\lambda+\lambda')\left\{\frac{k_2}{k_1}+\frac{k_1}{k_2}\right\}\xi_2\cos^2\theta \tag{5.103}$$
$$\left.+\frac{1}{2}(\lambda\lambda'-1)\{\sin^2\theta+\xi_1(1+\cos^2\theta)\}\right]$$

를 얻는다. 이 식에서 $\delta_{\lambda\lambda'}$의 계수는 앞에서 논의된 바와 같이 컴프턴 산란의 미분단면적을 준다. 식 (5.103)은 산란된 광자의 밀도행렬 $\rho_{2\,\lambda\lambda'}$, 즉 식 (3.107)에 해당되는

$$\rho_{2\,\lambda\lambda'} = \frac{1}{2}\left[\delta_{\lambda\lambda'}+\frac{i}{2}\xi'_1(\lambda-\lambda')+\frac{1}{2}\xi'_2(\lambda+\lambda')+\frac{1}{2}\xi'_3(\lambda\lambda'-1)\right] \tag{5.104}$$

에 비례한다. 따라서 산란된 광자의 편극의 정도를 알려 주는 Stokes 매개상수 ξ'_i는 식 (5.103)과 (5.104)로부터 다음과 같이 됨을 알 수 있다.

$$\xi'_1 = \frac{2\xi_1\cos\theta}{\frac{k_2}{k_1}+\frac{k_1}{k_2}-\sin^2\theta+\xi_3\sin^2\theta} \tag{5.105a}$$

$$\xi'_2 = \frac{\xi_2\left(\frac{k_2}{k_1} + \frac{k_1}{k_2}\right)\cos^2\theta}{\frac{k_2}{k_1} + \frac{k_1}{k_2} - \sin^2\theta + \xi_3 \sin^2\theta} \tag{5.105b}$$

$$\xi'_3 = \frac{\sin^2\theta + \xi_1(1 + \cos^2\theta)}{\frac{k_2}{k_1} + \frac{k_1}{k_2} - \sin^2\theta + \xi_3 \sin^2\theta} \tag{5.105c}$$

이 식의 결과로부터 전자의 스핀을 고려하지 않는 경우, 입사광자의 편극이 선편광이면 산란광자의 편극도 선편광인데 그 방향과 크기는 일반적으로 변한다. 또 식 (5.105c)는 편극되지 않은 광자가 전자에 산란된 뒤에는 선편극이 될 수 있음을 보여 주며 원편극되지는 않는다. 한편 입사광자의 편극이 원편광($\xi_2 \neq 0$)이면 산란광자의 편극도 원편광($\xi'_2 \neq 0$)임을 알 수 있다.

지금까지는 표적전자가 정지상태에서 편극이 안 된 경우의 컴프턴 산란을 생각하였다. 이것을 연장하여 표적전자도 움직이고 편극이 된 경우를 생각할 수 있으며 자세한 것은 다음 참고문헌, J.H. Choi et al., *Phys. Rev.* D 36, 1320(1987)에 자세히 계산되어 있다. 다만 여기서는 정지된 편극된 표적전자에 산란된 광자의 편극은 다음과 같이 됨을 밝혀 둔다.

$$\xi'_1 = \frac{1}{A}\left\{2\xi_1 \cos\theta - \xi_2 \frac{k_1}{m}(1 - \cos\theta)\sin\theta\, \widehat{\boldsymbol{s}_1} \cdot \widehat{\boldsymbol{a}}\right\} \tag{5.106a}$$

$$\begin{aligned}\xi'_2 = \frac{1}{A}\Big\{&\xi_2\left(\frac{k_2}{k_1} + \frac{k_1}{k_2}\right)\cos^2\theta - \frac{1}{m}\big[(k_1 + k_2)\cos\theta\, \widehat{\boldsymbol{s}_1} \cdot \widehat{\boldsymbol{k}_2} \\ &- \xi_1 k_2 \sin\theta\, \widehat{\boldsymbol{s}_1} \cdot \widehat{\boldsymbol{a}} + (k_1 + \xi_3 k_2)\sin\theta\, \widehat{\boldsymbol{s}_1} \cdot (\widehat{\boldsymbol{k}_2} \times \widehat{\boldsymbol{a}})\big]\Big\}\end{aligned} \tag{5.106b}$$

$$\xi'_3 = \frac{1}{A}\left\{\sin^2\theta + \xi_1(1 + \cos^2\theta) + \xi_2 \frac{k_1}{m}(1 - \cos\theta)\sin\theta\, \widehat{\boldsymbol{s}_1} \cdot (\widehat{\boldsymbol{k}_1} \times \widehat{\boldsymbol{a}})\right\} \tag{5.106c}$$

$$A = \frac{k_2}{k_1} + \frac{k_1}{k_2} - (1 - \xi_3)\sin^2\theta - \xi_2 \frac{1}{m}(1 - \cos\theta)(\cos\theta\, \widehat{\boldsymbol{s}_1} \cdot \widehat{\boldsymbol{k}_1} + \widehat{\boldsymbol{s}_1} \cdot \widehat{\boldsymbol{k}_2}) \tag{5.106d}$$

이 식 (5.106b)로부터 만일 표적전자가 편극되어 있는 경우는, 입사광자가 선편극인 것이 원편극으로 바뀌지고, 편극이 안 된 광자도 산란된 후 원편극을 갖게 됨을 알 수 있다.

5.3.3 제동복사(Bremsstrahlung)에서 나온 광자의 편극

앞 절에서 제동복사과정 $e+N \rightarrow e+N+\gamma$에서 특히 광자의 에너지가 작은 무른 광자(soft photon)에 대한 미분단면적만을 기술하였었다. 여기서는 이 과정에서 나오는 에너지가 제법 큰 광자(hard photon)의 편극을 생각해 보자.

광자의 편극만을 생각할 때는 전이진폭에서부터 시작하여도 좋다. 즉 식 (3.286)에서

$$\begin{aligned} M &= \varepsilon^{*\mu} M_\mu = \bar{u}(p_f, s_f)\left[\frac{2\varepsilon^* \cdot p_f + \not{\varepsilon}^* \not{k}}{2p_f \cdot k}\gamma^0 + \gamma^0 \frac{2\varepsilon^* \cdot p_i + \not{\varepsilon}^* \not{k}}{-2p_i \cdot k}\right]u(p_i, s_i) \\ &= \bar{u}(p_f, s_f)\left[\left\{\frac{\varepsilon^* \cdot p_f}{p_f \cdot k} - \frac{\varepsilon^* \cdot p_i}{p_i \cdot k}\right\}\gamma^0 + \frac{1}{2}\left\{\frac{\not{\varepsilon}^* \not{k}}{p_f \cdot k}\gamma^0 - \gamma^0 \frac{\not{\varepsilon}^* \not{k}}{p_i \cdot k}\right\}\right]u(p_i, s_i) \end{aligned} \tag{5.107}$$

가 되는데 산란되어 나가는 전자의 편극은 측정하지 않는다고 하고 밖으로 나오는 광자의 편극을 조사해 보자. 이 식으로부터

$$|M|^2 = |M|^2_{unp} + |M|^2_{pol} \tag{5.108}$$

를 얻는데, 표적전자의 편극에 무관한 항 $|M|^2_{unp}$과 편극에 관련된 항 $|M|^2_{pol}$이다. 특히 이 과정에서 양성자(원자핵)의 후퇴를 무시하면,

$$q_0 = E_i - E_f - k \approx 0, \quad q^2 = -\boldsymbol{q}^2, \tag{5.109}$$

$$\begin{aligned} |M|^2_{unp} = \frac{1}{4m^2}\Bigg[& \frac{\varepsilon \cdot p_i \varepsilon^* \cdot p_i}{(k \cdot p_i)^2}(4E_f^2 - \boldsymbol{q}^2) + \frac{\varepsilon \cdot p_f \varepsilon^* \cdot p_f}{(k \cdot p_f)^2}(4E_i^2 - \boldsymbol{q}^2) \\ & - \frac{\varepsilon \cdot p_i \varepsilon^* \cdot p_f + \varepsilon^* \cdot p_i \varepsilon \cdot p_f}{k \cdot p_i k \cdot p_f}(4E_iE_f - \boldsymbol{q}^2) \\ & - \varepsilon \cdot \varepsilon^* \left\{2 - \left(\frac{k \cdot p_f}{k \cdot p_i} + \frac{k \cdot p_i}{k \cdot p_f}\right) + \frac{k^2 \boldsymbol{q}^2}{k \cdot p_i k \cdot p_f}\right\}\Bigg] \end{aligned} \tag{5.110}$$

를 얻는다. 이 결과를 살펴보자.

(i) 식 (5.110)에서 $\boldsymbol{\varepsilon} = \boldsymbol{\varepsilon}^*$인 경우와 같이 $\varepsilon \cdot \varepsilon^* = -1$인 경우의 결과는 나오는 광자가 선편극인 경우 생각할 수 있으며, Jauch & Rohrlich 저 *Theory of Photons and Electrons*에 주어진 결과와 같다. 식 (5.110)이 $\varepsilon \leftrightarrow \varepsilon^*$에 대하여 대칭인 것은 제동복사에서 나오는 광자

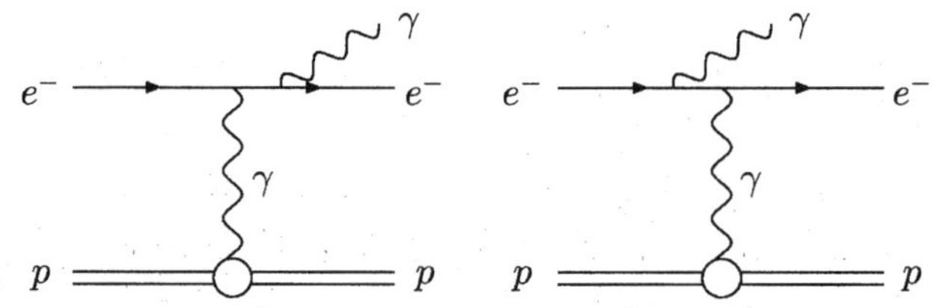

그림 5.5 QED에서 제동복사

가 원편극이 되지 않았음을 말해 준다. 식 (5.110)이 더 일반적인 식임을 알 수 있다.

(ii) $|M|^2{}_{unp}(\lambda, \lambda')$의 값을 구하기 위하여 $\varepsilon^i(\lambda)\varepsilon^j(\lambda')^*$에 대한 식 (4.79)를 식 (5.110)에 대입하면 되는데 이 때 $\hat{\boldsymbol{a}}$ 값을 $\boldsymbol{k}$와 $\boldsymbol{p}_i$에 수직이 되도록

$$\hat{\boldsymbol{a}} = \frac{\boldsymbol{k} \times \boldsymbol{p}_i}{|\boldsymbol{k} \times \boldsymbol{p}_i|} \tag{5.111}$$

로 택하면 다음과 같은 결과를 얻게 된다.

$$|M|^2{}_{unp}(\lambda, \lambda') \propto \frac{1}{2}\left[A\delta_{\lambda\lambda'} + \frac{i}{2}(\lambda - \lambda')B + \frac{1}{2}(\lambda\lambda' - 1)C\right] \tag{5.112}$$

여기서 A, B, C는

$$\begin{aligned} A =& \frac{(4E_f^2 - \boldsymbol{q}^2)}{(k \cdot p_i)^2}(\boldsymbol{p}_i \times \hat{\boldsymbol{k}})^2 + \frac{(4E_i^2 - \boldsymbol{q}^2)}{(k \cdot p_f)^2}(\boldsymbol{p}_f \times \hat{\boldsymbol{k}})^2 \\ &+ \frac{2k^2}{k \cdot p_i k \cdot p_f}\{(\boldsymbol{p}_i \times \hat{\boldsymbol{k}})^2 + (\boldsymbol{p}_i \times \hat{\boldsymbol{k}})^2\} \\ &- \frac{2(2E_i^2 + 2E_f^2 - \boldsymbol{q}^2)}{k \cdot p_i k \cdot p_f}(\boldsymbol{p}_i \times \hat{\boldsymbol{k}}) \cdot (\boldsymbol{p}_f \times \hat{\boldsymbol{k}}) \end{aligned} \tag{5.113a}$$

$$B = 2\boldsymbol{p}_f \cdot (\boldsymbol{p}_i \times \hat{\boldsymbol{k}})\left\{\frac{(4E_fE_i - \boldsymbol{q}^2)}{(k \cdot p_i k \cdot p_f)} - \frac{(4E_i^2 - \boldsymbol{q}^2)(\boldsymbol{p}_i \times \hat{\boldsymbol{k}}) \cdot (\boldsymbol{p}_f \times \hat{\boldsymbol{k}})}{(k \cdot p_i)^2|\boldsymbol{p}_i \times \hat{\boldsymbol{k}}|^2}\right\} \tag{5.113b}$$

$$\begin{aligned} C =& -\frac{(4E_f^2 - \boldsymbol{q}^2)}{(k \cdot p_i)^2}(\boldsymbol{p}_i \times \hat{\boldsymbol{k}})^2 + 2\frac{(4E_iE_f - \boldsymbol{q}^2)}{(k \cdot p_i k \cdot p_f)}(\boldsymbol{p}_i \times \hat{\boldsymbol{k}}) \cdot (\boldsymbol{p}_f \times \hat{\boldsymbol{k}}) \\ &+ \frac{(4E_i^2 - \boldsymbol{q}^2)}{(k \cdot p_f)^2|\boldsymbol{p}_i \times \hat{\boldsymbol{k}}|^2}\{[\boldsymbol{p}_f \cdot (\boldsymbol{p}_i \times \hat{\boldsymbol{k}})]^2 - [(\boldsymbol{p}_i \times \hat{\boldsymbol{k}}) \cdot (\boldsymbol{p}_f \times \hat{\boldsymbol{k}})]^2\} \end{aligned} \tag{5.113c}$$

가 되어, 밖으로 나오는 광자의 밀도행렬을 기술하는 다음 식

$$\rho_{\lambda\lambda'} = \frac{1}{2}[\delta_{\lambda\lambda'} + \frac{i}{2}\xi_1(\lambda - \lambda') + \frac{1}{2}\xi_2(\lambda + \lambda') + \frac{1}{2}\xi_3(\lambda\lambda' - 1)] \tag{3.107}$$

과 식 (5.112), (5.113)을 비교할 때 제동복사의 편극을 나타내는 Stokes 매개상수 ξ_i는 다음이 됨을 알 수 있다.

$$\xi_1 = \frac{B}{A}, \quad \xi_2 = 0, \quad \xi_3 = \frac{C}{A} \tag{5.114}$$

즉 전자의 제동복사에서 나오는 광자의 편극은 선편극되었음을 알 수 있다. 그러나 입사전자나 표적이 편극되어 있는 경우에는 광자가 원편극될 수 있다.

[문제 5.9] 식 (5.110)을 증명하여라.

[문제 5.10] 식 (5.113)을 증명하여라.

제 6 장

약한 상호작용과 전기약작용의 배경

약한 상호작용(weak interaction)은 β(베타) 붕괴로 알려진, 수명이 10여 분이 되는 $n \rightarrow pe\bar{\nu}$ 과정에서부터 생각하게 되었다고 할 수 있겠다. 1932년 Chadwick가 중성자를 발견한 후, 중성자가 붕괴될 때 실험적으로는 양성자와 전자만을 볼 수 있었다. 중성자가 발견되기 이전부터 원자핵에서 전자가 튀어나오는 β 붕괴에서 전자의 에너지 분포가 연속스펙트럼을 갖는 문제가 생겼으며, Pauli는 이 때 생기는 에너지 보존법칙과 각운동량의 보존법칙을 동시에 해결하는 방법으로 중성미자(中性微子, neutrino)라는 질량이 거의 없고 중성인 스핀 ½인 페르미 입자의 존재를 예언하였다. 중성미자는 물체와 상호작용을 잘 안 하여서 발견하기가 매우 어려워 그 존재를 예언한 지 25여 년이 지난 1956년에 Reines와 Cowen에 의하여 발견되었다. 이 과정의 이론적 기술도 처음 Fermi에 의하여 1930년대 중반에 4입자 반응으로 기술하였고, 이 과정이 V-A형의 강입자 흐름과 전자와 중성미자로 이루어진 약입자 흐름으로 이루어지고 또 Lee와 Yang에 의하여 반전성(parity)이 보존되지 않는다는 것을 알게 된 것은 1956년의 일이었다.

약한 상호작용에 대한 다른 과정들이 1940년대부터 실험적으로 발견되었고 이에 대하여 보다 정확한 이해는 게이지 이론과 Weinberg-Salam 이론으로 알려진 전기약작용이 나온 후 가능해졌다. 이 이론은 $W^{\pm}$ 입자와 Z 입자의 존재를 예언하였고 이들 입자가 1980년대 중반에 발견된 것을 우리는 잘 알고 있다. 이들이 게이지 이론과는 어떠한 관계가 있는가를 다음 장에서 보다 자세히 알아보겠으나 약한 상호작용을 논의하기 위하여 전기약작용의 결과를 필요에 따라서는 먼저 사용하겠다.

6.1 약한 상호작용: 뮤온과 파이온 붕괴

약한 상호작용을 알아보기 위하여 여기서 간단히 어떻게 약한 상호작용을 전달하는 게이지 보존입자들이 도입되었는지를 알아보자. 앞 장에서 취급한 전기적 상호작용에서는 전자나 양성자 같이 전하를 띤 입자들이 충돌하는 경우에서 입자 상태는 변하지 않고 광자를 교환하는 과정을 통하여 힘이 전달되었다. 중성자 붕괴에서는 양성자가 중성자로 바뀌는 과정에서 일어남을 알 수 있다. 즉 입자의 종류가 달라짐이 수반하는 것이 보통이다. 입자가 붕괴하는 과정에서 중성미자가 포함되는 과정은 모두 약한 상호작용으로 간주하여도 무방하다. 또 기묘수(strangeness)라 불리는 양자수가 바뀌는 과정은 모두 약한 상호작용으로 간주된다.

이들 반응의 예를 들어 보면

$$\mathrm{Co}^{60} \rightarrow \ \mathrm{Ni}^{*60} + e^- + \overline{\nu_e} \tag{6.1a}$$

는 Co 원자핵 안에 있는 한 중성자(n)가 양성자(p)와 함께 전자(e^-) 와 중성미자($\overline{\nu_e}$)로 변환하는 과정

$$n \rightarrow p\ e\overline{\nu_e} \tag{6.1b}$$

를 나타낸다. 즉 후자가 보다 더 기본적인 과정이고, 다른 기본적인 붕괴과정의 예로는 다음 과정들도 생각할 수 있다.

$$\begin{aligned} &\Lambda \rightarrow p\ e\overline{\nu_e}, \\ &\mu^- \rightarrow e^-\ \nu_\mu \overline{\nu_e},\ \ \pi^+ \rightarrow \mu^+ \nu_\mu \\ &\Lambda \rightarrow p\ \pi^-,\ \ K^+ \rightarrow \pi^+ \pi^0 \end{aligned} \tag{6.1c}$$

1950년대까지는 약한 상호작용을 기술하는 이론이 없었고 전기적 상호작용을 연장하여

실험 결과와 비교함으로서 조금씩 기술하는 방법을 개선하였다고 할 수 있다. 전기적 상호작용에서 사용한 두 가지 전기적 흐름 사이에 광자가 교류되며 힘이 작용하는 바와 같이 약한 상호작용 중의 한 과정인 β 붕괴에서도 양성자와 중성자가 만드는 강입자 흐름과 전자와 중성미자가 만드는 렙톤 흐름인 2개의 벡터 흐름을 만들어 두 흐름 벡터의 지표(index)를 축약하여(contract) 스칼라량인 반응진폭을 만들고 결합상수로는 전하량 e 대신에 약한 상호작용의 크기를 대표하는 G를 사용하였고, 이 값은 실험 결과로부터 얻어진다고 생각하였다.

1950년대 중반에서야 β 붕괴를 기술하는 반응행렬 S_{if}가 제4장에서와 같은 모양으로

$$S_{\text{if}} = \frac{-i}{(2\pi)^6}\sqrt{\frac{m_p m_n m_e}{2E_\nu E_e E_p E_n}}(2\pi)^4\delta^4(p_p + p_e + p_\nu - p_n)M \tag{6.2a}$$

라 할 때 붕괴과정을 나타내는 전이진폭 M은 다음과 같음을 알게 되었다.

$$M = \frac{G}{\sqrt{2}}\sum_i \overline{u_p}O^i u_n \overline{u_\mu}O'^i v_\nu \tag{6.3a}$$

특히 Fermi는 1930년대에 O^i가 벡터형인 γ^μ만을 택하였고, 그 후 O^i는 가장 일반적인 형태로 제2장에서 논의한 스칼라, 유사 스칼라(pseudo scalar), 벡터, 유사 벡터, 텐서로 만들어진 양을 택하여 여러 가지로 실험 결과와 비교하여 연구한 끝에, 중성자의 β 붕괴에서는

$$M = \frac{1}{\sqrt{2}}\overline{u_p}(G_V\gamma^\mu + G_A\gamma^\mu\gamma^5)u_n\overline{u_\mu}\gamma_\mu(1-\gamma^5)v_\nu \tag{6.3b}$$

가 됨을 1950년대 중반에야 알게 되었다. 식 (6.3) 모양으로 기술한 것을 통틀어 Fermi 이론이라 부른다. 식 (6.3b)의 결과를 살펴보자.

(i) 렙톤 흐름의 형태는 간단한 것을 본다. 이것은 먼저 중성미자가 정지질량이 0이 되어 두 성분만을 가진 스피너로 쓸 수 있고 또 중성미자는 왼쪽방향(left-handed)의 편극인 헬리시티 값이 -1인 값을 갖기 때문에 중성미자는 항상 $(1-\gamma^5)\Psi_\nu$ 모양을 갖게 됨을 알게 된 것이다. 또 렙톤들은 기본입자이기 때문에 강입자 흐름에서와 같이 복잡한 형체인자(form factor)를 갖지 않는다. 참고로 만일 식 (6.3b)로 주어진 강입자 흐름에서 u_n 대신에 $(1-\gamma^5)u_n$을 취하면,

$$\gamma^\mu\gamma^5(1-\gamma^5)=-\gamma^\mu(1-\gamma^5) \tag{6.4}$$

가 되므로 강입자 흐름도 렙톤 흐름과 같은 모양을 가짐을 알 수 있게 된다. 예를 들어 제 2의 렙톤인 μ^- 입자의 붕괴과정, $\mu^-\to e^-\nu_\mu\overline{\nu_e}$에서는 전이진폭이 다음과 같다.

$$M=\frac{G}{\sqrt{2}}\overline{u_{\nu_\mu}}\gamma^\alpha(1-\gamma^5)u_\mu\overline{u_e}\gamma_\alpha(1-\gamma^5)v_{\nu_e} \tag{6.5}$$

(ii) 위의 중성자의 β 붕괴에서는 중성자의 질량 $m_n=939.573\ MeV$와 양성자의 질량 $m_p=938.28\ MeV$ 사이의 차이가 작아서 이들의 운동량 변화가 $1\ MeV$ 정도로 아주 작다. 따라서 앞 장에서 생각하였던 ep 산란에서 보는 바와 같이 강입자 흐름에 들어올 수 있는 벡터 흐름에 운동량전달 q^2에 의존하는 양들은 생략되었다고 생각할 수 있다. 유사 벡터(pseudo vector) 항도 마찬가지이다. 참고로 $\overline{\nu}p\to n\mu^+$와 같은 보다 높은 에너지 반응에서는 강입자 흐름 항에 더 많은 형체인자가 사용되어야 함을 생각할 수 있다.

(iii) 식 (6.3b)에서 G_A는 G_V보다 크기가 약 1.25배가 되며, G_V 값은 μ^-붕괴에서의 값 G와는 거의 같으나, 소위 기묘입자들의 붕괴에서는 다른 값을 가짐을 실험적으로 알게 되었다. 따라서 Cabibbo는 중성자나 양성자의 반응에서와 같이, 보통 입자인 경우와 Λ, Σ 등 기묘입자들의 경우 G_V 값이 다음과 같이 달라짐을 알았다.

$$G_V=\cos\theta_c G,\qquad G^{(st)}{}_V=\sin\theta_c G \tag{6.6}$$

여기서 θ_c는 Cabibbo에 의하여 도입된 상수 값으로 Cabibbo 각(angle)이라 부른다. 실험적으로 이 값은 $\theta\approx 13^o$ 쯤 됨이 알려졌다.

(iv) 중성미자는 붕괴과정이나 반응에 나타나는 렙톤의 종류에 따라 다른 종류의 중성미자가 참여함이 알려졌다. 식 (6.1)의 붕괴과정의 예 중에서 중성자 n의 붕괴에서 전자와 같이 생겨난 중성미자는 전자적 중성미자(ν_e)로서 파이온(π^+)이 붕괴할 때 μ와 같이 나오는 뮤온적 중성미자(ν_μ)와는 다른 종류임이 Lederman, Schwartz, Steinberg에 의하여 밝혀졌다. 렙톤에는 전자, 뮤온 외에도 타우(tau)가 있으므로 중성미자에도 세 가지가 있음이 예상된다. 예를 들어 ν_μ가 중성자에 충돌하면 μ^-가 나올 수 있지만 전자(e)는 나오지 않으며, 만일 ν_e가 중성자에 충돌하면 e^-가 나오지 μ^-는 절대 나오지 않는다. 따라서 중성

미자까지 렙톤에 포함시키면, 한 반응에는 같은 종류의 렙톤만 포함된다. 이것을 렙톤 양자수(lepton number)의 보존법칙이라 부른다. 중입자(baryon)에서도 1개의 중입자가 붕괴하거나 강한 에너지의 렙톤에 의하여 충돌할 때 반드시 중입자는 없어지지 않고 다른 중입자로 바뀔 수는 있다. 즉 중입자는 반응 전과 후에 그 수가 변하지 않는다. 이것을 중입자수 보존법칙이라 하며, 이러한 것은 실험에서 나타난 현상들이다.

(v) 반전성 비보존을 검토하기 위하여, 식 (6.3b)는 한 좌표계에서 다음과 같이 기술됨을 생각해 보자.

$$S=-i\frac{G}{\sqrt{2}}\cos\theta_C\int d^4x'\,\overline{\Psi'}_p(x')\gamma_\mu(1-\alpha\gamma^5)\Psi'_n(x')\overline{\Psi'}_e(x')\gamma^\mu(1-\gamma^5)\Psi'_\nu(x') \tag{6.3c}$$

여기에 다음과 같이 바뀌는 다른 좌표계를 생각하면,

$$\begin{aligned}&\boldsymbol{x}'=-\boldsymbol{x},\quad t'=t,\\ &\Psi'(x')=\gamma^0\Psi(x),\\ &d^4x'=d^4x\end{aligned} \tag{6.7}$$

$$\begin{aligned}S&=-i\frac{G}{\sqrt{2}}\cos\theta_C\int d^4x'\,\overline{\Psi'}_p(x')\gamma_\mu(1-\alpha\gamma^5)\Psi'_n(x')\overline{\Psi'}_e(x')\gamma^\mu(1-\gamma^5)\Psi'_\nu(x')\\ &=-i\frac{G}{\sqrt{2}}\cos\theta_C\int d^4x\;\Psi_p^{\dagger}(x)\gamma^0\gamma^0\gamma_\mu(1-\alpha\gamma^5)\gamma^0\Psi_n(x)\;\;\Psi_e^{\dagger}(x)\gamma^0\gamma^0\gamma^\mu(1-\gamma^5)\gamma^0\Psi_\nu(x)\end{aligned} \tag{6.2c}$$

$$\therefore\; S=-i\frac{G}{\sqrt{2}}\cos\theta_C\int d^4x\,\overline{\Psi}_p\gamma_\mu(1+\alpha\gamma^5)\Psi_n\overline{\Psi}_e\gamma^\mu(1+\gamma^5)\Psi_\nu$$

이 결과는 식 (6.3c)와는 다름을 알 수 있다. 즉 반전에 의하여 γ^5의 부호가 바뀌었다. 다음에는 보다 구체적으로 몇 개의 약한 상호작용과정을 살펴보자.

6.1.1 뮤온 붕괴

약한 상호작용에서 나오는 결합상수 G값은 입자의 붕괴(decay)과정에서 입자의 수명을 측정하여 이론적 계산 값과 비교하여 결정된다. 여기에서 식 (6.5)로 주어진 μ^- 붕괴과정의 전이진폭을 이용하여 μ^-의 수명(life time)을 자세히 계산해 보자.

중성자의 붕괴와 뮤온의 붕괴과정을 비교할 때, 뮤온 붕괴에서는 중성자 대신 뮤온, 양성자 대신 ν_μ를 생각하는 경우에 해당되므로 앞에서 논의한 바와 같이 뮤온 붕괴는 다음과 같이 기술할 수 있음을 알 수 있다. 당분간 $G\cos\theta_C$ 대신 G를 사용한다.

$$S_{fi} = -i\frac{G}{\sqrt{2}}\int d^4x\overline{\Psi_{\nu_\mu}}\gamma^\alpha(1-\gamma^5)\Psi_\mu\overline{\Psi_e}\gamma_\alpha(1-\gamma^5)\Psi_{\nu_e} \tag{6.8a}$$

여기에서 정지질량이 없는 중성미자의 파동함수를 보존과 같은 형태로 규격화하는 경우

$$\begin{aligned}
\Psi_{\nu_\mu} &= \frac{1}{\sqrt{2E_k(2\pi)^3}}\,e^{-ik\cdot x}u_{\nu_\mu} \\
\Psi_{\nu_e} &= \frac{1}{\sqrt{2E_{k'}(2\pi)^3}}\,e^{-ik'\cdot x}u_{\nu_e} \\
\Psi_\mu &= \sqrt{\frac{m_\mu}{E_P(2\pi)^3}}\,e^{-iP\cdot x}u_\mu \\
\Psi_e &= \sqrt{\frac{m_e}{E_p(2\pi)^3}}\,e^{-ip\cdot x}u_e
\end{aligned} \tag{6.9}$$

를 대입하고, 적분

$$\int d^4x\; e^{i(k'-P+p+k)\cdot x} = (2\pi)^4\delta^4(P-p-k-k') \tag{6.10}$$

를 이용하면 다음 결과를 얻는다.

$$S_{fi} = -i\frac{1}{(2\pi)^6}\sqrt{\frac{m_\mu m_e}{2E_k 2E_{k'}E_P E_p}}(2\pi)^4\delta^4(P-p-k-k')\;M, \tag{6.8b}$$

여기서 M은 식 (6.5)에 정의된 전이진폭이고, $(E_P,\ \boldsymbol{P})$, $(E_p,\ \boldsymbol{p})$, $(E_k,\ \boldsymbol{k})$, $(E_{k'},\ \boldsymbol{k}')$는 각각 뮤온, 전자, 뮤온적 중성미자, 전자적 중성미자의 에너지와 운동량을 나타낸다.

따라서 단위 시간당 단위 체적에서 어떤 정해진 마지막 상태로 전이가 일어날 확률은

$$\begin{aligned}
&\left(\frac{\text{마지막 상태로 전이가 일어날 확률}}{\text{시간, 체적}}\right) \\
&= \frac{1}{(2\pi)^{12}}\;\frac{m_\mu m_e}{4E_P E_p E_k E_{k'}}\;(2\pi)^4\delta^4(P-p-k-k')\cdot|M|^2
\end{aligned} \tag{6.11}$$

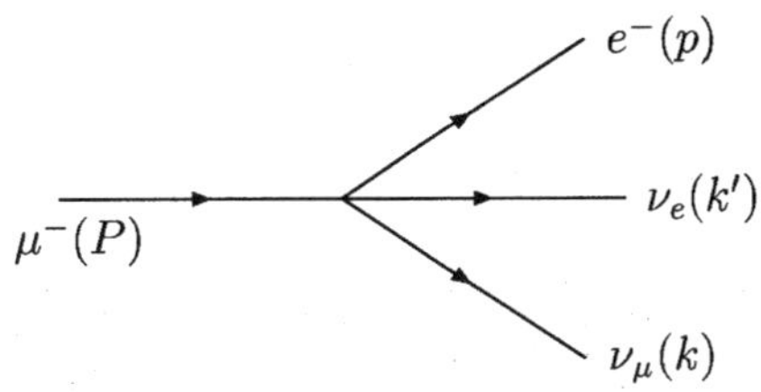

그림 6.1 뮤온의 붕괴과정의 도형

가 되고 여기에서 1개의 뮤온당 확률을 구하기 위하여 $V \to (2\pi)^3$을 곱하면 될 것이다. 여기서 첫 입자의 스핀에 대하여 평균을 취하고 마지막 입자(전자)에 대한 합을 취한 후, 마지막의 각각 입자에 대하여 d^3p 안에 있는 상태의 수 $\left(\frac{Vd^3p}{(2\pi)^3} \to d^3p\right)$를 곱하여 주면, 입자가 어떤 운동량 영역으로 단위 시간당 붕괴하는 확률을 얻는다. 이 값을 $d\Gamma$라 하면,

$$d\Gamma = \frac{1}{(2\pi)^5} \frac{m_\mu m_e}{4E_P E_p E_k E_{k'}} d^3p\, d^3k\, d^3k'\, \delta^4(P-p-k-k') \cdot \frac{1}{2} \sum_{all\ spins} |M|^2 \tag{6.12}$$

를 얻는다.

식 (6.12)에서 $\overline{|M|^2}$을 계산하는 데 있어서 전이진폭 M의 값을 약간 변화시킨 다음과 같은 경우를 생각하자.

$$M = \frac{G}{\sqrt{2}} (\bar{u}_{\nu_\mu} \gamma^\alpha (1-\lambda\gamma^5) u_\mu)(\bar{u}_e \gamma_\alpha (1-\gamma^5) v_{\nu_e}) \tag{6.10c}$$

여기서 λ 값은 ν_μ의 편극에 대한 정보를 줄 수 있다. 또 정지질량 0인 중성미자에 대하여는 $u\bar{u}$는 $\not{k}$로 놓을 수 있어, 항상 $(1-\gamma_5)u\bar{u}$ 형태로 나타나므로

$$\begin{aligned}
\overline{|M|^2} &= \frac{G^2}{2} (\bar{u}_{\nu_\mu} \gamma^\alpha (1-\lambda\gamma^5) u_\mu \bar{u}_\mu \gamma^\beta (1-\lambda\gamma^5) u_{\nu_\mu}) \\
&\quad \times (\bar{u}_e \gamma_\alpha (1-\gamma^5) v_{\nu_e} \bar{v}_{\nu_e} \gamma_\beta (1-\gamma^5) u_e) \\
&= \frac{G^2}{2} Tr\left\{ \gamma^\alpha (1-\lambda\gamma^5) \left[\frac{\not{P}+m_\mu}{2m_\mu} \right] \gamma^\beta (1-\lambda\gamma^5) \not{k} \right\} \\
&\quad \times Tr\left\{ \gamma_\alpha (1-\gamma^5) \not{k}' \gamma_\beta (1-\gamma^5) \left[\frac{\not{p}+m_e}{2m_e} \right] \right\}
\end{aligned}$$

$$= \frac{G^2}{8m_\mu m_e} Tr\{\gamma^\alpha(1-\lambda\gamma^5)\not{P}\gamma^\beta(1-\lambda\gamma^5)\not{k}\}\ Tr\{\gamma_\alpha(1-\gamma^5)\not{k}'\gamma_\beta(1-\gamma^5)\not{p}\}$$

$$= \frac{G^2}{8m_\mu m_e} Tr\{\ \not{k}\gamma^\alpha\not{P}\gamma^\beta(1-\lambda\gamma^5)^2\}\ Tr\{\ \not{k}'\gamma_\beta\not{p}\gamma_\alpha(1-\gamma^5)^2\}$$

$$= \frac{G^2}{8m_\mu m_e} 2\cdot 4^2\{(1+\lambda^2)(k^\alpha P^\beta + k^\beta P^\alpha - k\cdot P g^{\alpha\beta}) - 2i\lambda\varepsilon^{\alpha\beta\rho\sigma}P_\rho k_\sigma\}$$
$$\{(k'_\alpha p_\beta + k'_\beta p_\alpha - k'\cdot p g_{\alpha\beta}) - i\varepsilon_{\alpha\beta\lambda\tau}k'^\rho p^\tau\} \tag{6.13}$$

$$= \frac{4G^2}{m_\mu m_e}\{(1+\lambda^2)[2(k\cdot k')(P\cdot p) + 2(k\cdot p)(P\cdot k') - 2(k\cdot P)(k'\cdot p)$$
$$+2(k\cdot P)(k'\cdot p)] + 4\lambda[(k'\cdot P)(k\cdot p) - (k\cdot k')(p\cdot P)]\}$$

$$\therefore\ \overline{|M|^2} = \frac{8G^2}{m_\mu m_e}\ \{|1-\lambda|^2(k\cdot k')(P\cdot p) + |1+\lambda|^2(k\cdot p)(P\cdot k')\} \tag{6.14}$$

가 되는데, 붕괴율 또는 붕괴속도(decay rate)을 계산하기 위하여서는 이 값을 k와 k'에 대한 적분을 먼저 하게 된다. 이 때 유용한 다음 적분 공식을 먼저 생각해 보자.

$$I^{\alpha\beta} \equiv \int \frac{d^3k}{2E_k}\ \frac{d^3k'}{2E_{k'}}\ k^\alpha k'^\beta \delta^4(Q-k-k'),\ (Q=P-p) \tag{6.15}$$

이 식에서 적분이 Lorentz 변환에 불변인 모양이므로 $I^{\alpha\beta}$는 적분 후 Q^α, Q^β, $Q^2 g^{\alpha\beta}$ 등으로 이루어진 대칭 텐서임을 짐작할 수 있다. 특히 이 값을 $\boldsymbol{Q}=0$인 좌표계에서 계산은 쉽다. 즉, 이 경우

$$\begin{aligned} I_{(0)}{}^{\alpha\beta} &\equiv \int \frac{d^3k}{2E_k}\ \frac{d^3k'}{2E_{k'}}\ k^\alpha k'^\beta \delta(Q^0 - E_k - E_{k'})\delta^3(\ \boldsymbol{k} + \boldsymbol{k}') \\ &= \pm\int \frac{d^3k}{4E_k E_k}\ k^\alpha k^\beta \delta(Q^0 - 2E_k),\ (+/-\text{는 } I^{00}/I^{ij}\text{에 대하여}) \\ &= \pm\int \frac{d\Omega\,\widehat{k^\alpha}\,\widehat{k^\beta}}{4} \int E_k{}^2 dE_k (Q^0 - 2E_k) \\ &= \pm\int \frac{d\Omega\,\widehat{k^\alpha}\,\widehat{k^\beta}}{4}\ \frac{Q^{0\,2}}{8},\ (\widehat{k^\alpha}=1,\ \ \widehat{\boldsymbol{k}}) \end{aligned} \tag{6.16a}$$

을 얻는다. 특히 이 결과는

$$I_{(0)}{}^{00} = \int \frac{d\Omega}{4}\ \frac{Q^{0\,2}}{8} = \frac{\pi}{8}\ Q^{0\,2}, \qquad\qquad I_{(0)}{}^{i\,0} = 0,$$

$$I_{(0)}{}^{ij} = -\int \frac{d\Omega\,\widehat{k^i}\,\widehat{k^j}}{4}\,\frac{Q^{02}}{8} = -\frac{4\pi}{3}\,\frac{1}{4}\,\frac{Q^{02}}{8}\,\delta^{ij},$$

$$\therefore\ \ I_{(0)}{}^{\alpha\beta} = \frac{\pi}{24}\,Q^{(0)}Q^{(0)}(g^{\alpha\beta} + 2g^{\alpha0}g^{\beta0}) \tag{6.16b}$$

이 됨으로 이것을 일반좌표계에 대하여는 다음과 같이 쓸 수 있다.

$$I^{\alpha\beta} = \frac{\pi}{24}\,(Q^2 g^{\alpha\beta} + 2Q^{\alpha}Q^{\beta}) \tag{6.16c}$$

이 결과들을 이용하면 식 (6.12)은

$$\begin{aligned} d\Gamma &= \frac{1}{(2\pi)^5}\,\frac{1}{2}\,\frac{m_\mu m_e}{E_\mu E_e}\,d^3p\left(\frac{8G^2}{m_\mu m_e}\cdot\frac{\pi}{24}\right) \\ &\quad\times\{|1-\lambda|^2 6\pi(P\cdot p)Q^2 + |1+\lambda|^2(Q^2 P\cdot p + 2Q\cdot PQ\cdot p)\} \\ \therefore d\Gamma &= \frac{G^2}{192\,\pi^4}\,\frac{p\,dE_e d\Omega_e}{E_\mu}\,\{|1-\lambda|^2 6\pi(P\cdot p)(\,m_\mu{}^2 + \,m_e{}^2 - 2P\cdot p) \\ &\quad + |1+\lambda|^2[3(\,m_\mu{}^2 + \,m_e{}^2)P\cdot p - 2\,m_\mu{}^2\,\,m_e{}^2 - 4(P\cdot p)^2]\} \end{aligned} \tag{6.17}$$

을 얻는다. 특히 뮤온의 정지계에서의 붕괴를 생각하고 전자의 질량을 무시하면, 즉

$$P^{\alpha} = (m_\mu,\ \mathbf{0}),\qquad \frac{m_e}{m_\mu} = \frac{0.51}{105.66} \to 0\ ,\qquad \frac{m_e}{E_p} \to 0$$

로 놓으면,

$$\left(\frac{d\Gamma}{dE_e}\right)^0 = \frac{G^2\,m_\mu{}^2\,E_e{}^2}{48\pi^3}\left[|1-\lambda|^2 6\left(1-\frac{2E_e}{m_\mu}\right) + |1+\lambda|^2\left(3-\frac{4E_e}{m_\mu}\right)\right] \tag{6.18}$$

을 얻는다. 뮤온 붕괴에서 전자의 에너지 분포를 조사해 보면 $\lambda = +1$임을 알게 된다. 앞으로 이 값을 항상 이용하자.

[문제 6.1] 식 (6.15)를 일반화하여 붕괴되어 나오는 입자의 정지질량이 0이 아닌 경우에는,

특히 $k^2=m^2$, $k'^2=m'^2$라 할 때, 식 (6.16a)는 다음과 같이 식 (6.16d)가 됨을 보여라. 따라서 붕괴하는 입자가 모두 질량이 0일 때나, 둘 중에 하나가 0일 때에도 이 결과는 편리하게 사용할 수 있다(Hint: 붕괴하는 모 입자의 정지상태에서 계산하면 편리하다).

$$
\begin{aligned}
I^{\alpha\beta} &= \int \frac{d^3k}{2E_k}\,\frac{d^3k'}{2E_{k'}}\,k^\alpha k'^\beta \delta^4(Q-k-k') \\
&= \frac{\pi}{24}\left(1-\frac{(m+m')^2}{Q^2}\right)^{1/2}\left(1-\frac{(m-m')^2}{Q^2}\right)^{1/2} \\
&\quad \times\left\{g^{\alpha\beta}Q^2\left(1-\frac{(m+m')^2}{Q^2}\right)\left(1-\frac{(m+m')^2}{Q^2}\right)\right. \\
&\quad \left.+2Q^\alpha Q^\beta\left(1+\frac{(m^2+m'^2)}{Q^2}-2\frac{(m^2-m'^2)^2}{Q^4}\right)\right\}\theta(Q^2-(m+m')^2)
\end{aligned}
\tag{6.16d}
$$

따라서 만일 m, m' 모두 0이면 식 (6.16d)로부터 식 (6.16a)를 얻을 수 있고, 특히 $m\neq 0$, $m'=0$이면 다음 결과를 얻는다.

$$
\begin{aligned}
I^{\alpha\beta}(m, m'=0) &= \int \frac{d^3k}{2E_k}\,\frac{d^3k'}{2E_{k'}}\,k^\alpha k'^\beta \delta^4(Q-k-k') \\
&= \frac{\pi}{24}\left(1-\frac{m^2}{Q^2}\right)^2\left\{g^{\alpha\beta}Q^2\left(1-\frac{m^2}{Q^2}\right)+2Q^\alpha Q^\beta\left(1+\frac{2m^2}{Q^2}\right)\right\}\Theta(Q^2-m^2)
\end{aligned}
\tag{6.16e}
$$

총 붕괴속도를 구하기 위하여 식 (6.18)에서 전자의 가능한 에너지 E_p에 대한 적분을 하는데, 전자의 에너지는 0(여기서 $m_e=0$)에서부터 최대값 $E_{\max}$까지를 고려하게 된다. 뮤온의 정지상태에서 생각할 때, 전자 에너지가 최대값이 되는 것은 그림 6.2에서와 같이 전자의 반대방향으로 두 중성미자가 나가는 경우여서, 전자가 총 에너지의 절반을 차지하는 경우이고 이 때 그 값은 $E_{\max}=\frac{m_\mu}{2}$이다.

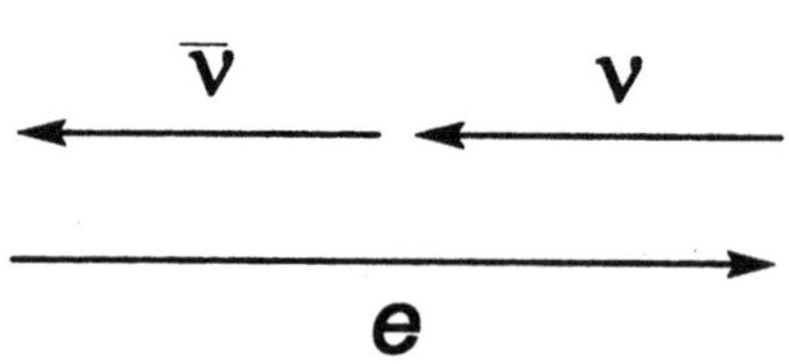

그림 6.2 전자의 에너지가 최대인 경우

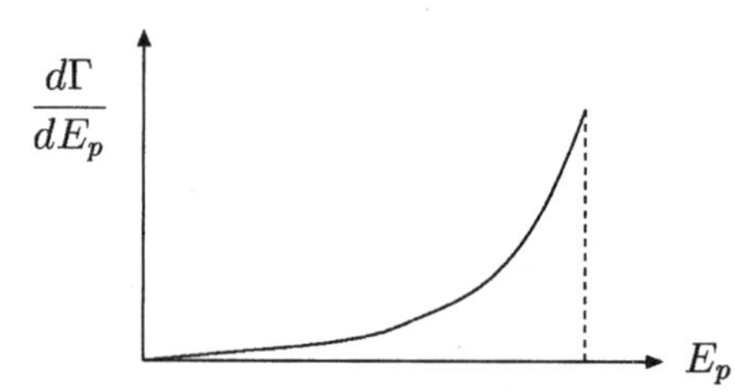

그림 6.3 전자 에너지 분포

따라서 식 (6.18)을 적분하면 총 붕괴속도의 값은 뮤온의 수명 τ_μ의 역수가 된다.

$$\frac{1}{\tau_\mu} = \Gamma = \frac{G^2\, m_\mu{}^2}{12\pi^3}\int_0^{\frac{m_\mu}{2}} dE_e\, E_e{}^2\left(3-\frac{4E_e}{m_\mu}\right) = \frac{G^2\, m_\mu{}^5}{192\pi^3} \tag{6.19}$$

뮤온의 수명은 $\tau_\mu = 2.197\times 10^{-6}$sec임으로 약한 상호작용의 결합상수 G 값을 구할 수 있다. 편의상 m_μ 대신에 양성자의 질량 m_p으로 표시할 때

$$G^2\, m_p{}^5 = G^2\, m_\mu{}^5\left(\frac{m_p}{m_\mu}\right)^5 = \left(\frac{938.28}{105.66}\right)^5 \times 192\pi^3 \times \frac{10^6}{2.197}\ \mathrm{sec}^{-1} \tag{6.20}$$

우리가 유리화된 단위계를 사용하기 때문에 질량으로 표시된 값도 여러 가지 단위를 가질 수 있다. 예를 들어,

$$\begin{aligned} m_e &= m_e c^2 \simeq 0.51 MeV \\ &= \frac{1}{\hbar/m_e c} \simeq \frac{1}{4}\times 10^{11}\ cm^{-1} \\ &= \frac{1}{\hbar/m_e c^2} \simeq \frac{1}{1.3}\times 10^{21}\mathrm{sec}^{-1} \end{aligned} \tag{6.21}$$

를 이용하면 식 (6.19)로부터 차원이 없는 양으로 다음 값을 얻는다.

$$G\, m_p{}^2 = 1.026\times 10^{-5} \tag{6.22}$$

Fermi이론에서 약한 상호작용에 대한 전이진폭의 기술과 양자전기역학에서 전이진폭의 기술을 비교하여 보면, 모두 두 흐름의 곱으로 이루어졌으므로 약한 상호작용에서의 결합상수 G는 양자전기역학에서 $\frac{e^2}{q^2}$에 해당된다. 따라서 G의 단위는 m^{-2}의 단위를 가짐을 알 수 있다.

[문제 6.2] 식 (6.22)가 성립함을 증명하여라.

[문제 6.3] 만일 전자의 질량을 무시하지 않는 경우 식 (6.19)는 $y = \frac{m_e{}^2}{m_\mu{}^2}$라 놓을 때 다음과 같이 됨을 보여라.

$$\frac{1}{\tau_\mu} = \Gamma$$
$$= \frac{G^2\, m_\mu{}^5}{192\pi^3}\,[1 - 8y + 8y^2 - y^4 - 12y^2 \ln y] \tag{6.23}$$

[문제 6.4] 식 (6.19)에서 질량 m_μ 대신 m_n을 사용하면 중성자의 수명이 얼마가 되는가?

렙톤에는 전자, 뮤온 외에도 타우(tau) 입자가 있다. 타우의 질량은 $m_\tau = 1784 \pm 3 MeV$임이 알려졌다. 타우가 붕괴할 때, $\tau^- \to l^-\ \overline{\nu}_l \nu_\tau$ ($l = e$ 또는 μ)에서 같은 결합상수 G를 사용한다면, 식 (6.19)에서 얻게 되는 타우의 수명은 약 10^{-13}sec 정도가 됨을 보일 수 있다. 참고로 타우의 수명은 실험적으로 측정할 때 2.8×10^{-13}sec 이다. 여기서 계산한 값과 실험값이 크게 차이가 없음은 타우 붕괴에도 같은 결합상수를 써도 좋음을 말해 준다. 타우는 질량이 무거워서 뮤온과 같은 β 붕괴 외에도 여러 가지 다른 형태의 붕괴가 가능하다. 따라서 여기서 계산한 값이 수명에 대한 정확한 값을 줄 수는 없다.

6.1.2 뮤온 붕괴에서 편극의 영향

뮤온 붕괴에서는 중성미자는 이미 편극되어 있기 때문에 뮤온과 전자의 편극을 생각할 수 있다. 이것은 식 (6.13)에서 스핀의 기여를 생각함으로서 쉽게 얻어질 수 있다. 즉,

$$\begin{aligned}
\overline{|M|^2} &= \frac{G^2}{2}\left(\overline{u}_{\nu_\mu}\gamma^\alpha(1-\gamma^5)u_\mu\,\overline{u}_\mu\gamma^\beta(1-\gamma^5)u_{\nu_\mu}\right)\times\left(\overline{u}_e\gamma_\alpha(1-\gamma^5)v_{\nu_e}\,\overline{v}_{\nu_e}\gamma_\beta(1-\gamma^5)u_e\right)\\
&= \frac{G^2}{2}\,Tr\left\{\gamma^\alpha(1-\gamma^5)\left[\frac{(\not{P}+m_\mu)(1+\gamma^5\not{S})}{4m_\mu}\right]\gamma^\beta(1-\gamma^5)\not{k}\right\}\\
&\quad\times Tr\left\{\gamma_\alpha(1-\gamma^5)\overline{\not{k}}\gamma_\beta(1-\gamma^5)\left[\frac{(\not{p}+m_e)(1+\gamma^5\not{s})}{4m_e}\right]\right\}\\
&= \frac{G^2}{32m_\mu m_e}\,Tr\{\gamma^\alpha(1-\gamma^5)(\not{P}-m_\mu\not{S})\gamma^\beta(1-\gamma^5)\not{k}\}\\
&\quad\times Tr\{\gamma_\alpha(1-\gamma^5)\overline{\not{k}}\gamma_\beta(1-\gamma^5)(\not{p}-m_e\not{s})\}
\end{aligned} \tag{6.24a}$$

$$= \frac{G^2}{8m_\mu m_e}\,Tr\{\not{k}\gamma^\alpha(\not{P}-m_\mu\not{S})\gamma^\beta(1-\gamma^5)\}\ Tr\{\not{k}'\gamma_\beta(\not{p}-m_e\not{s})\gamma_\alpha(1-\gamma^5)\}$$

$$= \frac{2G^2}{m_\mu m_e} \{(k^\alpha P^\beta + k^\beta P^\alpha - k \cdot P g^{\alpha\beta} - i\varepsilon^{\alpha\beta\rho\sigma} P_\rho k_\sigma)$$
$$- m_\mu (k^\alpha S^\beta + k^\beta S^\alpha - k \cdot S g^{\alpha\beta} - i\varepsilon^{\alpha\beta\rho\sigma} S_\rho k_\sigma)\}$$
$$\times \{(k'_\alpha p_\beta + k'_\beta p_\alpha - k' \cdot p g_{\alpha\beta} - i\varepsilon_{\alpha\beta\lambda\tau} k'^\lambda p^\tau)$$
$$- m_e (k'_\alpha s_\beta + k'_\beta s_\alpha - k' \cdot s g_{\alpha\beta} - i\varepsilon_{\alpha\beta\lambda\tau} k'^\lambda s^\tau)\}$$

$$\therefore \ \overline{|M|^2} = \frac{16G^2}{m_\mu m_e} \{k \cdot (p - m_e s) \ k' \cdot (P - m_\mu S)\} \tag{6.24b}$$

따라서 이 식을 이용하여 붕괴속도를 계산하기 위하여 식 (6.17)의 과정을 참고하면

$$d\Gamma = \frac{1}{(2\pi)^5} \frac{1}{2} \frac{m_\mu m_e}{E_P E_p} d^3p \left(\frac{16G^2}{m_\mu m_e} \cdot \frac{\pi}{24} \right)$$
$$\times \{Q^2 (P - m_\mu S) \cdot (p - m_e s) + 2Q \cdot (P - m_\mu S) Q \cdot (p - m_e s)\} \tag{6.25a}$$

가 되는데,

$$p \cdot s = 0,$$
$$P \cdot S = 0 \tag{6.25b}$$

를 이용하면 위 식은 다음과 같이 된다.

$$d\Gamma = \frac{G^2}{96\pi^4} \frac{p dE_e d\Omega_e}{E_\mu} [\ 3(m_\mu^2 + m_e^2) p \cdot P - 2 m_e^2 m_\mu^2 - 4(p \cdot P)^2$$
$$+ m_\mu p \cdot S (4p \cdot P - m_\mu^2 - 3 m_e^2)$$
$$+ m_e P \cdot s (4p \cdot P - 3 m_\mu^2 - m_e^2) - 2 m_\mu m_e p \cdot S \ P \cdot s$$
$$+ m_\mu m_e s \cdot S (m_\mu^2 + m_e^2 - 2p \cdot P)] \tag{6.25c}$$

특히 뮤온의 스핀 상태에 대하여 평균을 취하고 전자의 스핀 상태에 대하여 합하면 이 식은 식 (6.17)이 됨을 알 수 있다.

만일 뮤온의 정지계에서 생각하고 전자의 질량을 무시할 정도로 작다고 생각하는 경우,

$$P^{\mu} = (m_{\mu}, \mathbf{0}),\ S^{\mu} = (0, \widehat{S}),$$
$$s^{\mu} = \left(\frac{\mathbf{p}\cdot \widehat{s}}{m_e},\ \widehat{s} + \mathbf{p}\frac{\mathbf{p}\cdot \widehat{s}}{m_e(E_p + m_e)} \right) \tag{6.26}$$

를 이용하면 식 (6.25c)는 다음과 같이 된다.

$$d\Gamma = \frac{G^2}{96\pi^4}\ E_e{}^2 dE_e d\Omega_e (1 - \widehat{p_e}\cdot \widehat{s}) m_{\mu}[(3m_{\mu} - 4E_e) + (m_{\mu} - 4E_e)\widehat{p}\cdot \widehat{S}] \tag{6.27}$$

여기서 전자 에너지의 최대값 $E_{\max} = \frac{m_{\mu}}{2}$를 생각하여, $\varepsilon = \frac{E_e}{E_{\max}} = \frac{2E_e}{m_{\mu}}$라 놓고, 특히 뮤온의 스핀 방향을 z-축으로 잡을 경우 전자의 방향 $(\theta,\ \phi)$을 생각하면 위 식은

$$d\Gamma = \frac{G^2 m_{\mu}{}^5}{192\pi^3}\ [2\varepsilon^2(3-2\varepsilon)]\left\{1 + \left(\frac{1-2\varepsilon}{3-2\varepsilon}\right)\cos\theta\right\} \times \frac{(1 - \widehat{p_e}\cdot \widehat{s})}{2}\ \frac{d\varepsilon \sin\theta d\phi}{4\pi} \tag{6.28}$$

을 얻는다. 이 식에서 첫번째 괄호 $n(\varepsilon) = 2\varepsilon^2(3-2\varepsilon)$은 에너지 분포이고, 두 번째 괄호는 뮤온 편극에 대한 전자의 방출의 방향성을 나타내고, 셋째 항은 전자의 스핀의 영향을 나타낸다. 전자의 헬리시티가 -1이면 셋째 항은 1이 되고, 반대로 셋째 항의 기여도가 1이었다면, 전자의 헬리시티는 -1임을 알 수 있다.

전자의 에너지가 최대값을 가질 때, 두 중성미자의 스핀은 하나는 $-\frac{1}{2}$, 다른 하나는 $+\frac{1}{2}$이 되어 합계가 0이므로 전자의 스핀은 뮤온의 스핀과 같은 방향이다. 전자 스핀의 기여도가 1이면 전자는 뮤온 스핀 방향의 반대방향으로 방출됨을 알 수 있다.

이 결과는 또 전자의 스핀(엄밀히 말하면 헬리시티) 평균치가

$$\langle \Sigma \rangle = \frac{\int [d\Gamma(\widehat{p}\cdot \widehat{s} = +1) - d\Gamma(\widehat{p}\cdot \widehat{s} = -1)]}{\int [d\Gamma(\widehat{p}\cdot \widehat{s} = +1) + d\Gamma(\widehat{p}\cdot \widehat{s} = -1)]} = -1 \tag{6.29}$$

을 의미한다. 만일 뮤온에서 전자가 방출될 때 반전성(parity)이 보존된다면, 전자의 헬리시티는 -1뿐만 아니라 $+1$도 갖게 된다. 즉 식 (6.29)에서도 반전성에 의하여 $\widehat{p}\cdot \widehat{s}$의 부호는 바뀌어져서 평균값은 0이 되어야 하는데, 그렇지 않고 전자가 한 헬리시티 값만을 갖는

다는 것은 반전성이 보존되지 않음을 나타낸다.

6.1.3 파이온(Pion) 붕괴

역사적으로 Yukawa는 원자핵들을 묶는 힘이 핵자들 사이에 파이온의 교환으로 생긴다고 하여 이것을 처음 중간자(中間子, meson)라 불렀다. 이 입자를 실험적으로 찾는 도중 이 입자와 질량이 크게 다르지 않는 뮤온이 발견된 것이다. 뮤온은 페르미 입자인데 반하여 파이온은 유사(pseudo) 스칼라 입자이다. 즉, 파이온은 스핀이 0인 보존(boson) 입자이다.

파이온은 $\pi^- \to \mu^- \overline{\nu}_\mu$로 붕괴되고 뮤온도 다시 앞에서와 같이 붕괴된다.

$$\pi^- \to \mu^- \overline{\nu}_\mu \to e^- \overline{\nu}_e \nu_\mu \overline{\nu}_\mu$$

파이온의 정지상태에서 붕괴된다고 생각하면(이것은 파이온을 정지시킬 수 있어 항상 가능하다.) 뮤온과 중성미자는 서로 반대방향으로 방출되는데, 중성미자는 반입자이므로 스핀 방향이 움직이는 방향을 택한다. 따라서 뮤온도 스핀의 방향은 움직이는 방향 쪽이다. 즉 뮤온의 헬리시티는 +1이다.

이 붕괴과정은 약한 상호작용에 속하므로 반응행렬은 다음과 같이 쓸 수 있음을 짐작케 한다.

$$S_{fi} = -i\frac{G}{\sqrt{2}} \int d^4x \; \psi_\mu(x)\gamma^\alpha(1-\gamma^5)\psi_{\overline{\nu}}(x)\langle 0|J_\alpha|\pi\rangle \tag{6.30}$$

파이온이 만드는 흐름 $\langle 0|J_\alpha|\pi\rangle$은 파이온의 운동량 벡터(P)와 파이온 파동함수 및 파이온의 결합상수(붕괴상수) f_π으로 이루어졌다고 생각할 수 있다. 따라서 식 (6.8)을 참고하면 위 식으로부터

$$S_{fi} = \frac{G}{\sqrt{2}} \frac{1}{(2\pi)^{\frac{9}{2}}} f_\pi \sqrt{\frac{m_\mu}{2E_\nu 2E_\pi E_\mu}} (2\pi)^4 \delta^4(P - p_\mu - p_\nu) P_\alpha \overline{u_\mu}\gamma^\alpha(1-\gamma^5)v_\nu \tag{6.31}$$

가 됨을 알 수 있다. 여기서 G는 모든 약한 상호작용에 쓰이는 상수이며 또 이 반응에서

중성미자는 하나만 참여하므로 반중성미자의 표시는 하지 않는다. 뮤온 붕괴에서 계산하는 방법을 되풀이하면,

$$
\begin{aligned}
d\Gamma = & \frac{G^2}{2}\frac{f_\pi^{\ 2}}{(2\pi)^9}\frac{m_\mu}{4m_\pi E_\nu E_\mu}(2\pi)^4\delta^4(P-p_\mu-k)(2\pi)^3 \\
& \times |m_\mu \overline{u_\mu}(1-\gamma^5)v_\nu|^2 d^3p_\mu d^3k \\
= & \frac{G^2}{2}\frac{f_\pi^{\ 2}}{(2\pi)^2}\frac{m_\mu^{\ 3}}{4m_\pi E_\nu E_\mu}\delta^4(P-p_\mu-k) \\
& \times \frac{1}{2m_\mu} Tr\left\{(1-\gamma^5)\not{k}(1+\gamma^5)(\not{p}_\mu+m_\mu)\left(\frac{1+\gamma^5\not{s}}{2}\right)\right\} d^3p_\mu d^3k \\
= & \frac{G^2 f_\pi^{\ 2}}{2(2\pi)^2}\frac{m_\mu^{\ 2}}{m_\pi E_\nu E_\mu}\delta^4(P-p_\mu-k)\frac{1}{2}(k\cdot p_\mu+m_\mu k\cdot s)d^3p_\mu d^3k
\end{aligned}
\tag{6.32}
$$

가 되는데, 여기서 k는 중성미자의 운동량 p_ν를 표시한 것이며, 특히

$$
k\cdot p_\mu = \frac{1}{2}\{(p_\mu+k)^2 - p_\mu^{\ 2}\} = \frac{1}{2}(m_\pi^{\ 2} - m_\mu^{\ 2}) \tag{6.33}
$$

이다. 이 결과를 생각해 보자.

(i) 뮤온의 스핀에 대하여 합하는 경우 파이온의 붕괴율 또는 수명 τ_π는 다음과 같다.

$$
\begin{aligned}
\frac{1}{\tau_\pi} = \Gamma = & \frac{G^2 f_\pi^{\ 2}}{2(2\pi)^2} m_\mu^{\ 2} m_\pi\left(1-\frac{m_\mu^{\ 2}}{m_\pi^{\ 2}}\right)\int\frac{1}{E_\nu E_\mu}\delta^4(P-p_\mu-k)d^3p_\mu d^3k \\
= & \frac{G^2 f_\pi^{\ 2}}{(2\pi)^2} m_\mu^{\ 3} m_\pi\left(1-\frac{m_\mu^{\ 2}}{m_\pi^{\ 2}}\right)\int\frac{E_\nu dE_\nu d\Omega}{E_\mu}\delta(m_\pi-E_\mu-E_\nu)
\end{aligned}
\tag{6.34}
$$

한편 파이온 정지계에서는 δ 함수를 참고하면,

$$
\begin{aligned}
& \boldsymbol{p}_\mu = -\boldsymbol{k},\ m_\pi = E_\nu + E_\mu = E_\nu + \sqrt{E_\nu^{\ 2} + m_\mu^{\ 2}},\ (m_\pi - E_\nu)^2 = E_\nu^{\ 2} + m_\mu^{\ 2}, \\
& \therefore\ E_\nu = \frac{1}{2m_\pi}(m_\pi^{\ 2} - m_\mu^{\ 2}),\ E_\mu = m_\pi - E_\nu = \frac{1}{2m_\pi}(m_\pi^{\ 2} + m_\mu^{\ 2})
\end{aligned}
\tag{6.35}
$$

이 되므로 다음 결과를 얻는다.

$$
\begin{aligned}
\frac{1}{\tau_\pi} &= \Gamma \\
&= \frac{G^2 f_\pi^{\,2}}{2(2\pi)^2} m_\mu^{\,2} m_\pi \left(1-\frac{m_\mu^{\,2}}{m_\pi^{\,2}}\right) \times \int \frac{E_\nu dE_\nu d\Omega}{E_\mu} \delta(m_\pi - E_\nu - \sqrt{E_\nu^{\,2} + m_\mu^{\,2}}) \\
&= \frac{G^2 f_\pi^{\,2}}{2(2\pi)^2} m_\mu^{\,2} m_\pi \left(1-\frac{m_\mu^{\,2}}{m_\pi^{\,2}}\right) \\
&\quad \times \int \frac{E_\nu dE_\nu d\Omega}{E_\mu} \frac{1}{1+\dfrac{E_\nu}{\sqrt{E_\nu^{\,2}+m_\mu^{\,2}}}} \delta\left\{E_\nu - \frac{1}{2m_\pi}(m_\pi^{\,2} - m_\mu^{\,2})\right\}
\end{aligned}
$$

$$
\therefore \frac{1}{\tau_\pi} = \Gamma = \frac{G^2}{4\pi} f_\pi^{\,2} m_\pi m_\mu^{\,2} \left(1-\frac{m_\mu^{\,2}}{m_\pi^{\,2}}\right)^2 \tag{6.36a}
$$

이 식에서 파이온의 붕괴속도는 하전입자의 질량에 따라 달라짐을 보았다. 하전 파이온의 질량이 $m_\pi = 139.57 MeV$이므로 이 파이온은 뮤온으로도 붕괴하고 또 전자로도 붕괴할 수 있다. 이 두 가지 가능한 붕괴속도의 비를 갈래비(branching ratio) $R_{e/\mu}$라 부른다. 이 갈래비는

$$
R_{e/\mu} = \frac{\Gamma(\pi^- \to e^- \overline{\nu_e})}{\Gamma(\pi^- \to \mu^- \overline{\nu_\mu})} = \frac{m_e^{\,2}(m_\pi^{\,2} - m_e^{\,2})^2}{m_\mu^{\,2}(m_\pi^{\,2} - m_\mu^{\,2})^2} = 1.275 \times 10^{-4} \tag{6.37a}
$$

가 된다. 이 값의 실험치는

$$
R_{\text{exp}} = (1.267 \pm 0.023) \times 10^{-4} \tag{6.37b}
$$

이므로 이론적 값이 잘 맞음을 알 수 있다. 또 파이온 붕괴에서는 파이가 뮤온으로 붕괴하는 것이 전자로 붕괴하는 것보다 월등히 큰 것을 알 수 있다.

이것은 파이온보다 질량이 큰 유사 스칼라 입자인 K 입자(kaon, 케이온) 붕괴에 대하여도 잘 성립하는데, $K \to \mu^- \overline{\nu}_\mu$, $K \to e^- \overline{\nu}_e$ 사이의 갈래비를 조사해 보면 $m_K = 493.67 MeV$이므로

$$
R_K = \frac{\Gamma(K^- \to e^- \overline{\nu_e})}{\Gamma(K^- \to \mu^- \overline{\nu_\mu})} = \frac{m_e^{\,2}(m_K^{\,2} - m_e^{\,2})^2}{m_\mu^{\,2}(m_K^{\,2} - m_\mu^{\,2})^2} = 2.5 \times 10^{-5} \tag{6.38}
$$

가 되는데 실험값은 $R_{\text{exp}} = (2.43 \pm 0.14) \times 10^{-5}$이다.

한편 파이온의 수명은 실험적으로 $\tau_\pi = 2.6\times10^{-8}$sec 임을 알고 있다. 따라서 뮤온의 수명에 대한 식 (6.19)와 파이온의 수명에 대한 식 (6.36)으로부터 f_π를 구할 수 있다. 즉

$$\frac{\tau_\mu}{\tau_\pi} = f_\pi^2 \frac{48\pi^2 m_\pi}{m_\mu^3}\left(1-\frac{m_\mu^2}{m_\pi^2}\right)^2 \tag{6.39}$$

가 되므로 f_π 값은 $f_\pi = 90.8 MeV$가 된다. 만일 케이온에 대하여 생각하면, $K^\pm$의 수명은 실험적으로 $\tau_K = 1.237\times10^{-8}$sec 이다. $K^-\to\mu^-\overline{\nu}_\mu$에 대한 식은 식 (6.36)과 비슷하게

$$\frac{1}{\tau_K} = \Gamma = \frac{G^2}{4\pi} f_K^2 m_K m_\mu^2\left(1-\frac{m_\mu^2}{m_K^2}\right)^2 \tag{6.40a}$$

를 사용하면, f_K는 약 30 MeV 정도 되므로 파이온 붕괴상수에 비하면 상당히 작다. 또 케이온과 파이온의 붕괴율에 대한 갈래비를 살펴보면,

$$\frac{\Gamma(K^-\to\mu^-\overline{\nu_\mu})}{\Gamma(\pi^-\to\mu^-\overline{\nu_\mu})} = \frac{f_K^2 m_K\left(1-\frac{m_\mu^2}{m_K^2}\right)^2}{f_\pi^2 m_\pi\left(1-\frac{m_\mu^2}{m_\pi^2}\right)^2} \tag{6.41a}$$

임으로 실험적으로 얻은 값과 이론치를 비교할 수 있다. 이러한 여러 가지 반응을 조사하였을 때 기묘입자(strange particle)인 케이온의 붕괴상수 f_K는 기묘수를 갖지 않은 파이온의 붕괴상수 f_π보다 약 ¼ 정도 작은 것을 알게 되었다. Cabibbo는 이 점에 착안하여

$$f_\pi \to f_\pi \cos\theta_C, \quad f_K \to f_K \sin\theta_C \tag{6.42}$$

되도록 하는 매개상수 θ_C를 도입하였다. 이 각을 Cabibbo각이라 부르며, 그 값은 실험으로만 정해지는데 $\theta_C \simeq 0.25(rad)$쯤 된다. 이 각은 다른 종류의 입자가족들 사이의 섞임각(mixing angle)이라 할 수 있다. 이 때 실험적으로 $f_K \simeq 1.28 f_\pi$이며, 앞으로는 붕괴상수는 식 (6.42)로 정의된 것을 사용한다. 따라서 식 (6.36)과 (6.40a)는

$$\frac{1}{\tau_\pi} = \Gamma = \frac{G^2}{4\pi} f_\pi^{\ 2} \cos^2\theta_C m_\pi m_\mu^{\ 2}\left(1-\frac{m_\mu^{\ 2}}{m_\pi^{\ 2}}\right)^2 \tag{6.36b}$$

$$\frac{1}{\tau_K} = \Gamma = \frac{G^2}{4\pi} f_K^{\ 2} \sin^2\theta_C m_K m_\mu^{\ 2}\left(1-\frac{m_\mu^{\ 2}}{m_K^{\ 2}}\right)^2 \tag{6.40b}$$

로 쓰고, 식 (6.41a)는 다음과 같이 써야 한다.

$$\frac{\Gamma(K^- \to \mu^- \overline{\nu_\mu})}{\Gamma(\pi^- \to \mu^- \overline{\nu_\mu})} = \tan^2\theta_C \frac{f_K^{\ 2} m_K\left(1-\frac{m_\mu^{\ 2}}{m_K^{\ 2}}\right)^2}{f_\pi^{\ 2} m_\pi\left(1-\frac{m_\mu^{\ 2}}{m_\pi^{\ 2}}\right)^2} \tag{6.41b}$$

(ii) 파이온이나 케이온이 정지상태에서 붕괴할 때 나오는 뮤온은 중성미자의 반대방향으로 움직이기 때문에, 모(母) 입자의 전하가 + 또는 −에 따라서 중성미자의 헬리시티가 + 또는 −가 되므로 뮤온의 헬리시티도 + 또는 −로 된다.

식 (6.31)에서 주어진 바와 같이 파이온의 붕괴 전이행렬은

$$M = \frac{G}{\sqrt{2}} f_\pi \overline{u_\mu}\gamma^\alpha(1-\gamma^5)v_\nu P_\alpha = \frac{G}{\sqrt{2}} f_\pi m_\mu \overline{u_\mu}(1-\gamma^5)v_\nu \tag{6.43}$$

이므로 파이온이 붕괴될 때 나오는 뮤온은

$$\phi = N\sum_s u_\mu \overline{u_\mu}(1-\gamma^5)v_\nu = N\frac{\not{p}_\mu + m_\mu}{2m_\mu}(1-\gamma^5)v_\nu \tag{6.44}$$

로 기술되고 이 뮤온의 밀도행렬은 $\rho = \phi\,\overline{\phi}$가 되는데 밀도행렬의 규격화 $Tr(\rho)=1$을 생각하면 식 (6.44)에서 상수 N은 결정된다. 따라서

$$\begin{aligned} \rho = \phi\,\overline{\phi} &= \frac{N^2}{4\,m_\mu^{\ 2}}(\not{p}_\mu + m_\mu)(1-\gamma^5)\not{k}(1+\gamma^5)(\not{p}_\mu + m_\mu) \\ &= \frac{1}{8m_\mu k\cdot p_\mu}(\not{p}_\mu + m_\mu)(1-\gamma^5)\not{k}(\not{p}_\mu + m_\mu) \end{aligned} \tag{6.45}$$

이고 뮤온의 편극은

$$
\begin{aligned}
s^{\alpha} = Tr(\gamma^{\alpha}\gamma^{5}\rho) &= \frac{1}{8m_{\mu}k\cdot p_{\mu}} Tr[\gamma^{\alpha}\gamma^{5}(\not p_{\mu}+m_{\mu})(1-\gamma^{5})\not k(\not p_{\mu}+m_{\mu})] \\
&= \frac{1}{8m_{\mu}k\cdot p_{\mu}} Tr[\gamma^{\alpha}(\not p_{\mu}-m_{\mu})(1-\gamma^{5})\not k(\not p_{\mu}+m_{\mu})] \\
&= \frac{1}{8m_{\mu}k\cdot p_{\mu}} Tr[\gamma^{\alpha}(\not p_{\mu}-m_{\mu})\not k(\not p_{\mu}+m_{\mu})] \\
&= \frac{1}{m_{\mu}k\cdot p_{\mu}} [k\cdot p_{\mu}\, p_{\mu}{}^{\alpha} - m_{\mu}{}^{2}k^{\alpha}]
\end{aligned}
\tag{6.46}
$$

가 된다. 이 식으로부터 $s\cdot p_{\mu}=0$임을 알 수 있고, 또 식 (6.32)에 있는 $k\cdot s$는

$$
k\cdot s = \frac{k\cdot p_{\mu}}{m_{\mu}} = \frac{m_{\pi}{}^{2}}{2m_{\mu}}\left(1-\frac{m_{\mu}{}^{2}}{m_{\pi}{}^{2}}\right)
\tag{6.47}
$$

이 된다. 이 때 파이온의 붕괴속도는 최대치를 가진다.

[문제 6.5] 식 (6.46)으로부터 특히 파이온의 정지계에서 $\hat{s}\cdot\hat{p}_{\mu}=1$임을 보여라.

편극된 뮤온이 붕괴되어 나오는 전자의 각 분포는 이미 식 (6.27)에 주어졌음을 상기하자.

6.1.4 중성미자 산란

중성미자 산란 $\nu_{\mu}e^{-}\rightarrow\mu^{-}\nu_{e}$에 대한 미분단면적은, 뮤온의 붕괴과정 $\mu^{-}\rightarrow e^{-}\,\nu_{\mu}\overline{\nu_{e}}$이 이 과정의 교환반응이므로, 식 (6.5)로부터 약간 변화한 다음과 같은 전이진폭으로부터 쉽게 계산할 수 있다.

$$
M = \frac{G}{\sqrt{2}}\,\overline{u_{\mu}}(p')\gamma^{\alpha}(1-\gamma^{5})u_{\nu_{\mu}}(k)\,\overline{u_{\nu_{e}}}(k')\gamma_{\alpha}(1-\gamma^{5})u_{e}(p)
\tag{6.48}
$$

뮤온적 중성미자, 전자, 전자적 중성미자, 뮤온이 각각 운동량 k, p, k', p'을 가졌다면, 전자의 스핀에 대하여는 평균을 취하고 뮤온의 스핀은 합할 경우

$$
\begin{aligned}
\overline{\Sigma}|M|^2 &= \frac{G^2}{2}\cdot\frac{1}{8m_\mu m_e} Tr\{\gamma^\alpha(1-\gamma^5)\not{k}(1+\gamma^5)\gamma^\beta(\not{p}'+m_\mu)\} \\
&\quad \times Tr\{\gamma_\alpha(1-\gamma^5)(\not{p}+m_e)(1+\gamma^5)\gamma_\beta\not{k}'\} \\
&= \frac{G^2}{2}\cdot\frac{1}{2m_\mu m_e} Tr\{\not{k}\gamma^\beta\not{p}'\gamma^\alpha(1-\gamma^5)\}Tr\{\not{p}\gamma_\beta\not{k}'\gamma_\alpha(1-\gamma^5)\} \qquad (6.49) \\
&= \frac{G^2}{2}\cdot\frac{8}{m_\mu m_e}\{k^\alpha p'^\beta+k^\beta p'^\alpha-k\cdot p'g^{\alpha\beta}-i\varepsilon^{\alpha\beta\lambda\tau}k_\lambda p'_\tau\} \\
&\quad \times\{k'_\alpha p_\beta+k'_\beta p_\alpha-k'\cdot pg_{\alpha\beta}-i\varepsilon_{\alpha\beta\rho\sigma}p^\rho k'^\sigma\} \\
&= \frac{G^2}{2}\cdot\frac{8}{m_\mu m_e}[\{k^\alpha p'^\beta+k^\beta p'^\alpha-k\cdot p'g^{\alpha\beta}\} \\
&\quad \times\{k'_\alpha p_\beta+k'_\beta p_\alpha-k'\cdot pg_{\alpha\beta}\}-\varepsilon^{\alpha\beta\lambda\tau}k_\lambda p'_\tau\varepsilon_{\alpha\beta\rho\sigma}p^\rho k'^\sigma] \\
&= \frac{G^2}{2}\cdot\frac{8}{m_\mu m_e}[2k\cdot k'p'\cdot p+2k\cdot pk'\cdot p'-2k\cdot p'k'\cdot p-2k\cdot p'k'\cdot p \\
&\quad +4k\cdot p'k'\cdot p-2k\cdot k'p'\cdot p+2k\cdot pk'\cdot p'] \\
&= \frac{G^2}{2}\cdot\frac{32}{m_\mu m_e}k\cdot pk'\cdot p'
\end{aligned}
$$

를 얻는다. 따라서 $\nu_\mu e^-\to\mu^-\nu_e$의 미분단면적은, 2개의 정지질량이 0인 입자가 참여하는 것을 고려하면, 식 (3.165b)가 다음과 같이 변하게 됨을 이용하여 얻을 수 있다.

$$
d\sigma = \frac{m_e m_\mu}{4(2\pi)^2}\frac{1}{|k\cdot p|}\delta^4(k'+p'-k-p)\overline{|M_{fi}|^2}\frac{d^3k'}{E_{k'}}\frac{d^3p'}{E_{p'}} \qquad (6.50a)
$$

$$
\begin{aligned}
\frac{d\sigma}{d\Omega}_{p'} &= \frac{m_e m_\mu}{4(2\pi)^2}\int\frac{1}{|k\cdot p|}\frac{p'^2dp'}{E_{k'}E_{p'}}\delta(E_{k'}+E_{p'}-E_k-E_p)\overline{|M_{fi}|^2} \\
&= \frac{G^2}{\pi^2}\int k'\cdot p'\frac{p'dp'}{\sqrt{p'^2+m_\mu^2}}\frac{\sqrt{p'^2+m_\mu^2}}{p'+\sqrt{p'^2+m_\mu^2}}\delta\left(p'-\frac{s-m_\mu^2}{2\sqrt{s}}\right) \qquad (6.50b) \\
&= \frac{G^2}{\pi^2}\frac{(s-m_\mu^2)^2}{4s}
\end{aligned}
$$

또는 총단면적

$$
\sigma = \frac{G^2}{\pi}\frac{(s-m_\mu^2)^2}{s} \qquad (6.50c)
$$

를 얻는다. 식 (6.50c)에서 4로 나눈 것은 중성미자를 생각함에서 나왔으며, 편의상 질량중심계를 이용하면 쉽게 계산된다. 뒤에 다시 한 번 계산하게 된다.

입사 에너지가 뮤온의 정지 에너지에 비하여 클($s \gg m_\mu^2$) 때는 $\sigma \propto s$, 즉 단면적은 에너지에 비례해서 커진다. 아주 높은 에너지에서는 단면적이 아주 커진다는 것은 모순이다. 따라서 이 결과는 어느 정도의 에너지까지에서 맞음을 알 수 있다. 그 이상의 에너지에서는 안 맞는, 소위 유니타리티 위배(unitarity violation)를 맞게 된다. 따라서 고에너지에서 맞는 이론이 필요하다. 이것은 약한 상호작용을 두 흐름의 직접 곱(direct product)으로 기술한 데에 문제가 있음을 알게 되었다.

이 문제를 풀기 위하여 매개 벡터 보존(intermediate vector boson)을 생각하게 되었다. 다시 말해서 약한 상호작용도 양자전기역학에서와 같이 두 흐름 사이에 교환하는 입자가 있어야 함을 생각하게 된 것이다. 다만 이 때 전기적 상호작용에서와는 달리 질량이 0인 광자 대신에 질량이 무거운 입자의 교환이 요구는 것은 약한 상호작용도 먼 거리에 미치는 힘의 전달이 아니기 때문이다. 이러한 생각은 후에 게이지 이론이 나오기 전부터 생각되었으나, 결국 게이지 이론에 의하여 매개 벡터 보존은 게이지 보존이며 모든 것이 모순 없이 밝혀졌다. 여기서는 먼저 그 결과를 이용하고 물리적 설명은 뒤로 미루기로 하겠다.

6.2 벡터(게이지) 보존과 약한 상호작용

Weinberg-Salam의 게이지 이론이 나온 후에는 전기적 상호작용과 약한 상호작용을 통일하여 기술하므로 양자전기역학에서 입자의 반응을 기술하는 것과 같이 약한 상호작용도 기술하게 된다.

지금까지 흐름(current)을 논의할 때, 양자전기역학에서는 전하를 띤 같은 종류의 입자로 이루어진 전기적 흐름

$$j^\mu{}_{em}(x) = \overline{\Psi_l}(x)\,\gamma^\mu \Psi_l(x) \tag{6.51a}$$

을 생각하였었다. 여기서 첨자 l은 렙톤을 나타내며, 물론 강입자 흐름도 있다. 전기적 상호작용은 여기에 광자의 장 $A_\mu(x)$가 작용하는 것으로 여러 가지 현상을 기술하였던 것이다.

즉 이 과정의 Lagrangian은

$$L_{em} = e\int d^4x\,\overline{\Psi_l}(x)\,\gamma^\alpha\,\Psi_l(x)\,A_\alpha(x) \tag{6.51b}$$

이었다. 한편 약한 상호작용에서는

$$j^\mu{}_{CC} = \overline{\Psi_l}(x)\,\gamma^\mu\frac{1}{2}(1-\gamma^5)\,\Psi_{\nu_l}(x)\ \left\{\text{또는}\ \overline{\Psi_{\nu_l}}(x)\,\gamma^\mu\frac{1}{2}(1-\gamma^5)\,\Psi_l(x)\right\} \tag{6.52a}$$

에서 보는 바와 같이 전하를 띤 입자와 띠지 않은 입자의 파동함수로 흐름 벡터를 만들었음을 상기하자. 식 (6.51b)에서 보는 바와 같이 전하를 띤 한 렙톤은 광자와 작용하여 같은 렙톤이 산란된다고 할 수 있다. 한편 식 (6.52a)에서는 γ^α의 양쪽 입자가 다를 뿐 아니라 하나는 전하를 띠지 않았고 다른 것은 전하를 띠었기 때문에 이러한 흐름은 전기 띤 흐름(charged current)이라 부른다. 또 전기 띤 흐름 식 (6.52a)에 작용하는 벡터량은 (전자기적 흐름 식 (6.51a)에 작용한 광자에 비교할 때) 전하를 띠어야 한다. 그렇게 함으로서 전하를 띤 입자가 반응 후 진하를 잃거나, 전하를 띠지 않았던 입자가 반응 후 전하를 얻게 되기 때문이다. 즉 반응 전과 후에 전하량이 보존되기 위해서다. 전하를 띤 이 무거운 벡터 보존을 $W^\pm$라 부르며, 1984년 질량은 $m_W = 80.2\ GeV$인 입자들은 CERN에서 발견되었다. 이러한 상호작용을 기술하는 Lagrangian은 전기역학에서 전하 e에 해당되는 결합상수 g_W를 도입하여

$$L = \frac{g_W}{\sqrt{2}}\int d^4x\ j^\mu_{CC}(x)\,W_\mu^\pm(x) \tag{6.52b}$$

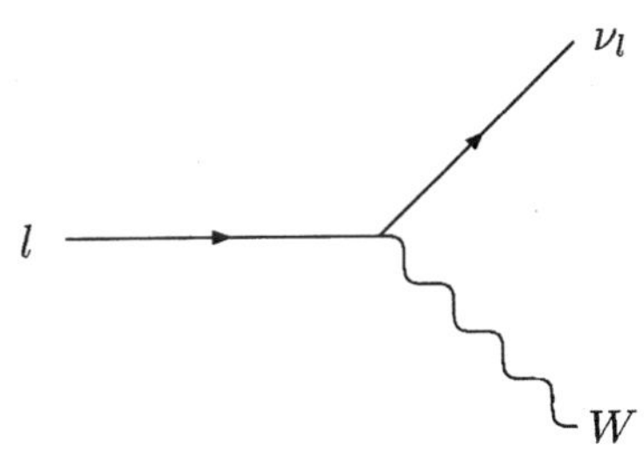

(a) 전기 띤 흐름

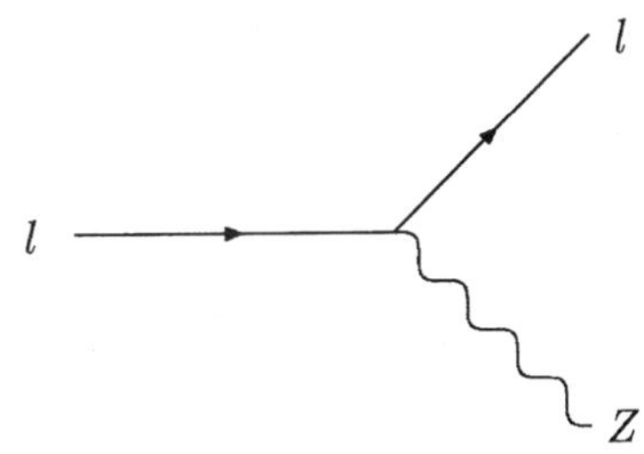

(b) 중성 흐름

그림 6.4 약한 상호작용의 구분

과 같이 되고 그림 6.4(a)와 같은 도형으로 표현할 수 있다. 여기서 $W^{\pm}$는 같은 종류의 렙톤들 사이에만 작용하는 것에 주의하자. 즉 전자와 전자적 중성미자가 이루는 전기 띤 흐름이나, 뮤온과 뮤온적 중성미자가 만드는 전기 띤 흐름에 결합되어 있다. 또 식 (6.52b)에서 $\sqrt{2}$는 별 의미 없이 도입된 양으로 생각하자.

그런데 Weinberg-Salam에 의하여 약한 상호작용에는 위에서 말한 전기 띤 흐름 외에도 반응에 의하여 전화가 변하지 않는 흐름이 있음이 밝혀졌다. 예를 들어, 중성미자는

$$j^{\mu}{}_{NC} = \overline{\Psi_{\nu}}(x)\gamma^{\alpha}\tfrac{1}{2}(1-\gamma^5)\Psi_{\nu}(x) \tag{6.53a}$$

와 같은 중성흐름(neutral current) 벡터를 가지며, 여기에 작용할 수 있는 벡터 보존은 중성인 Z 입자이다. 중성흐름의 존재가 CERN에서 실험적으로 밝혀졌고, Z 입자도 예측한 바와 같이 CERN에서 실험적으로 발견되었으며, 질량은 $m_Z = 91.19GeV$임이 밝혀졌다. 중성흐름은 중성미자 같은 중성인 입자만 갖는 것이 아니고 전하를 가진 입자도 가질 수 있다. 이 때 중성흐름은

$$\begin{aligned} j^{\mu}{}_{NC}(x) &= \overline{\Psi}(x)\gamma^{\mu}\tfrac{1}{2}\{g_L(1-\gamma^5)+g_R(1+\gamma^5)\}\Psi(x) \\ &= \overline{\Psi}(x)\gamma^{\mu}\{g_V+g_A\gamma^5\}\Psi(x) \end{aligned} \tag{6.53b}$$

와 같이 된다. 특히 입자가 중성미자인 경우는 g_A항이 없어져서 식 (6.53b)는 식 (6.53a)와 같이 됨을 알 수 있다.

만일 g_L, g_R이 같은 값을 가지는 경우는 식 (6.53b)는 식 (6.51a)와 같이 되어 두 식의 구별이 없어진다. 따라서 약한 상호작용이 전기적 상호작용과 다르다는 것은 g_L, g_R이 다른 것을 의미하고, 이것은 또 반전성이 보존되지 않음을 의미한다. 이들의 값은 Weinberg-Salam 이론에서는 결정되고 실험값과 맞음이 증명되었다. 식 (6.53b)로 주어진 흐름이 Z 입자와 반응하는 과정은 다음 Lagrangian으로 기술된다.

$$\begin{aligned} L_{NC} &= g_Z\int d^4x\,\overline{\Psi}(x)\gamma^{\alpha}\,\tfrac{1}{2}\{g_L(1-\gamma^5)+g_R(1+\gamma^5)\}\Psi(x)Z_{\alpha}(x) \\ &= g_Z\int d^4x\,\overline{\Psi}(x)\gamma^{\alpha}\{\varepsilon_L(1-\gamma^5)+\varepsilon_R(1+\gamma^5)\}\Psi(x)Z_{\alpha}(x) \end{aligned} \tag{6.54}$$

여기서 g_Z, ε_L, ε_R들은 Weinberg-Salam 이론에서는 결정되는 값이다. 이 결과를 약한

상호작용에 사용하기 위하여 벡터 보존에 대하여 다시 생각해 보자.

6.2.1 벡터 보존의 전파인자

앞 장에서 양자전기역학을 다룰 때 질량이 없는 광자교환에서는 전파인자가 $-\frac{g^{\mu\nu}}{q^2}$인 것이, 질량이 있는 벡터 보존의 전파인자는 벡터 보존의 질량을 M, 운동량을 q라 할 때

$$D^{\mu\nu}(q)=\frac{-g^{\mu\nu}+\frac{q^\mu q^\nu}{M^2}}{q^2-M^2+i\varepsilon} \tag{6.55}$$

가 된다. 먼저 식 (6.55)를 증명해 보자.

(증명) 제4장에서 질량이 M, 운동량을 q인 스핀-1을 가진 벡터 보존에 대하여 그의 스핀 함수는 식 (4.91e)에서

$$\sum_\lambda \varepsilon^\mu(q,\lambda)\ \varepsilon^{*\nu}(q,\lambda)=-g^{\mu\nu}+\frac{q^\mu q^\nu}{M^2} \tag{4.91e}$$

임을 보였다. 한편 벡터 보존의 전파자는 스핀-0, 스핀-½의 경우에서 보였듯이

$$i\,D_F{}^{\mu\nu}(x,y)=\langle 0|\,T\{W^\mu(x)\ \ W^{\dagger\,\nu}(y)\}|0\rangle \tag{6.56}$$

인데, 벡터 보존의 파동함수는 제2양자화를 생각할 때 다음과 같이 쓸 수 있다.

$$W^\mu(x)=\int\frac{d^3p}{\sqrt{(2\pi)^3\,2E}}\sum_\lambda \varepsilon^\mu(p,\lambda)\{a(\mathbf{p},\lambda)e^{-ip\cdot x}+\ b(\mathbf{p},\lambda)^+e^{ip\cdot x}\} \tag{6.57a}$$

$$W^{\dagger\,\nu}(y)=\int\frac{d^3p'}{\sqrt{(2\pi)^3\,2E'}}\sum_{\lambda}\varepsilon^{*\nu}(p',\lambda')\{a^{+}(\mathbf{p}',\lambda')e^{ip'\cdot y}+b(\mathbf{p}',\lambda')e^{-ip'\cdot y}\} \tag{6.57b}$$

이 때 $a(\mathbf{p},\ \lambda)$, $b(\mathbf{p},\ \lambda)$ 각각에 대하여 보존 입자들에게 적용되는 교환관계

$$[a(\mathbf{p},\lambda), a^{+}(\mathbf{p}',\lambda')] = \delta(\mathbf{p}-\mathbf{p}')\delta_{\lambda\lambda'},$$
$$[a(\mathbf{p}), a(\mathbf{p}')] = 0,\quad [a^{+}(\mathbf{p}), a^{+}(\mathbf{p}')] = 0 \tag{6.58}$$

이 성립한다.

따라서 $x^0 > y^0$인 경우:

$$\begin{aligned}
&\langle 0|T\{W^{\mu}(x)\ W^{\dagger\nu}(y)\}|0\rangle \\
&= \langle 0|W^{\mu}(x)\ W^{\dagger\nu}(y)|0\rangle \\
&= \frac{1}{(2\pi)^3}\int \frac{d^3p d^3p'}{\sqrt{4EE'}}\, e^{-ip\cdot x} e^{ip'\cdot y}\sum_{\lambda}\sum_{\lambda'}\varepsilon^{\mu}(p,\lambda)\ \varepsilon^{*\nu}(p',\lambda') \times \langle 0|a(p,\lambda)a^{\dagger}(p',\lambda')|0\rangle \\
&= \frac{1}{(2\pi)^3}\int \frac{d^3p}{2E}\, e^{-ip\cdot(x-y)}\left(-g^{\mu\nu} + \frac{p^{\mu}p^{\nu}}{M^2}\right)
\end{aligned} \tag{6.59a}$$

또 $x^0 < y^0$인 경우:

$$\begin{aligned}
&\langle 0|T\{W^{\mu}(x)\ W^{\dagger\nu}(y)\}|0\rangle \\
&= \langle 0|\ W^{\dagger\nu}(y)\, W^{\mu}(x)|0\rangle \\
&= \frac{1}{(2\pi)^3}\int \frac{d^3p d^3p'}{\sqrt{4EE'}}\, e^{ip\cdot x} e^{-ip'\cdot y}\sum_{\lambda}\sum_{\lambda'}\varepsilon^{\mu}(p,\lambda)\ \varepsilon^{*\nu}(p',\lambda') \times \langle 0|b^{\dagger}(p',\lambda')b(p,\lambda)|0\rangle \\
&= \frac{1}{(2\pi)^3}\int \frac{d^3p}{2E}\, e^{ip\cdot(x-y)}\left(-g^{\mu\nu} + \frac{p^{\mu}p^{\nu}}{M^2}\right)
\end{aligned} \tag{6.59b}$$

임을 알 수 있다. 이 두 식을 종합하면 제4장에서 보인 바와 같이 다음과 같이 된다.

$$\langle 0|T\{\ W^{\mu}(x)\ W^{\dagger\nu}(y)\}|0\rangle = \frac{i}{(2\pi)^4}\int d^4p\ e^{-ip\cdot(x-y)}\left(\frac{-g^{\mu\nu} + \frac{p^{\mu}p^{\nu}}{M^2}}{p^2 - M^2 + i\varepsilon}\right) \tag{6.59c}$$

(증명 끝)

이 관계식은 벡터 중간자 $W^{\pm}$, Z^0를 포함하는 Feynman 도형을 수식으로 표시할 때 유용하게 사용된다.

그림 6.5 (a) 뮤온의 붕괴과정의 Feynman 도형, (b) $\nu_\mu e^- \to \mu^- \nu_e$ 과정의 Feynman 도형

6.2.2 붕괴과정에 적용

(a) 결합상수 사이의 관계:

뮤온의 붕괴 $\mu^- \to e^- \nu_\mu \overline{\nu_e}$를 다시 생각해 보자. 여기에 게이지 보존의 역할을 생각하면 이 과정의 Feynman 도형은 그림 6.5와 같다. 이것은 다음과 같은 전이진폭을 준다.

$$M = \left(\frac{g_W}{2\sqrt{2}} \right)^2 \overline{u}_{\nu_\mu} \gamma^\alpha (1-\gamma^5) u_\mu \left(\frac{-g^{\alpha\beta} + \dfrac{q^\alpha q^\beta}{M_W^2}}{q^2 - M_W^2 + i\varepsilon} \right) \overline{u}_e \gamma_\beta (1-\gamma^5) v_{\nu_e} \tag{6.60a}$$

특히 이 과정에서는 운동량전달량 q가 W 입자의 질량 $M_W = 80.12 GeV$에 비하여 매우 작기 때문에 ($q \ll M_W$) q항을 무시하면, 식 (6.60a)는 다음과 같다.

$$M = \frac{g_W^2}{8\, M_W^2} \overline{u}_{\nu_\mu} \gamma^\alpha (1-\gamma^5) u_\mu \overline{u}_e \gamma_\alpha (1-\gamma^5) v_{\nu_e} \tag{6.60b}$$

따라서 이 결과를 식 (6.5)와 비교하면

$$\frac{G}{\sqrt{2}} = \frac{g_W^2}{8\, M_W^2} \tag{6.61}$$

을 얻는다. Fermi이론에 의한 약한 상호작용의 기술은 입자들의 반응 에너지가 M_W에 비하여 작아서 입자 반응이 마치 한 점에서 일어나는 것 같이 되는 현상의 기술이라 할 수 있다.

(b) 벡터 보존의 붕괴:

벡터 보존 질량이 크기 때문에 이것은 생성된 후 곧 여러 가지 형태로 붕괴하게 되는데 각 형태(channel)로의 붕괴하는 확률은 각각 다르다. 먼저 $W^- \to l^- \overline{\nu_l}$ ($l = e, \nu, \tau$)를 생각해 보자. 식 (6.52b)의 첫번째 항으로부터

$$
\begin{aligned}
W_\mu{}^- &= \frac{1}{\sqrt{2q^0 V}} \varepsilon(q,\lambda) e^{-iq\cdot x}, \\
\Psi_l(x) &= \sqrt{\frac{m}{EV}}\, u_l(p,s) e^{-ip\cdot x}, \\
\Psi_\nu(x) &= \frac{1}{\sqrt{2k^0 V}} u_\nu(k,s') e^{-ik\cdot x}
\end{aligned}
\tag{6.62}
$$

를 사용하면 붕괴과정에 대한 S-행렬은

$$
\begin{aligned}
S(W^- \to l^- \overline{\nu_l}) = & -i \frac{g_W}{2\sqrt{2}} \sqrt{\frac{m}{4E_\nu E_l q_0 V^3}}\, \overline{u_l}(p,s) \gamma^\alpha (1-\gamma^5) v_\nu(k,s') \varepsilon_\alpha(q,\lambda) \\
& \times (2\pi)^4\ \delta^4(q-p-k)
\end{aligned}
\tag{6.63}
$$

과 같이 쓸 수 있다. 따라서 붕괴속도는 W 입자의 스핀은 평균을 취하고 렙톤의 스핀 상태는 합하는 경우를 생각하면

$$
\begin{aligned}
\Gamma &= \frac{1}{T} \int \frac{d^3pV}{(2\pi)^3} \int \frac{d^3kV}{(2\pi)^3}\ \frac{1}{3} \sum_\lambda \sum_{s_l} |S(W^- \to \overline{l\,\nu_l})|^2 \\
&= \frac{1}{3}\ \frac{1}{(2\pi)^6} \int d^3p d^3k (2\pi)^4\ \delta^4(q-p-k) \\
&\quad \times \frac{m_l}{4E_\nu E_l q_0}\ \frac{g_W^2}{8} \sum_\lambda \varepsilon^\alpha\ \varepsilon^{*\beta}\, Tr\left\{ \frac{\not{p}_l + m_l}{2m_l} \gamma_\alpha (1-\gamma^5) \not{k} \gamma_\beta (1-\gamma^5) \right\} \\
&= \frac{g_W^2}{24\pi^2 q_0} \int \frac{d^3p}{2E_l}\ \frac{d^3k}{2E_\nu}\ \delta^4(q-p-k) \left\{ -g^{\alpha\beta} + \frac{q^\alpha q^\beta}{(M_W)^2} \right\} \\
&\quad \times (k_\alpha\, p_{l_\beta} + k_\beta\, p_{l_\alpha} - k\cdot p_l g_{\alpha\beta} - i\varepsilon_{\alpha\beta\rho\sigma} k^\delta\, p_l{}^\sigma) \\
&= \frac{g_W^2}{24\pi^2 q_0} \int \frac{d^3p}{2E_l}\ \frac{d^3k}{2E_\nu}\ \delta^4(q-p-k) \left\{ k\cdot p + \frac{2k\cdot q p\cdot q}{(M_W)^2} \right\}
\end{aligned}
\tag{6.64}
$$

를 얻는데, 여기에 식 (6.16e)를 사용하면 정지상태에 있는 W 입자의 붕괴율(또는 속도)은

다음과 같게 된다.

$$\begin{aligned}\Gamma &= \frac{g_W^2}{24\pi^2 M_W}\left\{g_{\alpha\beta}I^{\alpha\beta} + \frac{2}{M_W^2}q_\alpha q_\beta I^{\alpha\beta}\right\} \\ &= \frac{g_W^2}{48\pi}M_W\left(1-\frac{m_l^2}{M_W^2}\right)^2\left(1+\frac{m_l^2}{2M_W^2}\right)\end{aligned} \tag{6.65a}$$

특히 여기에 g^2와 G의 관계식 (6.61)을 이용하고 렙톤의 질량이 W 입자의 질량에 비하여 작기 때문에 무시하면,

$$\begin{aligned}\Gamma(W^- \to l^- \overline{\nu_l}) &= \frac{G}{6\sqrt{2}}M_W^3 = G\,m_p^2\frac{1}{6\sqrt{2}}\left(\frac{M_W}{m_p}\right)^2 M_W \\ &\approx 1.026\times 10^{-5}\times\frac{1}{6\sqrt{2}}\times\left(\frac{80.2}{0.92828}\right)^2\times 80.2GeV \\ &\approx 225MeV \approx 3.5\times 10^{23}s^{-1}\end{aligned} \tag{6.65b}$$

따라서 W 입자가 3개의 렙톤(e, ν, τ)으로 거의 같은 비율로 붕괴됨을 생각하면 W 입자의 수명은 대략

$$\tau_W \approx \frac{1}{3\Gamma} \approx 10^{-24}\text{sec} \tag{6.66}$$

가 된다. 일반적으로 파이온같이 가벼운 입자들의 수명이 10^{-8}초임에 비하면 아주 짧으나 이것은 W 입자의 질량이 아주 크기 때문이다. W 입자의 수명을 직접 측정하기는 불가능하고 중성미자는 측정할 수 없으므로 큰 에너지를 가진 1개의 렙톤과 그 반대방향으로 나와야 할 입자는 없는(missing) 붕괴모양을 가진다. 또 W 입자는 렙톤 외에도 쿼크들로 붕괴되고 이것은 제트(jet)로 나타난다. 렙톤으로의 붕괴는 전체의 약 10% 정도이다. Z의 붕괴는 뒤에 생각하겠다.

6.3 고에너지 전자-양전자 충돌기(Colliders)

고에너지 전자와 양전자의 충돌은 한 입자 대신 두 입자를 가속시켜 한 입자만을 가속시키는 것보다 훨씬 더 큰 에너지 효과를 나타내고 있다. 최근의 고에너지 가속기는 거의 모두 두 입자를 가속시키는 방법으로 입자충돌을 시키고 있다. SLAC의 전자가속기는 전자와 양전자를 각각 가속시킨 후 2개가 충돌하도록 만든 가속기이다. 1970년대에 여기에서 J/ψ 입자를 많이 만들었고 1990년대에는 SLC에서 양전자와 편극된 전자를 각각 약 50 GeV까지 가속시킨 후 충돌시켜 Z들을 많이 만들 수 있게 되었다. CERN의 LEPI은 전자와 양전자를 각각 약 50 GeV로 가속하여 충돌시켜서 많은 Z들을 생성하는 장치이고 그 후에 실험을 한 LEPII는 이들을 각각 약 100 GeV로 가속하여 많은 $W^{\pm}$를 생성하였었다. 또 전자와 양전자를 약 500 GeV 이상으로 가속하여 충돌시키려는 미래의 선형전자-양전자 가속장치(Next Linear Collider)를 만들려는 구상을 하고 있다. 한편 Fermi 연구소에서는 양성자와 반양성자를 각각 약 1 TeV(=1,000 GeV)까지 만들어 충돌시키고 있으며, 1997년에 여기서 톱(top)쿼크를 찾은 것은 잘 알려졌다. 또 CERN에서는 2005년대에 양성자와 반양성자를 약 15 TeV까지 가속시키려는 LHC(Large Hadron Collider) 장치를 건설중에 있다. 이러한 큰 에너지에서의 산란의 특징은 게이지 이론을 따르면 입자 반응에서 여러 가지의 게이지 입자들이 관여하고 있다는 것이며, 또 표준모형을 벗어나는 이론적 모형을 조사할 수 있다는 데 있다. 여기서 고에너지 전자와 양전자의 충돌을 생각해 보자.

6.3.1 $e^-e^+ \to \mu^-\mu^+ (e^-e^+ \to f\bar{f})$ 과정

이 과정을 양자전기역학(QED)에서 기술할 때는 광자의 교환으로만 생각하지만, 고에너지 과정에서는 전기약작용으로 기술하여야 한다. 여기에서 다루는 전기약작용은 비교적 간단한 과정이므로 뒤에 보다 자세한 논의를 하게 되는 전기약작용의 결과를 먼저 사용하는 방법을 택하겠다. 뒤에 표준모형(전기약작용)을 논의할 때 자세하게 알 수 있는 바와 같이, 이 때에는 그림 6.6과 같이 광자 외에도 Z 입자와 Higgs 입자의 교환을 생각하여야 한다. 그러나 Higgs 입자의 교환 항은 렙톤의 질량에 비례하므로 기여도가 작게 되어 무시될 수

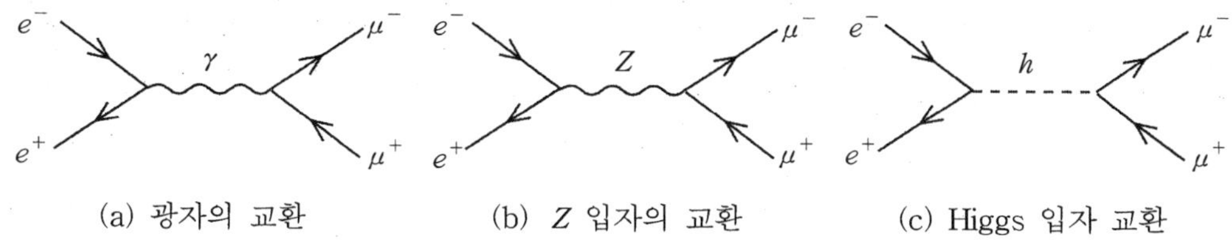

그림 6.6 $e^-e^+\to\mu^-\mu^+$ 과정의 Feynman 도형

있다. 따라서 이 과정과 관련된 일반적인 Lagrangian은 다음과 같다.

$$L = e\sum_f Q_f \overline{\Psi_f}\gamma_\mu\Psi_f A^\mu + g_Z\sum_f \overline{\Psi_f}\gamma_\mu[\ \varepsilon^f{}_L(1-\gamma^5) + \ \varepsilon^f{}_R(1+\gamma^5)]\Psi_f Z^\mu. \tag{6.67}$$

여기서 첨자 f는 렙톤뿐만 아니라 모든 가능한 페르미온들(쿼크들을 포함한)을 나타내며, 결합상수들은 Weinberg-Salam 이론에 의하면

$$\begin{aligned} g_Z &= \frac{e}{2\sin\theta_W\cos\theta_W} = (\sqrt{2}G_F M_Z{}^2)^{½}, \qquad \varepsilon^f{}_L = I_{3L} - Q^f\sin^2\theta_W, \\ \varepsilon^f{}_R &= -Q^f\sin^2\theta_W \end{aligned} \tag{6.68}$$

이다. Weinberg 각으로 알려진 θ_W는 실험적으로 조사할 때 대략 $\sin^2\theta_W \approx 0.23$임이 알려졌다. 또 Q^f는 입자의 전하를 전자의 전하 크기 e(절대치)의 단위로 표시할 때의 값이고, I_3는 하전 스핀(isospin) $I=\frac{1}{2}$의 다중항(multiplet)의 성분을 나타낸다. 특히 중성미자와 렙톤이 이루는 다중항

$$\begin{pmatrix} \nu_l \\ l \end{pmatrix} \tag{6.69}$$

의 성분을 나타낼 때에는, 렙톤에 대하여 I_3는 $-½$을 나타내고 중성미자는 $+½$를 나타낸다.식 (6.67)로부터 $e^-(k_1)e^+(k_2)\to\gamma,\ Z\to\mu^-(k'_1)\mu^+(k'_2)$과정을 기술하는 전이진폭은

$$\begin{aligned} M(e^-e^+\to\mu^-\mu^+) &= \frac{ie^2Q^eQ^f}{s}\overline{v}(k_2s_2)\gamma^\mu u(k_1s_1)\overline{u}(p_1s'_1)\gamma_\mu v(p_2s'_2) \\ &+ \frac{i\,g_Z{}^2}{s-M_Z{}^2+iM_Z\Gamma}\overline{v}(k_2s_2)\gamma^\mu[\varepsilon_L(1-\gamma^5)+\varepsilon_R(1+\gamma^5)]u(k_1s_1) \\ &\times\overline{u}(p_1s'_1)\gamma_\mu[\varepsilon'_L(1-\gamma^5)+\varepsilon'_R(1+\gamma^5)]v(p_2s'_2) \end{aligned} \tag{6.70}$$

가 된다. 이 식의 둘째 항에서 분모는 Z 입자가 수명이 아주 짧은 공명입자(resonance particle)이기 때문에 $(s-M^2)$ 대신에 $[s-(M-i\frac{\Gamma}{2})^2]$을 사용함에서 나왔다고 할 수 있다.

특히 밖으로 나가는 뮤온 입자의 스핀 상태에 대하여 합하는 경우 식 (6.70)의 절대치제곱을 구할 수 있다. 여기에서 전자-양전자에 대하여 이들의 질량중심계(center of mass frame)에서 생각하게 되고, 전자와 뮤온의 운동량, 입사입자의 스핀을 다음과 같이 택하자.

$$\begin{aligned} \widehat{\boldsymbol{k}_1} &= -\widehat{\boldsymbol{k}_2} = (0,0,1), \\ \widehat{\boldsymbol{p}_1} &= -\widehat{\boldsymbol{p}_2} = (\sin\theta\cos\phi, \sin\theta\sin\phi, \cos\theta), \\ \boldsymbol{s}_{1T} &= |\boldsymbol{s}_{1T}|(\cos\phi_1, \sin\phi_1, 0), \\ \boldsymbol{s}_{2T} &= |\boldsymbol{s}_{2T}|(\cos\phi_2, \sin\phi_2, 0) \end{aligned} \tag{6.71}$$

편의상 Z와 뮤온의 질량을 각각 M, m'으로 표시하고 전자의 질량 m은 다른 질량에 비할 때는 무시할 수 있을 때 다음 결과를 얻는다.

$$\begin{aligned} &\sum|M|^2 \\ &= \frac{1}{16m^2m'^2}\Big[e^4 Q_f^2\Big\{(1-\widehat{\boldsymbol{k}_1}\cdot\widehat{\boldsymbol{s}_1}\,\widehat{\boldsymbol{k}_2}\cdot\widehat{\boldsymbol{s}_2})\Big(1+\cos^2\theta+\frac{4}{s}m'^2\sin^2\theta\Big) \\ &\quad +|\boldsymbol{s}_{1T}||\boldsymbol{s}_{2T}|\Big(1-\frac{4}{s}m'^2\Big)\sin^2\theta\cos(2\phi-\phi_1-\phi_2)\Big\} \\ &\quad -\frac{2e^2Q_f g_Z{}^2 s(s-M^2)}{(s-M^2)^2+M^2\Gamma^2}\{\cdots\cdot\}-\frac{2e^2Q_f g_Z{}^2 sM\Gamma}{(s-M^2)^2+M^2\Gamma^2}|\boldsymbol{s}_{1T}||\boldsymbol{s}_{2T}|\Big(1-\frac{4}{s}m'^2\Big) \\ &\quad \times(\varepsilon_R-\varepsilon_L)(\varepsilon'_R+\varepsilon'_L)\sin^2\theta\cos(2\phi-\phi_1-\phi_2) \\ &\quad +\frac{4g_Z{}^4s^2}{(s-M^2)^2+M^2\Gamma^2}\{(1-\widehat{\boldsymbol{k}_1}\cdot\widehat{\boldsymbol{s}_1}\,\widehat{\boldsymbol{k}_2}\cdot\widehat{\boldsymbol{s}_2})[(\varepsilon^2{}_R+\varepsilon^2{}_L)(\varepsilon'^2{}_R+\varepsilon'^2{}_L) \\ &\quad \times\Big(1+\cos^2\theta+\frac{4}{s}m'^2\sin^2\theta\Big)+2\cos\theta(\varepsilon^2{}_R-\varepsilon^2{}_L)(\varepsilon'^2{}_R-\varepsilon'^2{}_L)\Big(1-\frac{4}{s}m'^2\Big) \\ &\quad +\frac{8}{s}m'^2(\varepsilon^2{}_R+\varepsilon^2{}_L)\varepsilon'_R\varepsilon'_L] \\ &\quad +(\widehat{\boldsymbol{k}_1}\cdot\widehat{\boldsymbol{s}_1}-\widehat{\boldsymbol{k}_2}\cdot\widehat{\boldsymbol{s}_2})[(\varepsilon^2{}_R-\varepsilon^2{}_L)(\varepsilon'^2{}_R+\varepsilon'^2{}_L)\times\Big(1+\cos^2\theta-\frac{4}{s}m'^2\sin^2\theta\Big) \\ &\quad +2\cos\theta(\varepsilon^2{}_R+\varepsilon^2{}_L)(\varepsilon'^2{}_R-\varepsilon'^2{}_L)\Big(1-\frac{4}{s}m'^2\Big)+\frac{8}{s}m'^2(\varepsilon^2{}_R-\varepsilon^2{}_L)\varepsilon'_R\varepsilon'_L] \\ &\quad +2|\boldsymbol{s}_{1T}||\boldsymbol{s}_{2T}|\Big(1-\frac{4}{s}m'^2\Big)\varepsilon_R\varepsilon_{L(}\varepsilon'^2{}_R+\varepsilon'^2{}_L)\sin^2\theta\cos(2\phi-\phi_1-\phi_2)\Big\}\Big] \end{aligned} \tag{6.72}$$

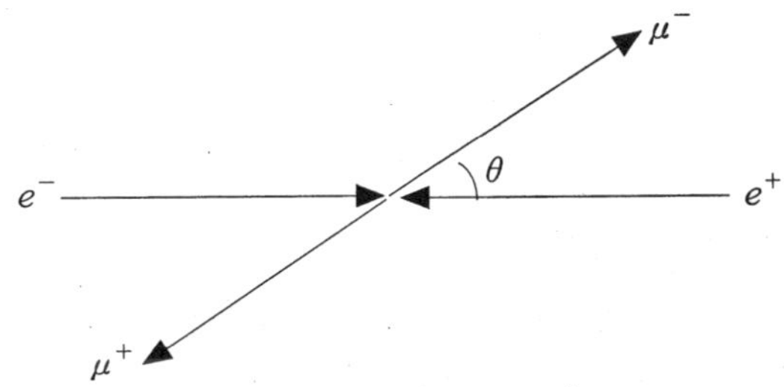

그림 6.7 질량중심계에서 e^-e^+ 충돌

를 얻는다. 미분단면적은 식 (3.165b)로부터 얻은

$$d\sigma = \frac{m^2 m'^2}{(2\pi)^2} \frac{1}{\sqrt{(p_i \cdot p'_i)^2 - m^2 m'^2}} \delta^4(p'_f - p'_i + p_f - p_i) \, |M_{fi}|^2 \frac{d^3 p_f}{E_f} \frac{d^3 p'_f}{E'_f} \tag{3.165b}$$

에서 p_i, p'_i, p_f, p'_f를 k_1, k_2, p_1, p_2로 대치하고 전자-양전자의 질량중심계를 생각할 경우,

$$\begin{aligned} s &= (k_1 + k_2)^2 = 2k_1 \cdot k_2 + 2m^2 \approx 2k_1 \cdot k_2 \\ &= (p_1 + p_2)^2 = 2p_1 \cdot p_2 + 2\, m_f^2 \end{aligned} , \tag{6.73a}$$

$$E_{k_1} = E_{k_2} \equiv E_k, \quad E_{p_1} = E_{p_2} \equiv E_p \tag{6.73b}$$

또

$$\begin{aligned} s &= 4(E_p)^2 = 2(E_p)^2 + 2p^2 + 2\, m_f^2 \\ p^2 &= \frac{s}{4} - m_f^2 = E_p^2 - m_f^2 \end{aligned} \tag{6.73c}$$

를 이용하고 전자의 질량이 다른 에너지 양에 비하여 무시하는 경우,

$$\begin{aligned} d\sigma &= \frac{m^2 m'^2}{(2\pi)^2} \frac{1}{\sqrt{(k_1 \cdot k_2)^2 - m^4}} \delta(2E_p - 2E_k) \, |M|^2 \frac{p^2 dp d\Omega}{(E_p)^2} \\ \therefore \frac{d\sigma}{d\Omega} &= \frac{m^2 m'^2}{(2\pi)^2} \frac{2}{s} \frac{1}{2} |M|^2 \frac{p}{E_p} \quad \left[\Rightarrow \frac{p}{E_p} = \left(1 - \frac{4m'^2}{s}\right)^{1/2}\right] \\ &= \frac{m^2 m'^2}{4\pi^2 s} \left(1 - \frac{4m'^2}{s}\right)^{1/2} |M|^2 \end{aligned} \tag{6.74}$$

를 얻는다.

이제 식 (6.72)와 (6.74)의 결과를 논의해 보자.

(i) 이 결과는 뮤온 대신 타우 입자에도 사용되고 다른 무거운 렙톤에 대하여도 사용할 수 있다. 스핀-½ 입자인 쿼크에 대하여 사용할 때는 색(color factor)을 나타내는 인자를 곱해 주어야 한다. 예를 들면, 표준모형에서는 3을 곱한다. 다만 뮤온 대신에 전자를 사용하면 결과는 뒤에서 논의하는 바와 같이 달라진다. 식 (6.72)의 [ ] 안에 있는 둘째 항에서 {・・} 항은 생략된 것이고 자세한 값은 참고문헌, H.S. Song, *Phys. ReV.* **D33**, 1252 (1986)에 계산되어 있다. 여기에서는 논의되지 않는 경우이다.

(ii) $s \ll M$인 낮은 에너지에서는 식 (6.72)에서 [ ] 안의 첫째 항만을 생각하여도 좋다. 다른 항은 작은 기여를 하기 때문이다. 특히 입사입자의 스핀을 생각하지 않는 경우, 또 뮤온의 질량을 무시할 수 있는 에너지에 대하여, 뮤온 쌍 생성에 대한 미분단면적은

$$\frac{d\sigma}{d\Omega} = \frac{\alpha^2}{4s}(1+\cos^2\theta)$$
$$\therefore\ \sigma = \frac{4\pi\alpha^2}{3s} \tag{6.75}$$

가 된다. 또 각에 대한 분포도 $\theta, -\theta$에 대하여 대칭이다.

(iii) 만일 s가 큰 값일 때는 식 (6.72)의 모든 항이 중요하다. 특히 $\sqrt{s}$가 Z 입자의 질량과 거의 같은 경우는 미분단면적이 식 (6.72)의 [ ] 안의 마지막 항의 기여가 매우 크다. 이것은 LEP I 실험에서와 같이 전자-양전자의 총 에너지가 Z 입자의 질량에 맞춘 경우 많은 Z 입자를 생성하게 됨을 의미한다. 이 때 뮤온의 질량은 s에 비하여 아주 작으므로 역시 무시하게 되고, 입사입자의 스핀을 고려하지 않는 경우 미분단면적은

$$\begin{aligned}\frac{d\sigma}{d\Omega} &= \frac{1}{16\pi^2}\times\frac{g_Z{}^4 s}{(s-M^2)^2+M^2\Gamma^2}\times\{(\varepsilon^2{}_R+\varepsilon^2{}_L)(\varepsilon'^2{}_R+\varepsilon'^2{}_L)(1+\cos^2\theta)\\ &\quad +2\cos\theta(\varepsilon^2{}_R-\varepsilon^2{}_L)(\varepsilon'^2{}_R-\varepsilon'^2{}_L)\}|_{s=M^2}\\ &= \frac{g_Z{}^4}{16\pi^2\Gamma^2}\times\{(\varepsilon^2{}_R+\varepsilon^2{}_L)(\varepsilon'^2{}_R+\varepsilon'^2{}_L)(1+\cos^2\theta)\\ &\quad +2\cos\theta(\varepsilon^2{}_R-\varepsilon^2{}_L)(\varepsilon'^2{}_R-\varepsilon'^2{}_L)\}\end{aligned} \tag{6.76}$$

가 된다. 따라서 단면적 σ는 식 (6.75)와 같은 모양을 가진다. 다만 이 때는 결합상수가 다르다고 생각할 수 있다.

전기약작용에서는 $\varepsilon^2{}_R \neq \varepsilon^2{}_L$임을 의미하므로 전기약작용의 효과는 낮은 에너지보다 높은 에너지에서 더 분명히 나타난다. QED만으로 기술할 수 있는 낮은 에너지에서는

$$\bar{v}(k_2 s_2)\gamma^\mu u(k_1 s_1) = \frac{1}{2}\bar{v}(k_2 s_2)\gamma^\mu[(1-\gamma^5)+(1+\gamma^5)]u(k_1 s_1) \tag{6.77}$$

이므로 이 때는 마치 $\varepsilon_R = \varepsilon_L$인 경우와 같음을 알 수 있고 반전성이 보존되는 경우이다.

(iv) 비대칭(asymmetry)으로 알려진 양이 전기약이론을 검증하는 데 많이 이용되었다. 여러 종류의 비대칭 중에서 특히 앞-뒤(forward-backward) 비대칭으로 알려진 양은 다음과 같이 정의된다.

$$A_{FB}(\theta,\phi) = \frac{\dfrac{d\sigma}{d\Omega}(\theta,\phi) - \dfrac{d\sigma}{d\Omega}(\pi-\theta,\pi+\phi)}{\dfrac{d\sigma}{d\Omega}(\theta,\phi) + \dfrac{d\sigma}{d\Omega}(\pi-\theta,\pi+\phi)} \tag{6.78a}$$

어떤 때는 이 값을 각도에 대한 적분을 취하여

$$A_{FB} = \frac{\int_0^{2\pi} d\phi \int_0^1 \frac{d\sigma}{d\Omega}\, d\cos\theta - \int_0^{2\pi} d\phi \int_{-1}^0 \frac{d\sigma}{d\Omega}\, d\cos\theta}{\int_0^{2\pi} d\phi \int_0^1 \frac{d\sigma}{d\Omega}\, d\cos\theta + \int_0^{2\pi} d\phi \int_{-1}^0 \frac{d\sigma}{d\Omega}\, d\cos\theta} \tag{6.78b}$$

를 사용하기도 한다. 전자-양전자 산란에서 총에너지 $\sqrt{s}$가 Z 입자의 질량 M과 거의 비슷한 경우, 식 (6.76)을 사용하면

$$A_{FB}(\theta,\phi) = \frac{2\cos\theta}{1+\cos^2\theta}\,\frac{\varepsilon_R{}^2 - \varepsilon_L{}^2}{\varepsilon_R{}^2 + \varepsilon_L{}^2}\,\frac{\varepsilon'_R{}^2 - \varepsilon'_L{}^2}{\varepsilon'_R{}^2 + \varepsilon'_L{}^2} \tag{6.79a}$$

또는

$$A_{FB} = \frac{3}{4}\,\frac{\varepsilon_R{}^2 - \varepsilon_L{}^2}{\varepsilon_R{}^2 + \varepsilon_L{}^2}\,\frac{\varepsilon'_R{}^2 - \varepsilon'_L{}^2}{\varepsilon'_R{}^2 + \varepsilon'_L{}^2} \tag{6.79b}$$

을 얻는다. 전기약작용에서 전자에 대하여, ε_L, ε_R 값은 식 (6.68)에 보인 바와 같이

$$\varepsilon_L = -\frac{1}{2} + \sin^2\theta_W, \quad \varepsilon_R = \sin^2\theta_W \tag{6.80a}$$

이므로

$$\begin{aligned} \varepsilon_L + \varepsilon_R &= -\frac{1}{2} + 2\sin^2\theta_W \approx 0.04 \\ \varepsilon_L - \varepsilon_R &= -\frac{1}{2} \\ {\varepsilon_L}^2 + {\varepsilon_R}^2 &= 0.126 \end{aligned} \tag{6.80b}$$

를 생각하면 A_{FB} 값은 약 100분의 1 정도의 작은 값이 된다.

비대칭 값을 더 크게 만들 방법은 없을까? 특히 $\sqrt{s} \approx M$ 경우, 뮤온의 질량을 Z의 질량 M에 비하여 무시하는 경우, 양전자는 편극되지 않은 경우에 대하여 식 (5.72)로부터

$$\begin{aligned} \frac{d\sigma}{d\Omega} = \frac{{g_Z}^4}{16\pi^2\Gamma^2} \Big[&(\varepsilon^2{}_R + \varepsilon^2{}_L)(\varepsilon'^2{}_R + \varepsilon'^2{}_L)(1+\cos^2\theta) \\ &+ 2\cos\theta(\varepsilon^2{}_R - \varepsilon^2{}_L)(\varepsilon'^2{}_R - \varepsilon'^2{}_L) \\ &+ \widehat{\boldsymbol{k}_1} \cdot \widehat{\boldsymbol{s}_1} \{ (\varepsilon^2{}_R - \varepsilon^2{}_L)(\varepsilon'^2{}_R + \varepsilon'^2{}_L)(1+\cos^2\theta) \\ &+ 2\cos\theta(\varepsilon^2{}_R + \varepsilon^2{}_L)(\varepsilon'^2{}_R - \varepsilon'^2{}_L) \} \Big] \end{aligned} \tag{6.81}$$

을 얻는다. 특히 처음 실험에서 전자의 종편극 값을 $\widehat{\boldsymbol{k}_1} \cdot \widehat{\boldsymbol{s}_1} \equiv s_L$이라면, 다음 실험에서 전자의 종편극 방향을 바꾸어 실험하여 종편극된 전자의 미분단면적의 비대칭을 다음과 같이 정의하자.

$$A_L(\theta) = \frac{\frac{d\sigma}{d\Omega}(\theta, \widehat{\boldsymbol{k}_1} \cdot \widehat{\boldsymbol{s}_1} = s_L) - \frac{d\sigma}{d\Omega}(\theta, \widehat{\boldsymbol{k}_1} \cdot \widehat{\boldsymbol{s}_1} = -s_L)}{\frac{d\sigma}{d\Omega}(\theta, \widehat{\boldsymbol{k}_1} \cdot \widehat{\boldsymbol{s}_1} = s_L) + \frac{d\sigma}{d\Omega}(\theta, \widehat{\boldsymbol{k}_1} \cdot \widehat{\boldsymbol{s}_1} = -s_L)} \tag{6.82}$$

그러면 식 (6.81)과 (6.82)로부터

$$A_L(\theta)=\frac{\dfrac{(\varepsilon^2{}_R-\varepsilon^2{}_L)}{(\varepsilon^2{}_R+\varepsilon^2{}_L)}+\dfrac{2\cos\theta}{(1+\cos^2\theta)}\dfrac{(\varepsilon'^2{}_R-\varepsilon'^2{}_L)}{(\varepsilon'^2{}_R+\varepsilon'^2{}_L)}}{1+\dfrac{2\cos\theta}{(1+\cos^2\theta)}\dfrac{(\varepsilon^2{}_R-\varepsilon^2{}_L)}{(\varepsilon^2{}_R+\varepsilon^2{}_L)}\dfrac{(\varepsilon'^2{}_R-\varepsilon'^2{}_L)}{(\varepsilon'^2{}_R+\varepsilon'^2{}_L)}}s_L \tag{6.83a}$$

를 얻는데, 만일 여기서 각도에 대한 적분을 생각할 때 식 (6.81)에서 알 수 있는 바와 같이

$$A_L=\frac{(\varepsilon^2{}_R-\varepsilon^2{}_L)}{(\varepsilon^2{}_R+\varepsilon^2{}_L)}s_L \tag{6.83b}$$

가 된다. 따라서 종편극 비대칭이 편극되지 않은 전자에 의한 앞-뒤 비대칭보다 큼을 알 수 있다. 그러나 만일 전자가 편극된 경우는 앞-뒤 비대칭도 더 커진다. 즉 식 (6.78)과 (6.81)로부터

$$A_{FB}{}^{pol}=\frac{3}{4}\frac{(\varepsilon'^2{}_R-\varepsilon'^2{}_L)}{(\varepsilon'^2{}_R+\varepsilon'^2{}_L)}\cdot\frac{\dfrac{(\varepsilon^2{}_R-\varepsilon^2{}_L)}{(\varepsilon^2{}_R+\varepsilon^2{}_L)}+\widehat{\boldsymbol{k}_1}\cdot\widehat{\boldsymbol{s}_1}}{1+\widehat{\boldsymbol{k}_1}\cdot\widehat{\boldsymbol{s}_1}\dfrac{(\varepsilon^2{}_R-\varepsilon^2{}_L)}{(\varepsilon^2{}_R+\varepsilon^2{}_L)}} \tag{6.84}$$

를 얻는다. 이 결과로부터 $s_L=1$일 때는, $\varepsilon_{L/R}=\varepsilon'_{L/R}$라면($e-\mu$ 보편성, unversality),

$$A_{FB}{}^{pol}=\frac{3}{4}A_L{}^{\mu} \tag{6.85a}$$

이고 $s_L=0$일 때는

$$A_{FB}=\frac{3}{4}A_L{}^{e}A_L{}^{\mu} \tag{6.85b}$$

이어서 편극된 전자에 의한 비대칭이 비대칭을 통한 전기약작용의 조사에 유용하다.

6.3.2 $e^-e^+\to Z\to f\bar{f}$에서 벡터 보존의 편극

앞에 나온 비대칭 사이의 관계를 더 명확하게 알기 위하여 전자-양전자의 총 에너지가 Z의 질량부근인, $\sqrt{s}\approx M$, 영역에서 생각해 보자.

(a) Z 입자의 생성과정

전자에 의하여 생성된 Z 입자는, 식 (6.67)로부터 규격화를 생각하지 않을 때는, 다음과 같은 파 벡터(wave vector)를 가짐을 곧 알 수 있다.

$$
\begin{aligned}
\varepsilon^\mu(p) &= g_Z\bar{v}(k_2 s_2)\gamma_\alpha[\varepsilon_L(1-\gamma^5)+\varepsilon_R(1-\gamma^5)]u(k_1 s_1)\sum_{spin} Z^{\alpha *}Z^\mu \\
&= g_Z\bar{v}(k_2 s_2)\gamma_\alpha[\varepsilon_L(1-\gamma^5)+\varepsilon_R(1-\gamma^5)]u(k_1 s_1)\left(-g^{\alpha\mu}+\frac{p^\alpha p^\mu}{M^2}\right)
\end{aligned}
\tag{6.86}
$$

여기서 파 벡터는 규격화되지 않았으며 p^μ는 생성된 Z 입자의 운동량이다. 따라서 Z 입자의 밀도행렬은 제4장에서 논의한 바와 같이

$$
\rho^{\mu\nu} = -\frac{\varepsilon^\mu\varepsilon^{\nu *}}{g_{\alpha\beta}\varepsilon^\alpha\varepsilon^{\beta *}}
\tag{6.87}
$$

이 된다. 이 식은 식 (6.86)을 대입하면 항상 아래 식 (3.113)

$$
\rho^{\mu\nu} = \frac{1}{3}I^{\mu\nu} - \frac{i}{2m}\varepsilon^{\mu\nu\lambda\tau}p_\lambda P_\tau - \frac{1}{2}Q^{\mu\nu}
\tag{3.113}
$$

과 같이 쓸 수 있다. 이 때 Z 입자의 편극 벡터(polarization vector) P^μ와 편극 텐서(polarization tensor) $Q^{\mu\nu}$는 각각 다음과 같이 됨을 알 수 있다.

$$
P^\mu = \frac{\Delta^\mu}{M}\,\frac{\varepsilon_R{}^2(1+\hat{k}_1\cdot\hat{s}_1)(1-\hat{k}_2\cdot\hat{s}_2)-\varepsilon_L{}^2(1-\hat{k}_1\cdot\hat{s}_1)(1+\hat{k}_2\cdot\hat{s}_2)}{\varepsilon_R{}^2(1+\hat{k}_1\cdot\hat{s}_1)(1-\hat{k}_2\cdot\hat{s}_2)+\varepsilon_L{}^2(1-\hat{k}_1\cdot\hat{s}_1)(1+\hat{k}_2\cdot\hat{s}_2)}
\tag{6.88}
$$

$$Q^{\mu\nu} = \frac{\Delta^\mu \Delta^\nu}{M^2} - \frac{1}{3} I^{\mu\nu}$$
$$+ 2\varepsilon_L\varepsilon_R \frac{s^\mu{}_{1T}\, s^\nu{}_{2T} + s^\nu{}_{1T}\, s^\mu{}_{2T} + s_{1T}\cdot s_{2T}(I^{\mu\nu} - \Delta^\mu\Delta^\nu/M^2)}{\varepsilon_R{}^2(1+\widehat{k_1}\cdot\widehat{s_1})(1-\widehat{k_2}\cdot\widehat{s_2}) + \varepsilon_L{}^2(1-\widehat{k_1}\cdot\widehat{s_1})(1+\widehat{k_2}\cdot\widehat{s_2})} \tag{6.89}$$
$$+ \frac{4\varepsilon_L\varepsilon_R}{M^2}$$
$$\times \frac{g^{\mu\nu}k_1\cdot s_{2T}\, k_2\cdot s_{1T} - k_1\cdot s_{2T}(k_2{}^\mu\, s_{1T}{}^\nu + k_2{}^\nu\, s_{1T}{}^\mu) - k_2\cdot s_{1T}(k_1{}^\mu\, s_{2T}{}^\nu + k_1{}^\nu\, s_{2T}{}^\mu)}{\varepsilon_R{}^2(1+\widehat{k_1}\cdot\widehat{s_1})(1-\widehat{k_2}\cdot\widehat{s_2}) + \varepsilon_L{}^2(1-\widehat{k_1}\cdot\widehat{s_1})(1+\widehat{k_2}\cdot\widehat{s_2})}$$

여기서 Δ^μ는 $(k_1{}^\mu - k_2{}^\mu)$이고 s_{i_T}는 $\boldsymbol{s}_i$의 $\boldsymbol{k}_i$에 수직인 성분이고 항상 $s_{i_T}{}^0 = 0$이다. 이 결과를 살펴보자.

(i) 전자-양전자 충돌은 대부분 전자와 양전자의 질량중심계에서 이루어진다. 이 경우는 $k_1{}^0 = k_2{}^0$이므로 $\Delta^\mu = (0, 2\,\boldsymbol{k}_1)$이고, 특히 $\sqrt{s} \approx M$에서는 $k_1{}^0 = \dfrac{M}{2}$이므로

$$\Delta^\mu = (0, M\widehat{\boldsymbol{k}_1}) \tag{6.90}$$

로 쓸 수 있다. 따라서 편극 벡터는 $P^0 = 0$와

$$\boldsymbol{P} = P\widehat{k_1} \tag{6.91}$$

로 쓸 수 있고 편극 벡터의 크기 P는, 전자와 양전자의 편극이 없는 경우를 P_0라면

$$P_0 = \frac{(\varepsilon^2{}_R - \varepsilon^2{}_L)}{(\varepsilon^2{}_R + \varepsilon^2{}_L)} \tag{6.92a}$$

$$P = \frac{P_0(1-\widehat{k_1}\cdot\widehat{s_1}\ \widehat{k_2}\cdot\widehat{s_2}) + (\widehat{k_1}\cdot\widehat{s_1} - \widehat{k_2}\cdot\widehat{s_2})}{(1-\widehat{k_1}\cdot\widehat{s_1}\ \widehat{k_2}\cdot\widehat{s_2}) + P_0(\widehat{k_1}\cdot\widehat{s_1} - \widehat{k_2}\cdot\widehat{s_2})} \tag{6.92b}$$

가 된다. 편극 텐서 $Q^{\mu\nu}$는 Q^{ij}만 갖으며 이 값은 또 다음과 같이 두 부분으로 나누어 쓸 수 있다.

$$Q^{ij} = Q_0{}^{ij} + \overline{Q}^{ij} \tag{6.93a}$$

$$Q_0^{ij} = \hat{k}_1^i \hat{k}_1^j - \frac{1}{3}\delta^{ij} \tag{6.93b}$$

$$\overline{Q}^{ij} = \frac{2\varepsilon_L \varepsilon_R}{\varepsilon_R^2 + \varepsilon_L^2} \frac{s'^i_{1T} s'^j_{2T} + s'^j_{1T} s'^i_{2T} + \mathbf{s_{1T}} \cdot \mathbf{s_{2T}}(\hat{k}_1^i \hat{k}_1^j - \delta^{ij})}{(1 - \hat{k}_1 \cdot \hat{s}_1 \hat{k}_2 \cdot \hat{s}_2) + P_0(\hat{k}_1 \cdot \hat{s}_1 - \hat{k}_2 \cdot \hat{s}_2)} \tag{6.93c}$$

(ii) 한편 SLAC의 실험에서 잘 알려진 바와 같이, 원편극된 레이저(laser) 광을 GaAs에 쪼여 광전효과로 얻는 전자는 종편극되기 때문에, 종편극된 전자를 얻는 것은 비교적 용이하다. 그러나 편극된 양전자를 얻는 것은 쉽지 않다. 따라서 양전자의 편극을 무시하는 경우에 식 (5.92b)와 (5.93a)는 다음과 같이 쓸 수 있다.

$$P = \frac{P_0 + \hat{k}_1 \cdot \hat{s}_1}{1 + P_0 \hat{k}_1 \cdot \hat{s}_1}, \tag{6.92c}$$

$$Q^{ij} = \hat{k}_1^i \hat{k}_1^j - \frac{1}{3}\delta^{ij} \tag{6.93d}$$

식 (6.92c)에서 보는 바와 같이 편극 벡터값 P는 $\hat{k}_1 \cdot \hat{s}_1$의 값에 따라 달라질 수 있다. 즉 $\hat{k}_1 \cdot \hat{s}_1 = 1$일 때는 P가 최대값인 1을 갖고 $\hat{k}_1 \cdot \hat{s}_1 = 0$일 때 P는 최소값인 P_0를 가진다. P를 이용하여 비대칭 값들을 표시하면 다음과 같이 된다.

$$A_{FB}^{pol} = \frac{3}{4} \frac{(\varepsilon'^2_R - \varepsilon'^2_L)}{(\varepsilon'^2_R + \varepsilon'^2_L)} P, \tag{6.94a}$$

$$A_{FB}(\theta, \phi) = \frac{2\cos\theta}{1 + \cos^2\theta} \frac{\varepsilon'^2_R - \varepsilon'^2_L}{\varepsilon'^2_R +. \varepsilon'^2_L} P_0,$$
$$A_{FB} = \frac{3}{4} \frac{\varepsilon'^2_R - \varepsilon'^2_L}{\varepsilon'^2_R + \varepsilon'^2_L} P_0 \tag{6.94b}$$

$$A_L = s_L P_0 \tag{6.94c}$$

즉 입사전자의 편극 영향을 분명히 알 수 있다.

식 (6.94a)에서 P가 1에서 $P_0(\ll 1)$까지 변함으로 식 (6.92a)를 생각하면, 편극된 전자에 의하여 P값을 크게 만들어 A_{FB}^{pol}을 A_{PB}보다 훨씬 크게 만들 수 있다. 따라서 전자의 편극도가 클수록 좋다.

(b) Z 입자의 붕괴과정

일단 Z가 생성되면 곧 이 입자는 여러 가지 형태로 붕괴된다. 생성된 Z 입자는 항상 편극 벡터와 편극 텐서를 가진 밀도행렬로 표시된다. 그리고 이 입자의 붕괴를 기술할 때 앞에서 얻은 밀도행렬이 어떻게 사용되는가를 살펴보자. 특히 Z 입자가 한 페르미온과 그 페르미온의 반입자로 붕괴되는 경우를 생각하자. 이 페르미온들은 ν, e, μ, τ 같은 렙톤일 수도 있고, 또는 u, d, s, c, b, t 같은 쿼크일 수도 있다. 표준모형에서 이러한 붕괴에 대한 전이진폭은 다음과 같다.

$$M = g_Z\bar{u}(p_1 s_1)\gamma_\alpha[\varepsilon'_L(1-\gamma^5)+\varepsilon'_R(1-\gamma^5)]v(p_2 s_2)\,\varepsilon_Z{}^\alpha(p) \tag{6.95}$$

(i) Z의 붕괴율과 비대칭

만일 붕괴되어 나오는 입자의 편극을 생각하지 않는 경우는 붕괴되어 나오는 입자의 스핀 상태는 합하고 $\varepsilon_Z{}^\alpha$ $\varepsilon_Z{}^{*\beta}$ 대신에 밀도행렬 $\rho^{\alpha\beta}$를 써 줌으로써 다음 결과를 얻는다.

$$\begin{aligned}\sum|M|^2 = \frac{2g_Z{}^2}{3m^2}&[(\varepsilon'_R{}^2+\varepsilon'_L{}^2)(M^2-m^2)+6m^2\varepsilon'_R\varepsilon'_L\\&+3(\varepsilon'_L{}^2-\varepsilon'_R{}^2)Mp_1\cdot P+3(\varepsilon'_R{}^2+\varepsilon'_L{}^2)Q_{\mu\nu}p_1{}^\mu\, p_1{}^\nu]\end{aligned} \tag{6.96}$$

여기서 m은 페르미온의 질량이다. 이 결과로부터 Z 입자붕괴에서 나오는 한 페르미온의 붕괴분포는 W 입자의 붕괴에 대한 식 (6.65a)를 참조하면 알 수 있듯이

$$\begin{aligned}\Gamma &= V\int\frac{d^3pV}{(2\pi)^3}\int\frac{d^3kV}{(2\pi)^3}\sum_{s_1}\sum_{s_2}|S(Z^0\to f\bar{f})|^2\\
&=\frac{1}{(2\pi)^6}\int d^3p_1d^3p_2(2\pi)^4\,\delta^4(q-p_1-p_2)\frac{m^2}{2E_1E_2q_0}\;g_Z{}^2\langle\,\varepsilon_Z{}^\alpha\;\;\varepsilon^*{}_Z{}^\beta\rangle\\
&\quad\times Tr\left\{\frac{\not{p}_1+m}{2m}\gamma_\alpha[\varepsilon_L(1-\gamma^5)+\varepsilon_R(1+\gamma^5)]\frac{\not{p}_2-m}{2m}\gamma_\beta[\varepsilon_L(1-\gamma^5)+\varepsilon_R(1+\gamma^5)]\right\}\\
&=\frac{m^2}{8\pi^2M}\int\frac{d^3p_1}{E_1E_2}\;\delta(M-E_1-E_2)\sum|M|^2\\
&=\frac{m^2}{8\pi^2M}\int\frac{p_1dE_1d\Omega}{E_1}\;\delta(M-2E_1)\sum|M|^2\end{aligned}$$

$$\therefore\;\frac{d\Gamma}{d\Omega}=\frac{m^2}{16M\pi^2}\left(1-\frac{4m^2}{M^2}\right)^{1/2}\sum|M|^2 \tag{6.97}$$

를 얻는다. 물론 페르미온이 쿼크일 경우는 색(color)의 기여도, 예를 들면 표준모형에서는 3을 곱해 주어야 한다. 이 식을 이용하여 Z 입자붕괴에서 나오는 페르미 입자의 비대칭을 다음과 같이 계산할 수 있으며

$$A_{FB}(\theta,\phi)=\frac{\frac{d\Gamma}{d\Omega}(\theta,\phi)-\frac{d\Gamma}{d\Omega}(\pi-\theta,\pi+\phi)}{\frac{d\Gamma}{d\Omega}(\theta,\phi)+\frac{d\Gamma}{d\Omega}(\pi-\theta,\pi+\phi)} \tag{6.78c}$$

이 식은 Z 입자가 어떠한 과정을 통해서 얻어지든 관계없이 조사할 수 있는 이점을 가지고 있다. Z 입자가 전자-양전자의 충돌에 의하여 얻어지는 경우는 앞에서 논의한 결과와 같으며 양성자-반양성자 충돌에 의하여 얻어질 때는 물론 값은 달라질 것이다. 또 Z 입자가 두 페르미온으로 붕괴하는 경우 페르미온들의 편극에 대한 비대칭도 다음과 같이 정의할 수 있다.

$$A^f{}_{LR}=\frac{\Gamma(Z\to f_L\overline{f_R})-\Gamma(Z\to f_R\overline{f_L})}{\Gamma(Z\to f_L\overline{f_R})+\Gamma(Z\to f_R\overline{f_L})} \tag{6.98}$$

Z 입자붕괴에서 Z 입자의 편극을 생각하지 않는 경우는 밀도행렬 식에서 보는 바와 같이 편극 벡터와 편극 텐서 P^μ, $Q^{\mu\nu}$를 0으로 놓으면 된다. 특히 페르미온의 질량을 Z 입자의 질량에 비하여 작아서 무시하는 경우, $Z\to l\,\bar{l}$에 대하여는 식 (6.96)과 (6.97)로부터

$$\begin{aligned}\frac{d\Gamma}{d\Omega}&=\frac{g_Z{}^2M}{24\pi^2}(\varepsilon_R{}^2+\varepsilon_L{}^2)=\frac{G_FM^3}{48\sqrt{2}\pi^2}(1-4\sin^2\theta_W+8\sin^4\theta_W),\\ \Gamma(Z\to l\,\bar{l})&=\frac{G_FM^3}{12\pi\sqrt{2}}(1-4\sin^2\theta_W+8\sin^4\theta_W)\approx 83\ MeV\end{aligned} \tag{6.99}$$

를 얻는다. $Z\to\nu\bar{\nu}$를 생각할 때는 식 (6.95)에서 $\varepsilon'_L=\frac{1}{2}$, $\varepsilon'_R=0$이 됨을 생각하여

$$\Gamma(Z\to\nu\,\bar{\nu})=\frac{G_FM^3}{12\pi\sqrt{2}}\approx 166\ MeV \tag{6.100}$$

가 된다. 세 가지 종류의 렙톤과 이에 대응하는 중성미자 있으므로 이들이 기여하는 붕괴율과 여섯 가지 종류의 쿼크에서 Z 입자보다 가벼운 것과 이들의 색깔의 기여도까지를 모두

생각하면 또 자세히는 여러 교정 항 등을 고려하면 Z 입자의 모든 붕괴되어 나올 수 있는 입자들이 기여하는 총 붕괴율 또는 Z 입자의 붕괴폭(decay width)을 얻을 수 있다. 실험적으로 이 값은 거의 2.5 GeV 쯤 됨이 알려졌다.

중성미자의 종류가 몇 가지인가를 조사하기 위하여, 실험적으로 얻은 총 붕괴폭, 강입자(hadron)의 붕괴폭을 이용하면 중성미자의 종류를 N_ν라 할 때

$$\Gamma(Z \to all) \approx \Gamma_Z^{\ had} + 3\ \Gamma_Z^{\ l\bar{l}} + N_\nu\, \Gamma_Z^{\ \nu\bar{\nu}} \tag{6.101}$$

가 된다. 실험적으로 $\Gamma_Z^{\ had} \approx 1748 \pm 35\, MeV$, $\Gamma_Z \approx 2.5\ GeV$, $\Gamma_Z^{\ l\bar{l}}$에 대하여는 식(6.99)의 결과인 83 MeV를 이용하고, 식 (6.100)에서 $\Gamma_Z^{\ \bar{\nu}\bar{\nu}}$가 약 166 MeV임을 생각하면

$$N_\nu = \frac{\Gamma_Z - \Gamma_Z^{\ had} - 3\ \Gamma_Z^{\ \bar{l}l}}{\Gamma_Z^{\ \nu\bar{\nu}}} \approx 2.98 \tag{6.102}$$

이 된다. 즉 중성미자는 세 가지 종류가 있음을 알 수 있다.

(ii) Z 입자가 붕괴할 때 나오는 한 페르미온의 편극

먼저 식 (6.95)로부터 붕괴되어 나오는 페르미온 상태는 다음과 같이 기술할 수 있다.

$$\begin{aligned} u^f &= g_Z \sum_{s_1} u(p_1 s_1)\bar{u}(p_1 s_1)\gamma_\alpha[\varepsilon'_L(1-\gamma^5) + \varepsilon'_R(1-\gamma^5)]v(p_2 s_2)\ \varepsilon_Z^{\ \alpha}(p) \\ &= g_Z \frac{\not{p}_1 + m}{2m}\gamma_\alpha[\varepsilon'_L(1-\gamma^5) + \varepsilon'_R(1-\gamma^5)]v(p_2 s_2)\ \varepsilon_Z^{\ \alpha}(p) \end{aligned} \tag{6.103}$$

따라서 이 입자의 밀도행렬은

$$\rho = \frac{u^f\, \bar{u}^f}{Tr(u^f\, \bar{u}^f)} \tag{6.104}$$

가 되는데 이 식 안에 포함되어 있는 $\varepsilon^\mu\, \varepsilon^{*\nu}$는 식 (4.123)으로 정의된 밀도행렬 $\rho^{\mu\nu}$로 대치하여야 한다. 그러면 밖으로 붕괴되어 나오는 페르미온의 4-벡터 편극 η^μ는 다음과 같다.

$$\eta^{\mu}=Tr(\gamma^{\mu}\gamma^{5}\rho) \tag{6.105}$$

여기에서는 이것으로부터 얻는 결과만 기술하겠다. 밖으로 나오는 페르미온의 질량을 Z 입자의 질량에 비하여 무시할 때 이 페르미온의 종편극은

$$\widehat{p_1}\cdot\ \mathbf{s}_1=\frac{\dfrac{(\varepsilon'^2_R-\varepsilon'^2_L)}{(\varepsilon'^2_R+\varepsilon'^2_L)}R+2\cos\theta P}{R+2\cos\theta\dfrac{(\varepsilon'^2_R-\varepsilon'^2_L)}{(\varepsilon'^2_R+\varepsilon'^2_L)}P} \tag{6.106a}$$

이고 횡편극은 질량비 $\frac{m}{M}$에 비례하기 때문에 아주 작은 값이 된다. 여기서 R은 Z 입자의 정지계에서 페르미온에 대한 좌표를 식 (6.71) 모양으로 택할 때 다음과 같이 정의된 양이다.

$$R=1+\cos^2\theta+\frac{1}{\sqrt{2}}\ \tilde{Q}\sin^2\theta\cos(2\phi-\phi_1-\phi_2) \tag{6.107}$$

만일 각도에 적분을 하면 식 (6.106a)는

$$\widehat{p_1}\cdot\ \mathbf{s}_1=\frac{(\varepsilon'^2_R-\varepsilon'^2_L)}{(\varepsilon'^2_R+\varepsilon'^2_L)}=\frac{(Q^f\sin^2\theta_W)^2-(½-|Q^f|\sin^2\theta_W)^2}{(Q^f\sin^2\theta_W)^2+(½-|Q^f|\sin^2\theta_W)^2} \tag{6.106b}$$

가 된다. 이 값은 식 (5.98)과 같은 값을 준다. 붕괴된 입자의 질량을 생각하는, 보다 자세한 경우는 참고문헌 H.S. Song, *Phys. Rev.* **D33**, 1252 (1986)에 미룬다.

[문제 6.6] 전하를 띤 렙톤에 대하여 이 값은 약 15%의 비대칭을 주고, d, s, b 쿼크에 대하여는 약 94%의 비대칭을 줌을 보여라.

6.4 중성미자와 렙톤 산란

중성미자가 포함되는 모든 반응은 약한 상호작용으로 간주하여도 무방하다. 앞에서 논의한 뮤온의 붕괴과정 $\mu^- \to e^- \nu_\mu \overline{\nu}_e$의 교차과정인 $\nu_\mu e^- \to \mu^- \nu_e$은 비탄성 과정이고 탄성 산란과정인 $\nu_\mu e^- \to \nu_\mu e^-$은 전기 띤 흐름이 아니며 그림 6.8에서 보는 바와 같이 비교적 간단하나 매개 보존이 다르다. 같은 종류의 렙톤이 참여하는 $\nu_e e^- \to \nu_e e^-$ 또는 $\nu_\mu \mu^- \to \nu_\mu \mu^-$ 같은 탄성 산란의 경우는 이것과 달라진다. 이 장에서는 이들 순수 렙톤 산란만을 생각하고 중성미자가 핵자와 산란하는 경우는 생략한다.

6.4.1 $\nu_\mu e^- \to \mu^- \nu_e$ 산란

이 과정을 기술하는 산란연산자 S는 뮤온 붕괴와 같은 것을 사용할 수 있으나 다만 산란행렬 성분 $S_{ij} = \langle j|S|i\rangle$에서 초기상태와 마지막 상태가 달라진 것이므로, 식 (6.60a)와 비교하여, 전이진폭이 다음과 같음을 쉽게 알 수 있다.

$$M = \left(\frac{g_W}{2\sqrt{2}}\right)^2 \overline{u}(p_2, s_2)\gamma^\alpha(1-\gamma^5)u(k_1)\frac{-g^{\alpha\beta} + \dfrac{q^\alpha q^\beta}{M_W^2}}{q^2 - M_W^2 + i\varepsilon}\overline{u}(k_2)\gamma_\alpha(1-\gamma^5)u(p_1, s_1) \quad (6.108a)$$

여기서 p_1, p_2, k_1, k_2는 각각 전자, 뮤온, 뮤온적 중성미자, 전자적 중성미자의 운동량이다. 이 때 가상(virtual) 중간 벡터 보존 W의 운동량 q가 $p_2 - k_1$임을 생각하고, $q^2 \neq M_W^2$인 경우에는

$$M = \frac{g_W^2}{8(M_W^2 - q^2)}\overline{u}(p_2, s_2)\gamma^\alpha(1-\gamma^5)u(k_1)\overline{u}(k_2)\gamma_\alpha(1-\gamma^5)u(p_1, s_1) \quad (6.108b)$$

가 된다. 따라서 미분단면적은 식 (3.181)을 참고하면 렙톤의 편극을 무시할 때 전자의 스핀에 대하여는 평균을 취하고 뮤온의 스핀 상태에 대하여 합을 취하는 경우

$$\frac{d\bar{\sigma}}{d\Omega_2} = \frac{m_e m_\mu}{4(2\pi)^2}\int \frac{1}{\sqrt{(k_1\cdot p_1)^2}}\delta^4(k_2+p_2-k_1-p_1)\ \overline{|M|^2}\,p_2 dE_2\frac{d^3k_2}{k^0{}_2}$$
$$= \frac{m_e m_\mu}{4(2\pi)^2}\int \frac{p_2}{k^0{}_2}\frac{1}{\sqrt{(k_1\cdot p_1)^2}}\delta(k^0{}_2+E_2-k^0{}_1-E_1)\ \overline{|M|^2}dE_2 \tag{6.109a}$$

가 된다. 여기서 $M_W^2 \gg q^2$인 경우

$$\overline{|M|^2} = \frac{1}{2}\frac{G^2}{2}Tr\left(\gamma^\alpha(1-\gamma^5)\,\not{k}_1\gamma^\beta(1-\gamma^5)\frac{\not{p}_2+m_\mu}{2m_\mu}\right)$$
$$\times Tr\left(\gamma_\alpha(1-\gamma^5)\frac{\not{p}_1+m_e}{2m_e}\gamma_\beta(1-\gamma^5)\,\not{k}_2\right)$$
$$= \frac{G^2}{4m_e m_\mu}Tr[\ \not{p}_2\gamma^\alpha\,\not{k}_1\gamma^\beta(1-\gamma^5)]Tr[\ \not{p}_1\gamma_\beta\,\not{k}_2\gamma_\alpha(1-\gamma^5)]$$
$$= \frac{4G^2}{m_e m_\mu}(\ k_1{}^\alpha\ p_2{}^\beta + k_1{}^\beta\ p_2{}^\alpha - k_1\cdot p_2 g^{\alpha\beta} - i\varepsilon^{\alpha\beta\lambda\tau}k_{1_\lambda}\ p_{2_\tau}) \tag{6.110}$$
$$\times(\ k_{2_\alpha}\ p_{1_\beta} + k_{2_\beta}\ p_{1_\alpha} - k_2\cdot p_1 g_{\alpha\beta} - i\varepsilon_{\alpha\beta\rho\sigma}p_1{}^\rho\ k_2{}^\sigma)$$
$$= \frac{16G^2}{m_e m_\mu}(k_1\cdot p_1)(k_2\cdot p_2)$$

가 된다. 따라서

$$\frac{d\bar{\sigma}}{d\Omega_2} = \frac{G^2}{\pi^2}\int\frac{p_2}{k^0{}_2}(k_2\cdot p_2)\delta(\ k^0{}_2+E_2-\ k^0{}_1-E_1)dE_2 \tag{6.109b}$$

가 되는데,

$$s = (k_1+p_1)^2 = 2k_1\cdot p_1 = (k_2+p_2)^2 = 2k_2\cdot p_2 + m_\mu{}^2 \tag{6.111}$$

를 생각하면, 질량중심계에서는 $p_2 = k_2{}^0$이므로 식 (6.109b)는 다음 결과를 준다.

$$\frac{d\bar{\sigma}}{d\Omega_2} = \frac{G^2}{\pi^2}\frac{s-m_\mu{}^2}{2}\int\delta(\sqrt{E_2{}^2-m_\mu{}^2}+E_2-\sqrt{s})dE_2$$
$$= \frac{G^2}{\pi^2}\frac{s-m_\mu{}^2}{2}\frac{\sqrt{E_2{}^2-m_\mu{}^2}}{\sqrt{E_2{}^2-m_\mu{}^2}+E_2}\Big|_{E_2=\frac{s+m_\mu{}^2}{2\sqrt{s}}}$$

$$\therefore \ \frac{d\bar{\sigma}}{d\Omega_2} = \frac{G^2}{\pi^2}\frac{s}{4}\left(1 - \frac{m_\mu{}^2}{s}\right)^2 \tag{6.112}$$

이 식은 $\nu_\mu e^- \to \mu^- \nu_e$ 반응은 각도에 무관한 값을 가진다. 따라서 앞에서와 같이

$$\sigma = \frac{G^2}{\pi} s \left(1 - \frac{m_\mu{}^2}{s}\right)^2 \tag{6.50c}$$

를 얻는다.

6.4.2 $\nu_\mu e^- \to \nu_\mu e^-$ 과정

그림 6.8에서와 같이 이 과정은 중성류의 존재를 증명한 과정이며 전기약작용이론이 없다면 생각할 수 없었던 과정이다. 렙톤과 Z 입자와의 결합은 전에 언급한 것과 같이 2개의 다른 결합상수에 의하여 기술됨을 알고 있다. 따라서 이 과정의 전이진폭은 앞에 나온 식 (6.108a), (6.108b)를 참고하면

$$\begin{aligned} M &= \left(\frac{g_Z}{2\sqrt{2}}\right)^2 \bar{u}(k_2)\gamma^\alpha(1-\gamma^5)u(k_1)\left(\frac{-g^{\alpha\beta} + \dfrac{q^\alpha q^\beta}{M_Z{}^2}}{q^2 - M_Z{}^2 + i\varepsilon}\right) \\ &\quad \times \bar{u}(p_2, s_2)\gamma_\beta\{\varepsilon_L(1-\gamma^5) + \varepsilon_R(1+\gamma^5)\}u(p_1, s_1) \\ &= \frac{g_Z{}^2}{8(M_Z{}^2 - q^2)}\bar{u}(k_2)\gamma^\alpha(1-\gamma^5)u(k_1) \\ &\quad \times \bar{u}(p_2, s_2)\gamma_\alpha\{\varepsilon_L(1-\gamma^5) + \varepsilon_R(1+\gamma^5)\}u(p_1, s_1) \end{aligned} \tag{6.113}$$

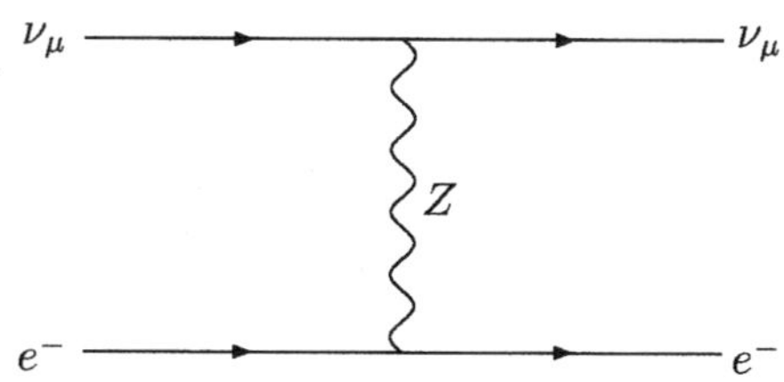

그림 6.8 $\nu_\mu e^-$ 탄성 산란

를 얻는다. 앞 식들과 비교하기 위하여 다음과 같이 놓으면

$$\frac{g_Z^2}{8\,M_Z^2}=\frac{G'}{\sqrt{2}}, \tag{6.114a}$$

$$\varepsilon_L+\varepsilon_R=g_V,\ \varepsilon_L-\varepsilon_R=g_A, \tag{6.114b}$$

$$\varepsilon_L=\frac{1}{2}(g_V+g_L),\ \varepsilon_R=\frac{1}{2}(g_L-g_R),$$

$$\begin{aligned}\overline{|M|^2}&=\frac{1}{2}\frac{G'^2}{2}Tr[\gamma^\alpha(1-\gamma^5)\not{k}_1\gamma^\beta(1-\gamma^5)\not{k}_2]\\&\quad\times Tr\left[\gamma_\alpha(g_V-g_A\gamma^5)\frac{\not{p}_1+m_e}{2m_e}\gamma_\beta(g_V-g_A\gamma^5)\frac{\not{p}_2+m_e}{2m_e}\right]\\&=\frac{G'^2}{8m_e^2}Tr[\not{k}_2\gamma^\alpha\not{k}_1\gamma^\beta(1-\gamma^5)]Tr[\not{p}_2\gamma_\alpha\not{p}_1\gamma_\beta(g_V^2+g_A^2-2g_Vg_A\gamma^5)]\\&=\frac{2G'^2}{m_e^2}\{k_1^\alpha k_2^\beta+k_1^\beta k_2^\alpha-k_1\cdot k_2g^{\alpha\beta}-i\varepsilon^{\alpha\beta\lambda\tau}k_{1_\lambda}k_{2_\tau}\}\\&\quad\times\{(g_V^2+g_A^2)(p_{1_\alpha}p_{2_\beta}+p_{1_\beta}p_{2_\alpha}-p_1\cdot p_2g_{\alpha\beta})\\&\quad-i2g_Vg_A\varepsilon_{\alpha\beta\rho\sigma}p_1^\rho p_2^\sigma)\}\\&=\frac{4G'^2}{m_e^2}\{(g_V^2+g_A^2)(k_1\cdot p_1k_2\cdot p_2+k_1\cdot p_2k_2\cdot p_1)\\&\quad+2g_Vg_A(k_1\cdot p_1k_2\cdot p_2-k_1\cdot p_2k_2\cdot p_1)\}\\&=\frac{16G'^2}{m_e^2}\{\varepsilon_L^2k_1\cdot p_1k_2\cdot p_2+\varepsilon_R^2k_1\cdot p_2k_2\cdot p_1\}\end{aligned} \tag{6.115}$$

가 된다. 참고로 식 (6.110)은 식 (6.115)에서 $\varepsilon_l=1$, $\varepsilon_R=0$인 경우에 해당됨을 알 수 있다. 이제 미분단면적은

$$\begin{aligned}\frac{d\bar{\sigma}}{d\Omega_2}&=\frac{m_e^2}{4(2\pi)^2}\int\frac{1}{\sqrt{(k_1\cdot p_1)^2}}\delta^4(k_2+p_2-k_1-p_1)\overline{|M|^2}p_2dE_2\frac{d^3k_2}{k^0{}_2}\\&=\frac{m_e^2}{4(2\pi)^2}\int\frac{p_2}{k^0{}_2}\frac{1}{\sqrt{(k_1\cdot p_1)^2}}\delta(k^0{}_2+E_2-k^0{}_1-E_1)\overline{|M|^2}dE_2\\&=\frac{G'^2}{\pi^2}\int\frac{p_2}{k^0{}_2}\left\{\varepsilon_L^2(k_1\cdot p_1)+\varepsilon_R^2\frac{(k_1\cdot p_2)^2}{k_1\cdot p_1}\right\}\\&\quad\times\delta(k^0{}_2+E_2-k^0{}_1-E_1)dE_2\end{aligned} \tag{6.116a}$$

가 된다. 여기서 적분할 때 두 가지 경우에 대하여 생각해 보자.

앞에서와 같이 질량중심계에서 생각해 보자. 그러면 위 식 괄호 안의 첫 항은, 앞에서 계산한 결과와 같이, $p_2 = k^0{}_2(= k_1{}^0 = p_1)$이고 $k^0{}_1 + E_1 = \sqrt{s}$이므로 δ 함수는 $\delta(2E_2 - \sqrt{s})$가 되고,

$$(k_1 \cdot p_1) = \frac{s}{2}, \tag{6.117a}$$

$$\begin{aligned}(k_1 \cdot p_2) &= (k_2 \cdot p_1) = k_2{}^0 E_1 - \boldsymbol{k}_2 \cdot \boldsymbol{p}_1 = k_2{}^0 E_1 (1 + \cos\theta) \\ &= \frac{s}{4}(1 + \cos\theta) \quad \text{or} \quad = \frac{s}{2}\cos^2\frac{\theta}{2}\end{aligned} \tag{6.117b}$$

이므로 미분단면적은 식 (6.114a)로부터 다음과 같이 된다.

$$\frac{d\bar{\sigma}}{d\Omega_2} = \frac{G'^2}{4\pi^2} s\left[\varepsilon_L{}^2 + \frac{1}{4}\varepsilon_R{}^2 (1 + \cos\theta)^2\right], \tag{6.118}$$

각도에 대한 적분을 하면 총 단면적은

$$\sigma = \frac{G'^2}{\pi} s\left(\varepsilon_L{}^2 + \frac{1}{3}\varepsilon_R{}^2\right) \tag{6.119a}$$

또는

$$\sigma = \frac{G'^2}{3\pi} s\left(g_V{}^2 + g_A{}^2 + g_V g_A\right) \tag{6.119b}$$

가 된다. 따라서 높은 에너지에서 식 (6.112)와 식 (6.119)를 비교해 보면 입자의 표준모형에서는

$$\frac{\sigma(\nu_\mu e^- \to \nu_\mu e^-)}{\sigma(\nu_\mu e^- \to \nu_e \mu^-)} = \frac{1}{4} - \sin^2\theta_W + \frac{4}{3}\sin^4\theta \approx 0.09 \tag{6.120}$$

가 되는데 실험적으로 이 값은 0.08쯤 됨이 알려졌다.

질량중심계 대신 실험계를 생각하는 경우, 입사 중성미자에 대한 중성미자 에너지의 변화의 비를 y라 하면,

$$y=\frac{p\cdot q}{p\cdot k}\Big|_{lab}=\frac{k^0-k'^0}{k^0}=\frac{E_{recoil}}{k^0} \tag{6.121a}$$

이 값은 입사 에너지에 대한 후퇴하는 전자의 운동 에너지를 의미한다. 이 값은 질량중심계에서 $\frac{m_e}{k^0}$을 무시하는 경우에는

$$y=\frac{1}{2}(1-\cos\theta) \tag{6.121b}$$

이며 $s=2k^0m_e$이므로

$$\begin{aligned}\frac{d\sigma}{dy}&=\frac{G^2}{\pi}s[\,\varepsilon_L{}^2+\varepsilon_R{}^2(1-y)^2] \\ &=\frac{2G^2m_eE_\nu}{\pi}[\,\varepsilon_L{}^2+\varepsilon_R{}^2(1-y)^2]\end{aligned} \tag{6.122}$$

가 되는데 y의 적분을 0에서 1까지 하면 식 (6.119)를 얻는다. 한편 단면적의 크기가 얼마인지 알아보기 위하여, 식 (6.21)로부터

$$\begin{aligned}&GeV^{-1}\approx 2.044\times10^{-14}cm, \\ &GeV^{-2}\approx 4.1\times10^{-28}\,cm^2\approx 0.41mb \qquad (mb:\ \text{milli}-\text{barn})\end{aligned} \tag{6.123}$$

를 생각하면

$$\begin{aligned}\frac{2G^2m_eE_\nu}{\pi}&=(G\,m_p{}^2)^2\frac{2}{\pi}\frac{m_e}{m_p{}^4}E_\nu=4.2\times10^{-14}E_\nu(GeV)\,GeV^{-2} \\ &=1.72\times10^{-14}E_\nu(GeV)\ mb\end{aligned} \tag{6.124}$$

가 된다.

한편 $\overline{\nu_\mu}e^- \to \overline{\nu_\mu}e^-$ 과정은 전이진폭이

$$M = \frac{g_Z^2}{8(M_Z^2 - q^2)} \overline{v}(k_2)\gamma^\alpha(1+\gamma^5)v(k_1) \times \overline{u}(p_2, s_2)\gamma_\alpha\{\varepsilon_L(1-\gamma^5) + \varepsilon_R(1+\gamma^5)\}u(p_1, s_1) \quad (6.125)$$

가 되어 $\nu_\mu e^- \to \nu_\mu e^-$ 과정에 대한 식 (6.113)과 비교하면 중성미자가 이루는 흐름이 약간 달라진다. 이 영향은 식 (6.115)의 계산에서 $i\varepsilon^{\mu\nu\lambda\tau} k_{1_\lambda} k_{2_\tau}$ 항의 부호가 달라지며 따라서 $g_V g_A$ 항의 부호가 달라진다. 따라서 $\overline{\nu_\mu}e^- \to \overline{\nu_\mu}e^-$ 과정의 총 단면적은 다음과 같아진다.

$$\sigma = \frac{G'^2}{\pi} s\left(\frac{1}{3}\ \varepsilon_L^2 + \varepsilon_R^2\right) = \frac{G'^2}{3\pi} s(g_V^2 + g_A^2 - g_V g_A). \quad (6.126)$$

또 미분단면적도 식 (6.122)에서 ε_L과 ε_R이 바뀐 것이 된다.

6.4.3 $\nu_e e^- \to \nu_e e^-$ 과정

만일 중성미자와 렙톤이 같은 종류인 경우는 그림 38(a)와 그림 38(b)에서 보는 바와 같이 전기띤 흐름과 중성흐름이 중성미자와 전자의 산란에 관여하게 된다. 이 과정의 미분단면적은 앞에서 다룬 두 과정을 이용하면 쉽게 얻어진다. 이 과정의 전이진폭은 (a) W 입자의 교환을 통한 과정인 식(5.108b)와 (b) Z 입자의 교환을 통한 과정인 식 (5.113)의 합이다.

$$M = M^{(a)} + M^{(b)}, \quad (6.127)$$

$$M^{(a)} = \frac{g_W^2}{8(M_W^2 - q^2)} \overline{u}(p_2, s_2)\gamma^\alpha(1-\gamma^5)u(k_1)\overline{u}(k_2)\gamma_\alpha(1-\gamma^5)u(p_1, s_1) \quad (6.128a)$$

$$\begin{aligned} M^{(b)} = &-\frac{g_Z^2}{8(M_Z^2 - q^2)} \overline{u}(k_2)\gamma^\alpha(1-\gamma^5)u(k_1) \\ &\times \overline{u}(p_2, s_2)\gamma_\alpha\{\varepsilon_L(1-\gamma^5) + \varepsilon_R(1+\gamma^5)\}u(p_1, s_1) \end{aligned} \quad (6.128b)$$

여기서 식 (6.128b)에 - 부호가 더 붙은 것에 주의하자. 이것은 W 입자의 교환에 대한 그림 6.9(a)와 Z 입자의 교환에 대한 그림 6.9(b)에서 밖으로 나가는 렙톤들이 교환관계가 있기 때문이다. 이 때 식 (6.128a)에서 렙톤이 갈라져 있는 것을 식 (6.128b)의 렙톤적 흐름과

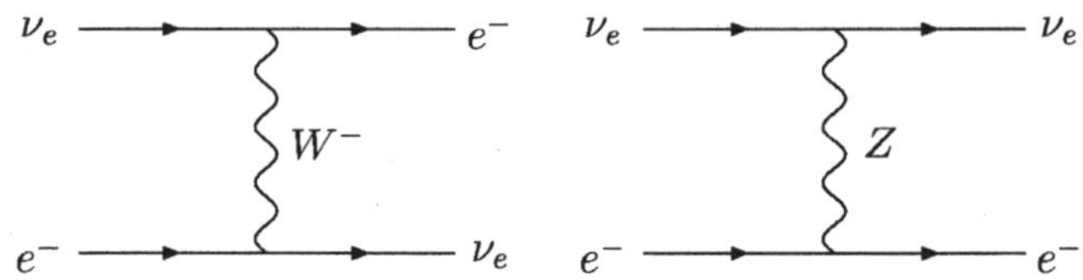

(a) W 입자의 교환　　　　(b) Z 입자의 교환

그림 6.9 $\nu_e e^-$ 산란과정

같이 만들기 위하여 식 (6.128a)에 소위 Fierz 항등식(identities)을 적용한다. 먼저 이 항등식을 증명하자.

[Fierz 항등식의 증명]

제2장에서 I, γ_5, γ^μ, $\gamma^\mu\gamma^5$, $\sigma^{\mu\nu}$는 16개의 독립행렬을 이루고 있음을 보였다. 이들을 γ_A라 할 때, A는 1에서 16까지 가질 수 있고, 따라서 임의의 4×4 행렬 Γ는 이들 γ_A로 다음과 같이 표시할 수 있다.

$$\Gamma = \sum_A c_A \gamma_A \tag{6.129a}$$

이 때 γ_A의 직교성을 이용하여

$$Tr(\gamma^A \gamma_A) = \Delta_A \tag{6.129b}$$

라면 Δ_A는 쉽게 얻어진다. 여기서는 A에 대한 합이 아니고 같은 지표를 나타낸다. 따라서 식 (6.129a)로부터

$$Tr(\gamma^A \Gamma) = c_A \Delta_A, \quad \therefore c_A = \frac{Tr(\gamma^A \Gamma)}{\Delta_A} \tag{6.129c}$$

이므로

$$\begin{aligned} &\Gamma = \sum_A \frac{1}{\Delta_A} \gamma_A Tr(\gamma^A \Gamma), \qquad (\Gamma)_{ij} = \sum_A \frac{1}{\Delta_A} (\gamma_A)_{ij} (\gamma^A)_{lm} (\Gamma)_{ml}, \\ &\delta_{im}\delta_{lj} = \sum_A \frac{1}{\Delta_A} (\gamma_A)_{ij} (\gamma^A)_{lm} \end{aligned} \tag{6.129d}$$

가 된다. 식 (6.129b)의 Δ_A 값을 계산하여 위 식에 대입하여 다음 관계식을 얻는다.

$$(I)_{ij}(I)_{kl} = \frac{1}{4}\{(I)_{il}(I)_{kj}+(\gamma^5)_{il}(\gamma^5)_{kj}+(\gamma^\mu)_{il}(\gamma_\mu)_{kj} -(\gamma^\mu\gamma^5)_{il}(\gamma_\mu\gamma^5)_{kj}+\frac{1}{2}(\sigma_{\mu\nu})_{il}(\sigma^{\mu\nu})_{kj}\} \tag{6.130}$$

(증명 끝)

이 식이 가장 기본이 되는 식이며 이 식을 이용하여 여러 가지 다른 관계식을 얻게 된다. 예를 들어, 식 (6.130)에 $[\gamma^\alpha(1-\gamma^5)]_{si}$, $[\gamma_\alpha(1-\gamma^5)]_{lt}$를 곱하면 식 (6.128)의 첫째, 둘째, 마지막 항은 0이 되므로

$$\begin{aligned}
&[\gamma^\alpha(1-\gamma^5)]_{sj}[\gamma_\alpha(1-\gamma^5)]_{kt}\\
&=\frac{1}{4}\{[\gamma^\alpha(1-\gamma^5)\gamma^\mu\gamma^\alpha(1-\gamma^5)]_{st}(\gamma_\mu)_{kj}-[\gamma^\alpha(1-\gamma^5)\gamma^\mu\gamma^5\gamma^\alpha(1-\gamma^5)]_{st}(\gamma_\mu\gamma^5)_{kj}\}\\
&=-[\gamma^\mu(1-\gamma^5)]_{st}(\gamma^\mu)_{kj}+[\gamma^\mu(1-\gamma^5)]_{st}(\gamma_\mu\gamma^5)_{kj}\\
&=-[\gamma^\mu(1-\gamma^5)]_{st}[\gamma_\mu(1-\gamma^5)]_{kj}
\end{aligned} \tag{6.131}$$

를 얻는다. 이 결과를 이용하여, 여기에 $\overline{u_s}(p_2)$, $u_j(k_1)$, $\overline{u_k}(k_2)$, $u_t(p_1)$을 곱하면

$$\begin{aligned}
&\overline{u}(p_2)\gamma^\alpha(1-\gamma^5)u(k_1)\ \overline{u}(k_2)\gamma_\alpha(1-\gamma^5)u(p_1)\\
&\qquad=-\overline{u}(p_2)\gamma^\alpha(1-\gamma^5)u(p_1)\overline{u}(k_2)\gamma_\alpha(1-\gamma^5)u(k_1)
\end{aligned} \tag{6.132}$$

가 되므로 뒤에서 알 수 있는 바와 같이 식 (6.125a, b)에서 $q^2 \ll (m_W^2,\ m_Z^2)$인 경우

$$\frac{g_Z^2}{8m_Z^2}=\frac{g_W^2}{8m_W^2}=\frac{G}{\sqrt{2}} \quad . \tag{6.133}$$

라면

$$\begin{aligned}
M &= M^{(a)}+M^{(b)}\\
&=-\frac{G}{\sqrt{2}}\overline{u}(k_2)\gamma^\alpha(1-\gamma^5)u(k_1)\times\overline{u}(p_2,s_2)\gamma_\alpha\{c_L(1-\gamma^5)+c_R(1+\gamma^5)\}u(p_1,s_1)
\end{aligned} \tag{6.134}$$

를 얻는다. 여기서 c_L, c_R는

$$c_L = 1 + \varepsilon_L, \quad c_R = \varepsilon_R \tag{6.135}$$

으로 정의된 값이다. 따라서 $\nu_\mu e^- \to \nu_\mu e^-$과정에 대한 식 (6.113)에서 얻은 결과를 그대로 사용할 수 있는데 다만 ε_L, ε_R 대신에 $1+\varepsilon_L$, ε_R 또는 g_V, g_A 대신에 $c_V = 1 + g_V$, $c_A = 1 + g_A$를 대치하여 쓰는 것에 유의하면 미분단면적, 총 단면적 등을 얻게 된다. 즉

$$\sigma = \frac{G'^2}{\pi} s\left(c_L^2 + \frac{1}{3} c_R^2 \right) = \frac{G'^2}{3\pi} s\left(c_V^2 + c_A^2 + c_V c_A \right) \tag{6.136}$$

[문제 6.7] $\overline{\nu_e} e^- \to \overline{\nu_e} e^-$과정에서는 Feynman도형과 전이진폭이 어떻게 되는가? 단면적이 다음과 같이 됨을 보여라.

$$\sigma = \frac{G'^2}{\pi} s\left(\frac{1}{3} c_L^2 + c_R^2 \right) = \frac{G'^2}{3\pi} s\left(c_V^2 + c_A^2 - c_V c_A \right) \tag{6.137}$$

$\nu_e e^- \to \nu_e e^-$과정과 $\overline{\nu_e} e^- \to \overline{\nu_e} e^-$과정의 차이점을 분명히 보기 위하여 식 (6.122)를 생각해 보자. 제2장에서 고에너지의 전자의 경우 전자는 γ^5의 고유상태가 된다. 이 때 고유치 ± 1은 전자가 오른쪽 헬리시티를 갖는가 왼쪽 헬리시티를 갖는가를 정해 준다. 만일 전자가 왼쪽(-) 헬리시티만을 갖는다면 전자와 중성미자가 질량중심계에서 충돌할 때 산란각을 조사하면, 그림 6.10에서와 같이 이들의 역산란(backward scattering)은 허용되지만, 전자와 반중성미자의 역산란은 허용되지 않는다. 만일 전자의 헬리시티가 +1(오른쪽)인 경우는 전자와 중성미자의 역산란은 각운동량 보존이 깨짐으로 불가능하다. 이것은 식 (6.122)에서 $\theta = \pi$인 경우에 알 수 있는 바와 같다.

지금까지 우리는 전자, 양성자 그리고 광자를 포함하는 반응에서 양자전기역학(QED)을 이용하여 미분단면적, 입자의 편극 등을 계산하였다. 그러나 전자의 에너지가 아주 커지면

그림 6.10 질량중심계에서 중성미자와 전자의 역산란 그림

전자-전자 산란이나 전자-양전자 산란에서도 광자의 교환에 의하여만 힘이 전달되는 것이 아니고, Z 입자 같은 무거운 보존의 교환을 생각하여야 함이 알려졌다. 이것은, 비교적 입자의 에너지가 낮은 경우에는 전기적 상호작용만으로 입자반응을 기술하는 것이 성립하지만 입자 에너지가 커지면 전기적 상호작용 외에도 약한 상호작용을 같이 취급하여야 함을 말해 주고 있다.

Weinberg, Salam 등은 1966년대에 전기적 상호작용과 약한 상호작용을 통일하는 전기약작용(Electroweak) 이론을 만들었으며, 그 후 약한 상호작용에 대한 이해가 확실해졌다. 여기에서는 약한 상호작용을 통하여 전기약작용에서 입자의 상호작용과 붕괴 현상을 생각하였으며, 다음 장에서는 전기약작용을 포함한 표준모형의 형성과정을 보다 자세히 알아보고 이 때 입자의 편극의 역할을 논의하려 한다.

제 7 장
표준모형과 편극의 응용

지금까지 약한 상호작용에서의 결합상수가 바뀐다는 것만을 이용하여 몇 가지 간단한 경우의 전기약작용 과정들을 생각하였다. 이제 결합상수가 왜 그렇게 되는지 그 이유와 중성흐름이 도입되는 과정 등을 설명해 보자.

삼라만상의 물질들 사이에 작용하는 힘에는 전자기력, 중력, 핵력이 있음이 알려졌고, 핵력에는 약한 상호작용과 강한 상호작용이 있어 모두 네 가지 힘이 있음이 현재 알려져 있다. 1966년대에 Weinberg, Salam 등은 전기적 상호작용과 약한 상호작용을 통일하는 전기약작용(Electroweak) 이론을 만들었다. 이 이론은 지금까지의 거의 모든 실험 결과와 일치하고 있어, 이 이론의 옳고 그름에 대한 논란은 이미 끝났으며 미래에 보다 더 큰 가속기에서의 실험으로 이 이론을 포함하는 보다 더 큰 포괄적인 이론이 무엇인가를 찾으려는 노력이 경주되고 있다. 한편 양성자, 중성자 같은 핵자들을 포함한 강입자들이 쿼크(quark)로 이루어졌고 이들은 글루온(gluon)이라는, 양자전자기학에서 광자 같은, 매개입자에 의하여 묶여 있다는 강한 상호작용(strong interaction) 이론도 게이지 이론을 이용하여 성공을 거두고 있다. 이들을 통틀어 표준모형(Standard Model)이라 부른다. 전기약작용의 성공은 1864년 Maxwell에 의하여 전기와 자기를 통일하여 전자기학을 만든 통일이론 이래 처음 거둔 성공적 이론이다. Einstein이 전자기학과 중력을 통일하려는 이론을 만들려고 노력하였으나 성공하지 못하였고, 그 당시 Kaluza, Klein 등에 의한 시도는 그 후 1960년대 이래 지금까지 표준모형과 중력까지를 통일하려는 노력으로 계속되고 있으며 앞으로도 계속될 것이다.

표준모형을 모두 기술하는 것은 그 분량이 너무 방대할 뿐 아니라 요즈음 좋은 책들이 많이 있어, 여기에서는 전기약작용을 비롯하여 표준모형을 간단히 소개하고 전기약작용의 과정에서 입자의 상호작용과 붕괴현상을 생각하고 이 때 입자의 편극의 역할을 논의하려 한다.

7.1 게이지 이론과 대칭성의 깨어짐(Higgs 방법)

전기약작용을 비롯한 표준모형은 모두 게이지 이론이라는 이론에 근거하여 이루어지고 절묘하게 대칭성을 깸으로서 얻어지는 것이다. 여기서는 이들에 대하여 자세히 알아본다.

7.1.1 입자물리에서 게이지 변환

제2장에서 논의한 바와 같이 양자전기역학에서는 게이지 변환

$$\Psi(x) \rightarrow \Psi'(x) = e^{-ie\Lambda(x)}\Psi(x) \tag{2.70}$$

$$A_\mu(x) \rightarrow A'_\mu(x) = A^\mu(x) + \partial_\mu \Lambda(x) \tag{2.71}$$

에 대하여 Dirac 방정식이 공변형을 가지기 위하여서는

$$(i\gamma^\mu D_\mu - m)\Psi = 0 \tag{2.77}$$

이 되고 공변미분 D_μ는 다음과 같음을 보였다.

$$D^\mu = \frac{\partial}{\partial x_\mu} + ieA^\mu = \partial^\mu + ieA^\mu \tag{2.74}$$

이것은 양자전기역학에서 Lagrangian이

$$L_{QED} = \overline{\Psi}(i\not{D} - m)\Psi - \frac{1}{4}F_{\mu\nu}F^{\mu\nu} \tag{7.1a}$$

가 되고 게이지 변환식 (2.70)과 (2.71)에 대하여 불변임을 말하고 이 식으로부터 전자(물질)와 광자(게이지 입자) 사이의 상호작용이 어떠한 모양인가를

$$L_{QED} = \overline{\Psi}(i\not{\partial} - m)\Psi - \frac{1}{4}F_{\mu\nu}F^{\mu\nu} - eA^{\mu}\overline{\Psi}\gamma_{\mu}\Psi \tag{7.1b}$$

를 통하여 알려 준다는 것을 알고 있다. 앞의 게이지 변환식에서 $\Psi(x)$, $\Lambda(x)$가 단순한 x의 함수이며 특히 $\Lambda(x)$가 행렬이 아닌 경우 식 (2.70), (2.71)을 $U(1)$ 게이지 변환이라 부른다.

만일 $\Psi(x)$가 스피너 외의 다른 양자수를 포함하는 공간(예를 들어 하전 스핀)에서 2 성분을 가진 열행렬이라면, $\Lambda(x)$는 단위 행렬일 수도 있고 일반적으로는 2×2 행렬로서 Pauli 행렬로 표시할 수 있을 것이다. 마찬가지로 $\Psi(x)$가 3 성분을 가진 경우 $\Lambda(x)$는 3×3 행렬로서 Gell-mann 행렬로 표시할 수 있을 것이다. 이 때 게이지 입자가 만드는 장 $F^{\mu\nu}$의 모양도 일반적으로 바뀌게 될 것이다. 이 과정에서 게이지 입자는 어떻게 기술하고 물질입자와 게이지 입자와의 상호작용을 어떻게 기술하는가를 알아보자. 이것은 일반적으로 n개의 성분을 가진 열 벡터에 대하여도 연장하여 말할 수 있는데, 이 때 $\Psi(x)$를 기술하는 공간은 각각 다른 형태의 공간으로 생각할 수 있다. 여기서는 항상 동일한 좌표계 (x)에서 생각하므로 x의 함수표시를 경우에 따라서는 편의상 생략하겠다.

일반적으로 그 공간에서 국소적 회전(local rotation)은

$$\Psi \to \Psi' = U\Psi, \quad \overline{\Psi} \to \overline{\Psi}\,U^{\dagger} \tag{7.2}$$

이고 $U(x)$는 위치의 함수가 되는 매개함수 $\boldsymbol{\lambda}(x)$와 하전 스핀(isospin)의 회전에 대한 행렬 $\boldsymbol{T}$로 다음과 같이 표시한다.

$$U(x) = e^{-ig\,\boldsymbol{\lambda}(x)\cdot\,\boldsymbol{T}} = e^{-ig\,\Lambda(x)} \tag{7.3}$$

따라서 $\Psi'(x)$의 미분을 생각하면

$$\partial_\mu \Psi'(x) = \partial_\mu \{U(x)\Psi(x)\} = U(\partial_\mu \Psi) + (\partial_\mu U)\Psi \tag{7.4}$$

이므로 $\Psi(x)$를 이루는 하전 스핀 공간에서의 열 벡터 성분이 Dirac 방정식을 만족한다면 게이지 장 $\boldsymbol{A}_\mu(x)$를 도입하여

$$\{i\partial_\mu - q\ \boldsymbol{A}'_\mu(x) - m\}\Psi'(x) = U(x)\{i\partial_\mu - q\ \boldsymbol{A}_\mu(x) - m\}\Psi(x) = 0 \tag{7.5}$$

이 되어야 한다. 즉 Dirac 방정식에서 미분 ∂_μ 대신 공변미분

$$D_\mu = \partial_\mu + iq\ \boldsymbol{A}_\mu(x) \tag{7.6a}$$

를 사용하게 되고 $\boldsymbol{A}_\mu(x)$도 행렬 $\boldsymbol{T}$로 즉,

$$\boldsymbol{A}_\mu(x) = A^a{}_\mu T^a \quad (a = 1, 2, 3) \tag{7.7}$$

로 표시할 수 있다. 식 (7.4)와 (7.5)를 이용하면

$$\begin{aligned} &i(\partial_\mu U)\Psi - q\,\boldsymbol{A}'_\mu(x)\,U(x)\,\Psi(x) = -\,qU(x)\,\boldsymbol{A}_\mu(x)\,\Psi(x) \\ &\therefore\ \ \boldsymbol{A}'_\mu(x) = U(x)\,\boldsymbol{A}_\mu(x)\,U^{-1}(x) + \frac{i}{q}(\partial_\mu U)U^{-1} \end{aligned} \tag{7.8}$$

를 얻는다. $U(x)$가 unitary행렬임을 생각하면 U^{-1} 대신 $U^\dagger$를 쓸 수 있다. 특히 식 (2.70)에서는 $q = e$이고 $U(x) = e^{-ie\Lambda(x)}$, $U(x)^{-1} = e^{ie\Lambda(x)}$이므로 식 (7.8)는 식(2.71)이 된다.

실용적인 예로서 SU(2) Yang-Mills 이론을 생각해 보자. 여기서는 국소적 하전 스핀 공간을 생각하게 되고 특히 2차원 하전 스핀 공간에서는 회전을 Pauli 행렬 (τ^i)를 사용하여 기술할 수 있다. 이 때 회전의 발생자(generator)로 $\boldsymbol{T}$의 3 성분은

$$T^a = \frac{1}{2}\tau^a \tag{7.9}$$

$$\left[\frac{1}{2}\tau^a, \frac{1}{2}\tau^b\right] = i\varepsilon^{abc}\frac{1}{2}\tau^c \tag{7.10}$$

가 된다. 여기서 $g\boldsymbol{\Lambda}(x)$가 작은 미소회전(infinitesimal rotation)을 생각하면

$$U(x)=I-ig\boldsymbol{\Lambda}(x),\quad U(x)^{-1}=I+ig\boldsymbol{\Lambda}(x) \tag{7.11}$$

이므로 식 (7.8)로부터

$$\boldsymbol{A}'_{\mu}(x)=\boldsymbol{A}_{\mu}(x)+\frac{g}{q}\partial_{\mu}\boldsymbol{\Lambda}(x)+ig[\boldsymbol{A}_{\mu}(x),\boldsymbol{\Lambda}(x)] \tag{7.12}$$

를 얻는다. $g=q$로 놓고 Pauli 행렬의 교환관계를 이용하면

$$A'^{a}_{\mu}(x)=A^{a}_{\mu}(x)+\partial_{\mu}\lambda^{a}(x)-g\varepsilon^{abc}A^{b}_{\mu}(x)\lambda^{c}(x) \tag{7.13}$$

을 얻는다. 식 (7.13)을 식 (2.71)과 비교할 때 식 (7.13)의 마지막 항은 식 (7.12)의 마지막 항이 0이 아닌 것이 다르다. 이것은 식 (7.9)의 $T^{a}=\frac{1}{2}\tau^{a}$가 서로 교환가능하지 않기 때문에 생기며, 식 (7.2), (7.3)과 같은 변환을 비아벨리안(non-abelian) 게이지 변환이라 부른다. 이 때는 $\boldsymbol{A}_{\mu}(x)$들도 서로 교환가능하지 않다.

이 경우의 Lagrangian을 얻기 위하여 식 (7.5)를 참고하여

$$D'_{\mu}=\partial_{\mu}+ig\boldsymbol{A}'_{\mu}(x) \tag{7.6b}$$

를 사용하면,

$$\begin{aligned} D'_{\mu}\Psi'(x) &=[\partial_{\mu}+ig\boldsymbol{A}'_{\mu}]U\Psi(x) \\ &=[\partial_{\mu}+ig\left\{U(x)\boldsymbol{A}_{\mu}(x)U^{-1}(x)+\frac{i}{g}(\partial_{\mu}U)U^{-1}\right\}]U\Psi(x) \\ &=UD_{\mu}\Psi(x) \end{aligned} \tag{7.14}$$

이므로 이 경우 식 (7.1a)에 해당하는 게이지 불변인 Lagrangian은

$$L_{0}=\overline{\Psi}(i\not{D}-m)\Psi \tag{7.15}$$

가 된다. 이 식의 모양은 식 (7.1a)의 첫 식과 같으나 $\Psi(x)$, D_μ의 내용이 다르다.

전자기 텐서에 해당되는 게이지 장 텐서를 구해 보자. 이 텐서는 $\boldsymbol{A}_\mu(x)$의 미분으로 이루어졌을 것인데 이 텐서가 주는 게이지 불변인 Lagrangian은 식 (7.1a)에서 약간 벗어난 형태가 될 것을 기대한다. 이 텐서를 $\boldsymbol{F}_{\mu\nu}$라면, 게이지 변환에 대하여 불변인 양을 만들기 위하여

$$\begin{aligned} \boldsymbol{F}_{\mu\nu} &= D_\mu \boldsymbol{A}_\nu - D_\nu \boldsymbol{A}_\mu \\ &= \frac{1}{2}\tau^a F^a{}_{\mu\nu} \end{aligned} \tag{7.16}$$

모양을 기대한다. 그러면

$$\begin{aligned} \boldsymbol{F}'_{\mu\nu} &= D'_\mu \boldsymbol{A}'_\nu - D'_\nu \boldsymbol{A}'_\mu \\ &= D'_\mu\left\{U(x)\ \boldsymbol{A}_\nu(x) U^\dagger(x) + \frac{i}{g}(\partial_\nu U)U^\dagger\right\} \\ &\quad - D'_\nu\left\{U(x)\ \boldsymbol{A}_\mu(x) U^\dagger(x) + \frac{i}{g}(\partial_\mu U)U^\dagger\right\} \end{aligned} \tag{7.17a}$$

에서 특히

$$\begin{aligned} D'_\mu\{U(x)\ \boldsymbol{A}_\nu(x) U^\dagger(x)\} &= D'_\mu\{U(x)\ \boldsymbol{A}_\nu(x)\}U^\dagger + U(x)\ \boldsymbol{A}_\nu\partial_\mu U^\dagger \\ &= U(x)(D_\mu\ \boldsymbol{A}_\nu)U^\dagger + U(x)\ \boldsymbol{A}_\nu\partial_\mu U^\dagger \end{aligned} \tag{7.17b}$$

를 생각하면

$$\begin{aligned} \boldsymbol{F}'_{\mu\nu} = &\ U(x)\ \boldsymbol{F}_{\mu\nu}U^\dagger + U(x)\ \boldsymbol{A}_\nu\partial_\mu U^\dagger - U(x)\ \boldsymbol{A}_\mu\partial_\nu U^\dagger \\ &+ \frac{i}{g}D'_\mu\{(\partial_\nu U)U^\dagger\} - \frac{i}{g}D'_\nu\{(\partial_\mu U)U^\dagger\} = U(x)\ \boldsymbol{F}_{\mu\nu}U^\dagger \end{aligned} \tag{7.17c}$$

가 된다. 이 식의 마지막 과정의 증명은 문제로 남긴다. 또 식 (7.9)로부터

$$\begin{aligned}\frac{1}{2}\tau^a F^a{}_{\mu\nu} &= D_\mu \boldsymbol{A}_\nu - D_\nu \boldsymbol{A}_\mu \\ &= (\partial_\mu - ig\frac{1}{2}\tau^a A^a{}_\mu)\frac{1}{2}\tau^b A^b{}_\nu - (\partial_\nu - ig\frac{1}{2}\tau^a A^a{}_\nu)\frac{1}{2}\tau^b A^b{}_\mu \\ &= \frac{1}{2}\tau^c(\partial_\mu A^c{}_\nu - \partial_\nu A^c{}_\mu + g\varepsilon^{cab} A^a{}_\mu A^b{}_\nu) \qquad (7.17\text{d}) \\ \therefore\ F^a{}_{\mu\nu} &= (\partial_\mu A^a{}_\nu - \partial_\nu A^a{}_\mu + g\varepsilon^{abc} A^b{}_\mu A^c{}_\nu), \\ \text{또는}\quad \boldsymbol{F}_{\mu\nu} &= (\partial_\mu \boldsymbol{A}_\nu - \partial_\nu \boldsymbol{A}_\mu + g\,\boldsymbol{A}_\mu \times \boldsymbol{A}_\nu)\end{aligned}$$

를 얻는다. 비아벨리안 이론의 게이지 장이 전기자기장과 다른 것은 위의 g 항이 더 나오는 것이다.

[문제 7.1] 식 (7.17c)에서 다음 관계를 증명하여라.

$$U(x)\ \boldsymbol{A}_\nu \partial_\mu U^\dagger - U(x)\ \boldsymbol{A}_\mu \partial_\nu U^\dagger + \frac{i}{g}D'_\mu\{(\partial_\nu U)U^\dagger\} - \frac{i}{g}D'_\nu\{(\partial_\mu U)U^\dagger\} = 0 \qquad (7.17\text{e})$$

따라서 게이지 변환에 대하여 불변인 Lagrangian은 게이지 장에 대하여는

$$L_{field} = -\frac{1}{4}\ F^a{}_{\mu\nu}\ F^{a\,\mu\nu} = -\frac{1}{2}\,Tr(\ \boldsymbol{F}_{\mu\nu}\ \ \boldsymbol{F}^{\mu\nu}) \qquad (7.18)$$

라 할 수 있고 전체 Lagrangian은 다음과 같이 쓸 수 있다.

$$L = L_0 + L_{field} = \overline{\Psi}(i\not{D} - m)\Psi - \frac{1}{2}\,Tr[\ \boldsymbol{F}_{\mu\nu}(x)\ \ \boldsymbol{F}^{\mu\nu}(x)] \qquad (7.19)$$

이 결과로부터 다음 사항을 새로 알게 된다.

(i) 게이지 장과 페르미온 사이의 상호작용은 L_0으로부터

$$L_{ffg} = -g\overline{\Psi}\gamma^\mu \frac{1}{2}\tau^a \Psi A^a{}_\mu \qquad (7.20)$$

에 의하여 기술됨을 알 수 있고,

(ii) L_{field}에서 알 수 있는 바와 같이

$$L_3 = \frac{1}{2} g\varepsilon^{abc} A^{b\mu} A^{c\nu}(\partial_\mu A^a{}_\nu - \partial_\nu A^a{}_\mu) \tag{7.21a}$$

$$L_4 = -\frac{1}{4} g^2 \varepsilon_{abe}\varepsilon_{cde} A^a{}_\mu A^b{}_\mu A^{c\mu} A^{d\nu} \tag{7.21b}$$

가 있어, 3개 또는 4개의 $A^a{}_\mu$들이 결합(couple)하는 경우가 생긴다. 이와 같은 장끼리 작용하는 경우는 광자에 대하여는 일어나지 않는 현상이고 비아벨리안 게이지 장에서 일어나는 특이한 현상이다. 위와 같이 게이지 장이 페르미온과 결합하는 경우나 장끼리 결합하는 경우를 모두 1개의 결합상수 g를 사용한 것을 안다. 만일 이들이 다른 결합상수를 각각 사용하는 경우는 게이지 불변이 성립하지 않는다.

만일 SU(n)에서 생각한다면, 발생자 $\boldsymbol{T}$를 다음 성질

$$T^a = \frac{1}{2}\lambda^a, \quad [\frac{1}{2}\lambda^a, \frac{1}{2}\lambda^b] = if^{abc}\frac{1}{2}\lambda^c \tag{7.22}$$

을 만족하는 $n\times n$ 행렬을 도입하는 경우(a = 1, 2, ⋯, n)이며 같은 논의를 거쳐 게이지 장에 대한 식을 얻는데, 그 결과는 앞에서 얻은 것과 같은 형태가 된다. 다만, 식 (7.12), (7.17d), (7.20), (7.21) 등에서 $\tau^a \to \lambda^a$, $\varepsilon^{abc} \to f^{abc}$로 대치한 결과를 얻는다. 예를 들어 특히, SU(3)에서는 λ^a는 3×3 행렬인 Gell-mann 행렬이다.

7.1.2 자발적인 대칭성의 깨어짐

앞에서 논의한 게이지 장의 Lagrangian을 보면 게이지 장인 벡터 장의 질량 항이 없다. 즉 $M^2 A^a{}_\mu A^a{}_\nu g^{\mu\nu}$ 항 같은 것은 게이지 변환에 대하여 불변이 아니다. 따라서 지금까지 논의한 게이지 장은 정지질량이 없는 경우에 해당된다. 여기에 질량을 넣어 주는 것은 이미 초전도 이론에서 물질 안에서 광자에 질량을 주는 Ginzburg-Landau 이론에서 나온 방법을 도입하면 얻을 수 있다. 입자물리학에서는 소위 Higgs 방법(mechanism)을 통하여 이것이 실현될 수 있다.

이 과정은 스칼라 장 ϕ를 도입하여 이루어진다. 스칼라 장과 게이지 장으로 이루어진 계

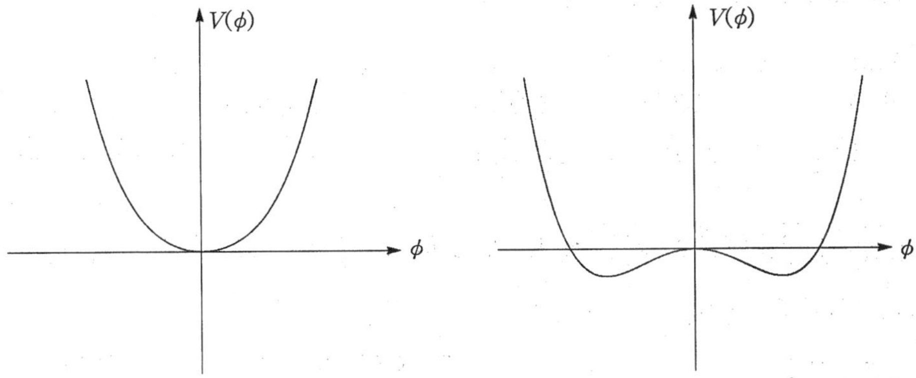

그림 7.1 (a) $\mu^2, \lambda \geq 0$인 경우 (b) 자발적인 대칭의 깨어짐, $\mu^2 < 0$인 경우

를 생각하자. 먼저 스칼라 장의 Lagrangian은

$$
\begin{aligned}
L_\phi &= (\partial_\mu \phi)(\partial^\mu \phi^*) - V(\phi) \\
&= (\partial_\mu \phi)(\partial^\mu \phi^*) - \mu^2 |\phi|^2 - \lambda |\phi|^4
\end{aligned}
\tag{7.23}
$$

인데, 특히 그림 7.1에서 보는 바와 같이 (a)의 경우에는 $\phi=0$이 V가 극소점이 되는 대칭을 나타내는데, 만일 매개상수를 $\mu^2<0$으로 택하면 그림 (b)에서 보는 바와 같이 $\phi=0$은 극대점이고 불안정한 점이 되고, 극소점은

$$
\frac{\partial V}{\partial |\phi|} = 2\mu^2 |\phi| + 4\lambda |\phi|^3 = 0 \tag{7.24}
$$

을 만족하는 $|\phi|$ 값, 즉

$$
|\phi| = \sqrt{-\frac{\mu^2}{2\lambda}} = \frac{v}{\sqrt{2}}, \quad \left(v \equiv \sqrt{-\frac{\mu^2}{\lambda}} > 0 \right) \tag{7.25}
$$

이고 안정한 바닥상태(진공이라고도 함)라 할 수 있다. 이 그림 7.1(b)에서 보는 바와 같이 $|\phi|=0$인 지점은 항상 대칭을 유지하는 지점이나 만일 바닥상태인 $|\phi| = \frac{v}{\sqrt{2}}$를 진공으로 잡으면 대칭성은 깨어진다. 이 때 진공상태는 유일하지 않고 복소수 함수에서는

$$\phi = \frac{v}{\sqrt{2}} e^{-i\theta}, \quad (0 \leq \theta \leq \pi) \tag{7.26}$$

와 같이 θ를 바꿈으로써 임의로 다른 진공상태로 바꿀 수 있다. 진공상태는 무수히 많다. 이와 같이 Langrangian은 게이지 변환에 대하여 불변임을 유지하지만 대칭성이 깨어지므로 이 과정을 자발적인 대칭성의 깨어짐이라 부른다.

특히 여기서 진공을 $\theta = 0$으로 고정하여 $\phi_0 = \frac{v}{\sqrt{2}}$(실수 값)로 잡고 이 진공 주위에 대한 스칼라 입자의 행위를 조사해 보자. 즉

$$\phi(x) = \frac{1}{\sqrt{2}} \{v + \xi(x) + i\eta(x)\} \tag{7.27}$$

라 놓고 $\mu^2 = -\lambda v^2$라 놓으면, 진공에서는 $\xi(x)$, $\eta(x)$는 0인 값을 가진다. 그러면 식 (7.23)은 다음과 같아진다.

$$\begin{aligned} L &= \frac{1}{2}\partial_\mu \xi(x)\ \partial^\mu \xi(x) + \frac{1}{2}\partial_\mu \eta(x)\ \partial^\mu \eta(x) \\ &\quad + \frac{1}{2}\lambda v^2 \{(v+\xi)^2 + \eta^2\} - \frac{1}{4}\lambda\{v^2 + 2v\xi + \xi^2 + \eta^2\}^2 \\ &= \frac{1}{2}\partial_\mu \xi(x)\ \partial^\mu \xi(x) - (\lambda v^2)\xi^2(x) + \frac{1}{2}\partial_\mu \eta(x)\ \partial^\mu \eta(x) \\ &\quad - \frac{1}{4}\lambda(\xi^2 + \eta^2)^2 - \lambda v\xi(\xi^2 + \eta^2) + const \end{aligned} \tag{7.28}$$

이 식 (7.21)에서 진공에서는 0인 함수 $\xi(x)$, $\eta(x)$에 대한 식으로서 이 함수의 고차 항을 무시하면, $\xi(x)$는 질량

$$m^2{}_\xi = 2\lambda v^2 \tag{7.29}$$

를 갖게 되고, $\eta(x)$는 질량이 없는 상태로 남는다. 이것은 대칭성을 깰 때 깨는 방향 성분은 질량을 얻게 되지만 다른 성분은 질량이 없는 상태가 생긴다는 Goldstone 정리이며, 이 때 질량이 없는 상태를 Goldstone 보존이라 부른다. 대칭성을 자발적으로 깰 때는 항상 Goldstone 보존이 나타난다. 이것은 물리적으로 나타나지 않는 입자이므로 이것을 처리하고 게이지 보존에 질량을 주는 방법을 동시에 해결하는 방법이 Higgs 방법으로 알려졌다.

[문제 7.2] 식 (7.23)에 식 (7.27)을 이용하면 식 (7.28)을 얻음을 보여라.

7.1.3 Higgs 방법(Mechanism)

스칼라 입자와 게이지 장으로 구성된 계에서 Lagrangian은 식 (7.23)으로부터 보통의 미분 대신 공변미분

$$D_\mu \phi(x) = [\partial_\mu + igA_\mu(x)]\phi(x) \tag{7.30}$$

와 게이지 장의 Lagrangian L_{field}를 더해 주어 얻는다. 즉,

$$L = [D_\mu \phi(x)][D^\mu \phi(x)]^* - \mu^2|\phi|^2 - \lambda|\phi|^4 - \frac{1}{4}F_{\mu\nu}(x)F^{\mu\nu}(x) \tag{7.31}$$

이 식은 게이지 변환

$$\begin{aligned} &\phi(x) \to \phi'(x) = e^{-ig\Lambda(x)}\phi(x), \\ &A_\mu(x) \to A'_\mu(x) = A_\mu(x) + \partial_\mu \Lambda(x) \end{aligned} \tag{7.32}$$

에 대하여 불변이다. 여기에 앞에서 논의한 대칭성의 자발적 깨어짐을 넣어 주면, 즉 $\mu^2 = -\lambda v^2$와 식 (7.27)을 사용하면, Lagrangian은 식 (7.28)을 포함하여 다음과 같이 된다.

$$\begin{aligned} L =& \frac{1}{2}\partial_\mu \xi(x)\ \partial^\mu \xi(x) - \frac{1}{2}(2\lambda v^2)\xi^2(x) - \frac{1}{4}F_{\mu\nu}(x)F^{\mu\nu}(x) + \frac{1}{2}(gv)^2 A_\mu(x)A^\mu(x) \\ &+ \frac{1}{2}\partial_\mu \eta(x)\ \partial^\mu \eta(x) + gvA^\mu(x)\partial_\mu \eta(x) + R \end{aligned} \tag{7.33}$$

여기서 R 항에는 장의 3차, 4차 항이 포함되었고 상수항도 포함되었다. 이 결과는 게이지 장이 질량 $|gv|$를 갖게 됨을 나타내고 있다. 그러나 여전히 질량이 없는 Goldstone 보존 항이 남아 있고 이것과 게이지 장이 결합하는 항도 있다. 바람직스럽지 않는 마지막 항을 없애기 위하여서는 식 (7.27)에서 허수 항인 $\eta(x)$항이 없는 경우를 생각할 수 있다. 이것은

$\phi(x)$를 회전시켜 허수 항이 없는 새로운 $\phi'(x)$를 만들면 가능해진다. 즉 식 (7.27) 대신에 $\phi(x)$를 진폭(modulus)과 위상(phase)를 사용하여 다음과 같이 표시하자.

$$\phi(x)=\frac{1}{\sqrt{2}}\{v+H(x)\}e^{i\frac{\theta(x)}{v}} \tag{7.34}$$

그러면 $\phi'(x)$은 $H'(x)$, $\theta'(x)$로 표시할 수 있는데 식 (7.32)를 이용하면

$$\phi'(x)=\frac{1}{\sqrt{2}}\{v+H'(x)\}e^{i\frac{\theta'(x)}{v}}=e^{-ig\Lambda(x)}\frac{1}{\sqrt{2}}\{v+H(x)\}e^{i\frac{\theta(x)}{v}} \tag{7.35}$$

가 되므로

$$H'(x)=H(x), \qquad \theta'(x)=\theta(x)-gv\Lambda(x) \tag{7.36}$$

라 할 수 있다. 따라서 만일 $\Lambda(x)$를

$$\Lambda(x)=\frac{1}{gv}\theta(x) \tag{7.37}$$

로 택하면 $\theta'(x)=0$이 되고 $\phi'(x)$는 실수값만을 갖게 된다. 이것의 물리적 의미를 살펴보면, 앞에서 다루었던 Goldstone 방식(mode)은 다른 진공을 구별해 주는 매개상수 공간에서의 진동을 나타낸다. Goldstone 파는 $\theta(x)$ 장의 양자이다. 여기에서는 위상 $\Lambda(x)$를 식 (7.37)으로 택함으로써 $\theta'(x)=0$이 되어 질량이 없는 Goldstone 보존은 나타나지 않는다. 다시 말해서 게이지를 적당히 택하여 불필요한 차원을 없앴다(gauged away). 따라서 새로 택한 양으로

$$A'_\mu(x)=A_\mu(x)+\frac{1}{gv}\partial_\mu\theta(x) \tag{7.38}$$

$$\phi'(x)=\frac{1}{\sqrt{2}}\{v+H(x)\} \tag{7.39}$$

를 얻는다. 식 (7.31)은 게이지 변환에 불변인 Lagrangian이므로 이 식에 식 (7.38), (7.39)를

대입하면 $\theta(x)$항은 Lagrangian에 나타나지 않을 것이 기대하는 바와 같다. 실제로 이 때 Lagrangian은 다음과 같이 된다.

$$
\begin{aligned}
L &= \frac{1}{2}\{[\partial_\mu + igA_\mu(x)][v+H(x)]\}\{[\partial^\mu + igA^\mu(x)][v+H(x)]\}^* \\
&\quad - \frac{(-\lambda v^2)}{2}[v+H(x)]^2 - \frac{\lambda}{4}[v+H(x)]^4 - \frac{1}{4}F_{\mu\nu}(x)F^{\mu\nu}(x) \\
\therefore\ L &= \frac{1}{2}[\partial_\mu H(x)][\partial^\mu H(x)] - \lambda v^2 H^2(x) - \frac{1}{4}F_{\mu\nu}(x)F^{\mu\nu}(x) + \frac{1}{2}g^2v^2A_\mu A^\mu \\
&\quad + \frac{1}{2}g^2H^2(x)A_\mu A^\mu + vH(x)A_\mu A^\mu - \lambda vH^3(x) - \frac{1}{4}\lambda H^4(x) + \frac{1}{4}\lambda v^4
\end{aligned} \tag{7.40}
$$

따라서 식 (7.40)은 게이지 보존이 질량 (gv)을 갖게 되고 Goldstone 보존은 없어졌으며, 질량 $\sqrt{2\lambda v^2}$을 가진 스칼라 입자인 Higgs 입자가 나타났다. 이 식의 넷째 줄에서 마지막 항은 상수항으로서 의미가 없으며, 그 외 나머지 항은 게이지 장과 Higgs 장 사이의 상호작용과 자기 자신의 상호작용들을 나타낸다. 이 경우에 게이지 장이 질량을 얻으면서 종편극을 갖기 위하여 질량이 없는 Goldstone 보존을 삼켰다고도 말한다. 이것이 게이지 입자에게 질량을 주고 Goldstone 보존입자를 없애는 한 방법이 된다. 이것을 Higgs 방법(mechanism)이라 부른다(여기서는 abelian적). 이 방법은 초전도 이론에서 물질 안에 있는 광자에 질량을 주어 자기장이 초전도 물질 안에 들어가지 못하게 하는 데 이용되었었다. 이제 이 방법을 실제 입자물리 문제에 응용해 보자.

[문제 7.3] 식 (7.33)을 얻는 과정을 따라 증명하여라.

7.2 전기약작용(Electroweak interaction): Glashow-Weinberg-Salam 모형

앞에서 다룬 Higgs 방법을 이용하여 Weinberg와 Salam은 전기적 상호작용과 약한 상호작용을 통합한 전기약작용 이론을 얻었다. 이제 Higgs 방법을 국소적 SU(2)×U(1) 게이지 대칭을 자발적으로 깨는 데 이용해 보자.

이들은 약한 상호작용에서는 하전 공간(isospin space)에서 입자들이 이중항(doublet)을 이루고 있다고 생각하였다. 렙톤에서 같은 종류의 렙톤인 중성미자와 왼쪽 렙톤이 소위 약한 하전 스핀(weak isospin) $I_W=\frac{1}{2}$의 이중항을 이루고

$$\begin{pmatrix} \nu_e \\ e \end{pmatrix}_L, \begin{pmatrix} \nu_\mu \\ \mu \end{pmatrix}_L, \begin{pmatrix} \nu_\tau \\ \tau \end{pmatrix}_L \tag{7.41}$$

이들 사이에는 W 입자가 작용한다. 여기서 왼쪽 렙톤 l_L은

$$l_L=\frac{1}{2}(1-\gamma^5)l, \quad (l=e,\ \mu,\ \tau) \tag{7.42}$$

을 의미한다. 또 전하를 띤 렙톤은 또 오른쪽 렙톤

$$l_R=\frac{1}{2}(1+\gamma^5)l, \quad (l=e,\ \mu,\ \tau) \tag{7.43}$$

을 포함하는데, 이들 (e_R, μ_R, τ_R)은 약한 하전 스핀의 단일항(singlet) $I_W=0$을 이룬다. 전하를 띤 렙톤은 둘로 나누어 생각할 수 있으나 중성미자는 왼쪽 렙톤으로만 존재하므로 이렇게 분리하는 것이 이해가 된다. 마찬가지로 쿼크들에 대하여서도 렙톤과 같이 약한 하전 스핀의 이중항들과 단일항으로 이루어진다고 생각하고 있다. 즉 쿼크들은

$$\begin{pmatrix} u \\ d \end{pmatrix}_L, \begin{pmatrix} c \\ s \end{pmatrix}_L, \begin{pmatrix} t \\ b \end{pmatrix}_L, \ u_R, d_R, s_R, c_R, b_R, t_R \tag{7.44}$$

가 된다.

이들에 대하여 앞 절에서 도입된 Higgs 방법을 적용해 보자. 먼저 SU(2) 공간에서 복소 스칼라 장의 이중항(doublet)

$$\phi(x)=\begin{pmatrix} \phi_a(x) \\ \phi_b(x) \end{pmatrix}=\frac{1}{\sqrt{2}}\begin{pmatrix} \phi_1+i\phi_2 \\ \phi_3+i\phi_4 \end{pmatrix} \tag{7.45}$$

을 생각한 식 (7.23)에 해당되는 Lagrangian은 다음과 같다.

$$L = (\partial_\mu \phi)^\dagger (\partial^\mu \phi) - \mu^2 \phi^\dagger \phi - \lambda (\phi^\dagger \phi)^4 \tag{7.46}$$

이 식은 앞에서 나온 식 (7.3)에 해당되는 SU(2) 게이지 변환

$$\phi(x) \to \phi'(x) = \exp\left(-ig\Lambda_i(x) \frac{\tau_i}{2} \right) \phi(x) \tag{7.47}$$

에 대하여 불변하기 위해서는 식 (7.6a)에서와 같이 미분 ∂_μ 대신에 공변미분

$$D_\mu = \partial_\mu + ig \frac{\tau^i}{2} W^i_\mu \tag{7.48}$$

을 써야 함은 이미 이야기하였다. 또 게이지 장의 삼중항(triplet)인 $W^i{}_\mu$는 미소 게이지 변환

$$\phi(x) \to \phi'(x) = \left[1 - \frac{i}{2} g \, \boldsymbol{\Lambda}(x) \cdot \boldsymbol{\tau} \right] \phi(x) \tag{7.49}$$

에 대하여 식 (7.13)과 같이 변한다. 즉 여기서는

$$\boldsymbol{W}_\mu \to \boldsymbol{W}'_\mu = \boldsymbol{W}_\mu + \partial_\mu \boldsymbol{\Lambda} + g \boldsymbol{\Lambda} \times \boldsymbol{W}_\mu \tag{7.50}$$

가 된다. 따라서 게이지 변환에 대하여 불변인 Lagrangian은

$$\begin{aligned} L \ &= \left(\partial_\mu \phi + ig \frac{\boldsymbol{\tau}}{2} \cdot \boldsymbol{W}_\mu \phi \right)^\dagger \left(\partial^\mu \phi + ig \frac{\boldsymbol{\tau}}{2} \cdot \boldsymbol{W}^\mu \phi \right) \\ &\quad - \mu^2 \phi^\dagger \phi - \lambda (\phi^\dagger \phi)^4 - \frac{1}{4} \boldsymbol{F}_{\mu\nu} \cdot \boldsymbol{F}^{\mu\nu} \end{aligned} \tag{7.51}$$

가 된다. 여기서 $\boldsymbol{F}_{\mu\nu}$는 식 (7.17d)와 같은 모양으로 정의된 값으로서

$$\boldsymbol{F}_{\mu\nu} = \partial_\mu \boldsymbol{W}_\nu - \partial_\nu \boldsymbol{W}_\mu + g \boldsymbol{W}_\mu \times \boldsymbol{W}_\nu \tag{7.52}$$

이다. 자발적으로 대칭성을 깨는 데 이용하는 항상 쓰는 방법으로는 $\mu^2 < 0$, $\lambda > 0$을 생각하

면, 포텐셜은

$$\phi^{\dagger}\phi = -\frac{\mu^2}{2\lambda} \equiv \frac{v^2}{2} \tag{7.53a}$$

에서 최소값을 가진다. 이 값을 실수값을 갖는 장으로 표시해 보면

$$\begin{aligned}\phi^{\dagger}\phi &= (\phi^*_a \ \phi^*_b)\begin{pmatrix}\phi_a \\ \phi_b\end{pmatrix} = \phi^*_a\phi_a + \phi^*_b\phi_b \\ &= \frac{1}{2}(\phi^2{}_1 + \phi^2{}_2 + \phi^2{}_3 + \phi^2{}_4) = \frac{v^2}{2}\end{aligned} \tag{7.53b}$$

가 된다. 이 식을 만족하는 ϕ_i의 값은 여러 가지로 택할 수 있다. 이것으로 SU(2) 대칭은 자발적으로 깨졌다. 특히 진공을 SU(2) 공간에서 한 방향

$$\phi_1 = \phi_2 = \phi_4 = 0, \quad \phi^2{}_3 = v^2 \tag{7.54}$$

로 잡으면 진공은 식 (7.45)로부터

$$\phi_0 = \frac{1}{\sqrt{2}}\begin{pmatrix}0 \\ v\end{pmatrix} \tag{7.55}$$

이고, 진공 주위에서 움직이는 함수 $\phi(x)$를 조사하자. 앞에서 논의한 바와 같이 임의의 $\phi(x)$를

$$\phi(x) = \frac{1}{\sqrt{2}}\exp\left\{\frac{i\ \boldsymbol{\theta}(x)\cdot\boldsymbol{\tau}}{2v}\right\}\begin{pmatrix}0 \\ v+H(x)\end{pmatrix} \tag{7.56}$$

라 놓고 게이지 매개상수항 $\Lambda(x)$를 적당히 택함으로써 $\boldsymbol{\theta}$항을 없앨 수 있다. 즉 국소적 SU(2) 변환식 (7.47)에 의하여

$$\phi(x) \to \phi'(x) = \frac{1}{\sqrt{2}}\exp\left\{\frac{i\ \boldsymbol{\theta}'(x)\cdot\boldsymbol{\tau}}{2v}\right\}\begin{pmatrix}0 \\ v+H'(x)\end{pmatrix}$$

$$= \exp\left(-ig\Lambda_i(x)\frac{\tau_i}{2}\right)\frac{1}{\sqrt{2}}\exp^{\frac{i\,\theta(x)\cdot\tau}{2v}}\begin{pmatrix}0\\ v+H(x)\end{pmatrix} \tag{7.57}$$

$$= \frac{1}{\sqrt{2}}\exp\left\{\frac{i[\,\theta_i(x)-gv\,\Lambda_i(x)]\,\tau_i}{2v}\right\}\begin{pmatrix}0\\ v+H(x)\end{pmatrix}$$

가 되는데 특히 $\Lambda_i(x)$를

$$\boldsymbol{\Lambda}(x) = \frac{\boldsymbol{\theta}(x)}{gv} \tag{7.58}$$

되게 택하면 $\boldsymbol{\theta}'(x)=0$, $H'=H$가 된다. 따라서 새로 택한 장은 (′)를 생략하면

$$\phi(x) = \frac{1}{\sqrt{2}}\begin{pmatrix}0\\ v+H(x)\end{pmatrix} \tag{7.59}$$

이 되어 $\boldsymbol{\theta}(x)$와는 관련이 없게 된다. 이 식을 Lagrangian식 (7.51)에 넣어 주면

$$\begin{aligned} L &= [\tfrac{1}{2}(\partial_\mu H)^2 - \lambda v^2 H^2] + \frac{g^2v^2}{8}[(W_\mu{}^1)^2 + (W_\mu{}^2)^2 + (W_\mu{}^3)^2] \\ &\quad + (\text{고차원 항}) + (W_\mu{}^i \text{ 장의 운동 에너지 항}) \end{aligned} \tag{7.60}$$

을 얻는다. 이 결과에서 Higgs 입자와 W 입자의 질량

$$\begin{aligned} m_H &= \sqrt{2\lambda v^2} = \sqrt{-2\mu^2}, \\ m_W &= \frac{1}{2}gv \end{aligned} \tag{7.61}$$

를 얻을 수 있다. 이 때 3개의 게이지 보존이 원하지 않는 Goldstone 보존은 삼켜 질량을 갖게 된 것을 보였다.

실제 우리가 원하는 것은 전기적 상호작용까지를 생각하여 U(1)을 포함한 4개의 게이지 중에서 3개는 질량을 갖게 되어 $W^\pm$, Z를 만들고 광자는 질량이 없는 상태로 남는 것이 바람직하다. 그러기 위해서 앞에서 논의한 U(1) 게이지와 SU(2) 게이지를 합하여 생각하는 방법으로 전기적 상호작용과 약한 상호작용을 함께 생각함으로써 이 두 상호작용을

포함하는 통일이론(unified theory)을 만들게 되었다. 이 때 SU(2) 게이지에 도입된 결합상수와 U(1) 게이지에 도입된 결합상수는 같을 이유가 없다. 따라서 페르미온 Ψ_L, Higgs 방법을 위한 스칼라 항을 포함하는 SU(2)×U(1) 공간에서 정의된 장에 대하여는 공변미분

$$iD_\mu = i\partial_\mu - g\,\boldsymbol{T}\cdot\ \boldsymbol{W}_\mu - \frac{g'}{2}YB_\mu \tag{7.62}$$

을 도입하고 ($T=\frac{1}{2}\tau$)SU(2) 공간의 영향을 받지 않는 페르미온 Ψ_R에 대하여는

$$iD_\mu = i\partial_\mu - \frac{g'}{2}YB_\mu \tag{7.63}$$

를 사용하면, Lagrangian은 다음과 같이 된다고 할 수 있다.

$$\begin{aligned} L =\ & \overline{\Psi}_L\gamma^\mu\left[i\partial_\mu - g\,\boldsymbol{T}\cdot\ \boldsymbol{W}_\mu - \frac{g'}{2}YB_\mu\right]\Psi_L + \overline{\Psi}_R\gamma^\mu\left[i\partial_\mu - \frac{g'}{2}YB_\mu\right]\Psi_R \\ & - \frac{1}{4}\ \boldsymbol{W}_{\mu\nu}\cdot\ \boldsymbol{W}^{\mu\nu} - \frac{1}{4}\ B_{\mu\nu}\cdot\ B^{\mu\nu} \\ & + \left(i\partial_\mu\phi - g\frac{\boldsymbol{\tau}}{2}\cdot\ \boldsymbol{W}_\mu\phi - \frac{g'}{2}YB_\mu\phi\right)^\dagger\left(i\partial^\mu\phi - g\frac{\boldsymbol{\tau}}{2}\cdot\ \boldsymbol{W}^\mu\phi - \frac{g'}{2}YB_\mu\phi\right) \\ & - \mu^2\phi^\dagger\phi - \lambda(\phi^\dagger\phi)^2 \end{aligned} \tag{7.64}$$

여기서 페르미온의 질량 항과 보존들의 질량 항은 포함되지 않았다. 그 이유는 이 항들은 SU(2) 게이지 변환에 대하여 불변하지 않기 때문이다. 그리고 네 성분을 가진 스칼라 장 ϕ^i는 SU(2) ×U(1) 다중항이어야 한다. 여기서 Y는 약한 초전하(weak hypercharge) 연산자이다. 다중항에 소속된 입자들은 항상 같은 Y값을 가진다. 또 $\boldsymbol{W}_{\mu\nu}$는 식 (7.52)의 $\boldsymbol{F}_{\mu\nu}$를 의미하며, $B_{\mu\nu}$는 아벨리안 게이지 장 B_μ로 만든 장 텐서이다. 이 외에도 페르미온의 질량을 복원하기 위하여서는 스칼라와 페르미온 사이의 상호작용항인 Yukawa 항이 들어오게 되는데 이것은 뒤에 논의하기로 하자.

여기에 Higgs 방법을 적용하기 위하여 지금까지 해 왔던 것처럼 $\mu^2<0,\ \lambda>0$으로 택하자. 또 Weinberg가 한 것처럼 ϕ^i를 약한 하전 스핀 이중항과 초전하 $Y=1$이 되도록 배치하자. 즉

$$\phi=\begin{pmatrix}\phi^+\\ \phi^0\end{pmatrix}=\frac{1}{\sqrt{2}}\begin{pmatrix}\phi_1+i\phi_2\\ \phi_3+i\phi_4\end{pmatrix} \tag{7.65}$$

라 하고, 여기서 ϕ^+와 ϕ^0는 각각 전하 +1과 0을 가진다. 이들은 약한 상호작용에서 Gellmann-Nishijima 공식

$$Q/|e|=I_3+\frac{Y}{2} \tag{7.66}$$

을 만족함을 알 수 있다. 역시 이전과 같이 진공을 SU(2) 공간에서 한 특정한 방향으로 잡아

$$\phi_0=\frac{1}{\sqrt{2}}\begin{pmatrix}0\\ v\end{pmatrix} \tag{7.55}$$

로 택하고 진공 주위로 전개한 입자상태를 생각해 볼 수 있다. 여기서도 입자상태를

$$\phi(x)=\frac{1}{\sqrt{2}}\begin{pmatrix}0\\ v+H(x)\end{pmatrix} \tag{7.59}$$

로 택한다. 이 경우에는 SU(2)도 깨어질 뿐 아니라 U(1) 대칭도 깨어진다. 식 (7.55)에서 v는 $I_3=-½$, $Y=1$ 따라서 전하량 $Q=0$이므로, Higgs 방법으로도 이것에 해당되는 게이지 입자 하나는 질량이 없는 상태로 남게 된다. 이것은 광자에 해당된다고 할 수 있다.

이제 식 (7.64)를 분석해 보자.

(i) 다시 식 (7.59)를 식 (7.64)에 대입하는 경우, 특히 셋째 항에서

$$\begin{aligned}&\left(\partial^\mu\phi+ig\frac{\boldsymbol{\tau}}{2}\cdot\boldsymbol{W}^\mu\phi+\frac{ig'}{2}YB^\mu\phi\right)\\ &=\frac{1}{\sqrt{2}}\left(\partial^\mu H+i\frac{g'}{2}B^\mu(v+H)\right)\begin{pmatrix}0\\1\end{pmatrix}+\frac{ig}{2\sqrt{2}}\begin{pmatrix}W_3{}^\mu & W_1{}^\mu-iW_2{}^\mu\\ W_1{}^\mu+iW_2{}^\mu & -W_3{}^\mu\end{pmatrix}\begin{pmatrix}0\\1\end{pmatrix}(v+H),\end{aligned} \tag{7.67a}$$

$$\begin{aligned}&\left(\partial_\mu\phi+ig\frac{\boldsymbol{\tau}}{2}\cdot\boldsymbol{W}_\mu\phi+i\frac{g'}{2}YB_\mu\phi\right)^\dagger\\ &=\frac{1}{\sqrt{2}}\left(\partial_\mu H-i\frac{g'}{2}B_\mu(v+H)\right)(0,1)-\frac{ig}{2\sqrt{2}}(0,1)\begin{pmatrix}W_3{}^\mu & W_1{}^\mu-iW_2{}^\mu\\ W_1{}^\mu+iW_2{}^\mu & -W_3{}^\mu\end{pmatrix}(v+H),\end{aligned} \tag{7.67b}$$

이므로

$$\left(i\partial_{\mu}\phi-g\frac{\boldsymbol{\tau}}{2}\cdot\ \boldsymbol{W}_{\mu}\phi-\frac{g'}{2}\ YB_{\mu}\phi\right)^{\dagger}\left(i\partial^{\mu}\phi-g\frac{\boldsymbol{\tau}}{2}\cdot\ \boldsymbol{W}^{\mu}\phi-\frac{g'}{2}\ YB_{\mu}\phi\right)$$
$$=\frac{1}{2}\partial_{\mu}H\partial^{\mu}H+\frac{g'^2}{8}B_{\mu}B^{\mu}(v+H)^2+\frac{g^2}{8}(v+H)^2(\ W_{1\mu}W_1{}^{\mu}+\ W_{2\mu}W_2{}^{\mu}+\ W_{3\mu}W_3{}^{\mu})$$
$$+\frac{1}{\sqrt{2}}\left(\partial_{\mu}H-i\frac{g'}{2}B_{\mu}(v+H)\right)\frac{ig}{2\sqrt{2}}(-W_3{}^{\mu})$$
$$-\frac{1}{\sqrt{2}}\left(\partial^{\mu}H+i\frac{g'}{2}B^{\mu}(v+H)\right)\frac{ig}{2\sqrt{2}}\ (-W_{3\mu}) \tag{7.68}$$

가 되는데, 우선 장의 2차항만을 써 보면 이 식은 다음과 같이 된다.

$$L(3)=\frac{1}{2}\partial_{\mu}H\partial^{\mu}H+\frac{g^2v^2}{8}(\ W_{1\mu}W_1{}^{\mu}+\ W_{2\mu}W_2{}^{\mu})+\frac{v^2}{8}(g\ W_{3\mu}-g'B_{\mu})(gW_3{}^{\mu}-g'B^{\mu}) \tag{7.69}$$

따라서 $W_{\mu}{}^1$, $W_{\mu}{}^2$에 해당되는 입자의 질량은 $m_W=\frac{1}{2}gv$를 갖는데 $W_{\mu}{}^3$과 B_{μ}에 해당되는 입자는 섞인 상태이다. 전하량이 0인 $W_{\mu}{}^3$과 B_{μ}가 식 (7.69)의 마지막 항과 같이 섞여 있는 상태를 Z 입자라 부른다. 이 입자는 질량은 규격화한 후에 명확해진다. 섞인 상태는 일반적으로

$$\begin{aligned} A_{\mu} &= B_{\mu}\cos\theta_W+\ W_{\mu}{}^3\sin\theta_W\ , \\ Z_{\mu} &= -\ B_{\mu}\sin\theta_W+\ W_{\mu}{}^3\cos\theta_W \end{aligned} \tag{7.70}$$

또는

$$\begin{aligned} W_{\mu}{}^3 &= Z_{\mu}\cos\theta_W+A_{\mu}\sin\theta_W \\ B_{\mu} &= -\ Z_{\mu}\sin\theta_W+A_{\mu}\cos\theta_W \end{aligned} \tag{7.71}$$

로 쓸 수 있다. 이 때 θ_W를 와인버그 각(Weinberg angle)이라 부르고

$$\sin\theta_W=\frac{g'}{\sqrt{g^2+g'^2}}\ ,\ \cos\theta_W=\frac{g}{\sqrt{g^2+g'^2}} \tag{7.72}$$

또는 $\tan\theta_W = g'/g$로 정한다. 또 전하를 띠고 있는 W_μ^1, W_μ^2 입자는 다음과 같이 $W^\pm$ 또는 W_μ($W_\mu^\dagger$)로 표시한다.

$$W_\mu^{\pm} = \frac{1}{\sqrt{2}} (W_\mu^1 \mp i W_\mu^2) \tag{7.73}$$

따라서 식 (7.69)는 다음과 같이 쓸 수 있다.

$$L(3) = \frac{1}{2} \partial_\mu H \partial^\mu H + \frac{g^2 v^2}{4} W_\mu^\dagger W^\mu + \frac{v^2}{8} (g^2 + g'^2) Z_\mu Z^\mu \tag{7.74}$$

(ii) 이와 같이 게이지 장을 바꾸어 정의하면 식 (7.64)의 둘째 항은

$$\begin{aligned}
L(2) &= -\frac{1}{4} \boldsymbol{W}_{\mu\nu} \cdot \boldsymbol{W}^{\mu\nu} - \frac{1}{4} B_{\mu\nu} \cdot B^{\mu\nu} \\
&= -\frac{1}{4} (\partial_\mu W_\nu^a - \partial_\nu W_\mu^a + g\varepsilon^{abc} W_\mu^b W_\nu^c \cdot (\partial^\mu W^{a\nu} - \partial_\nu W^{a\mu} + g\varepsilon^{abc} W^{b\mu} W^{cc}) \\
&\quad - \frac{1}{4} (\partial_\mu B_\nu - \partial_\nu B_\mu)(\partial^\mu B^\nu - \partial^\nu B^\mu) \\
&= -\frac{1}{4} (\partial_\mu W_\nu^1 - \partial_\nu W_\mu^1)(\partial^\mu W^{1\nu} - \partial^\nu W^{1\mu}) \\
&\quad - \frac{1}{4} (\partial_\mu W_\nu^2 - \partial_\nu W_\mu^2)(\partial^\mu W^{2\nu} - \partial^\nu W^{2\mu}) \\
&\quad - \frac{1}{4} (\partial_\mu W_\nu^3 - \partial_\nu W_\mu^3)(\partial^\mu W^{3\nu} - \partial^\nu W^{3\mu}) - \frac{1}{4} (\partial_\mu B_\nu - \partial_\nu B_\mu)(\partial^\mu B^\nu - \partial^\nu B^\mu) \\
&\quad + (g\text{를 포함한 장의 고차원 항}) \\
&= -\frac{1}{4} (\partial_\mu W_\nu^+ - \partial_\nu W_\mu^+)(\partial^\mu W^{-\nu} - \partial^\nu W^{-\mu}) \\
&\quad - \frac{1}{4} (\partial_\mu W_\nu^- - \partial_\nu W_\mu^-)(\partial^\mu W^{+\nu} - \partial^\nu W^{+\mu}) \\
&\quad - \frac{1}{4} [\cos\theta_W (\partial_\mu Z_\nu - \partial_\nu Z_\mu) + \sin\theta_W (\partial_\mu A_\nu - \partial_\nu A_\mu)] \\
&\qquad \cdot [\cos\theta_W (\partial^\mu Z^\nu - \partial^\nu Z^\mu) + \sin\theta_W (\partial^\mu A^\nu - \partial^\nu A^\mu)] \\
&\quad - \frac{1}{4} [-\sin\theta_W (\partial_\mu Z_\nu - \partial_\nu Z_\mu) + \cos\theta_W (\partial^\mu A_\nu - \partial^\nu A_\mu)] \\
&\qquad \cdot [-\sin\theta_W (\partial^\mu Z^\nu - \partial^\nu Z^\mu) + \cos\theta_W (\partial^\mu A^\nu - \partial^\nu A^\mu)] \\
&\quad + (g\text{를 포함한 장의 고차원 항})
\end{aligned}$$

$$= -\frac{1}{4}\ W^{+}{}_{\mu\nu}\ W^{-\ \mu\nu} - \frac{1}{4}\ W^{-}{}_{\mu\nu}\ W^{+\ \mu\nu}$$
$$-\frac{1}{4}\ Z_{\mu\nu}\cdot Z^{\mu\nu} - \frac{1}{4}\ F_{\mu\nu}\cdot F^{\mu\nu} + (\text{장의 고차원 항}) \tag{7.75}$$

이 된다. 여기서 $W^{\mu\nu}$, $Z^{\mu\nu}$ 등은 $F^{\mu\nu}$와 같이 장의 미분만으로 정의된 양임에 주의하자.

또 장의 고차원 항은 g를 포함한 항과 g^2를 포함하는 항이 있고 다음과 같이 정리하여 쓸 수 있다. 특히 $g\sin\theta_W = e$를 생각하면 다음 관계식을 얻는다.

$$\begin{aligned}
L_g(2) = \ & ie\{F^{\mu\nu}\ W_\mu{}^{\dagger}\ W_\nu + A^\nu(W^\mu\ W_{\mu\nu}{}^{\dagger} - W^{\mu^\dagger}\ W_{\mu\nu})\} \\
& + ig\cos\theta_W\{Z^{\mu\nu}\ W_\mu{}^{\dagger}\ W_\nu + Z^\nu(W^\mu\ W_{\mu\nu}{}^{\dagger} - W^{\mu^\dagger}\ W_{\mu\nu})\} \\
& - e^2\{\ W_\mu{}^{\dagger}\ W^\mu A_\nu A^\nu - W_\mu{}^{\dagger}\ W_\nu A^\mu A^\nu\} \\
& + \frac{1}{2}g^2\{(\ W_\mu{}^{\dagger}\ W^\mu)^2 - (W_\mu W^\mu)(\ W_\nu{}^{\dagger}\ \ W^{\nu^\dagger}\ )\} \\
& + eg\cos\theta_W\{2(\ W_\mu{}^{\dagger}\ W^\mu)A_\nu Z^\nu - W_\mu{}^{\dagger}\ W_\nu(A^\mu Z^\nu + A^\nu Z^\mu)\} \\
& - g^2\cos^2\theta_W\{\ W_\mu{}^{\dagger}\ W^\mu Z_\nu Z^\nu - W_\mu{}^{\dagger}\ W_\nu Z^\mu Z^\nu\}
\end{aligned} \tag{7.76}$$

[문제 7.4] 식 (7.76)을 증명하여라.

(iii) 다음은 식 (7.64)의 마지막 항을 살펴보자. 식 (7.59)를 이용하면

$$L(4) = -\mu^2\phi^{\dagger}\phi - \lambda(\phi^{\dagger}\phi)^2 = -\lambda v^2H^2(x) - \lambda vH^3(x) - \frac{1}{4}\lambda H^4(x) + \frac{1}{4}\lambda v^4 \tag{7.77}$$

를 얻는다.

(iv) 마지막으로 식 (7.68)에서 높은 장을 포함하는 항을 생각해 보자.

$$\begin{aligned}
L'(3) = \ & \frac{g'^2}{8}B_\mu B^\mu(2vH + H^2) - \left(\frac{gg'}{4}HB^\mu\ W_{3\,\mu}\right) \\
& + \frac{g^2}{8}(2vH + H^2)(\ W_{1\,\mu}\ W_1{}^\mu + W_{2\,\mu}\ W_2{}^\mu + W_{3\,\mu}\ W_3{}^\mu)
\end{aligned}$$

$$\begin{aligned}
&= \frac{1}{4} H\{vg'^2 B_\mu B^\mu + vg^2 W_{3\mu} W_3{}^\mu - gg' B^\mu W_{3\mu}\} + \frac{1}{4} vg^2 H(W_{1\mu} W_1{}^\mu + W_{2\mu} W_2{}^\mu) \\
&\quad + \frac{1}{8} H^2\{g'^2 B_\mu B^\mu + g^2 W_{3\mu} W_3{}^\mu + g^2(W_{1\mu} W_1{}^\mu + W_{2\mu} W_2{}^\mu)\} \\
&= \frac{1}{4} g^2(2vH + H^2) W_\mu{}^+ W^{\mu} + \frac{1}{4}(g^2 + g'^2)(vH + H^2) Z_\mu Z^\mu \\
&\quad + \frac{1}{4} gg'(vH + H^2)(\cos\theta_W Z_\mu + \sin\theta_W A_\mu)(-\sin\theta_W Z^\mu + \cos\theta_W A^\mu)
\end{aligned} \tag{7.78}$$

이제 식 (7.64)의 둘째, 셋째, 넷째 항에서 결합을 나타내는 항은 제외하고 자유항만을 고르면 다음과 같이 쓸 수 있다.

$$\begin{aligned}
L'(2+3+4) = &\ \frac{1}{2}\partial_\mu H \partial^\mu H - \lambda v^2 H^2 - \frac{1}{4} F_{\mu\nu} \cdot F^{\mu\nu} \\
& - \frac{1}{2} W_{\mu\nu}{}^+ \cdot W^{\mu\nu} + \frac{g^2 v^2}{4} (W^+{}_\mu W^\mu) \\
& - \frac{1}{4} Z_{\mu\nu} \cdot Z^{\mu\nu} + \frac{v^2}{8}(g^2 + g'^2) Z_\mu Z^\mu
\end{aligned} \tag{7.79}$$

따라서 Z 입자의 질량은

$$m_Z = \frac{1}{2}\sqrt{g^2 + g'^2}\, v, \tag{7.80}$$

이고 W 입자와 Z 입자의 질량 사이에는 다음 관계가 있음을 알 수 있다.

$$\frac{m_W}{m_Z} = \frac{g}{\sqrt{g^2 + g'^2}} = \cos\theta_W \tag{7.81}$$

또 광자의 질량은 0으로 남아 있다. 이것은 진공을 $SU(2)_I \times U(1)_Y$를 깨도록 택할 때 택한 진공 쪽으로는 Goldstone 정리에서와 같이 게이지 입자가 질량이 없는 상태로 남는다는 결과이며 여기에 해당되는 대칭이 존재하고 이것을 $U_{em}(1)$라 하고 이 때 입자가 광자가 된다고 할 수 있다. 이것은 전하연산자 $Q = I_3 + ½Y$를 가지며

$$U_{em}(1) = e^{i\alpha(x)Q} \tag{7.82}$$

라 할 때 임의의 값 $\alpha(x)$에 대하여

$$Q\phi_0=(I_3+\frac{1}{2}Y)\phi_0=0,\\ \phi_0\rightarrow\phi'_0=e^{i\alpha(x)Q}\phi_0=\phi_0 \tag{7.83}$$

가 된다. Q가 $SU(2)_I\times U(1)_Y$의 발생자들의 선형결합으로 표시되었으므로 따라서 $U_{em}(1)$은 $SU(2)_I\times U(1)_Y$의 부분군(subgroup)이라 할 수 있다. Weinberg-Salam 이론은 $SU(2)_I\times U(1)_Y$을 깨어 $U_{em}(1)$과정을 만드는 과정이라 할 수 있다. 물론 다른 방법으로 대칭을 깰 수 있으나 지금까지 그 어느 것도 Weinberg-Salam 이론만큼 성공적이지 못하다.

이 모형의 중요한 결과를 먼저 알아보자.

(i) 결합상수 g, g'는 또 전하의 크기 e와 관련이 있다. 식 (7.62)에서 준 공변미분으로부터

$$D_\mu\phi(x)=\left(\partial_\mu+ig\,\boldsymbol{T}\cdot\boldsymbol{W}_\mu+i\frac{g'}{2}YB_\mu\right)\phi(x) \tag{7.84}$$

에서 광자와 Z 입자와 관련된 항을 살펴보면

$$\begin{aligned} &i\left(\frac{g}{2}W_\mu^3\tau_3+\frac{g'}{2}IB_\mu\right)\phi(x)\\ &=i\left\{A_\mu\frac{1}{2}(\tau_3 g\sin\theta_W+g'I\cos\theta_W)+Z_\mu\frac{1}{2}(-\tau_3 g\cos\theta_W+g'I\sin\theta_W)\right\}\phi(x)\\ &=ig\sin\theta_W\left\{\frac{1}{2}(\tau_3+I)A_\mu+\frac{1}{2}(\tan\theta_W I-\cot\theta_W\tau_3)Z_\mu\right\}\phi(x) \end{aligned} \tag{7.85}$$

이 된다. 이 때 $\phi(x)$의 전하를 가진 부분에 작용한다고 보면

$$\frac{1}{2}(I+\tau_3)\begin{pmatrix}\phi^+\\0\end{pmatrix}=\begin{pmatrix}\phi^+\\0\end{pmatrix} \tag{7.86}$$

이므로 광자 A_μ에 작용하는 결합상수인 전하 e는

$$e=g\ \sin\theta_W \tag{7.87}$$

임을 알 수 있다.

(ii) 벡터 게이지 보존 W, Z들의 질량은 얼마나 될 것인가를 이론적으로 추측할 수 있다. 전에 W 입자의 붕괴와 관련하여

$$\frac{g^2}{8\,m^2{}_W}=\frac{G}{\sqrt{2}} \tag{6.61}$$

관계가 있음을 보였다. 여기에 $m_W=\frac{1}{2}gv$를 이용하면 $v=(\sqrt{2}G)^{-\frac{1}{2}}$와 같이 진공기대치 ϕ_0가 Fermi 결합상수와 관련을 갖게 됨을 알 수 있고 $G=1.17\times10^{-5}GeV^{-2}$를 이용하면

$$v\approx 246\ GeV \tag{7.88}$$

가 된다. 따라서

$$m_W=\frac{1}{2}\left(\frac{1}{\sqrt{2}G}\right)^{\frac{1}{2}}\frac{e}{\sin\theta_W}=\left(\frac{\pi\alpha}{\sqrt{2}G}\right)^{\frac{1}{2}}\frac{1}{\sin\theta_W} \tag{7.89}$$

인데 $\sin^2\theta_W\approx 0.23$을 쓰면

$$\begin{aligned} m_W &\approx 80\ GeV/c^2, \\ m_Z &= \frac{m_W}{\cos\theta_W}\approx 90\ GeV/c^2 \end{aligned} \tag{7.90}$$

를 얻는다. 이 값은 실험적으로 얻은 값

$$\begin{aligned} m_W &\approx (80.22\pm0.26)\ GeV/c^2, \\ m_Z &\approx (91.187\pm0.007)\ GeV/c^2 \end{aligned} \tag{7.91}$$

과 비교하면 아주 인상적이다. 이것은 Weinberg-Salam모형의 성공을 의미한다.

(iii) 이제 식 (7.64)의 Lagrangian의 첫번째 항을 생각해 보자.

$$L(1) = \overline{\Psi}_L \gamma^\mu i\partial_\mu \Psi_L + \overline{\Psi}_R \gamma^\mu i\partial_\mu \Psi_R - \overline{\Psi}_L \gamma^\mu \left[g\boldsymbol{T} \cdot \boldsymbol{W}_\mu + \frac{g'}{2} YB_\mu \right] \Psi_L - \overline{\Psi}_R \gamma^\mu \left[\frac{g'}{2} YB_\mu \right] \Psi_R \tag{7.92}$$

를 나누어

$$L_0(1) = \overline{\Psi}_L \gamma^\mu i\partial_\mu \Psi_L + \overline{\Psi}_R \gamma^\mu i\partial_\mu \Psi_R \tag{7.93}$$

$$\begin{aligned} L_{int}(1) &= -\frac{g}{2} \overline{\Psi}_L \gamma^\mu \tau^a \Psi_L W_\mu{}^a - \frac{g'}{2} \overline{\Psi}_L \gamma^\mu Y \Psi_L B_\mu - \frac{g'}{2} \overline{\Psi}_R \gamma^\mu Y \Psi_R B_\mu \\ &= -\frac{g}{\sqrt{2}} \left(\overline{\Psi}_L \gamma^\mu \tau^+ \Psi_L W_\mu{}^+ + \overline{\Psi}_L \gamma^\mu \tau^- \Psi_L W_\mu \right) \\ &\quad -\frac{1}{2} \overline{\Psi}_L \gamma^\mu (g\tau^3 W_\mu{}^3 + g' YB_\mu) \Psi_L - \frac{g'}{2} \overline{\Psi}_R \gamma^\mu Y \Psi_R B_\mu \end{aligned} \tag{7.94}$$

가 되는데 여기서 $\tau^\pm$는 다음과 같이 택하였다.

$$\tau^\pm = \frac{1}{2} (\tau^1 \pm i\tau^2) \tag{7.95}$$

$L_{int}(1)$의 첫번째 식은 전기 띤 흐름과 W 입자와의 상호작용을 나타내고, 그 다음 식은 식 (7.71)을 써서

$$\begin{aligned} &-\frac{1}{2} \overline{\Psi}_L \gamma^\mu (g\tau^3 W_\mu{}^3 + g' YB_\mu) \Psi_L \\ &= -e \overline{\Psi}_L \gamma^\mu \left(\frac{\tau_3}{2} + \frac{Y}{2} \right) \Psi_L A_\mu - \frac{1}{2} \overline{\Psi}_L \gamma^\mu (g\tau^3 \cos\theta_W - g' Y \sin\theta_W) \Psi_L Z_\mu \\ &= -e \overline{\Psi}_L \gamma^\mu Q \Psi_L A_\mu - \overline{\Psi}_L \gamma^\mu ([g\cos\theta_W + g' \sin\theta_W] \frac{\tau^3}{2} - g' Q \sin\theta_W]) \Psi_L A_\mu \\ &= -e \overline{\Psi}_L \gamma^\mu Q \Psi_L A_\mu - \frac{g}{\cos\theta_W} \overline{\Psi}_L \gamma^\mu \left(\frac{\tau^3}{2} - Q\sin^2\theta_W \right) \Psi_L Z_\mu \end{aligned} \tag{7.96}$$

가 된다. 또 $L_{int}(1)$의 마지막 항은

$$
\begin{aligned}
-\frac{g'}{2}\ \overline{\Psi}_R\gamma^\mu Y\Psi_R B_\mu &= -\frac{g'}{2}\cos\theta_W\,\overline{\Psi}_R\gamma^\mu Y\Psi_R\,A_\mu + \frac{g'}{2}\sin\theta_W\,\overline{\Psi}_R\gamma^\mu Y\Psi_R\,Z_\mu \\
&= -\frac{e}{2}\ \overline{\Psi}_R\gamma^\mu Y\Psi_R\,A_\mu + \frac{g}{\cos\theta_W}\ \overline{\Psi}_R\gamma^\mu \frac{Y}{2}\sin^2\theta_W\Psi_R\,Z_\mu \qquad (7.97)\\
&= -eQ\ \overline{\Psi}_R\gamma^\mu\Psi_R\,A_\mu + \frac{g}{\cos\theta_W}\ \overline{\Psi}_R\gamma^\mu Q\sin^2\theta_W\Psi_R\,Z_\mu
\end{aligned}
$$

이 된다. 따라서 식 (7.93)에서 (7.97)까지를 합하면 식 (7.91)은 다음과 같이 쓸 수 있다.

$$
\begin{aligned}
L(1) = &\ \overline{\Psi}_L\gamma^\mu i\partial_\mu\Psi_L + \overline{\Psi}_R\gamma^\mu i\partial_\mu\Psi_R \\
&- eQ\ \overline{\Psi}_L\gamma^\mu\Psi_L\,A_\mu - eQ\ \overline{\Psi}_R\gamma^\mu\Psi_R\,A_\mu \quad (:\Rightarrow -eQ\overline{\Psi}\gamma^\mu\Psi) \\
&- \frac{g}{\sqrt{2}}\left(\ \overline{\Psi}_L\gamma^\mu\ \tau^+\Psi_L\ W_\mu^{\ +} + \overline{\Psi}_L\gamma^\mu\ \tau^-\ \Psi_L\,W_\mu\right) \qquad (7.98)\\
&- \frac{g}{\cos\theta_W}\ \overline{\Psi}_L\gamma^\mu(I_3 - Q\sin^2\theta_W)\Psi_L\,Z_\mu + \frac{g}{\cos\theta_W}\ \overline{\Psi}_R\gamma^\mu Q\sin^2\theta_W\Psi_R\,Z_\mu
\end{aligned}
$$

을 얻는다. 이 식의 첫째 줄은 자유입자의 방정식이고, 둘째 줄은 전기적 상호작용이고, 셋째 항은 전기적 흐름과 W 입자의 약한 상호작용을 나타내고, 마지막 두 항은 Z 입자와 중성흐름 사이의 약한 상호작용을 나타낸다. 식 (6.67)에서 Z 입자의 생성이나 붕괴과정을 기술할 때 사용된 전이진폭은 위 마지막 두 항에서 얻게 된 것이다. 여기서 결합상수의 모양에 주의하자. 또 $I_3 = \frac{\tau^3}{2}$는 하전 스핀의 세 번째 항을 나타내고 이것이 Ψ_R에 작용할 때는 0이 되므로 Y가 Ψ_R에 작용할 때는 2Q를 곱한 것과 같아짐을 생각하였다.

예를 들면, $W^{+(-)}\to l^{+(-)}\ \nu_l(\overline{\nu_l})$ 과정은 식 (6.52b)에 의하여 기술되고, $Z\to f\ \overline{f}$ 과정은 식 (6.95)에 의하여 기술됨을 알 수 있다.

(iv) 지금까지 장의 높은 차수는 생략했으나, 이 항들은 장들끼리의 상호작용에 대한 정보를 준다. 또 여기서는 페르미온의 질량 항을 생각하지 않았다. 그러나 SU(2)×U(1) 대칭을 만족하는 페르미온과 스칼라 입자 사이의 소위 Yukawa 항을 더해 주는 경우 Higgs 방법으로 대칭을 깰 때 페르미온의 질량을 준다. 이러한 Lagrangian은

$$
L_Y = -g_f(\ \overline{\Psi}_L\phi\Psi_R + \overline{\Psi}_R\tilde{\phi}\Psi_L) \qquad (7.99)
$$

이다. 예를 들어, 중성미자와 전자가 이루는 페르미온 이중항을 생각해 보자. 이 때

$$\Psi_L = \begin{pmatrix} \nu_e \\ e \end{pmatrix}_L, \quad \phi = \begin{pmatrix} \phi^+ \\ \phi^0 \end{pmatrix}, \quad \Psi_R = e_R : (\text{전자}) \tag{7.100}$$

이므로

$$\overline{\Psi}_L \phi = (\overline{\nu_e}, \overline{e_L}) \begin{pmatrix} \phi^+ \\ \phi^0 \end{pmatrix} = \overline{\nu_e}\phi^+ + \overline{e_L}\phi^0 \tag{7.101}$$

은 SU(2)불변이고 Ψ_R에 의한 곱은 이 대칭에 영향을 주지 않는다. 여기에 ϕ에 대한 식 (7.59)를 쓰면 식 (7.99)는 다음과 같이 된다.

$$L_Y = -\frac{g_e v}{\sqrt{2}}(\bar{e}_L e_R + \bar{e}_R e_L) - \frac{g_e}{\sqrt{2}}(\bar{e}_L e_R + \bar{e}_R e_L)H \tag{7.102}$$

한편

$$\begin{aligned} e &= \frac{1}{2}(1-\gamma^5)e + \frac{1}{2}(1+\gamma^5)e = e_L + e_R, \\ \overline{e_L} e_L &= \bar{e}\frac{1}{2}(1+\gamma^5)\frac{1}{2}(1-\gamma^5)e = 0, \\ \therefore \quad \bar{e}e &= (\bar{e}_L e_R + \bar{e}_R e_L) \end{aligned} \tag{7.103}$$

이므로 식 (3.4)와 (7.98)로부터 전자의 질량은

$$m_e = \frac{g_e v}{\sqrt{2}} \tag{7.104}$$

가 됨을 알 수 있고

$$L_Y = -m_e \bar{e}e - \frac{m_e}{v}\bar{e}eH \tag{7.105}$$

으로 쓸 수 있다. 따라서 렙톤과 Higgs 입자 사이의 결합상수는 $\frac{m_e}{v}$, 또는 $\frac{1}{2}g\frac{m_e}{m_W}$가 된다. 즉, Higgs 입자가 렙톤과 반응할 때는 렙톤의 질량에 비례함을 알 수 있다. 따라서 무거

운 렙톤이 더 유리하게 반응한다. 이것은 쿼크에 대하여도 원리는 마찬가지이다.

이상의 결과를 이용한 간단한 과정, 즉 W 입자의 붕괴, e^+e^- 충돌에 의한 Z 입자의 생성 및 Z 입자의 붕괴과정 등에 이미 적용하였고, 뒤에 게이지 장이 3 이상 결합하는 경우의 과정에 대하여 생각해 보겠다.

7.2.1 양자색역학(Quantum chromodynamics): 강한 상호작용

지금까지는 전기적 상호작용과 약한 상호작용, 그리고 이들을 통일적으로 기술하는 전기약이론을 생각하였으며, 이들을 주로 렙톤들의 상호작용에 응용하여 보았다. 만일 강입자들(hadron)의 상호작용까지를 생각할 때는 전기약작용 외에도 이 입자를 이루는 쿼크를 생각하고 이들의 상호작용을 생각하여야 한다.

강입자들은 식 (7.44)에서 도입된 6개의 쿼크들로 형성되었다고 생각되고 있다. 즉 강입자(baryon: 처음에는 무거운 입자라는 뜻이었으나 지금은 고유명사로 사용되고 있다)는 3개의 쿼크들로 이루어졌고, 중간자(meson)들은 쿼크와 반쿼크(quark-antiquark)로 만들어졌다고 생각하고 있다. 이들 여섯 가지의 쿼크들 (u, d, s, c, b, t)를 맛깔(flavor)이라 부르고 약한 하전 스핀(weak isospin)으로는 식 (7.44)와 같이 $I=\frac{1}{2}$ 인 왼쪽 입자상태와 $I=0$인 오른쪽 입자상태로 나누어진다. 그러나 강한 상호작용에서는 이들은 다음과 같은 양자수를 갖는다고 한다. 표 7.1에서 모든 쿼크는 강입자수 $B=\frac{1}{3}$, 약한 하전 스핀 $I_W=\frac{1}{2}$ 을 가진다.

쿼크들이 강입자를 형성할 때는 이들 사이에 게이지 입자인 글루온(gluon, 부침이)이 교환되어 강한 핵력이 생긴다고 한다. 전기적 상호작용에서 게이지 입자인 광자가 전하를 띠고있는 입자 사이에 교환되며 끌거나 미는 힘이 생기는 것처럼, 강한 상호작용에서는 쿼크들이 색깔(color)을 가지고 있고 글루온은 색갈을 가진 쿼크 사이에 교환되며 힘이 생긴다

표 7.1 쿼크들의 양자수

양자수	d(down)	u(up)	s(strange)	c(charm)	b(bottom)	t(top)
Q	$-\frac{1}{3}$	$\frac{2}{3}$	$-\frac{1}{3}$	$\frac{2}{3}$	$-\frac{1}{3}$	$\frac{2}{3}$
I_3	$-\frac{1}{2}$	$\frac{1}{2}$	0	0	0	0
I_{W3}	$-\frac{1}{2}$	$\frac{1}{2}$	$-\frac{1}{2}$	$\frac{1}{2}$	$-\frac{1}{2}$	$\frac{1}{2}$
S	0	0	-1	0	0	0

고 한다. 색깔은 세 가지가 있고 이들을 r(빨강), b(파랑), g(초록)이라 하자. 물론 이 명칭은 색깔이라고 이름지어진 양자수를 나타낼 뿐 우리가 보는 색깔과는 아무 관계가 없다. 따라서 강한 상호작용에서 색깔은 전기적 상호작용에서 전하와 같은 역할을 한다. 3개의 색깔은 수학적으로 SU(3) 군으로 표현한다.

예를 들어, Δ^{++}입자는 3개의 같은 상태의 u-쿼크들 (uuu)로 되어 있다. 이 때 Pauli의 배타원리에 의하면 페르미온인 u 입자는 같은 상태에 있을 수 없다는 것과 모순이 된다. 그래서 도입된 색깔은 Δ^{++}입자의 3개의 u-쿼크는 각각 다른 색깔을 가지며, 수학적으로는 SU(3)군의 단일항(singlet)을 형성한다고 한다. 즉

$$\Delta^{++} = \frac{1}{\sqrt{6}}\,(u^r u^b u^g - u^r u^g u^b + u^b u^g u^r - u^b u^r u^g + u^g u^r u^b - u^g u^b u^r) \tag{7.106}$$

과 같이 단일항은 어느 두 가지를 교환하면 (−) 값을 가지게 되어 Pauli 원리를 위배하지 않는다. 단일항은 다른 양자수를 갖지 않는다. 즉 색깔이 없다고 할 수 있다. 색깔을 가진 입자는 자연에 자유상태로는 존재하지 않는다고 말한다. 이것은 쿼크를 자연에서 발견하지 못하고 입자를 형성하는 역할만을 한다고 할 수 있는 근거로 생각하기도 한다.

다른 예로 π^+중간자를 생각해 보자. 이것은 ($u\overline{d}$)로 표시되는데, 색깔이 없으려면 색깔도 반색깔(anti-color)을 생각하며 ($\overline{r}, \overline{b}, \overline{g}$)로 표시할 때 수학적으로 단일항을 형성하는 것은

$$\pi^+ = \frac{1}{\sqrt{3}}\,(u^r\, \overline{d}^{\,\overline{r}} + u^b\, \overline{d}^{\,\overline{b}} + u^g\, \overline{d}^{\,\overline{g}}) \tag{7.107}$$

로 씀으로써 가능하다.

여기에 게이지 이론을 도입하기 위하여 쿼크를 나타내는 파동함수를 $\psi^i{}_q$로 나타내자. 여기서 $i(=1, 2, 3)$는 색깔(color)을 나타내고, q는 맛깔(flavor)을 나타낸다. 자유 쿼크에 대한 Lagrangian은

$$L = \sum_q \overline{\psi}_q{}^j \delta_{jk} i\gamma^\mu \partial_\mu\, \psi_q{}^k - \sum_q m_q\, \overline{\psi}_q{}^j\, \psi_q{}^j \tag{7.108}$$

가 된다. 기호를 간단히 하기 위하여 당분간 색깔을 나타내는 첨자 (j, k) 등은 생략하자. 그러면 앞에서 생각하였던 여러 가지 방법들을 적용할 수 있다. 먼저 국소적 게이지 변환

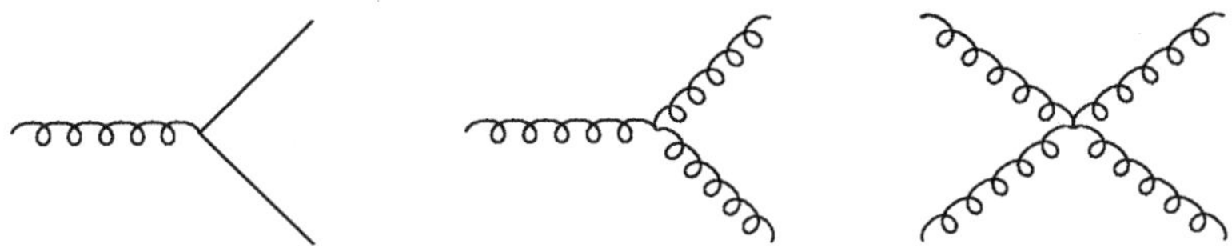

(a) 쿼크-글루온 결합 (b) 세 글루온 결합 (c) 네 글루온 결합

그림 7.2 글루온의 결합들

$$\psi_q(x) \to \psi'_q(x) = \exp[-ig_s \Lambda_a(x) T_a]\psi_q(x) \tag{7.109}$$

에 대하여 Lagrangian의 불변성을 요구하게 된다. 여기서 g_s는 강한 상호작용 결합상수이고 첨자 a에 대한 합은 약속된 대로이다. 발생자(generator) T_a는 독립인 3×3 행렬을 나타낸다. 이것은 Gell-mann 행렬 λ_a를 사용하여 $\frac{\lambda_a}{2}$로 표시하기도 한다. 이 때 발생자는 다음과 같은 교환관계를 만족한다.

$$[T_a, T_b] = if_{abc}T_c \tag{7.110}$$

여기서 f_{abc}는 군(群)의 구조상수(structure constant)라 부르고 그의 값은 잘 알려져 있다. 또 $\Lambda_a(x)$는 군의 매개함수이다.

앞에서 생각한 양자전기역학에서 논의했던 바와 같이, 다음 미소변환을 생각하자.

$$\psi_q(x) \to \psi'_q(x) = [1 - ig_s \Lambda_a(x) T_a]\psi_q(x) \tag{7.111}$$

Lagrangian이 게이지 불변이 되려면 다음과 같이 변하는 8개의 게이지 장 $G_\mu{}^a$을 도입하여야 한다.

$$G_\mu{}^a \to G_\mu{}^a - \partial_\mu \Lambda_a + g_s f_{abc} \Lambda_b(x) G_\mu{}^c \tag{7.112}$$

이 때 Lagrangian에서 ∂_μ는 공변미분

$$D_\mu = \partial_\mu + ig_s T_a G_\mu{}^a \tag{7.113}$$

로 바꾸어야 한다. 그러면 쿼크에 대한 Lagrangian은

$$L = \overline{\psi_q} i\gamma^\mu \partial_\mu \psi_q - g_s(\overline{\psi_q}\gamma^\mu T_a \psi_q) G_\mu{}^a - m_q \overline{\psi_q}\psi_q \tag{7.114}$$

가 된다. 마지막으로 Lagrangian에 각 글루온 장에 대한 운동 에너지 항 $-\frac{1}{4} G_{\mu\nu}{}^a G_a{}^{\mu\nu}$를 더해야 하는데

$$G_{\mu\nu}{}^a = \partial_\mu G_\nu{}^a - \partial_\nu G_\mu{}^a - g_s f_{abc} G_\mu{}^b G_\nu{}^c \tag{7.115}$$

이다. 이제 쿼크의 색깔과 맛깔을 나타내는 첨자들을 다 붙이면 QCD Lagrangian은 다음과 같이된다.

$$L = \sum_q \overline{\psi}_q{}^j i\gamma^\mu (D_\mu)_{jk} \psi_q{}^k - \sum_q m_q \overline{\psi}_q{}^j \psi_q{}^j - \frac{1}{4} G_{\mu\nu}{}^a G_a{}^{\mu\nu} \tag{7.116}$$

여기서 $(D_\mu)_{jk}$는

$$(D_\mu)_{jk} = \delta_{jk}\partial_\mu - ig_s(T_a)_{jk} G_\mu{}^a \quad (a = 1,\ 2,\ \cdots,\ 8) \tag{7.117}$$

이다. 이 QCD의 결과에서 특별히 기억할 사항은 식 (7.115)와 (7.116)에서 알 수 있는 바와 같이 글루온들의 자체결합(self-coupling)이 가능하다는 것이다. 즉 그림 7.2에서 보는 바와 같이 쿼크 사이에 글루온이 작용하는 것 외에도 3개의 굴루온, 4개의 글루온의 상호작용이 가능하며, 이 결합들은 결합상수 g_s로 크기가 나타내어진다. 표준모형에서의 Lagrangian은 앞에서 논의한 전기약작용의 Lagrangian에 쿼크와 글루온이 이루는 운동항 등을 포함시키고 Higgs 항과 Yukawa 항을 포함시켜 얻는다. 앞으로 더 이상 쿼크를 포함하는 QCD를 이 책에서는 다루지 않게 되므로 이 정도로 마치겠다. 그러나 전기약작용과 강한 상호작용은 게이지 이론에 의한 기술 방법에는 큰 차이가 없다는 것을 알 수 있다.

여기서는 QCD에 관한 논의는 더 이상하지 않겠다.

7.3 게이지 입자들의 생성과 붕괴과정에서 편극의 영향

앞에서 논의한 전기약작용은 Maxwell이 전기장과 자기장을 통일적으로 다룬 이론을 만든 이래 첫번째로 성공적인 통일된 이론으로서 이 이론이 많은 실험의 검증을 거쳐 검증된 것이지만 보다 큰 통일된 이론을 만드는 데에도 게이지 이론이 적용되리라 생각하고 있다. 전기약작용 이론은 모든 전기적 상호작용과 약한 상호작용을 기술할 수 있는 이론이다. 전기약작용을 이용하는 비교적 간단한 예는 이미 앞에서 논의했으므로 여기서는 게이지 장들 사이의 결합관계를 이용하는 반응들 중에서 특히 물리적으로 중요한 의미를 가지고 있으며, 곧 실험적으로 확인될 수 있는 몇 가지 과정들을 살펴보려 한다.

먼저 $e^+e^- \to W^+W^-$ 과정은 전기약력의 작용이 알려진 후 상당히 일찍부터 연구되었던 과정이며 특히 1998년부터는 CERN 연구소의 LEP II에서 본격적인 실험을 하게 되었다. 이것은 전기적 상호작용과는 매우 다른 몇 가지가 있고 또 비교적 높은 에너지의 전자-양전자 산란으로서, 앞으로 보다 더 높은 에너지의 실험에서도 낮은 에너지의 결과가 유지되는가를 살펴보아 표준모형으로부터 벗어나는 보다 큰 통일이론이 무엇인가를 찾으려는 노력 때문에 관심이 있는 과정이기도 하다. $e^+e^- \to ZZ$ 과정은 $e^+e^- \to W^+W^-$ 과정과는 다른 형태를 가지나 전기약작용에서는 밀접한 관계가 있는 과정으로 LEP II의 전자와 양전자의 에너지가 약간 커지면 가능한 실험이고 또 실제로 할 수 있는 실험이다. 또 $e^+e^- \to ZH$는 Higgs 입자가 너무 무겁지 않으면 LEP II에서도 생각해 볼 수 있는 과정으로 Higgs 입자에 대한 정보가 전혀 없는 현재로서는 한 이론적 계산이 될 수 있지만 표준모형에서 찾지 못한 마지막 입자가 Higgs 입자인 만큼 같이 논의하려고 한다. 다음에는 지금 계획되고 있는 보다 높은 에너지(500 GeV 이상)의 전자와 양전자에 충돌기로서 소위 차세대 전자선형 가속기(Next Linear Colliders)에 의한 실험이 될 것이나 LEP II에서도 생각해 볼 수 있는 과정으로 laser에서 나온 광자를 고에너지 전자 또는 양전자에 의한 충돌(backscattered)로 얻게 되는 고에너지 광자와 전자와의 충돌과정으로 $\gamma e \to W\nu_e$, $\gamma e \to Z e$를 고려하겠다. 또 이들과 관련하여 $e^+e^- \to Z\gamma$ 과정을 쉽게 논의할 수 있다. 이론적 기술의 편의를 생각하여 뒤 과정들을 먼저 생각해 보겠다.

7.3.1 전자로부터 1개의 게이지 보존의 생성과정: $\gamma e \to Ze$, $\gamma e \to W\nu_e$, $e^+e^- \to Z\gamma$ 과정

먼저 $\gamma e \to Ze$ 과정은 그림 7.3에서 보는 바와 같이 표준모형에서는 비교적 간단한 형태로 기술된다. 이 과정은 Compton 산란과 비슷한 과정인데 다만 Compton 산란에서의 마지막 광자 대신 Z 입자가 들어왔다고 생각하면 된다. 따라서 Z 입자가 전자와 작용하는 결합에 대하여 앞에서 논의한 결과를 사용하면 이 과정을 기술하는 전이진폭은 다음과 같다.

$$M = \frac{e}{2} i g_Z \bar{u}(p_2, s_2)\left[\frac{\not\varepsilon^*_Z(\not k_1 \not\varepsilon_\gamma + 2p_1 \cdot \varepsilon_\gamma)}{k_1 \cdot p_1} - \frac{(2p_2 \cdot \varepsilon_\gamma - \not\varepsilon_\gamma \not k_1)\not\varepsilon^*_Z}{(k_1 \cdot p_2)} \right] \cdot [\varepsilon_L(1-\gamma^5) + \varepsilon_R(1+\gamma^5)] u(p_1, s_1) \tag{7.118}$$

여기서 k_1, p_1, k_2, p_2는 각각 입사광자, 입사전자, 산란 Z, 산란전자를 나타내고, $\varepsilon_\gamma, \varepsilon_Z$는 각각 광자와 Z의 파 벡터를 나타내고, 또 g_Z, ε_L과 ε_R는 각각 다음과 같다.

$$g_Z = \frac{e}{2\cos\theta_W \sin\theta_W} = (\sqrt{2} G_F m^2{}_Z)^{½}, \quad \varepsilon_L = -\frac{1}{2} + \sin^2\theta_W, \quad \varepsilon_R = \sin^2\theta_W \tag{7.119}$$

또 $\gamma e \to W\nu_e$ 과정은 그림 7.5로 표현할 수 있고 이 과정을 기술하는 전이진폭은 다음과 같다.

$$M = \frac{e}{2} i g_W \bar{u}(p_2, s_2)\left[\frac{\not\varepsilon^*_W(\not k_1 \not\varepsilon^* + 2p_1 \cdot \varepsilon_\gamma)}{k_1 \cdot p_1} + \frac{2}{(k_1 \cdot p_2)} \{(\varepsilon_\gamma \cdot \varepsilon^*_W)\not k_1 - (\varepsilon_W \cdot k_1)\not\varepsilon_\gamma^* - (\varepsilon_\gamma \cdot k_2)\not\varepsilon^*_W\} \right] \cdot (1-\gamma^5) u(p_1, s_1) \tag{7.120}$$

여기서 k_2, p_2는 각각 Z와 ν의 운동량이고 식 (7.98)로부터 g_W는 다음과 같다.

$$g_W = \frac{g_Z \cos\theta_W}{\sqrt{2}} = (2^{-½} G_F m^2{}_W)^{½} \tag{7.121}$$

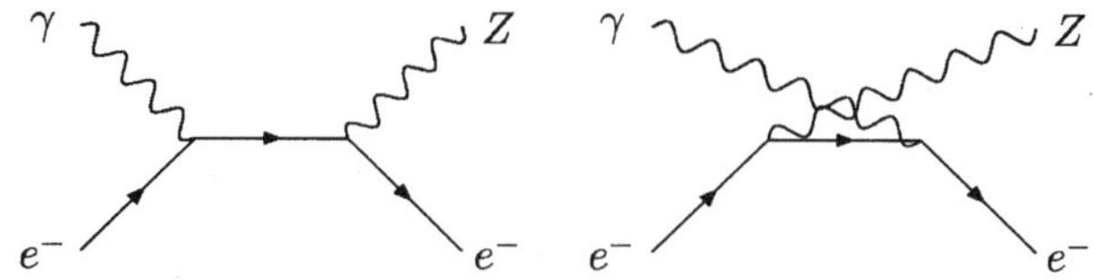

(a) (b)

그림 7.3 $\gamma e\rightarrow Ze$과정에 대한 Feynman 도형

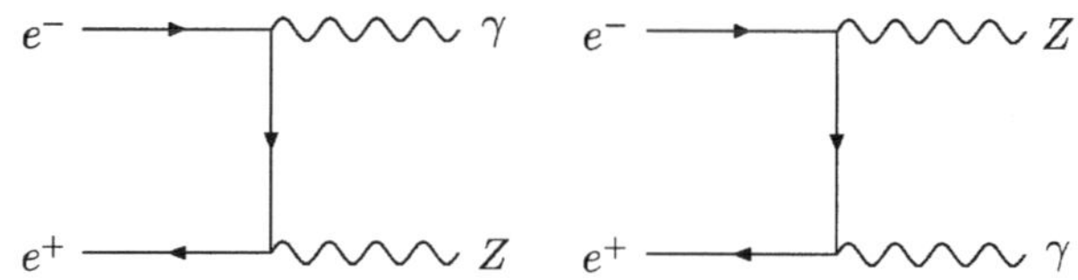

(a) (b)

그림 7.4 $e^+e^-\rightarrow Z\gamma$ 과정에 대한 Feynman 도형

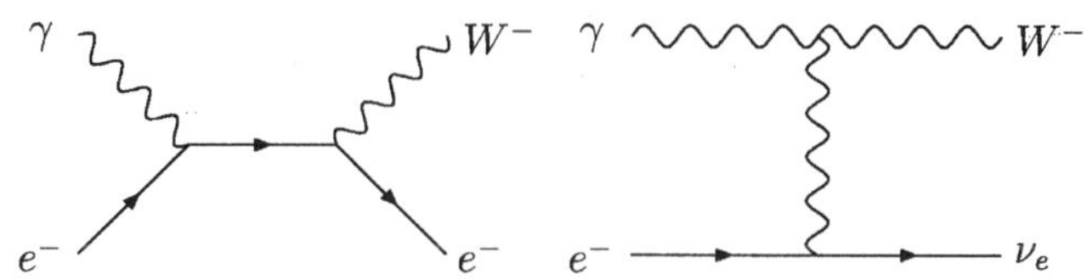

(a) (b)

그림 7.5 $\gamma e \rightarrow W^-\nu_e$ 과정의 Feynman 도형

식 (7.120)의 괄호 안의 둘째 식은 그림 7.3의 두 꼭지점에 대하여 식 (7.76)과 (7.97)의 결과를 이용하여 얻어진다.

한편 $e^+e^-\rightarrow Z\gamma$ 과정(그림 7.4)은 $\gamma e\rightarrow Z e$ 과정의 엇갈린 과정(crossing process)으로서 식 (7.118)에서 약간 변형하여 다음과 같이 얻을 수 있다.

$$M = \frac{e}{2} i g_Z \bar{v}(p_2, s_2)\Big[\frac{\not\varepsilon^*{}_Z(\not k_1 \not\varepsilon^*{}_\gamma - 2p_1\cdot \varepsilon^*{}_\gamma)}{k_1\cdot p_1} + \frac{(2p_2\cdot \varepsilon^*{}_\gamma - \not\varepsilon^*{}_\gamma \not k_1)\not\varepsilon^*{}_Z}{(k_1\cdot p_2)}\Big]\cdot[\varepsilon_L(1-\gamma^5)+\varepsilon_R(1+\gamma^5)]u(p_1, s_1) \tag{7.122}$$

여기서 p_2, k_1은 각각 입사 양전자와 밖으로 나오는 광자의 운동량이다. 식 (7.122)는 식 (7.118)에서 k_1, p_2, ε_γ, $\bar{u}(p_2, s_2)$ 대신에 $-k_1$, $-p_2$, $\varepsilon^*{}_\gamma$, $\bar{v}(p_2, s_2)$로 놓음으로써 얻어진다.

따라서 이 과정의 미분단면적, 입자들의 편극의 영향들을 조사할 때 그 결과는 $\gamma e \to Z e$ 과정에서 얻은 결과를 이용하여 얻을 수도 있다.

두 과정 $\gamma e \to Z e$과 $\gamma e \to W \nu_e$은 Feynman 도형에서 다른 모양을 가지고 있다. 특히 $\gamma e \to W \nu_e$ 과정의 그림 7.5(b)에는 γWW 같은 게이지 입자 사이의 결합 항이 있다. 그러나 전기약작용에서는 간단한 관계가 주어지게 되어 두 번째 과정은 첫번째 과정의 계산 결과를 이용하여 논의될 수 있다. 물론 표준모형이 아닐 때는 그렇게 되지 않는다. 즉 식 (7.118)에서 괄호 안의 두 번째 항의 $\not\varepsilon^*{}_Z$를 왼쪽으로 옮겨 보면 알 수 있는 바와 같이 식 (7.120)의 괄호 안의 항은 다음과 같이 놓을 수 있다.

$$\begin{aligned}\Bigg[& \frac{\not\varepsilon^*{}_W(\not k_1 \not\varepsilon^* + 2p_1\cdot\varepsilon_\gamma)}{k_1\cdot p_1} \\ & + \frac{2}{(k_1\cdot p_2)}\{(\varepsilon_\gamma\cdot\varepsilon^*{}_W)\not k_1 - (\varepsilon_W\cdot k_1)\not\varepsilon_\gamma{}^* - (\varepsilon_\gamma\cdot k_2)\not\varepsilon^*{}_W\}\Bigg] \\ = & -\frac{k_1\cdot p_2}{k_1\cdot k_2}\left[\frac{\not\varepsilon^*{}_W(\not k_1 \not\varepsilon_\gamma + 2p_1\cdot\varepsilon_\gamma)}{k_1\cdot p_1} - \frac{(2p_2\cdot\varepsilon_\gamma - \not\varepsilon_\gamma \not k_1)\not\varepsilon^*{}_W}{(k_1\cdot p_2)}\right]\end{aligned} \tag{7.123}$$

따라서 $\gamma e \to Z e$ 과정에서 얻은 결과는 $\varepsilon_R, m_Z, \varepsilon_L g_Z$ 대신에 $0, m_W, -(k_1\cdot p_2/k_1\cdot k_2)g_W$로 놓음으로써 $\gamma e \to W \nu_e$ 과정의 결과를 얻을 수 있다.

이상의 세 과정에서 미분단면적이나 입자들의 편극 또는 편극의 영향을 조사할 때, 이 들을 한꺼번에 다루기 위하여서는 공변적 방법이 유용하다. 물론 한 가지 과정만을 생각할 때는 헬리시티 방법이 계산상 편리하고 쉬운 경우도 많다. 여기서는 $\gamma e \to Z e$ 과정을 먼저 생각하고 이것의 결과로부터 다른 과정의 결과를 얻고자 한다. 광자나 벡터 보존 입자에 대한 편극을 다루는 방법은 제3장에서 생각하였기 때문에 여기서는 그것을 이용하게 된다.

표준모형에서 $\gamma e \to Z e$ 과정을 생각할 때 Z의 파 벡터 ϕ^μ는 다음 모양을 가진다.

$$\begin{aligned}\phi_Z{}^\mu = & \frac{e}{2} g_Z \bar{u}(p_2, s_2)\left[\frac{\gamma_\alpha(\not k_1 \not\varepsilon_\gamma + 2p_1\cdot\varepsilon_\gamma)}{k_1\cdot p_1} - \frac{(2p_2\cdot\varepsilon_\gamma - \not\varepsilon_\gamma \not k_1)\gamma_\alpha}{(k_1\cdot p_2)}\right] \\ & \cdot[\varepsilon_L(1-\gamma^5) + \varepsilon_R(1+\gamma^5)]u(p_1, s_1)\sum_\lambda \varepsilon^*{}_Z{}^\alpha(k_2, \lambda)\,\varepsilon_Z{}^\mu(k_2, \lambda)\end{aligned} \tag{7.124}$$

따라서 Z 입자의 밀도행렬 $\rho^{\mu\nu}$는 다음과 같다.

$$\rho^{\mu\nu} = -\frac{\langle\phi^\mu\,\phi^{*\nu}\rangle}{g_{\alpha\beta}\phi^\alpha\,\phi^{*\beta}} = \sum_\lambda\sum_{\lambda'}\varepsilon^\mu(p, \lambda)\rho_{\lambda,\lambda'}\,\varepsilon^{*\nu}(p, \lambda') \tag{7.125}$$

여기서 괄호 < >는 앙상불 합을 의미한다. 계산한 결과를 살펴보자. 이 식의 분모를 계산하면

$$-g_{\alpha\beta}\phi^{\alpha}\ \phi^{*\beta}=\frac{e^2\ g_Z{}^2}{2s^2u^2}A_0 \tag{7.126}$$

$$\begin{aligned} A_0 &= (|\varepsilon_R|^2+|\varepsilon_L|^2)[\varepsilon\cdot\varepsilon^*(s^2+u^2)su-4\ m_Z{}^2\varepsilon\cdot A\varepsilon^*\cdot A] \\ &\quad +2i(|\varepsilon_R|^2-|\varepsilon_L|^2)s(s-u)(t+\ m_Z{}^2)\langle\varepsilon\varepsilon^* k_1p_2\rangle \end{aligned} \tag{7.127}$$

을 얻는다. 여기서 s, u, t는 Mandelstam 변수

$$s=(p_1+k_1)^2,\quad t=(p_1-p_2),\quad u=(p_1-k_2)^2 \tag{7.128}$$

이고 A^{μ}와 $\langle\varepsilon\varepsilon^* k_1p_2\rangle$는 다음과 같이 정의된 양이다.

$$\begin{aligned} &A^{\mu}=u\,p_1{}^{\mu}+s\,p_2{}^{\mu}, \\ &\langle\varepsilon\varepsilon^* k_1p_2\rangle=\varepsilon_{\mu\nu\lambda\tau}\varepsilon^{\mu}\ \varepsilon^{*\nu}\ k_1{}^{\lambda}\ p_2{}^{\tau} \end{aligned} \tag{7.129}$$

이 결과로부터 여러 가지 형태의 미분단면적을 얻을 수 있다.

먼저 $\gamma e\to Ze$ 과정의 미분단면적은 식 (7.126)과 (7.127)의 A_0로부터 다음과 같이 얻게 된다.

$$\begin{aligned} \left(\frac{d\sigma}{dt}\right)_{\gamma e\to Ze} &= \frac{e^2\ g_Z{}^2}{64\pi s^4u^2}A_0 \\ &= \frac{e^2\ g_Z{}^2}{64\pi s^4u^2}\big[(|\varepsilon_R|^2+|\varepsilon_L|^2)\{\varepsilon\cdot\varepsilon^*(s^2+u^2)su-4\ m_Z{}^2\varepsilon\cdot A\varepsilon^*\cdot A\} \\ &\quad +2i(|\varepsilon_R|^2-|\varepsilon_L|^2)s(s-u)(t+\ m_Z{}^2)\langle\varepsilon\varepsilon^* k_1p_2\rangle\big] \end{aligned} \tag{7.130}$$

만일 입사전자가 편극되었다면 위 식에서 $|\varepsilon_L|^2$과 $|\varepsilon_R|^2$ 대신에 $\dfrac{(1+\widehat{s_1}\cdot\widehat{p_1})|\varepsilon_L|^2}{2}$와 $\dfrac{(1-\widehat{s_1}\cdot\widehat{p_1})|\varepsilon_R|^2}{2}$를 대입하면 된다.

$e^+e^-\to Z\gamma$ 과정에 대하여는 위 식 (7.130)에서 ε^{μ}, k_1, p_2 대신 $\varepsilon^{*\mu}, -k_1, -p_2$를 쓰고 또 s와 t를 바꾸면 된다. 특히 전자와 양전자의 중심계에서는 다음과 같이 된다.

$$\left(\frac{d\sigma}{ds}\right)_{e+e\to Z\gamma} = \frac{e^2 g_Z^2}{64\pi t^4 u^2}\left[(|\varepsilon_R|^2+|\varepsilon_L|^2)\{\varepsilon\cdot\varepsilon^*(t^2+u^2)tu-4\ m_Z^2\varepsilon^*\cdot A'\varepsilon^*\cdot A'\}\right.$$
$$\left.-2i(|\varepsilon_R|^2-|\varepsilon_L|^2)t(t-u)(s+m_Z^2)\langle\varepsilon\varepsilon^* k_1 p_2\rangle\right] \tag{7.131}$$

(여기서 $A'\equiv uP_1-tP_2$)

$\gamma e\to W\nu_e$ 과정에서는 미분단면적은 식 (7.130)에서 $\varepsilon_R=0$로 놓고 m_Z, $\varepsilon_L g_Z$ 대신 m_W, $-(k_1\cdot p_2/k_1\cdot k_2)g_W$로 놓아 다음과 같은 결과를 얻는다.

$$\left(\frac{d\sigma}{dt}\right)_{\gamma e\to W\nu} = \frac{e^2 g_W^2}{64\pi s^4(u+s)^2}\left[\varepsilon\cdot\varepsilon^*(s^2+u^2)su-4\ m_W^2\varepsilon\cdot A\varepsilon^*\cdot A\right.$$
$$\left.-2is(s-u)(t+m_W^2)\langle\varepsilon\varepsilon^* k_1 p_2\rangle\right] \tag{7.132}$$

특히 광자와 전자의 중심계를 생각하고 쿨롱게이지를 택하면

$$\begin{aligned}&\varepsilon\cdot\varepsilon^*=-1,\\&\varepsilon\cdot A\ \varepsilon^*\cdot A=\frac{1}{2}stu(1+\xi_3\cos2\phi-\xi_1\sin2\phi),\\&\langle\varepsilon\varepsilon^* k_1 p_2\rangle=-\frac{i}{2}u\xi_2\end{aligned} \tag{7.133}$$

가 되는데 방위각(azimuthal angle) ϕ는 광자의 선평광을 Stokes 매개상수 ξ_i($i=1\sim3$)로 표시할 때 나오는 양으로 0으로 택할 수 있다. 식 (7.133)을 식 (7.132)에 넣어 주면

$$\left(\frac{d\sigma}{dt}\right)_{\gamma e\to W\nu} = -\frac{e^2 g_W^2 u}{64\pi s^3(u+s)^2}\left[(s^2+u^2)+2\ m_W^2 t(1+\xi_3\cos2\phi-\xi_1\sin2\phi)\right.$$
$$\left.+\xi_2(s-u)(t+m_W^2)\right] \tag{7.134}$$

가 되는데 여기서 $\phi=0$으로 놓을 수 있다. 또 편광이 안 된 광자에 대하여는 ξ_i를 0으로 놓으면 된다. $\gamma e\to Ze$ 과정에 대하여도 식 (7.133)을 식 (7.130)에 대입하면 미분단면적을 얻을 수 있다. 즉

$$A_0 = su[-(|\varepsilon_R|^2+|\varepsilon_L|^2)\{s^2+u^2+2t\ m_Z^2(1+\xi_3)\}$$
$$+\xi_2(|\varepsilon_R|^2-|\varepsilon_L|^2)(s-u)(t+m_Z^2)], \tag{7.135}$$

$$\left(\frac{d\sigma}{dt}\right)_{\gamma e\to Ze} = \frac{e^2 g_Z^2}{64\pi s^3 u}\left[-(|\varepsilon_R|^2+|\varepsilon_L|^2)\{s^2+u^2+2t\, m_Z^2(1+\xi_3)\} + \xi_2(|\varepsilon_R|^2-|\varepsilon_L|^2)(s-u)(t+\ m_Z^2)\right] \tag{7.136}$$

를 얻는다.

이와 같이 $\gamma e\to Ze$, $\gamma e\to W\nu_e$, $e^+e^-\to Z\gamma$ 과정들은 표준모형에서는 서로 연결하여 생각할 수 있다. 이들 과정에서 밖으로 나오는 벡터 보존의 편극도 $\gamma e\to Ze$ 과정의 Z 입자에 대하여 논의하면 $\gamma e\to W\nu_e$, $e^+e^-\to Z\gamma$ 과정에서 나오는 W와 Z의 편극도 논의할 수 있다. 따라서 $\gamma e\to Ze$ 과정의 Z 입자의 편극을 생각해 보자. 유한한 질량을 갖고 스핀-1인 벡터 보존의 밀도행렬식

$$\rho^{\mu\nu} = \frac{1}{3} I^{\mu\nu} - \frac{i}{2m}\varepsilon^{\mu\nu\lambda\tau} p_\lambda P_\tau - \frac{1}{2} Q^{\mu\nu} \tag{3.113}$$

로부터 편극 벡터 및 편극 텐서 P^μ, $Q^{\mu\nu}$는

$$P^\mu = \frac{i}{m}\varepsilon^{\mu\alpha\beta\gamma}\rho_{\alpha\beta}P_\gamma, \qquad Q^{\mu\nu} = \frac{2}{3} I^{\mu\nu} - (\rho^{\mu\nu}+\rho^{\nu\mu}) \tag{7.137}$$

인데 식 (7.124), (7.125)를 이용하여 얻은 밀도행렬 값을 쓰면 다음과 같이 된다.

$$P^\mu = \frac{2}{m_Z A_0}\left[i(|\varepsilon_R|^2+|\varepsilon_L|^2)\, R_1{}^\mu + (|\varepsilon_R|^2-|\varepsilon_L|^2)\, R_2{}^\mu\right] \tag{7.138a}$$

$$Q^{\mu\nu} = -\frac{1}{3} I^{\mu\nu} - \frac{2}{A_0}\left[(|\varepsilon_R|^2+|\varepsilon_L|^2)\, R_1{}^{\mu\nu} + i(|\varepsilon_R|^2-|\varepsilon_L|^2)\, R_2{}^{\mu\nu}\right] \tag{7.138b}$$

여기서 $R_1{}^\mu$, $R_2{}^\mu$, $R_1{}^{\mu\nu}$, $R_2{}^{\mu\nu}$는 다음과 같이 정의된 양이다.

$$R_1{}^\mu = -s\langle \varepsilon\varepsilon^* k_1 p_2\rangle\left[(s^2+u^2)k_2 + 2\ m_Z^2(tk_1 - sp_1 + up_2)\right],$$

$$R_2{}^\mu = \ m_Z^2\left[su(\varepsilon^\mu\varepsilon^*\cdot A + \ \varepsilon^{*\mu}\varepsilon\cdot A) - su(s-u)\varepsilon\cdot\varepsilon^* K^\mu - 2(\ p_1{}^\mu + \ p_2{}^\mu)\varepsilon\cdot A\varepsilon^*\cdot A - 2\ k_1{}^\mu(u^2\varepsilon\cdot p_1\varepsilon^*\cdot p_1 - s^2\varepsilon\cdot p_2\varepsilon^*\cdot p_2)\right],$$

$$R_1{}^{\mu\nu} = su\varepsilon \cdot \varepsilon^*[suI^{\mu\nu} - 2\, m_Z{}^2 K^\mu K^\nu] \\ +[(su\varepsilon^\mu - \varepsilon_\alpha B^{\alpha\mu})(su\ \varepsilon^{*\mu} - \varepsilon^*{}_\alpha B^{\alpha\mu}) + (\mu \leftrightarrow \nu)], \tag{7.139}$$

$$R_2{}^{\mu\nu} = s\langle \varepsilon\varepsilon^* k_1 p_2\rangle \Big\{ (u-s)(t+\ m_Z{}^2)\frac{k_2{}^\mu\ k_2{}^\nu}{m_Z{}^2} \\ +2[\ m_Z{}^2\ k_1{}^\mu (p_1+p_2)^\mu -\ k_2{}^\mu A^\nu + (\mu \leftrightarrow \nu)]\Big\}$$

또 식 (7.139)에서 $K^\mu, B^{\alpha\mu}$는 다음과 같이 정의된 양이다.

$$K^\mu = k_1{}^\mu - \frac{k_1 \cdot k_2}{m_Z{}^2}\ k_2{}^\mu \\ = k_1{}^\mu - \frac{(s+u)}{m_Z{}^2}\ k_2{}^\mu,$$

$$B^{\alpha\mu} = u\ p_1{}^\alpha (2p_2 + k_2)^\mu + s\ p_2{}^\alpha (2p_1 - k_2)^\mu \\ = (p_1+p_2)^\mu A^\alpha + \ k_1{}^\mu (u\ p_1{}^\alpha - s\ p_2{}^\alpha) \tag{7.140}$$

위 식 (7.139)로부터 $R_1{}^\mu$와 $R_2{}^{\mu\nu}$는 입사광자의 원편광 정도(degree) ξ_2에 의존함을 알 수 있고, $R_2{}^\mu$와 $R_1{}^{\mu\nu}$는 선편광의 정도 ξ_1, ξ_3에 따라 변함을 바로 알 수 있다. 실제로 이들의 입사광자의 편광에의 의존도는 다음과 같다.

$$R_1{}^\mu = \frac{i}{2} su\xi_2[(s^2+u^2)\ k_2{}^\mu + 2\ m_Z{}^2 (t\ k_1{}^\mu - s\ p_1{}^\mu + u\ p_2{}^\mu)], \\ R_2{}^\mu = su\ m_Z{}^2 \{(s-u)K^\mu - (1+\xi_3)[A^\mu + t(p_1+p_2)^\mu] + 2\xi_1 \langle \mu k_1 p_1 p_2\rangle\}, \tag{7.141a}$$

$$R_1{}^{\mu\nu} = \frac{su}{t}\{-t(suI^{\mu\nu} - 2\ m_Z{}^2 K^\mu K^\nu) - (1-\xi_3)[t^2\ k_1{}^\mu\ k_2{}^\nu + sutg^{\mu\nu} + A^\mu A^\nu \\ - t\ k_1{}^\mu (u\ p_1{}^\nu - s\ p_2{}^\nu) - t\ k_1{}^\nu (u\ p_1{}^\mu - s\ p_2{}^\mu)] \\ + (1+\xi_3)[A^\mu + t(p_1+p_2)^\mu][A^\nu + t(p_1+p_2)^\nu] \\ - 2\xi_1[\langle \mu k_1 p_1 p_2\rangle (A^\nu + t(p_1+p_2)^\nu) + (\mu \leftrightarrow \nu)]\} \tag{7.141b}$$

$$R_2{}^{\mu\nu} = -\frac{i}{2} su\xi_2 \Big\{ (u-s)(t+\ m_Z{}^2)\frac{k_2{}^\mu\ k_2{}^\nu}{m_Z{}^2} \\ +2[\ m_Z{}^2\ k_1{}^\mu (p_1+p_2)^\nu -\ k_2{}^\mu A^\nu + (\mu \leftrightarrow \nu)]\Big\} \tag{7.141c}$$

여기서 $\langle \mu abc \rangle = \varepsilon^{\mu\nu\alpha\beta} a_\nu b_\alpha c_\beta$가 사용되었다.

한편 W 입자나 Z 입자와 같은 벡터 보존 입자가 생성될 때 이들은 편극 벡터 P^μ와 편극 텐서 $Q^{\mu\nu}$를 갖게 되며 곧바로 가벼운 입자로 붕괴된다. 이 때 앞에서 얻은 바와 같은 이들 벡터 보존의 밀도행렬이 사용될 수 있다. 앞에서 식 (6.96)와 관련한 Z 입자의 붕괴는 위에서 얻은 편극 벡터, 편극 텐서량을 이용하여 보다 자세히 얻을 수 있다. 즉 표준모형에서 Z 입자의 붕괴에 대한 전이진폭

$$M = g_Z \bar{u}(p_1 s_1)\gamma_\alpha[\varepsilon'_L(1-\gamma^5) + \varepsilon'_R(1-\gamma^5)]v(p_2 s_2)\ \varepsilon_Z{}^\alpha(p) \tag{6.95}$$

로부터 이 식의 절대치제곱을 할 때 ($\varepsilon_Z{}^\mu\ \ \varepsilon^*{}_Z{}^\nu$) 대신 밀도행렬 $\rho^{\mu\nu}$를 사용하면

$$\begin{aligned}\sum|M|^2 = \ & \frac{4\,g_Z{}^2}{m^2}\rho^{\mu\nu}\Big[(\ \varepsilon'_R{}^2 + \varepsilon'_L{}^2)(\ p_{1_\mu}\ p_{2_\nu} + p_{1_\nu}\ p_{2_\mu} - p_1\cdot p_2 g_{\mu\nu}) \\ & - i(\ \varepsilon'_R{}^2 - \varepsilon'_L{}^2)\varepsilon_{\mu\nu\lambda\tau}\, p_1{}^\lambda\ p_2{}^\tau\Big]\end{aligned} \tag{7.142}$$

를 얻고 밀도행렬의 식 (4.123)을 대입하여 식 (6.96)을 얻었는데, Z 입자의 질량 M_Z에 비하여 렙톤의 질량을 무시하는 경우 식 (6.96)과 (6.97)로부터

$$\frac{d\Gamma}{d\Omega} = \frac{M_Z\, g_Z{}^2}{48\pi^2}(|\varepsilon_R|^2 + |\varepsilon_L|^2)\left[1 - \frac{|\varepsilon_R|^2 - |\varepsilon_L|^2}{|\varepsilon_R|^2 + |\varepsilon_L|^2}\ \frac{3}{m_Z}P\cdot p + \frac{3}{m_Z{}^2}Q^{\mu\nu}p_\mu p_\nu\right] \tag{7.143}$$

를 얻는다. 광자의 편극은 P^μ와 $Q^{\mu\nu}$에 포함되어 있기 때문에 광자의 편극에 의한 비대칭성(asymmetry)은 위 식 (7.142)로부터 얻을 수 있다.

벡터 보존의 붕괴분포(decay distribution)는 실험적으로 조사할 수 있어서, 그 입자의 밀도행렬과 붕괴되어 나오는 입자들의 각도로 표시하는 것이 실험과 관련하여 편리하다. 만일 밀도행렬 $\rho^{\mu\nu}$를 식 (7.125)에서와 같이 $\rho_{\lambda\lambda'}$로 표시할 경우 식 (7.142)는

$$\begin{aligned}\sum|M|^2 = \ & \frac{4\,g_Z{}^2}{m^2}\sum_\lambda\sum_{\lambda'}\rho_{\lambda\lambda'}\Big[(\ \varepsilon'_R{}^2 + \varepsilon'_L{}^2)\{p_1\cdot p_2\delta_{\lambda\lambda'} - 2\varepsilon(\lambda)\cdot p_1\varepsilon(\lambda')\cdot p_1\} \\ & - i(\ \varepsilon'_R{}^2 - \varepsilon'_L{}^2)\varepsilon_{\mu\nu\alpha\beta}\ \varepsilon(\lambda)^\mu\varepsilon(\lambda')^\nu\ p_1{}^\alpha\ p_2{}^\beta\Big]\end{aligned} \tag{7.144}$$

가 된다. 여기에 벡터량 $\varepsilon^{\mu}(\lambda)$에 대한 자세한(explicit) 값을 생각하면 제4장에서 논의한 바와 같이

$$\varepsilon^{\mu}(\pm 1) = \frac{1}{\sqrt{2}}(\mp\, n_1{}^{\mu} - i\, n_2{}^{\mu}),\qquad \varepsilon^{\mu}(0) = n_3{}^{\mu} \tag{4.82}$$

가 되고 이 식 (4.82)를 다시 한꺼번에 쓰면 다음과 같다.

$$\varepsilon^{\mu}(\lambda) = (1 - |\lambda|)\, n_3{}^{\mu} - \frac{1}{\sqrt{2}}|\lambda|(\lambda\, n_1{}^{\mu} + i\, n_2{}^{\mu}) \tag{4.83}$$

여기서 λ는 스핀-1의 상태를 나타내는 (+1, 0, −1)을 의미한다. 특히 벡터 보존의 정지계에서는 $n_i{}^{\mu}(i=1, 2, 3)$은 각각 직교인 단위 벡터 $\hat{\theta}$, $\hat{\phi}$, $\hat{s}$가 되는데 이것을 x, y, z 축의 단위 벡터로 택하면 밀도행렬 성분 $\rho_{\lambda\lambda'}$으로 붕괴되어 나오는 렙톤의 각분포에 대하여 다음 식을 얻는다.

$$\begin{aligned} I(\theta,\phi) = \frac{3}{16\pi}\Big[&1 + \cos^2\theta + \rho_{00}(1 - 3\cos^2\theta) + \sqrt{2}\sin 2\theta\, Re\{(\rho_{10} - \rho_{0-1})e^{i\phi}\} \\ &+ 2\sin^2\theta\, Re\{\rho_{1-1}e^{2i\phi}\} + 2\frac{|\varepsilon'_R|^2 - |\varepsilon'_L|^2}{|\varepsilon'_R|^2 + |\varepsilon'_L|^2}\{\cos\theta(\rho_{11} - \rho_{-1-1}) \\ &+ \sqrt{2}\sin\theta\, Re((\rho_{10} + \rho_{0-1})e^{i\phi})e^{i\phi})\}\Big] \end{aligned} \tag{7.145}$$

이 식의 증명은 문제로 남겨 둔다. 이 식의 결과로부터 밀도행렬의 성분들은 붕괴되어 나오는 입자들(beam)의 각 분포를 실험적으로 조사하여 얻을 수 있다. 한편 이론적으로는 식 (4.83)으로부터 얻은 다음 관계식

$$\varepsilon^{\mu}(\lambda)\, \varepsilon^{\nu}(\lambda')^* = \frac{1}{3}\left\{I^{\mu\nu} - \frac{3}{2m} i\varepsilon^{\mu\nu\alpha\beta} p_{\alpha}\, n_{i\beta}(S^i) - \frac{3}{2}\; n_i{}^{\mu}\; n_j{}^{\nu}(S^{ij})\right\}_{\lambda'\lambda} \tag{4.84}$$

에서 $\rho_{\mu\nu}$를 곱해서 얻은

$$\rho_{\lambda\lambda'} = \frac{1}{3}\delta_{\lambda\lambda'} - \frac{1}{2}P_{\mu}\, n_i{}^{\mu}(S^i)_{\lambda'\lambda} + \frac{1}{4}\; n_i{}^{\mu}\; n_j{}^{\nu}(S^{ij})_{\lambda'\lambda} \tag{4.125}$$

가 특히 스핀-1 입자의 정지계에서는 (n_i^μ)가 각각 x, y, z-축 방향의 단위 벡터로 택하여 다음 식을 얻었었다.

$$\rho = \frac{1}{3} I + \frac{1}{2} \boldsymbol{P} \cdot \boldsymbol{S} + \frac{1}{4} Q_{ij} (S^i S^j + S^j S^i - \frac{4}{3} \delta^{ij}). \tag{4.126}$$

이 3×3 행렬의 성분에서

$$\begin{aligned}
\rho_{00} &= \frac{1}{3} - \frac{1}{2} Q^{33}, \\
\rho_{11} - \rho_{-1-1} &= P^3, \\
\rho_{10} + \rho_{0-1} &= \frac{1}{\sqrt{2}} (P^1 - iP^2), \\
\rho_{10} - \rho_{0-1} &= \frac{1}{2\sqrt{2}} (Q^{13} - iQ^{23}), \\
\rho_{1-1} &= \frac{1}{4} (Q^{11} - Q^{22} - iQ^{12})
\end{aligned} \tag{7.146}$$

인데 Z 입자의 정지계에서 P^i, Q^{ij}의 값은 식 (7.138)과 (7.139)에서 얻을 수 있다. 특히 광자의 편극을 무시하는 경우

$$\begin{aligned}
P^i &= -\frac{2m_Z[(s+t)k_1 + (t+m_Z{}^2)p_1]^i}{s^2+u^2+2M_Z{}^2 t}, \\
Q^{ij} &= -\frac{1}{3}\delta^{ij} + \frac{2m_Z(k_1{}^i k_1{}^j + 2p_1{}^i p_1{}^j) + (t+m_Z{}^2)(p_1{}^i k_1{}^j + p_1{}^j k_1{}^i)}{s^2+u^2+2M_Z{}^2 t}
\end{aligned} \tag{7.147}$$

이고 입자의 생성면(production plane)은 예를 들어 $x-z$ 좌표축으로 택할 수도 있다.

지금까지의 논의는 스핀-1인 벡터 보존에 대하여 광범위하게 해당되는 일반적인 사항이다.

[문제 7.5] 벡터 보존의 정지상태에서 붕괴되어 나오는 렙톤들의 각 분포는 식 (7.145)가 됨을 보여라.

7.3.2 전자충돌기에 의한 2개의 게이지 보존 생성과정: $e^+e^- \to ZH$, $e^+e^- \to ZZ$와 $e^+e^- \to W^+W^-$ 과정

앞에서 생각한 과정이 1개의 게이지 보존이 포함되는 결합이 사용된 과정이라면 여기서는 보다 복잡한 3개의 게이지 보존이 포함된 과정을 살펴보기로 하자. 그러나 뒤 두 과정은 한꺼번에 다룰 수 있기 때문에 첫번째 과정과 마지막 과정을 먼저 생각하겠다.

(a) $e^+e^- \to ZH$

이 과정은 Bjorken에 의하여 제안된 과정으로 알려졌으며 Higgs 입자를 찾는 과정 중에서 가장 간단한 경우이다. 표준모형에서 예견된 입자 중에서 Higgs 입자만이 유일하게 발견되지 않아 최근에 입자물리학 현상에서 매우 중요한 과제가 Higgs 찾기이다. 여기에서 어려움은 Higgs 입자의 질량에 대하여 직접적인 시사가 표준모형에서는 없다는 것이다. 이 과정은 다음과 같은 Feynman 도형으로 기술될 수 있다.

이 과정의 전이진폭은 ZZH 꼭지점에 대한 식 (7.78)을 이용하여

$$M_{ZH} = 4\sqrt{2}\, m_Z{}^2 G_F \frac{1}{(s - m_Z{}^2)} \times \frac{1}{2} \bar{v}(p_2 s_2)\gamma_\alpha[\varepsilon_L(1-\gamma^5) + \varepsilon_R(1-\gamma^5)]u(p_1 s_1) \quad \varepsilon_Z{}^{*\alpha}(q_1, \lambda) \tag{7.148}$$

됨을 알 수 있다. 따라서 $|M_{ZH}|^2$를 취할 때 일부러 Z 입자의 편극 성분을 다르게 취하면 나중에 편리하게 이용할 수 있다. 여하튼 $|M_{ZH}|^2$은 다음과 같다.

$$\begin{aligned} |M_{ZH}|^2 = \frac{8\, m_Z{}^4\ G_F{}^2}{(s - m_Z{}^2)^2} \varepsilon_\mu(q_1, \lambda)\ \varepsilon^*{}_\nu(q_1, \lambda') \times Tr[\, u\bar{u}\gamma^\mu\{\varepsilon_L(1-\gamma^5) + \varepsilon_R(1+\gamma^5)\} \\ \cdot\, v\bar{v}\gamma^\nu\{\varepsilon_L(1-\gamma^5) + \varepsilon_R(1+\gamma^5)\}] \end{aligned} \tag{7.149}$$

이 식을 계산하기 전에 편극된 입사입자에 대하여 다음 관계식을 먼저 생각하자. 즉

$$\begin{aligned} u\bar{u} &\approx \frac{\not{p}_2}{4m}(1 - \hat{p}_1 \cdot \hat{s}_1\gamma_5 - \not{s}_{1T}), \\ v\bar{v} &\approx \frac{\not{p}_1}{4m}(1 + \hat{p}_2 \cdot \hat{s}_2\gamma_5 - \not{s}_{2T}) \end{aligned} \tag{7.150}$$

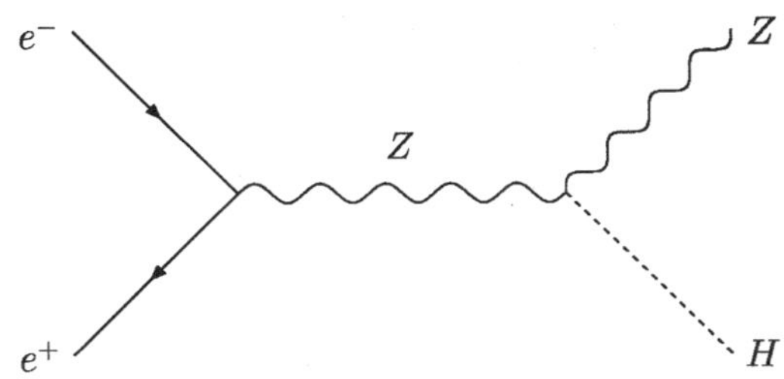

그림 7.6 $e^+e^- \to ZH$ 과정의 Feynman 도형

로부터 다음 관계식들을 얻는다.

$$
\begin{aligned}
u\bar{u}(1-\gamma_5) &\approx \frac{\not{p}_1}{4m}(1+\hat{p}_1\cdot\hat{s}_1+\ \not{s}_{1T})(1-\gamma_5),\\
u\bar{u}(1+\gamma_5) &\approx \frac{\not{p}_1}{4m}(1-\hat{p}_1\cdot\hat{s}_1-\ \not{s}_{1T})(1+\gamma_5),\\
v\bar{v}(1-\gamma_5) &\approx \frac{\not{p}_2}{4m}(1-\hat{p}_2\cdot\hat{s}_2+\ \not{s}_{2T})(1-\gamma_5),\\
v\bar{v}(1+\gamma_5) &\approx \frac{\not{p}_2}{4m}(1+\hat{p}_2\cdot\hat{s}_2-\ \not{s}_{2T})(1+\gamma_5),
\end{aligned}
\tag{7.151}
$$

특히 횡편광(tranversely polarized)이 되지 않은 전자나 양전자에 대하여는 위의 식에서 $s_{iT}=0(i=1,\ 2)$로 놓으면 된다. 이 때 (7.149)식의 대괄호 [ ] 안의 항을 살펴보면

$$
\begin{aligned}
& Tr[u\bar{u}\gamma^{\mu}\{\varepsilon_L(1-\gamma^5)+\varepsilon_R(1+\gamma^5)\}v\bar{v}\gamma^{\nu}\{\varepsilon_L(1-\gamma^5)+\varepsilon_R(1+\gamma^5)\}]\\
&= Tr[u\bar{u}\{\varepsilon_L(1+\gamma^5)+\varepsilon_R(1-\gamma^5)\}\gamma^{\mu}v\bar{v}\{\varepsilon_L(1+\gamma^5)+\varepsilon_R(1-\gamma^5)\}\gamma^{\nu}]\\
&= \frac{1}{4m^2}|\varepsilon_L|^2(1-\hat{p}_1\cdot\hat{s}_1)(1+\hat{p}_2\cdot\hat{s}_2)Tr[\ \not{p}_1\gamma^{\mu}(1-\gamma_5)\ \not{p}_2\gamma^{\mu}(1-\gamma_5)]\\
&\quad +\frac{1}{4m^2}|\varepsilon_R|^2(1+\hat{p}_1\cdot\hat{s}_1)(1-\hat{p}_2\cdot\hat{s}_2)Tr[\ \not{p}_1\gamma^{\mu}(1+\gamma_5)\ \not{p}_2\gamma^{\mu}(1+\gamma_5)]\\
&= \frac{2}{(4m)^2}|\varepsilon_L|^2(1-\hat{p}_1\cdot\hat{s}_1)(1+\hat{p}_2\cdot\hat{s}_2)Tr[\ \not{p}_1\gamma^{\mu}\ \not{p}_2\gamma^{\mu}(1-\gamma_5)]\\
&\quad +\frac{2}{(4m)^2}|\varepsilon_R|^2(1+\hat{p}_1\cdot\hat{s}_1)(1-\hat{p}_2\cdot\hat{s}_2)Tr[\ \not{p}_1\gamma^{\mu}\ \not{p}_2\gamma^{\mu}(1+\gamma_5)]
\end{aligned}
\tag{7.152}
$$

$$
\begin{aligned}
&= \frac{1}{2m^2}\{[(|\varepsilon_R|^2+(|\varepsilon_L|^2)(1-\hat{p}_1\cdot\hat{s}_1\hat{p}_2\cdot\hat{s}_2)+(|\varepsilon_R|^2-(|\varepsilon_L|^2)(\hat{p}_1\cdot\hat{s}_1-\hat{p}_2\cdot\hat{s}_2)]\\
&\qquad \times(\ p_1{}^{\mu}\ p_2{}^{\nu}+\ p_1{}^{\nu}\ p_2{}^{\mu}-p_1\cdot p_2\ g^{\mu\nu})[(|\varepsilon_R|^2-(|\varepsilon_L|^2)(1-\hat{p}_1\cdot\hat{s}_1\hat{p}_2\cdot\hat{s}_2)
\end{aligned}
$$

$$+(|\varepsilon_R|^2+(|\varepsilon_L|^2)(\widehat{p}_1\cdot\widehat{s}_1-\widehat{p}_2\cdot\widehat{s}_2)]\times(-\ i\ \varepsilon^{\mu\nu\lambda\tau}p_{1\ \lambda}\ p_{2\ \tau})\}$$

가 된다. 또 식 (7.149)에서 제4장에서 나온 식

$$\varepsilon^{\mu}(\lambda)\ \varepsilon^{\nu}(\lambda')^{*}=\frac{1}{3}\ \left\{I^{\mu\nu}-\frac{3}{2m}i\varepsilon^{\mu\nu\lambda\tau}q_{1\ \lambda}\ n_{i_\tau}(S^i)-\frac{3}{2}\ n_i^{\mu}\ n_j^{\nu}(S^{ij})\right)_{\lambda'\lambda} \tag{3.74}$$

을 이용하면 다음 결과를 얻는다.

$$\begin{aligned}
&|M_{e^-e^+\to ZH}|^2(\lambda,\lambda') \\
&=\frac{4\ m_Z^4\ G_F^2}{m_e^2(s-\ m_Z^2)^2} \\
&\quad\times\Big\{\ [(|\varepsilon_R|^2+|\varepsilon_L|^2)(1-\widehat{p}_1\cdot\widehat{s}_1\widehat{p}_2\cdot\widehat{s}_2)+(|\varepsilon_R|^2-|\varepsilon_L|^2)(\widehat{p}_1\cdot\widehat{s}_1-\widehat{p}_2\cdot\widehat{s}_2)] \\
&\qquad\cdot[\ \frac{1}{3}\left(p_1\cdot p_2+\frac{2k_1\cdot p_1k_1\cdot p_2}{m_Z^2}\right)\delta_{\lambda'\lambda}-p_1\cdot n^ip_2\cdot n^j(S^{ij})_{\lambda'\lambda}] \\
&\quad+[(|\varepsilon_R|^2-|\varepsilon_L|^2)(1-\widehat{p}_1\cdot\widehat{s}_1\widehat{p}_2\cdot\widehat{s}_2)+(|\varepsilon_R|^2+|\varepsilon_L|^2)(\widehat{p}_1\cdot\widehat{s}_1-\widehat{p}_2\cdot\widehat{s}_2)] \\
&\qquad\cdot\frac{1}{m_Z}(p_1\cdot k_1p_2\cdot n_i-p_2\cdot k_1p_1\cdot n_i)(S^i)_{\lambda'\lambda}\ \Big\}
\end{aligned} \tag{7.153}$$

특히 입사입자들의 편극을 고려하지 않는 경우는 $\widehat{s}_i$ 값을 0으로 놓으면 된다. 이 결과를 살펴보자.

(i) 미분단면적

앞에서 나온 결과를 사용하면 이 과정의 미분단면적은 (3.202)를 참조하면

$$d\sigma=\int\frac{m_e^2}{(2\pi)^2}\frac{1}{\sqrt{(p_1\cdot p_2)^2-\ m_e^4}}\delta^4(k_1+k_2-p_1-p_2)\ \overline{|M_{fi}|^2}\frac{d^3k_1}{E_1}\ \frac{d^3k_2}{E_2} \tag{7.154}$$

가 되는데, 여기서 전자의 질량을 다른 양들에 비하여 무시하는 경우, 그림 7.7에서와 같은 질량중심 좌표계에 대하여 다음과 같이 놓을 수 있다.

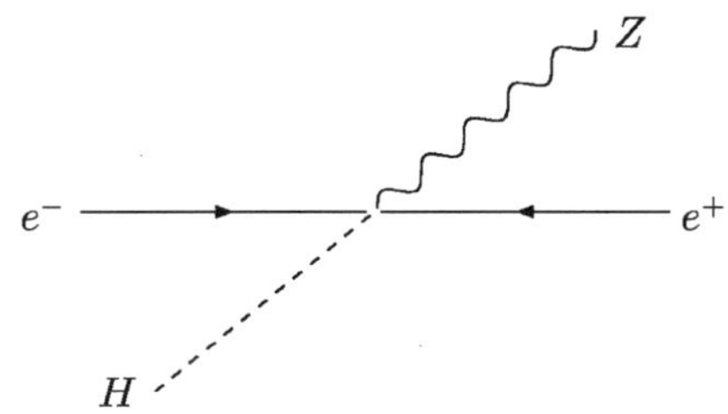

그림 7.7 $e^-e^+ \to ZH$ 과정의 질량중심계

$$
\begin{aligned}
& s = (p_1 + p_2)^2 = 2(p_1 \cdot p_2), \quad \sqrt{s} = E_1 + E_2, \\
& p_1{}^0 = p_2{}^0 = \sqrt{s}/2 \ (\text{전자의 에너지}), \\
& d^3 k_1 = k_1{}^2 dk_1 d\Omega = k_1 E_1 dE_1 d\Omega, \\
& \frac{d}{d\Omega} = -\frac{1}{2\pi} \frac{d}{d\cos\theta}
\end{aligned} \tag{7.155}
$$

여기서 θ는 전자와 Z 입자 사이의 각도이다. 이들을 이용하면 미분단면적은 다음과 같이 된다.

$$
\begin{aligned}
& \frac{d\sigma}{d\Omega}\Big|_{e^-e^+\to ZH} = \frac{m_e{}^2}{(2\pi)^2 s} |M|^2 \frac{|k_1|}{E_1 + E_2} \\
& \therefore \ \frac{d\sigma}{d\cos\theta} = \frac{m_e{}^2}{2\pi\, s} |M|^2 \frac{|k_1|}{\sqrt{s}}
\end{aligned} \tag{7.156}
$$

특히 Z 입자의 편극을 고려하지 않는 경우

$$
\begin{aligned}
\frac{d\sigma}{d\cos\theta}\Big|_{e^-e^+\to ZH} = & \frac{2\, m_Z{}^4\, G_F{}^2}{\pi\, s(s - m_Z{}^2)^2} \frac{|k_1|}{\sqrt{s}} \left(p_1 \cdot p_2 + \frac{2k_1 \cdot p_1 k_1 \cdot p_2}{m_Z{}^2} \right) \\
& \times [\, (|\varepsilon_R|^2 + |\varepsilon_L|^2)(1 - \widehat{p_1} \cdot \widehat{s_1}\, \widehat{p_2} \cdot \widehat{s_2}) \\
& + (|\varepsilon_R|^2 - |\varepsilon_L|^2)(\widehat{p_1} \cdot \widehat{s_1} - \widehat{p_2} \cdot \widehat{s_2})]
\end{aligned} \tag{7.157}
$$

여기서 다시 그림 7.7에서 보인 전자-양전자의 질량중심계에서 관계식

$$k_1 \cdot p_1 = k_1^0\ p_1^0 - \ \boldsymbol{k}_1 \cdot \ \boldsymbol{p}_1 = k_1^0\ p_1^0 (1 - \cos\theta \frac{|k_1|}{E_1}),$$
$$k_1 \cdot p_2 = k_1^0\ p_2^0 - \ \boldsymbol{k}_1 \cdot \ \boldsymbol{p}_2 = k_1^0\ p_1^0 (1 + \cos\theta \frac{|k_1|}{E_1}),$$
$$k_1 \cdot p_1 k_1 \cdot p_2 = (\ k_1^0\ p_1^0)^2 (1 - \cos^2\theta \frac{|\ \boldsymbol{k}_1|^2}{(E_1)^2}),$$
$$\therefore \left(p_1 \cdot p_2 + \frac{2k_1 \cdot p_1 k_1 \cdot p_2}{m_Z^2}\right) = \frac{s}{2}\left(1 + \cos^2\theta + \frac{E_1^2}{m_Z^2}\right) \tag{7.158}$$

를 이용하면 미분단면적 식 (7.157)은 다음과 같이 쓸 수 있다.

$$\begin{aligned}\frac{d\sigma}{d\cos\theta}\Big|_{e^-e^+\to ZH} = & \frac{m_Z^4\ G_F^2}{\pi(s - m_Z^2)^2} \frac{|k_1|}{\sqrt{s}}\left(1 + \cos^2\theta + \frac{E_1^2}{m_Z^2}\sin^2\theta\right) \\ & \times[\,(|\varepsilon_R|^2 + |\varepsilon_L|^2)(1 - \widehat{p_1} \cdot \widehat{s_1}\,\widehat{p_2} \cdot \widehat{s_2}) \\ & + (|\varepsilon_R|^2 - |\varepsilon_L|^2)(\,\widehat{p_1} \cdot \widehat{s_1} - \widehat{p_2} \cdot \widehat{s_2})]\end{aligned} \tag{7.159}$$

[문제 7.6] $e^-e^+ \to ZH$ 과정의 질량중심계에서

$$E_1 = m_Z\gamma_Z = \frac{s - m_H^2 + m_Z^2}{2\sqrt{s}} = \frac{\sqrt{s}}{2}(1 - \frac{\Delta}{2x}),$$
$$E_2 = \frac{s + m_H^2 - m_Z^2}{2\sqrt{s}} = \frac{\sqrt{s}}{2}(1 + \frac{\Delta}{2x}), \tag{7.160}$$
$$|k_1| = m_Z\gamma_Z\beta_Z = \frac{\sqrt{s^2 - 2s(\ m_H^2 + \ m_Z^2) + (\ m_H^2 - \ m_Z^2)^2}}{2\sqrt{s}} = \ E_1^2 - \ m_Z^2$$

임을 보여라. 따라서 이들은 입사 에너지로 주어진 값이다. 미분단면적 식 (7.159)는 각도에 대하여 적분하면 다음과 같이 됨을 보여라.

$$\begin{aligned}\sigma_{e^-e^+\to ZH} &= \int_1^{-1} \frac{d\sigma}{d\cos\theta}\, d\cos\theta \\ &= \frac{4\ m_Z^4\ G_F^2}{3\pi(s - m_Z^2)^2} \frac{|k_1|}{\sqrt{s}}\left(2 + \frac{E_1^2}{m_Z^2}\right) \\ &\times[\,(|\varepsilon_R|^2 + (|\varepsilon_L|^2)(1 - \widehat{p_1} \cdot \widehat{s_1}\widehat{p_2} \cdot \widehat{s_2}) + (|\varepsilon_R|^2 - (|\varepsilon_L|^2)(\widehat{p_1} \cdot \widehat{s_1} - \widehat{p_2} \cdot \widehat{s_2})]\end{aligned} \tag{7.161a}$$

특히 입사 전자와 양전자가 편극되어 있지 않고 입사 전자의 스핀에 대하여 평균을 취하

면, $\hat{s}_i$ (i= 1, 2)항은 없어진다. 표준모형에서 주어진 식 (7.119)를 쓰면 위 식은

$$\sigma_{e^-e^+\to ZH} = \frac{\pi\alpha^2|k_1|(3\,m_Z^2+|k_1|^2)[1+(1-4\sin^2\theta_W)^2]}{24\sin^4\theta_W\cos^4\theta_W\sqrt{s}(s-\,m_Z^2)^2} \tag{7.161b}$$

됨을 보여라. Z 입자의 운동량 $|k_1|$는 식 (7.160)에서 s, m_Z, m_H로 표시된다.

[문제 7.7] 식 (7.161b)는 다음과 같이 됨을 보여라.

$$\sigma_{e^-e^+\to ZH} = \frac{G_F^2\,m_Z^4}{96\pi s}[1+(1-4\sin^2\theta_W)^2]\beta\frac{\beta^2+\,12\,m_Z^2/s}{(1-\,m_Z^2/s)^2} \tag{7.161c}$$

[문제 7.8] 그림 7.7에서 편극되지 않은 입사전자와 양전자에 의한 ZH 입자의 생성과정에서 Z 입자의 각분포는 다음과 같이 됨을 보여라.

$$\frac{1}{\sigma}\,\frac{d\sigma}{d\cos\theta} = \frac{3}{4}\cdot\frac{\beta^2\sin^2\theta+8\,m_z^2/s}{\beta^2+12\,m_Z^2/s} \tag{7.162}$$

(ii) Z 입자의 편극의 영향

만일 식 (7.153)에서 입사입자의 편극은 무시하고 Z 입자의 편극은 생각하는 경우

$$\begin{aligned}|M_{e^-e^+\to ZH}|^2(\lambda,\lambda') &= \frac{4\,m_Z^4\,G_F^2}{m_e^2(s-\,m_Z^2)^2}\\ &\times\Big\{(|\varepsilon_R|^2+|\varepsilon_L|^2)\cdot\Big[\frac{1}{3}\Big(p_1\cdot p_2+\frac{2k_1\cdot p_1k_1\cdot p_2}{m_Z^2}\Big)\delta_{\lambda'\lambda}-p_1\cdot n^ip_2\cdot n^j(S^{ij})_{\lambda'\lambda}\Big]\\ &+(|\varepsilon_R|^2-|\varepsilon_L|^2)\cdot\frac{1}{m_Z}(p_1\cdot k_1p_2\cdot n_i-p_2\cdot k_1p_1\cdot n_i)(S^i)_{\lambda'\lambda}\Big\}\end{aligned} \tag{7.163}$$

이 식은 Z 입자의 밀도행렬을 구할 수 있는 식이다. 특히 Z 입자의 생성과정만을 생각하면 $\lambda'=\lambda$인 경우만을 생각하여도 되며, 이 때 행렬 $(S^i)_{\lambda\lambda}$는 $i=3$인 경우에만 0이 안 되고, 즉

$$(S^3)_{1,1}=1,\ (S^3)_{-1,-1}=-1,\ (S^3)_{0,0}=0 \tag{7.164a}$$

이다. 또 행렬 $(S^{ij})_{\lambda,\lambda}$는 $i=j\ (i=1,2,3)$인 경우에만 0이 안 됨은 다음과 같은 식 (4.89a), (4.89b), (4.89c)에서 알 수 있다.

$$(S^{11})=\begin{pmatrix} -1/3 & 0 & 1 \\ 0 & 2/3 & 0 \\ 1 & 0 & -1/3 \end{pmatrix},\ (S^{22})=\begin{pmatrix} -1/3 & 0 & -1 \\ 0 & 2/3 & 0 \\ -1 & 0 & -1/3 \end{pmatrix},$$
$$(S^{33})=-[(S^{11})+(S^{22})]=\begin{pmatrix} 2/3 & 0 & 0 \\ 0 & -4/3 & 0 \\ 0 & 0 & 2/3 \end{pmatrix} \tag{7.164b}$$

한편 Z 입자가 생성될 때 Z의 스핀 평균값의 방향은 Z 입자의 운동방향이 아니다. 그러나 입자들의 생성평면에 있음을 직접 계산하거나, CP가 보존된다는 것으로부터 알 수 있다. 특히

$$n_3{}^{\mu}=\left(\frac{k_1\cdot\hat{s}}{m_Z},\ \hat{s}+\frac{\boldsymbol{k}_1\,\boldsymbol{k}_1\cdot\hat{s}}{m_Z(E_1+m_Z)}\right) \tag{7.165}$$

에서

$$\hat{k}_1\cdot\hat{s}=-\cos\xi \tag{7.166}$$

로 놓으면 $\hat{k}_2\cdot\hat{s}=\cos\xi$ 를 의미하여 Z 입자의 정지계에서 H 입자와 $\hat{s}$ 사이의 각도가 ξ 임을 나타내는데, 이것을 이용하여 식 (7.165)를 쓰면

$$n_3{}^{\mu}=(-\gamma\beta\cos\xi,\ \sin\xi,\ 0,\ \gamma\cos\xi) \tag{7.167}$$

여기서 γ, β는 다음과 같이 정의된 값이다.

$$\gamma = \frac{E_1}{m_Z}, \quad \beta = \frac{|\boldsymbol{k}_1|}{E_1}$$
$$\left(\frac{|\boldsymbol{k}_1|}{m_Z} = \gamma\beta, \ \gamma = \frac{1}{\sqrt{1-\beta^2}}, \ \gamma^2(1-\beta^2) = 1\right) \tag{7.168}$$

이들을 이용하면 식 (7.163)으로부터 다음 결과를 얻게 된다.

$$|M_{e^-e^+\to ZH}|^2(0,0)$$
$$= \frac{4\, m_Z^{\ 4}\ G_F^{\ 2}}{m_e^{\ 2}(s-\ m_Z^{\ 2})^2}\{|\varepsilon_R|^2 + |\varepsilon_L|^2\} \times \frac{s}{2}\gamma(\sqrt{1-\beta^2}\cos\theta\sin\xi - \sin\theta\cos\xi) \tag{7.169}$$
$$|M_{e^-e^+\to ZH}|^2(\pm1, \pm1)$$
$$= \frac{4\, m_Z^{\ 4}\ G_F^{\ 2}}{m_e^{\ 2}(s-\ m_Z^{\ 2})^2} \times \frac{1}{2\gamma^2}\{|\varepsilon_R|^2(1+\gamma\sin\theta\sin\xi + \cos\theta\cos\xi)^2 + |\varepsilon_L|^2(1-\gamma\sin\theta\sin\xi - \cos\theta\cos\xi)^2\} \tag{7.170}$$

이 결과로부터 편극되어 나오는 Z 입자의 미분단면적을 구할 수 있는데 특히 ξ 값을

$$\tan\xi = \gamma\ \tan\theta \tag{7.171}$$

되게 택하면, 종편극을 가진 Z 입자가 없는 좌표를 얻을 수 있다. 이러한 좌표계를 ZH-횡좌표(transverse basis)라 부른다. 이 식으로부터 Z 입자가 편극된 상태로 생성될 미분단면적을 구할 수 있다.

(b) $e^+e^-\to W^+W^-$, $e^+e^-\to ZZ$ 과정

전자-양전자 충돌에 의하여 스핀이 1 또는 그 이상인 입자가 생성될 때는 QED를 이용하여 계산한 미분단면적은 입사 에너지 $\sqrt{s}$가 커짐에 따라서 s에 비례하여 커지므로 고에너지에서는 소위 유니터리티 경계(unitarity bound)를 넘어서는 경우가 생긴다. 이것은 1950년대에 처음 W 입자가 생각되었던 때부터 등장하였던 문제로서 전기약이론이 발견된 후에 해결되었다. 이 $e^+e^-\to W^+W^-$ 과정은 기본적으로 다음 세 가지의 Feynman 도형에 의하여 기술된다. 그림 7.8의 (a)는 전기적 상호작용에서도 생각할 수 있는 과정이고, 그림 (b)는 전기약작용에서는 일단 광자 γ 대신에 Z 입자의 교환이 가능함으로 ZWW 결합에 의하여 생

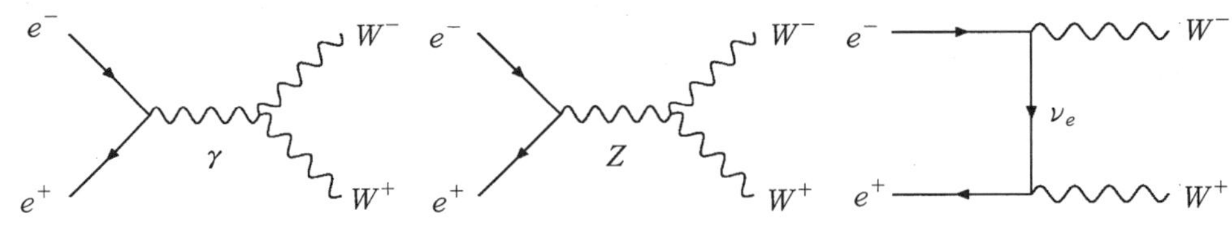

(a) 광자의 교환 (b) Z 입자의 교환 (c) ν_e의 교환

그림 7.8 $e^+e^- \to W^+W^-$ 과정의 Feynman 도형

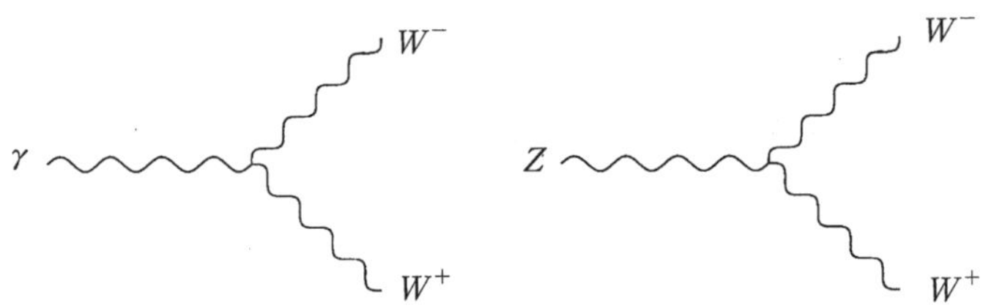

그림 7.9 $WW\gamma$와 WWZ 꼭지점에 대한 전기약작용에서의 Feynman 도형

각할 수 있는 과정이다. 특히 (c) 과정은 약한 상호작용에서 생각할 수 있는 과정으로 약한 상호작용을 포함하는 전기약작용은 당연히 이 과정을 포함하고 있다. s-과정(channel)이라고도 부르는 그림 7.8(a), (b) 과정을 이용하면 미분단면적은 총 에너지의 제곱인 s에 비례하여 무한히 커진다. 질량이 없는 광자 같은 스핀 1 입자 생성과정과 다른 것은 유한한 질량을 가진 스핀 1 입자는 종편극된 성분을 가진 것이 특징이며, 이 성분이 유니터리티 문제를 유발하게 한다. 그러나 전기약작용에 의하면 그림 7.8(c) 과정은 s에 비례하여 증가하는 것을 막아 주는 역할을 함을 알 수 있어 보다 좋은 결과를 가져다 준다. 이 외에도 Higgs 입자의 교환에 의한 과정이 있으나 Higgs 입자와 전자와의 결합은 전자의 질량에 비례하여 매우 작기 때문에 그 기여를 무시하여 여기서는 생략하였다.

Feynman 도형 7.8(a), (b), (c)를 기술하는 전이진폭을 각각 M^γ, M^W, M^ν라 할 때 그림 7.9에 대하여 앞 절에서 논의한 광자(γ)와 $W^\pm$와의 결합, Z와 $W^\pm$와의 결합, $W^\pm$와 렙톤과 중성미자 사이의 결합 등에 대한 Feynman 규칙을 이용하자. 즉,

$$ie[g^{\mu\nu}(k_- - k_+)^\lambda + g^{\nu\lambda}(-q-k_-)^\mu + g^{\lambda\mu}(q+k_+)^\mu] \tag{7.172}$$

$$ig\cos\theta_W\,[g^{\mu\nu}(k_- - k_+)^\lambda + g^{\nu\lambda}(-q-k_-)^\mu + g^{\lambda\mu}(q+k_+)^\mu] \tag{7.173}$$

따라서 $e^+e^- \to W^+W^-$ 과정을 기술하는 전이진폭을 다음과 같이 얻는다.

$$M = M^{\gamma} + M^{W} + M^{\nu} \tag{7.174a}$$

$$\begin{aligned} M^{\gamma} &= \frac{e^2}{s} \bar{v}(p_2)\gamma_\mu u(p_1)[(k_1-k_2)^\mu g^{\alpha\beta} - g^{\mu\beta}(q+k_1)^\alpha + g^{\mu\alpha}(q+k_2)^\beta] \\ &\quad \times \varepsilon^*{}_\beta(k_1)\,\varepsilon^*{}_\alpha(k_2) \end{aligned} \tag{7.174b}$$

$$\begin{aligned} M^{W} &= \frac{g g_Z \cos\theta_w}{s - m_Z{}^2 + i\Gamma m_Z} \bar{v}(p_2)\gamma_\mu\{\varepsilon_L(1-\gamma^5) + \varepsilon_R(1+\gamma^5)\}u(p_1) \\ &\quad \times [(k_1-k_2)^\mu g^{\alpha\beta} - g^{\mu\beta}(q+k_1)^\alpha + g^{\mu\alpha}(q+k_2)^\beta]\,\varepsilon^*{}_\beta(k_1)\,\varepsilon^*{}_\alpha(k_2) \end{aligned} \tag{7.174c}$$

$$M^{\nu} = \frac{g_W{}^2}{2(k_1-p_1)^2} \bar{v}(p_2)\gamma^\alpha(\not{k}_1 - \not{p}_1)\gamma^\beta(1-\gamma^5)u(p_1)\,\varepsilon^*{}_\beta(k_1)\,\varepsilon^*{}_\alpha(k_2) \tag{7.174d}$$

이 식에서 식 (7.119), (7.121)을 이용한

$$g g_Z \cos\theta_W = \frac{e^2}{2\sin^2\theta_W}, \quad g^2{}_W = \frac{e^2}{8\sin^2\theta_W} \tag{7.175}$$

을 생각하면, 결국 다음과 같이 바꾸어 쓸 수 있다.

$$M^{\gamma} = \frac{e^2}{s} \bar{v}(p_2)[(\not{k}_1 - \not{k}_2)\,\varepsilon^*{}_1 \cdot \varepsilon^*{}_2 - 2\not{\varepsilon}^*{}_1(k_1 \cdot \varepsilon^*{}_2) + 2\not{\varepsilon}^*{}_2(k_2 \cdot \varepsilon^*{}_1)]u(p_1) \tag{7.176a}$$

$$\begin{aligned} M^{W} &= \frac{e^2}{2\sin^2\theta_W(s - m_Z{}^2)} \bar{v}(p_2)[(\not{k}_1 - \not{k}_2)\,\varepsilon^*{}_1 \cdot \varepsilon^*{}_2 - 2\not{\varepsilon}^*{}_1(k_1 \cdot \varepsilon^*{}_2) \\ &\quad + 2\not{\varepsilon}^*{}_2(k_2 \cdot \varepsilon^*{}_1)] \times \{\varepsilon_L(1-\gamma^5) + \varepsilon_R(1+\gamma^5)\}u(p_1) \end{aligned} \tag{7.176b}$$

$$M^{\nu} = \frac{e^2}{16\,t\,\sin^2\theta_W} \bar{v}(p_2)\,\not{\varepsilon}^*{}_2(\not{k}_1 - \not{p}_1)\,\not{\varepsilon}^*{}_1(1-\gamma^5)u(p_1) \tag{7.176c}$$

여기서

$$\begin{aligned} \omega^+ &= \frac{1}{2}(1+\gamma_5), \\ \omega^- &= \frac{1}{2}(1-\gamma_5), \\ \omega^+ &+ \omega^- = 1 \end{aligned} \tag{7.177}$$

를 도입하면

$$M^{\gamma}+M^{W}= e^2\left(\frac{1}{s}-\frac{\varepsilon_R}{\sin^2\theta_W(s-M_Z^2)}\right)\bar{v}(p_2)[(\not{k}_1-\not{k}_2)\varepsilon^*{}_1\cdot\varepsilon^*{}_2$$
$$-2\not{\varepsilon}^*{}_1(k_1\cdot\varepsilon^*{}_2)+2\not{\varepsilon}^*{}_2(k_2\cdot\varepsilon^*{}_1)]\omega^+u(p_1)$$
$$+e^2\left(\frac{1}{s}-\frac{\varepsilon_L}{\sin^2\theta_W(s-M_Z^2)}\right)\bar{v}(p_2)[(\not{k}_1-\not{k}_2)\varepsilon^*{}_1\cdot\varepsilon^*{}_2$$
$$-2\not{\varepsilon}^*{}_1(k_1\cdot\varepsilon^*{}_2)+2\not{\varepsilon}^*{}_2(k_2\cdot\varepsilon^*{}_1)]\omega^-u(p_1) \tag{7.178a}$$

$$M^{\nu}=\frac{e^2}{8\,t\,\sin^2\theta_W}\bar{v}(p_2)\not{\varepsilon}^*{}_2(\not{k}_1-\not{p}_1)\not{\varepsilon}^*{}_1\omega^-u(p_1) \tag{7.178b}$$

로 쓰면, 종편극된 전자에 대하여는 식 (7.178a)의 한 항만 쓰면 된다. 또 표준모형을 벗어난여러 가지 입자모형에서 이 과정을 기술할 때에도 식 (7.176c)와 (7.178)의 모양으로 나타나는 경우가 많다.

$e^+e^-\to Z\,Z$ 과정을 보자. 이 과정은 그림 7.4에서와 같이 표시되며, 전이진폭은

$$M=\frac{g_Z{}^2}{2}\bar{v}(p_2)\left[\frac{\not{\varepsilon}^*{}_2(\not{k}_1-\not{p}_1)\not{\varepsilon}^*{}_1}{t}+\frac{\not{\varepsilon}^*{}_1(\not{k}_1-\not{p}_2)\not{\varepsilon}^*{}_2}{u}\right]$$
$$\times[\varepsilon_R(1+\gamma_5)+\varepsilon_L(1-\gamma_5)]u(p_1) \tag{7.179}$$

가 되는데 이 식의 u 항을 조금 바꾸어 쓰면 다음과 같다.

$$M=\frac{g_Z{}^2}{2}\bar{v}(p_2)\left[\left(\frac{1}{t}+\frac{1}{u}\right)\not{\varepsilon}^*{}_2(\not{k}_1-\not{p}_1)\not{\varepsilon}^*{}_1-\frac{1}{u}\left\{(\not{k}_1-\not{k}_2)\varepsilon^*{}_1\cdot\varepsilon^*{}_2\right.\right.$$
$$\left.\left.-2\not{\varepsilon}^*{}_1(k_1\cdot\varepsilon^*{}_2)+2\not{\varepsilon}^*{}_2(k_2\cdot\varepsilon^*{}_1)\right]\right[\varepsilon_R(1+\gamma_5)+\varepsilon_L(1-\gamma_5)]u(p_1)$$
$$=g_Z{}^2\left(\frac{1}{t}+\frac{1}{u}\right)\bar{v}(p_2)\not{\varepsilon}^*{}_2(\not{k}_1-\not{p}_1)\not{\varepsilon}^*{}_1[\varepsilon_R\omega^++\varepsilon_L\omega^-]u(p_1)$$
$$-\frac{2\,g_Z{}^2\varepsilon_R}{u}\bar{v}(p_2)\left\{(\not{k}_1-\not{k}_2)\varepsilon^*{}_1\cdot\varepsilon^*{}_2-2\not{\varepsilon}^*{}_1(k_1\cdot\varepsilon^*{}_2)\right.$$
$$\left.+2\not{\varepsilon}^*{}_2(k_2\cdot\varepsilon^*{}_1)\right\}\omega^+u(p_1)$$
$$-\frac{2\,g_Z{}^2\varepsilon_L}{u}\bar{v}(p_2)\left\{(\not{k}_1-\not{k}_2)\varepsilon^*{}_1\cdot\varepsilon^*{}_2-2\not{\varepsilon}^*{}_1(k_1\cdot\varepsilon^*{}_2)\right.$$
$$\left.+2\not{\varepsilon}^*{}_2(k_2\cdot\varepsilon^*{}_1)\right\}\omega^-u(p_1) \tag{7.180}$$

여기서도 식의 모양이 M^{ν}와 $M^{\gamma}+M^{W}$ 모양으로 표시된다. 편극된 전자에 의한 반응에서는 이들 항 중에서 일부만 고려하게 됨으로 여러 가지 고에너지 전자-양전자 반응에서 ω^{x}(전자의 헬리시티가 $\frac{1}{2}$ 또는 $-\frac{1}{2}$에 대하여 $x=+$ 또는 $-$)을 택하므로, 이 때는

$$
\begin{aligned}
M =& \bar{v}(p_2)\ \not{\varepsilon}^*_2(\not{k}_1-\not{p}_1)\ \not{\varepsilon}^*_1[A_+\omega^+ + A_-\omega^-]u(p_1)\\
&+\bar{v}(p_2)\Big\{\frac{1}{2}(\not{k}_1-\not{k}_2)\,\varepsilon^*_1\cdot\varepsilon^*_2-\not{\varepsilon}^*_1(k_1\cdot\varepsilon^*_2)+\not{\varepsilon}^*_2(k_2\cdot\varepsilon^*_1)\Big\}\\
&[B_+\omega^+ + B_-\omega^-]u(p_1)
\end{aligned}
\tag{7.181a}
$$

에서 더 간단하게

$$
\begin{aligned}
M^x =& A^x\bar{v}(p_2)\ \not{\varepsilon}^*_2(\not{k}_1-\not{p}_1)\ \not{\varepsilon}^*_1\omega^x u(p_1)\\
&+B^x\bar{v}(p_2)\{(\not{k}_1-\not{k}_2)\,\varepsilon^*_1\cdot\varepsilon^*_2-2\ \not{\varepsilon}^*_1(k_1\cdot\varepsilon^*_2)\\
&+2\ \not{\varepsilon}^*_2(k_2\cdot\varepsilon^*_1)\}\omega^x u(p_1)
\end{aligned}
\tag{7.181b}
$$

모양을 가진다. 앞에서 논의한 바와 같이 고에너지 전자-양전자 반응에서는 전자가 왼쪽편극이 되면 양전자는 오른쪽 편극된 경우만이 참여하게 된다. 또 W^-W^+ 생성과정에서는 식 (7.181)의 첫째 항(t-통로, t-channel)에서 보는 바와 같이 오른쪽 편극된 전자빔의 기여는 없다. 즉 이 경우는 A^+항은 0으로 놓으면 된다. 이와 같이 편극된 전자빔은 전이진폭식 (7.181)을 검토하는 데 유용하다.

특히 $e^-e^+\to W^-W^+$ 과정에서는 표준모형에서 기술할 때, A^x, B^x는 각각 다음과 같이 쓸 수 있다.

$$
\begin{aligned}
A^x &= \frac{e^2}{2\sin^2\theta_W}\frac{1}{t}\delta_{x-},\\
B^x &= e^2\left[\frac{1}{s}-\frac{\cos\theta_W}{\sin\theta_W}\frac{1}{s-m^2_W}\ g^x{}_{eeZ}\right],
\end{aligned}
\tag{7.182}
$$

이고 여기서 전자-Z 결합상수는

$$
g^x{}_{eeZ}=\frac{\sin\theta_W}{\cos\theta_W}-\delta_{x-}\frac{1}{2\sin\theta_W\cos\theta_W}.
\tag{7.183}
$$

$e^-e^+ \to Z\,Z$ 과정에서 이 값은 표준모형에서는

$$A^x = \left[\frac{e}{\sin\theta_W \cos\theta_W} \left\{ \sin^2\theta_W - \frac{1}{2}\delta_{x-} \right\} \right]^2 \left(\frac{1}{t} + \frac{1}{s} \right), \qquad (7.184)$$

$$B^x = \left[\frac{e}{\sin\theta_W \cos\theta_W} \left\{ \sin^2\theta_W - \frac{1}{2}\delta_{x-} \right\} \right]^2 \left(\frac{1}{u} \right)$$

가 된다.

식 (7.181)에 자세한 검토는 $e^-e^+ \to W^-W^+$, ZZ 과정에 대한 많은 정보를 제공한다. 자세한 계산은 여기서는 생략하고 몇 가지 결과에 대하여만 논의하겠다.

① 미분단면적

전자가 두 편극방향에 대하여 생각하면 편리하다. 특히 전자의 헬리시티 성분을 생각하면, 전자가 운동량의 반대방향으로 편극된 경우를 왼쪽 헬리시티를 갖는다고 하고, 운동량과 같은 방향을 갖는 경우를 오른쪽 헬리시티를 갖는다고 하는데, 고에너지 충돌에서는 전자와 양전자가 서로 다른 헬리시티를 갖는 경우에만 반응이 일어남을 식 (7.152)를 참고하면 알 수 있다. 특히 오른쪽 종편극된 전자에 의한 W^-W^+ 생성과정에 대하여는 그림 7.8(c)로 주어지는 중성미자 교환은 일어나지 않는다. 따라서 이 경우는 전이진폭 식 (7.181)에서 $A^x = 0$으로 생각하여도 좋다.

가장 일반적으로 식 (7.174)를 사용할 때 얻는 미분단면적은 다음과 같다.

$$\frac{d\sigma}{d\Omega} = \frac{\alpha^2 \beta}{32 x^2 s} \sum_{i,j} M^{ij}, \qquad (7.185a)$$

여기서

$$x = \sin^2\theta_W, \quad \beta = \sqrt{1 - \frac{4\,m^2{}_W}{s}}, \qquad (7.185b)$$

$$M^{\nu\nu} = F_1, \quad M^{\gamma\gamma} = x^2\,F_2, \qquad M^{ZZ} = \left(x^2 - \frac{x}{2} + \frac{1}{8} \right) \frac{s^2}{(s - m^2{}_Z)} F_2,$$

$$M^{Z\gamma} = \frac{1}{2} x(1-4x) \frac{s}{(s - m^2{}_Z)} F_2, \quad M^{\nu Z} = \left(x - \frac{1}{2} \right) \frac{s}{(s - m^2{}_Z)} F_3, \qquad (7.185c)$$

$$M^{\gamma\nu} = -xF_3$$

이고 또 F_i는 다음과 같이 정의된 값이다.

$$
\begin{aligned}
F_1 &= \frac{2s}{m^2{}_W} + \frac{\sin^2\theta}{2}\beta^2\left[\left(\frac{s}{t}\right)^2 + \frac{s^2}{4\,m^2{}_W}\right], \\
F_2 &= \beta^2\left[\frac{16s}{m^2{}_W} + \left(\frac{s^2}{m^4{}_W} - \frac{4s}{m^2{}_W} + 12\right)\sin^2\theta\right], \\
F_3 &= 16\left(1 + \frac{m^2{}_W}{t}\right) + \frac{8\beta^2 s}{m^2{}_W} + \beta^2\frac{\sin^2\theta}{2}\left(\frac{s^2}{m^4{}_W} - \frac{2s}{m^2{}_W} - \frac{4s}{t}\right)
\end{aligned}
\tag{7.185d}
$$

만일 오른쪽 편극된 전자를 사용하여 충돌을 한다면, 미분단면적은

$$
\frac{d\sigma}{d\Omega} = \frac{\alpha^2\beta}{64x^2 s}F_2\left[x^2 + \left(x^2 - \frac{x}{2} + \frac{1}{8}\right)\frac{s^2}{(s-\ m^2{}_Z)} + 2x(1-4x)\frac{s}{(s-\ m^2{}_Z)}\right]. \tag{7.186}
$$

을 얻게 된다. 최근 LEP II의 실험 결과는 이 식과 일치하고 있다.

일반적으로 W 입자들이 생성될 때에는 편극된 상태로 생성되며, 편극은 붕괴될 때 나오는 입자의 각분포에 영향을 준다. 즉 붕괴되어 나오는 입자들의 각 분포를 보면 어떠한 편극을 가진 상태로 W 입자나 Z 입자가 생성되었는가를 알 수 있다. 이러한 이론적 예측은 입자 모형에 의하여 정해지며, 실험 결과와 비교하여 보면, 입자 모형에 대한 검증을 할 수 있다.

② $e^+e^- \to W^+W^-$ 과정에서 스핀 상관관계(spin correlation)

전자-양전자 충돌에 의하여 W 입자들이 생성될 때, 일반적으로 W 입자는 편극되어 있고 아주 짧은 시간에 곧 붕괴한다. 특히 $W^\pm \to l^\pm + \nu/\overline{\nu}$의 경우를 생각하자. 여기서 렙톤은 전자, 뮤온 또는 타우 입자를 나타낸다. 고에너지에서는 많은 렙톤들이 나오므로 실험적으로는 W^+와 W^-에서 나오는 렙톤이 다른 경우, 즉 W^+에서는 e^+, μ^-가 나오는 경우를 주목하면 편리하다. 이 때 이들의 붕괴 분포를 조사하는데 e^+와 μ^- 사이의 각도에 대하여 조사할 수 있다. 이것은 W 입자들의 편극과 관련이 있으며, 또 생성과정에서 나오는 W 입자들은 이들의 생성과정을 어떻게 기술하는가와 관련이 있다. 즉 표준모형에서 벗어난 모형에서는 이론적으로 계산된 W 입자들의 편극이 물론 표준모형에서 계산한 것과 다르다. 따라서 붕괴 분포가 두 모형에 대하여 이론적으로 다르게 되며, 오직 실험으로만 그 진위를 밝힐 수 있다.

생성과정 $e^+e^- \to W^+W^-$와 연이은 붕괴과정 $W^+ \to l_1 + \nu$, $W^- \to l_2 + \bar{\nu}$에서 밖으로 나가는 렙톤 l_1^+와 l_2^- 사이의 각에 대한 분포를 구할 수 있는데 , 특히 이 과정이 겨우 일어나는(threshold) 에너지에 대하여 조사한 이론적 결과는 문헌(D.W. Jung et al., *Czech. J. Phys.* **51**, A173 (2001))에서 볼 수 있는 바와 같다.

이러한 것은 비단 W 입자들에 대하여 성립하는 것이 아니고 톱(t) 쿼크 생성과정 등 많은 경우에도 생각할 수 있어, 입자 현상을 기술하는 이론을 조사하는 데 유용하다. 특히 수명이 짧은 무거운 입자들의 생성과 붕괴과정에서 스핀 상관관계의 조사는 실험적으로도 흥미 있는 과제이다. 더 자세한 논의는 연구논문들을 참고하기 바란다.

일반적으로 고스핀 입자들이 생성되고 이들이 곧 붕괴되는 경우, 붕괴되어 나오는 특정 입자에 대한 각분포는 생성된 고스핀 입자의 스핀 또는 밀도행렬에 관련되어 있다. 따라서 붕괴 전 고스핀 입자의 스핀 상태는 붕괴되어 나오는 입자의 각분포를 조사하여 얻을 수 있다.

입자의 생성과정에 대한 전이진폭은 앞에서와 같이 지금까지 언급된 양자전기역학, 전기약작용, 그리고 양자색역학 등 여러 이론에 의하여 기술되는데, TeV 정도의 높은 에너지의 실험에서는 최근에 발전되고 있는 초대칭이론, 별도차원(extra dimension)이론 등 통일이론에서 예언하고 있는 새로운 입자들이 생성되고 붕괴될 것이라고 생각하고 있다. 이러한 이론들의 진위를 알려면 실험을 통하여 새로운 현상들이 발견되어야 하고 그 결과가 이론적 예언 결과와 비교하여야 되는데, 이 때에 편극의 영향에 대한 조사가 중요한 역할을 한다.

또 많은 강입자(baryon)나 중간자(meson)들은 쿼크(quark)로 이루어졌다고 생각하고 있으나, 아직도 속박 상태에 대한 기술 방법을 잘 모르고 있으며, 많은 경우 유효이론(effective theory)이나 다른 쿼크 모형들을 사용하여 기술하는 경우가 많은데, 이 때에도 모형의 결과가 실험결과와 맞는지 조사하는 것이 중요하다. 지금까지 취급한 편극을 다루는 방법은 이론적 모형에는 무관하며, 이론적 모형이 입자의 편극에 영향을 주기 때문에 편극에 대한 조사는 매우 중요한 연구과제가 된다.

참고문헌

참고한 주요 연구논문들은 본문에 기재되어 있으며, 저술할 때 많이 참고하였던 책은 다음과 같다.

1. 송희성, 『양자역학』(교학연구사, 1984).
2. J.D. Bjorken and S.D. Drell, *Relativistic Quantum Mechanics* (McGraw-Hill, 1964).
3. V.B. Berstetskii, E.M. Lifshitz, and L.P. Pitaevskii, *Relativistic Quantum Theory*, part 1(Pergamon, 1971).
4. R.H. Good, Jr., *Lecture on Relativistic Quantum Mechanics* (SNU, 1976).
5. W. Greiner, "Gauge Theory of Weak Interaction" (Springer, 1985), *Quantum-Electrodynamics* (Springer, 1984).
6. F.M. Renard, *Basics of Electron Positron Collisions* (Editions Frontieres, 1981).

찾아보기

국문

<ㄷ>

<ㄹ>

<ㅁ>

<ㅂ>

<ㅅ>

<ㅊ>

<ㅋ>

<ㅌ>

<ㅍ>

<ㅎ>

영문

<M>

<P>

<Q>

<R>

<S>

<T>

<V>

<W>

<Y>

<Z>

<β>

<γ>

<ν>

송희성

서울대학교 물리학과 졸업(1960)
미국 아이오와 주립대학교 이학박사(1966)
서울대학교 자연과학대학 물리학부 교수(1967-2003)
한국물리학회 회장(2001-2002)
한국학술단체연합회 회장(2002-2003)
미국 Ames 연구소('66), 국제이론물리학센터(ICTP, 1971-1975),
스탠포드 선형가속기연구소(SLAC, 1978) 연구원 겸임
미국 펜실베이니아 주립대학교 객원 교수(1977)
3·1 문화상(1982), 세종문화상(1995) 수상

〈저서 및 역서〉
『양자역학』, 교학연구사(1984)
『현대물리학』(*Quantum Physics*, 2nd ed., edited by R. Eisberg and R. Resnick, John Wiley & Sons),
공역, 교학사(1993)

상대론적 양자역학
입자물리학과 편극

초판 1쇄 발행 2002년 3월 15일
초판 9쇄 발행 2024년 8월 9일

지은이 송희성

펴낸곳 서울대학교출판문화원
주소 08826 서울 관악구 관악로 1
도서주문 02-889-4424, 02-880-7995
홈페이지 www.snupress.com
페이스북 @snupress1947
인스타그램 @snupress
이메일 snubook@snu.ac.kr
출판등록 제15-3호

ISBN 978-89-521-1262-0 93420

2003년도 대한민국학술원 우수학술도서